UTB **8300**

Eine Arbeitsgemeinschaft der Verlage

Beltz Verlag Weinheim und Basel
Böhlau Verlag Köln · Weimar · Wien
Wilhelm Fink Verlag München
A. Francke Verlag Tübingen und Basel
Haupt Verlag Bern · Stuttgart · Wien
Lucius & Lucius Verlagsgesellschaft Stuttgart
Mohr Siebeck Tübingen
C. F. Müller Heidelberg
Ernst Reinhardt Verlag München und Basel
Ferdinand Schöningh Verlag Paderborn · München · Wien · Zürich
Eugen Ulmer Verlag Stuttgart
UVK Verlagsgesellschaft Konstanz
Vandenhoeck & Ruprecht Göttingen
Verlag Recht und Wirtschaft Frankfurt am Main
VS Verlag für Sozialwissenschaften Wiesbaden
WUV Facultas · Wien

Isolde Röske
Dietrich Uhlmann

Biologie der Wasser- und Abwasserbehandlung

114 Grafiken
24 Tabellen

Verlag Eugen Ulmer Stuttgart

Prof. Dr. ISOLDE RÖSKE, geb. 1943 in Elsterwerda. Studium der Biologie an der Universität Leipzig. Langjährige Tätigkeit als Leiterin des wasserwirtschaftlichen Bezirkslabors in Chemnitz und als Forschungsgruppenleiterin im Forschungszentrum Wassertechnik in Dresden. Seit 1988 Dozentin für Mikrobiologie und seit 1993 Professorin für Angewandte Mikrobiologie an der Technischen Universität Dresden.
Forschungsschwerpunkte: Mikrobiologie der Wasseraufbereitung, der Abwasserreinigung, der Gewässer sowie der Sedimente.

Prof. Dr. DIETRICH UHLMANN, geb. 1930 in Chemnitz. Langjährige Vorlesungstätigkeit an den Universitäten Leipzig und Dresden (Aquatische Ökologie, Technische Hydrobiologie) in den Studiengängen Biologie, Wasserwirtschaft und Chemie sowie im Postgradualstudium „Environmental Management for Developing Countries". Forschungsschwerpunkte: Ökologie hypertropher Gewässer, Selbstreinigungs- und Eutrophierungsprozesse, natürliche Verfahren der biologischen Abwasserbehandlung, Limnologie von Talsperren, Ökotechnologie.

Titelfoto: Abwasserteiche, s. Abb. 3.52

Bibliografische Information der Deutschen Bibliothek

Die Deutsche Bibliothek verzeichnet diese Publikation in der Deutschen Nationalbibliografie; detaillierte bibliografische Daten sind im Internet über http://dnb.ddb.de abrufbar.

ISBN 3-8001-2799-7 (Ulmer)
ISBN 3-8252-8300-3 (UTB)

Das Werk einschließlich aller seiner Teile ist urheberrechtlich geschützt. Jede Verwertung außerhalb der engen Grenzen des Urheberrechtsgesetzes ist ohne Zustimmung des Verlages unzulässig und strafbar. Das gilt insbesondere für Vervielfältigungen, Übersetzungen, Mikroverfilmungen und die Einspeicherung und Verarbeitung in elektronischen Systemen.

© 2005 Eugen Ulmer KG
Wollgrasweg 41, 70599 Stuttgart (Hohenheim)
E-Mail: info@ulmer.de
Internet: www.ulmer.de
Lektorat: Antje Springorum
Herstellung: Jürgen Sprenzel
Umschlagentwurf: Atelier Reichert, Stuttgart
Satz und Druck: Laupp & Göbel, Nehren
Printed in Germany

ISBN 3-8252-8300-3 (UTB-Bestellnummer)

Inhaltsverzeichnis

Vorwort 8

1 Grundlagen 9

1.1 Stoffwechsel und Wachstum . . 9
1.1.1 Stoffwechsel 9
1.1.2 Wachstum und Biomasseproduktion 9
1.1.3 Phototrophe und chemotrophe Organismen 14
1.1.4 Enzyme 16

1.2 Lebensbedingungen in Gewässern 21
1.2.1 Anpassungen der Organismen an die Umweltbedingungen 21
1.2.2 Fließ- und Standgewässer als Ökosysteme 23
1.2.3 Gewässer als Träger von Stoffumwandlungsprozessen 26
1.2.3.1 Organismen verändern die Wasserbeschaffenheit 26
1.2.3.2 Reaktionsbecken für die Wasserreinigung 29

2 Organismen in Wasseraufbereitungsanlagen und ihre Leistungen 31

2.1 Trinkwassergewinnung aus Grundwasserleitern 31
2.1.1 Biologische Reinigungsprozesse im Untergrund 31
2.1.2 Organismenvielfalt im Grundwasser – Bioindikatoren 35
2.1.3 Mikrobielle Redoxumsetzungen von Eisen und Mangan 37
2.1.3.1 Biogene Umsetzungen des Eisens 37
2.1.3.2 Biogene Umsetzungen des Mangans 39
2.1.4 Mikrobielle Stickstoffumsetzungen bei der Trinkwasseraufbereitung 40
2.1.4.1 Oxidation von Stickstoffverbindungen 40
2.1.4.2 Ammonium im Trinkwasser . . . 40
2.1.4.3 Die Nitrifikationsstufe in der Trinkwasseraufbereitung 41
2.1.4.4 Beseitigung von überschüssigem Nitrat 41
2.1.5 Krustenbildung und Korrosion im Rohrnetz 42
2.1.5.1 Bildung von Krusten oder Wandbelag 42
2.1.5.2 Mikrobielle Korrosion 44
2.1.6 Mikroorganismen in Anlagen zur Belüftung von Rohwasser 47

2.2 Trinkwasser aus Oberflächengewässern 48
2.2.1 Wasserentnahme aus Fließ- und Standgewässern 48
2.2.1.1 Fließgewässer 49
2.2.1.2 Seen, Talsperren, Speicherbecken 50
2.2.2 Biologisch wirksame Filtrationsprozesse in Festbettsystemen . . 54
2.2.2.1 Gewinnung von Uferfiltrat . . . 55
2.2.2.2 Künstliche Grundwasseranreicherung – Langsamsandfilter . 57
2.2.2.3 Aktivkohlefilter 63
2.2.2.4 Schnellsandfilter (Kiesfilter) . . 63
2.2.3 Rohwasserentnahme aus algenreichen Gewässern 64
2.2.3.1 Anforderungen an die Aufbereitungstechnik 64
2.2.3.2 Maßnahmen gegen Nutzungseinschränkungen 65
2.2.3.3 Störungen der Flockung und Filtration 68
2.2.3.4 Störungen durch Stoffwechsel- und Abbauprodukte 72

2.3 Massenentwicklungen von substratgebundenen Organismen 79
2.3.1 Wachstum von Bakterien und Pilzen – Biofilme 79
2.3.2 Massenentwicklungen von tierischen Benthos-Organismen . . . 84
2.3.2.1 Übersicht der vorkommenden Organismengruppen 85
2.3.2.2 Massenentwicklungen auf der Rohwasserseite 87

2.3.2.3	Massenentwicklungen in Einlaufbauwerken und Aufbereitungsanlagen	87
2.3.2.4	Massenvorkommen in Reinwasserbehältern und im Versorgungsnetz	89
2.3.3	Wachstum von Algen und Bakterien in Kühleinrichtungen und an Wasserbauwerken	90
2.3.3.1	Kühltürme und -kreisläufe	90
2.3.3.2	Rechen- und Siebanlagen, Kanäle und andere wasserbauliche Anlagen	93
2.3.4	Übermäßiges Wachstum von höheren Wasserpflanzen	93
2.4	**Überdauern und Vermehrung von Krankheitserregern**	**94**
2.4.1	Bakteriell bedingte Infektionskrankheiten	95
2.4.2	Erkrankungen durch enterale Viren	99
2.4.3	Erkrankungen durch tierische Parasiten	101
2.4.3.1	Einzeller (Protozoen)	101
2.4.3.2	Wurmerkrankungen	102
2.4.4	Entkeimung von potenziell kontaminiertem Trinkwasser	103
2.4.4.1	Gebot ohne Ausnahme?	103
2.4.4.2	Chemische Inaktivierung von Bakterien und Viren	104
2.4.4.3	Physikalische Inaktivierung oder Rückhaltung von Keimen	106
2.4.4.4	Vor- und Nachteile verschiedener Inaktivierungsverfahren	106
2.5	**Anforderungen an Badegewässer und Badewasser**	**107**
3	**Leistungen der Organismen in Abwasserbehandlungsanlagen**	**111**
3.1	**Biochemische Grundlagen**	**111**
3.1.1	Mikrobieller Umsatz der organischen Substrate	111
3.1.2	Abbau der Abwasserinhaltsstoffe	120
3.1.2.1	Elimination leicht abbaubarer Substrate	120
3.1.2.2	Beeinträchtigung des Umsatzes durch toxische Effekte	120
3.1.2.3	Unzureichende Elimination gesundheitsschädigender Substanzen	125
3.2	**Belebungsverfahren**	**129**
3.2.1	Elimination von organischen Kohlenstoffverbindungen	129
3.2.1.1	Wachstum der Biomasse in einer kontinuierlichen Kultur	129
3.2.1.2	Steuerung des Biomassegehaltes durch Rückführung in den Kreislauf	130
3.2.1.3	Synthese und Abbau von Biomasse	131
3.2.1.4	Struktur des belebten Schlammes	134
3.2.1.5	Sauerstoffeintrag und Turbulenz	143
3.2.1.6	Variabilität der biochemischen Leistung	145
3.2.1.7	Verfahrenstechnische Varianten	147
3.2.1.8	Aerobe Schlammstabilisierung	149
3.2.2	Phosphor- und Stickstoffelimination	150
3.2.2.1	Stickstoff in den Gewässern und im Abwasser	150
3.2.2.2	Nitrifikation	152
3.2.2.3	Denitrifikation	156
3.2.2.4	Phosphorelimination	161
3.3	**Biofilme in der Abwasserreinigung**	**169**
3.3.1	Festbettreaktoren	169
3.3.2	Tropfkörper	170
3.3.2.1	Funktionsweise des Tropfkörperrasens	170
3.3.2.2	Belastung, Schichtdicke und Abbauleistung	171
3.3.2.3	Sauerstoffversorgung und Abbauleistung – Nitrifikation	174
3.3.2.4	Verweilzeit und Abbauleistung	174
3.3.2.5	Besiedlung des Tropfkörpers	175
3.3.3	Membran-Biofilmreaktoren	180
3.3.4	Rotierende Tauchkörper	182
3.3.5	Getauchte Festbetten	183
3.3.6	Biofilmreaktoren mit suspendiertem Trägermaterial	183
3.4	**Naturnahe Verfahren**	**184**
3.4.1	Abwasserteiche	184
3.4.1.1	Unbelüftete Abwasserteiche	184
3.4.1.2	Belüftete Abwasserteiche	193
3.4.1.3	Stauseen zur Speicherung von Abwasser	194
3.4.1.4	Schönungsteiche	195
3.4.2	Pflanzenkläranlagen	196
3.4.2.1	Definition	196
3.4.2.2	Wirkungsweise	196
3.4.2.3	Aufbau, Betriebsweisen, Bemessung, Wirkungsgrad	199

3.4.2.4	Anwendungsbereiche und Leistungsgrenzen	202	3.5.2	Organismen in Anlagen zur Schlammfaulung	207
3.4.2.5	Besondere Anwendungen	203	3.5.3	Anaerobe Abwasserbehandlung	211
3.5	**Anaerobe Abwasser- und Schlammbehandlung**	204	3.5.4	Hygienisierung von Klärschlamm	214
3.5.1	Organismen in Entwässerungssystemen	206		Literaturverzeichnis	217
				Glossar	227
				Stichwortverzeichnis	231

Vorwort

Seit dem Buch „Technische Hydrobiologie. Trink-, Brauch-, Abwasser" von Arno Wetzel (Leipzig 1969) und dem „Handbuch der Frischwasser- und Abwasserbiologie" (München 1958) von Hans Liebmann sind keine zusammenfassenden Darstellungen mehr erschienen, welche die biologischen Aspekte sowohl der Wasserversorgung als auch der Abwasserbehandlung beinhalten. Gerade dieser innere Zusammenhang ist in dicht besiedelten Ländern ein wesentlicher Bestandteil des Wasserkreislaufes und der Wassernutzung. Jede wasserwirtschaftliche Anlage ist Bestandteil eines Wasser-Einzugsgebietes. Die in vielen Fällen wechselseitige Bedingtheit von Wasser und Abwasser erschien den Autoren so wichtig, dass sie versucht haben, ihre vor allem an den Instituten für Hydrobiologie und für Mikrobiologie der Technischen Universität Dresden gewonnenen Erfahrungen mit Vorlesungen auf dem Gesamtgebiet in Form eines Lehrbuches zusammenzufassen. Dabei konnten sie sich auch auf das zuletzt 1988 in dritter Auflage (Jena und Stuttgart) erschienene Buch „Hydrobiologie – Ein Grundriss für Ingenieure und Naturwissenschaftler" des Zweitautors stützen, das allerdings auch die Biologie der Gewässer beinhaltet.

Das vorliegende Buch will vor allem den bereits in der Praxis tätigen sowie den zukünftigen Ingenieuren als Nachschlagewerk dienen bzw. ihnen wasserbiologische Grundlagenkenntnisse vermitteln. Im Interesse der Verständlichkeit wird „Typisches" oft überbetont, dadurch bewegen sich manche Vereinfachungen schon an der Grenze des noch Zulässigen. Die Auswahl der Fallbeispiele erhebt keinen Anspruch darauf, repräsentativ zu sein. Andernfalls hätte sich der umfangreiche Stoff nicht in dem vorliegenden Umfang darstellen lassen. Die Autoren haben versucht, den Lesern die Vielfalt der biologischen Prozesse und Zusammenhänge zu zeigen, die bei der Bemessung und dem Betrieb von Anlagen unbedingt berücksichtigt werden müssen, wenn unerwünschte Nebenwirkungen bezüglich der Wasser- bzw. Ablaufqualität entweder von vornherein vermieden oder ihre Folgen so gering wie möglich gehalten werden sollen. Sie waren bemüht, fremdsprachige biologische Terminologie so sparsam wie möglich zu verwenden.

Das Buch beginnt mit einem allgemeinen Teil, der vor allem Stoffumsatzprozesse beinhaltet, setzt mit der Trinkwassergewinnung aus Grundwasserleitern und Oberflächengewässern fort und schließt mit einer ebenso umfangreichen Darstellung der biologischen Prozesse bei der Abwasserbehandlung ab. Das damit erfasste Gesamtgebiet ist so umfangreich, dass es eigentlich kaum von nur zwei Autoren abgehandelt werden kann. Wenn sich die Verfasser für diesen Wege entschieden haben, so im Interesse einer möglichst einheitlichen Darstellungsweise. Zur Aktualisierung des Buches trugen zahlreiche Fachkolleginnen und Fachkollegen wesentlich bei, die jeweils ein oder auch mehrere Kapitel kritisch durchgesehen oder andere wichtige Hinweise zum Text oder den Abbildungen gegeben haben. Daher oder auch für wichtige technische Hilfeleistungen sind die Autoren folgenden Persönlichkeiten zu großem Dank verpflichtet:

Den Damen Prof. Dr. U. Austermann-Haun, Dr. S. Jähnichen, J. Krause, A. Nienhüser, Priv.-Doz. Dr. U. Obst, C. Scheerer, Dr. C. Schönborn, H. Sütterlin, Dr. A. Wagner sowie den Herren Dr. J. Clasen, Dr. R. Dumke, Prof. Dr. R. Entzeroth, Priv.-Doz. Dr. R. Fischer, Prof. Dr. T. Grischek, Dr. N. Große, Dr. habil. K. Hänel, Dr. R. Hofmann, Prof. Dr. T. Hummel, Dr. K. Kermer, Prof. Dr. H. Klapper, R. Kruspe, Dr. R. Kusserow, Dr. K. P. Lange, F. Ludwig, Dr. E. Nusch, Dr. W. Röske, Dr. P. Rumm, W. Such, Dr. S. Trogisch, Dr. G. J. Tuschewitzki, H. Willmitzer, Dr. A. Wobus.

Dresden, im Juli 2004

Isolde Röske und Dietrich Uhlmann

1 Grundlagen

1.1 Stoffwechsel und Wachstum

Die grundlegende Eigenschaft aller Lebewesen ist der Energie- und Stoffumsatz. Die Grundvoraussetzung für Wachstum und Vermehrung ist das Vorhandensein von Nährstoffen und Energie sowie geeigneten Umweltbedingungen. Bei der Gesamtheit der Stoffumsetzungen in der Zelle muss Arbeit geleistet werden und dafür ist Energie notwendig, wie z. B. für die Synthese neuer Zellbausteine, aber auch für Transport- und Bewegungsprozesse. Die Mikroorganismen, wie die Bakterien, zeichnen sich durch eine enorme Vielfalt ihrer Stoffwechselleistungen aus. Aber auch in jeder Zelle der mehrzelligen Organismen, also der Pflanzen und Tiere, laufen bis zu einigen Tausend unterschiedliche Reaktionen ab.

1.1.1 Stoffwechsel

Den Stoffwechsel eines Lebewesens kann man in **Leistungsstoffwechsel** und **Energiestoffwechsel** unterteilen (Abb. 1.1). Die Gesamtheit der Stoffwechselwege, die für die Energiebereitstellung in der Zelle notwendig sind, wird unter dem Begriff Energiestoffwechsel zusammengefasst. Der Leistungsstoffwechsel umfasst alle Stoffwechselwege, die an der Synthese von Zellmaterial beteiligt sind, wie den Synthesestoffwechsel (Anabolismus) und die Stoffwechselleistungen für Transport und Bewegung. Für den Leistungsstoffwechsel wird Energie in Form von Adenosintriphosphat (ATP, Abb. 1.5) und elektrochemischen Potenzialdifferenzen benötigt. Für reduktive Reaktionen des Synthesestoffwechsels ist es notwendig, Reduktionskraft in Form von reduziertem Nicotinamid-adenin-dinucleotid-phosphat (NADPH, Abb. 1.5b) bereitzustellen.

Es ist die Aufgabe des Energiestoffwechsels, Energie und Reduktionskraft für den Leistungsstoffwechsel zu liefern. Für die Zelle ist Adenosintriphosphat (ATP) die generelle Energiequelle. Man spricht bei Bakterien vom Katabolismus oder Abbau, wenn die Substratmoleküle in

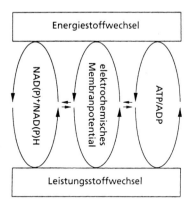

Abb. 1.1 Verknüpfung von Energie- und Leistungsstoffwechsel am Beispiel der Bakterienzelle.

Bruchstücke zerlegt werden. Die Abbauwege können kurz, z. B. beim Acetat, oder lang, z. B. bei Benzoesäure, sein. Die speziellen Abbauwege dienen der Herstellung von kleineren Molekülen (Metaboliten). Beim Katabolismus wird Energie gewonnen, und es werden Bausteine für Synthesevorgänge bereitgestellt. Bei Energieumwandlungen wird ein Teil der Energie als Wärme freigesetzt. Dieser Anteil liegt bei lebenden Systemen bei 30 bis 40 %.

1.1.2 Wachstum und Biomasseproduktion

Zellvermehrung bei Einzellern. Stehen einer Bakterien- oder Algenzelle die benötigten Nährstoffe (Substrate) in ausreichender Konzentration zur Verfügung und hält sich auch die Intensität der anderen Wachstumsfaktoren (z. B. Temperatur, pH-Wert, O_2-Angebot) im optimalen Bereich, vermehren sich die Zellen durch Teilung gemäß der Reihe

2   4   8   16   32   64   …

Die Zellteilung führt zum exponentiellen Anstieg der Zellzahl (Abb. 1.2).

Da bei sehr schnellwüchsigen Bakterienarten die Generationszeit, d. h. das Zeitintervall zwi-

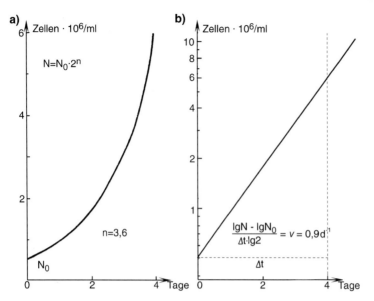

Abb. 1.2 Exponentielles Wachstum einer Zellpopulation. a) Arithmetische Auftragung. b) Halblogarithmische Darstellung. N Zellzahl, n Anzahl der Teilungen, ν Teilungsrate.

schen zwei Verdopplungen, im Bereich von weniger als 1 h liegen kann, z. B. bei 30 min (d. h. Generationszeit g = 0,5 h), nimmt in einem solchen Fall die Zellzahl bereits innerhalb eines Tages um Größenordnungen zu. In einer Stunde erfolgen zwei Verdopplungen (Teilungsrate $\nu = 2\ h^{-1}$).

Bezeichnet man die zu Beginn einer solchen Wachstumsphase vorliegende Gesamtzahl an Bakterienzellen mit N_0, so kann man die Gesamtzahl N nach n Teilungen berechnen:

$$N = N_0\, 2^n \tag{1.1}$$

Durch Logarithmierung erhält man:

$$\lg N = \lg N_0 + n \lg 2 \tag{1.2}$$

Daraus folgt für die Anzahl der Teilungen:

$$n = (\lg N - \lg N_0) / \lg 2 \tag{1.3}$$

Die Darstellung nach Abb. 1.2a ist für die praktische Berechnung der Zellteilung ungeeignet, da man je nach Maßstabswahl entweder nur die ersten oder nur die letzten Zellteilungen genau bewerten kann. Deshalb ist eine halblogarithmische Darstellung zweckmäßig: Auf der logarithmisch geteilten Ordinate wird die Zellzahl N und auf der arithmetisch geteilten Abszisse die Zeit t aufgetragen. Dabei ist der zeitliche Verlauf der exponentiellen Zellteilung durch eine Gerade charakterisiert (Abb. 1.2b). Der Anstieg der Geraden entspricht der Teilungsrate ν.

$$\nu = \frac{n}{\Delta t} = \frac{\lg N - \lg N_0}{\lg 2\,(t - t_0)} \tag{1.4}$$

Dabei ist Δt das betrachtete Zeitintervall, in dem sich die Zellzahl von N_0 (bei t_0) auf N (zur Zeit t) erhöht.

Wachstumskinetik einer Bakterien-Standkultur. Bei der praktischen Bewertung des Zellwachstums besitzt die Zellzahl eine untergeordnete Bedeutung. Viel wichtiger ist die Bakterien- bzw. Biomasse als Maß für das Wachstum der Organismen in einer Nährlösung. Die Biomasse wird durch die Trockenmassebestimmung in mg Trockengewicht/l ermittelt. Zellmasse und Zellzahl entwickeln sich nicht immer proportional zueinander, denn die Zellgröße kann z. B. in verschiedenen Nährmedien durchaus unterschiedlich sein. Die Geschwindigkeit des Wachstums ist zu jedem Zeitpunkt der jeweils vorhandenen Biomasse X proportional. Während der exponentiellen Wachstumsphase gilt damit für das Wachstum der Mikroorganismen:

$$\frac{dX}{dt} = \mu X \tag{1.5}$$

mit der konstanten spezifischen Wachstumsrate μ (Dimension h^{-1})

Die Integration von Gleichung 1.5 ergibt die Zunahme der Biomasse:

$$X(t) = X_0\, e^{\mu t} \tag{1.6}$$

mit X_0 als Biomasse zur Zeit t = 0. Die spezifische Wachstumsrate μ hängt von der Art der Organismen, vom vorhandenen Substrat- bzw. Nährstoffangebot und anderen Milieufaktoren wie Temperatur und pH-Wert ab. Sind die jeweiligen Bedingungen optimal, dann wachsen die Organismen mit der maximalen spezifischen Wachstumsrate μ_{max}. Zwischen μ und der Verdopplungszeit t_d der Biomasse von X_0 auf $2\,X_0$ besteht die Beziehung:

$$\mu = \frac{\ln 2}{t_d} = \frac{0{,}693}{t_d} \quad (1.7)$$

In einem Belebungsbecken (Kap. 3.2) zur Reinigung organischer Abwässer setzen sich jeweils die Organismen durch, die unter den gegebenen Umweltbedingungen die höchste Wachstumsrate besitzen. Die Auswahlbedingungen bestehen in dem vorhandenen Gefüge der physikalischen, chemischen und biologischen Faktoren. Eine Koexistenz unterschiedlicher Arten von Mikroorganismen ergibt sich also nur bei gleichen Wachstumsraten unter gleichen Umweltbedingungen. Sie ist aber auch bei ungleichen Wachstumsraten möglich, wenn die Verlustraten der langsam wachsenden Arten gering sind.

Für die Beschreibung des Zusammenhanges zwischen der Wachstumsrate μ einer Organismenart und der Konzentration K_S des jeweils wachstumsbegrenzenden/limitierenden Substrats S (d. h. desjenigen Nährstoffes in der Nährlösung, der zuerst aufgebraucht wird) gilt nach Monod (1942, s. FRITSCHE 2002) der Zusammenhang (Abb. 1.3a):

$$\mu = \mu_{max} \frac{S}{K_S + S} \quad (1.8)$$

Dabei ist K_S die Substratkonzentration, bei der die Hälfte (50 %) der maximalen Wachstumsrate erreicht wird. Die Wachstumskinetik der Bakterien-Mischpopulation im Belebungsbecken und die Vielzahl der Abwasserinhaltsstoffe bilden ein sehr komplexes System, das eigentlich mit diesem enzymatischen Ein-Substrat-Modell nicht zu vergleichen ist. Trotzdem lässt sich das Wachstumsverhalten der Mischpopulation in einem Belebungsbecken durch den enzymkinetischen Ansatz (Kap. 1.1.4) so genau beschreiben, dass eine sichere Betriebssteuerung und eine genaue Modellierung des Prozesses möglich sind.

Die Bakterien und andere Einzeller vermehren sich mit der maximalen spezifischen Wachstumsrate μ_{max}, wenn $S \gg K_S$ und die übrigen Umweltbedingungen optimal sind. Die Größe von μ_{max} ist spezifisch sowohl für das jeweilige Substrat als auch für die jeweilige Organismenart. Für den Substratbereich bzw. Nährstoffkonzentrationen $S \gg K_S$ folgt damit das Wachstum der Mikroorganismen einer Reaktion 0. Ordnung. Die Konstante K_S hat den Wert derjenigen Konzentration des limitierenden Substrats/Nährstoffs, bei welcher für die spezifische Wachstumsrate folgende Beziehung zutrifft:

$$\mu = \mu_{max} / 2 \quad (1.9)$$

Je kleiner der K_S-Wert ist, desto größer ist das Bestreben der Zelle zur Substrataufnahme. Der Zahlenwert von K_S für das Wachstum des Darmbakteriums *Escherichia coli* beträgt für Glucose als limitierendes Substrat 3,96 mg/l. Dies ist eine im Vergleich zu Abwasser ziemlich niedrige Konzentration. Für den Bereich $S \ll K_S$ erfolgt das Wachstum nach einer Reaktion 1. Ordnung:

$$\mu \approx S \frac{\mu_{max}}{K_S} \quad (1.10)$$

Die Wachstumsrate ist in diesem Bereich näherungsweise der Substrat- bzw. Nährstoffkonzentration proportional. Je steiler hier die Wachstumskurve, umso stärker ändert sich die spezifische Wachstumsrate bereits bei einer geringen Verschiebung der Substratkonzentration. Das Wachstum der Mikroorganismen führt zu einer Zunahme der Biomasse. Diese ist dem Substratverbrauch dS/dt proportional. Solange sich das Nährmedium in seiner Qualität nicht wesentlich ändert und keine Hemmung durch irgendwelche Endprodukte des Stoffwechsels auftritt, besteht zwischen dem Zuwachs und dem zugehörigen Nährstoffverbrauch der sich vermehrenden Zellen ein konstantes Verhältnis

$$\frac{dX}{dt} = Y \frac{dS}{dt} \quad (1.11)$$

mit dem Zellertrag Y (Y engl. yield) in g TS/g Substrat. Der Zellertrag ist Ausdruck dafür, welcher Anteil der Nährstoffe in Biomasse umgewandelt wird. Ideal für die biologischen Abwasserreinigungsverfahren wären Organismen, die bei hohen Substratkonzentrationen wenig Biomasse produzieren, weil andernfalls zu viel Überschussschlamm gebildet wird.

Der Ertrag Y liegt beispielsweise in folgenden Größenordnungen:
- Reinkultur *Pseudomonas* sp. ca. 0,4 g TS/g Fructose,

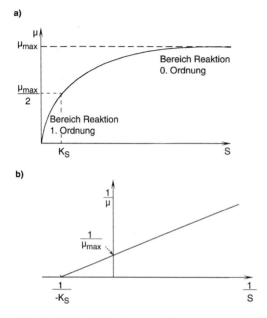

Abb. 1.3 Abhängigkeit der Vermehrungsrate (Wachstumsrate) μ bei Bakterien von der Substratkonzentration S (Monod-Kinetik). a) Grafische Darstellung der Monod-Gleichung μ_{max} = maximale Vermehrungsrate, K_s = Halbsättigungskonstante. b) Linearisierung (grafische Ermittlung von K_s und μ_{max}).

- Bakterien des belebten Schlammes ca. 0,4 g TS/g Acetat,
- Überschussschlammproduktion ca. 0,85 kg TS/kg abgebautem BSB_5 (Kap. 3.2).

Die Monod-Gleichung für das Wachstum der Mikroorganismen (Gleichung 1.8) hat die gleiche mathematische Form wie die Michaelis-Menten-Beziehung (siehe Gleichung 1.22) für den enzymatischen Abbau eines Einzelsubstrats. Dies ergibt sich aus der funktionellen Ähnlichkeit beider Prozesse, denn das Wachstum von Mikroorganismen ist die Resultierende der Prozesse:
- Adsorption von Nährstoffen auf der Zelloberfläche,
- Aufnahme der Nährstoffe in das Zellinnere, aktiver Transport durch die Cytoplasmamembran,
- enzymatische Umwandlung der Nährstoffe im Zellinneren.

Wie bei der Linearisierung der Michaelis-Menten-Gleichung (Gleichung 1.22) kann man eine ähnliche Linearisierung zur Bestimmung der Konstante K_S und μ_{max} aus Gleichung 1.8 durchführen (Abb. 1.3b):

$$\frac{1}{\mu} = \frac{1}{\mu_{max}} + \frac{K_S}{\mu_{max}} \cdot \frac{1}{S} \quad (1.12)$$

Wachstumskinetik einer kontinuierlichen Kultur. Das Wachstum von Mikroorganismen kann zweckmäßig in einer kontinuierlichen Kultur untersucht werden (Abb. 1.4). Dabei wird der Population, die sich in einem Fermenter befindet, ständig neue Nährlösung zugeführt, gleichzeitig werden die gewachsenen Zellen mit der verbrauchten Nährlösung über den Überlauf des Fermenters entfernt (Chemostat-Prinzip). Je mehr Nährlösung über den Zufluss in den Fermenter gelangt, umso schneller können die Mikroorganismen wachsen. Mit steigendem Zufluss erhöht sich aber auch die Verdünnungsrate D. Die Verdünnungsrate D ist das Verhältnis von Zuflussrate zum Füllvolumen des Fermenters und hat die Dimension h^{-1}. Gemäß Gleichung 1.5 ist die Wachstumsrate der reziproken Verdopplungszeit proportional, daher ist die Abnahme der Verdopplungszeit in Abb. 1.4 ein Maß für den Anstieg der Wachstumsrate.

Die pro Zeiteinheit gebildete Biomasse, der Bakterienertrag in g/l h, steigt bis zum Zustand D_m (maximale Verdünnungsrate) entsprechend der maximalen Wachstumsrate an, was an der nahezu konstant bleibenden Bakteriendichte im Chemostaten erkennbar ist. Bei dieser hohen Verdünnungsrate werden dann in zunehmendem Umfang Substratmoleküle ausgewaschen, bevor sie genutzt werden können. In gleicher Weise werden mit zunehmender Verdünnungsrate auch Bakterienzellen ausgetragen, bevor sie sich teilen konnten. Vom Zustand D_c (kritische Verdünnungsrate) an erfolgt die Auswaschung.

Die Biomassebildung und -entfernung in einer kontinuierlichen Kultur beträgt:

$$\text{Biomasseproduktion: } \frac{dX}{dt} = \mu X \quad (1.13)$$

Biomasseverluste durch Ausschwemmung:

$$D X = -\frac{dX}{dt} \quad (1.14)$$

Im Fließgleichgewicht ist:

$$\frac{dX}{dt} = \mu X - D X = 0 \quad (1.15)$$

und der Zuwachs an Biomasse ist identisch mit der Verdünnungsrate. Die Anlagen der Abwasser-

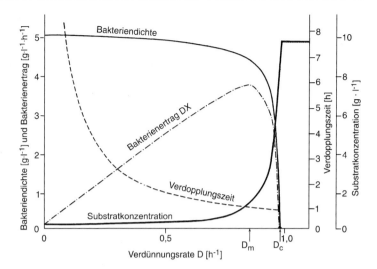

Abb. 1.4 Beziehungen zwischen den für das Zellwachstum maßgebenden Parametern in einer kontinuierlichen Kultur (nach FRITSCHE 2002). Die Verdünnungsrate D gibt die Volumenwechsel pro Stunde an. Mit zunehmender Verdünnungsrate steigt die Wachstumsrate µ, wie die Abnahme der Verdopplungszeit anzeigt. Bei D_m erreicht die Wachstumsrate ihr Maximum. D_c ist der kritische Auswaschpunkt, bei dem D bereits größer ist als µ, die Bakterienzellen werden ausgewaschen.

reinigung werden im stationären Zustand, d. h. im Fließgleichgewicht der Biomasse betrieben. In einem kontinuierlichen Reaktor, wie im Belebungsbecken, kann eine Art von Mikroorganismen nur überleben, wenn ihre Wachstumsrate größer als die Auswaschungsrate ist, die durch die hydraulische Aufenthaltszeit vorgegeben wird. Aus dem gleichen Grund muss die Wachstumsrate der Organismen, die an Flocken gebunden sind, dem sog. Schlammalter (Kap. 3.2) entsprechen.

Zu den besonders wichtigen mikrobiellen Aktivitäten zählen die Aufnahmegeschwindigkeiten für organische Substrate, Phosphat, Ammonium und Sauerstoff. Aktivität bzw. Wachstum sind dann am größten, wenn die Intensitäten der chemischen Wachstumsfaktoren „harmonisiert" sind, d. h. dem durchschnittlichen Massenverhältnis in der Biomasse

$$C_{106}N_{16}P_1$$

entsprechen. Je mehr ein Nährstoff in seiner Konzentration von dieser „idealen" molaren Relation abweicht, in desto höherem Maße begrenzt er als sog. **Minimumfaktor** die Aktivität oder das Wachstum. Beispielsweise sind manche Abwässer der chemischen und der kohleveredelnden Industrie sehr arm an Phosphat. In einem solchen Fall setzt eine wirksame Reinigung im Belebungsverfahren voraus, dass Phosphat zugegeben wird, z. B. durch Beimischung von kommunalem Rohabwasser, das sich durch einen im Verhältnis zum organischen Kohlenstoff hohen P-Gehalt auszeichnet. Andererseits kann ein Gehalt an gelösten N-Verbindungen, der weit über die molare Relation

$$C:N = 106:16 = 6{,}6:1$$

hinausgeht, von den Bakterien nicht für ihr Wachstum genutzt werden.

Bildung von Biomasse. Atmung. Die Elementarzusammensetzung von Bakterien-Biomasse entspricht ungefähr der folgenden Bruttoformel (Redfield Ratio):

$$\text{Biomasse} \approx \text{organische Trockenmasse}$$
$$\approx C_{106}H_{180}O_{45}N_{16}P_1$$

Die chemische Zusammensetzung von Algen, Höheren Wasserpflanzen, wirbellosen Wassertieren und Fischen ist sehr ähnlich. Aus der obigen Bruttoformel wird deutlich, dass für die Synthese von Bakterien-Biomasse neben einer Kohlenstoff- (und Energie)quelle auch anorganischer Stickstoff (in der Regel Ammonium) sowie Phosphat benötigt werden. Während das Verhältnis C:N mit ca. 6,6 relativ konstant bleibt, unterliegen je nach Ernährungszustand und Gehalt an Speicherstoffen die H- und O-Anteile großen Schwankungen. Manche Bakterien und Algen, die in der Lage sind, Polyphosphate zu speichern, besitzen einen im Verhältnis zum „Normalwert" $C_{106}N_{16}P_1$ stark erhöhten P-Gehalt.

Die Stoffwechsel- und Wachstumsstrategie der meisten Organismen besteht darin, einen möglichst großen Anteil der aufgenommenen organischen Substanzen in Zellbiomasse, also vor allem Aminosäuren und Proteine, umzuwandeln. Überschüsse werden als Speicherstoffe angelegt. Dazu gehören u. a. Glykogen, Stärke, Fette und polymerisierte Fettsäuren. Für alle Stoffwandlungs- und Syntheseprozesse wird aber Energie benötigt, die teilweise aus dem Substrat-Abbau, teilweise aus Speicherstoffen, stammt. Der bei weitem wichtigste zellinterne Speicher an biochemischer Energie ist das Adenosintriphosphat (ATP). Es handelt sich dabei um eine Verbindung, die aus einer aromatischen Stickstoffbase, einem Kohlenhydrat und drei Phosphatgruppen (PO_4^{3-}) besteht (Abb. 1.5). Die Verknüpfungen dieser Phosphatreste stellen energiereiche chemische Bindungen dar, deren Energie bei einer Spaltung der Bindung chemisch nutzbar wird. Die Abspaltung einer Phosphatgruppe und ihre Übertragung auf ein geeignetes Substratmolekül, vor allem Glucose, führt zu dessen „Aktivierung", d. h. dem Beginn des biochemischen Abbaus.

Der „Brennstoff" für die Gewinnung von biochemischer Energie, d. h. ATP, ist vor allem der aus dem Substratmolekül abgespaltene und an sog. Cofaktoren bzw. Coenzyme gebundene Wasserstoff. Sehr summarisch kann man den mikrobiellen Abbau von Glucose folgendermaßen beschreiben:

Die Glucose wird bei der **Atmung** der Bakterien wie auch der anderen Organismen unter aeroben Bedingungen über die Schritte Glykolyse, Pyruvat-Dehydrogenase und Tricarbonsäure-Cyclus (Kap. 1.1.4, 3.1.1) vollständig zu CO_2 oxidiert.

Nicht alle freigesetzte Energie kann in ATP „investiert" werden. Ein Teil davon wird sofort wieder für Umbau- und Transportprozesse verbraucht. Dies bedeutet, dass ein Anteil des abgebauten „Brennstoffs" veratmet wird. Der Wirkungsgrad der biochemischen Maschinerie ist zwar wesentlich höher als bei einem Verbrennungsmotor, liegt aber dennoch weit unter 100 %.

1.1.3 Phototrophe und chemotrophe Organismen

Um die Mannigfaltigkeit der Organismen überschaubar zu gestalten, kann man eine Untergliederung nach ihrem Stoffwechsel vornehmen. Beim Stoffwechsel der Mikroorganismen muss die Energiequelle und die Kohlenstoffquelle betrachtet werden. Bezieht man die Untergliederung auf die Energiequelle, kann der Stoffwechsel auf zwei Grundprozesse zurückgeführt werden, die

$$C_6H_{12}O_6 + 6\,H_2O \rightarrow 6\,CO_2 + 12\,H_2 \quad \text{(Substratabbau)}$$
$$12\,H_2 + 6\,O_2 \rightarrow 12\,H_2O + 2872\,kJ \quad \text{(Wasserstoffoxidation)} \quad (1.16)$$
$$C_6H_{12}O_6 + 6\,H_2O + 6\,O_2 \rightarrow 6\,CO_2 + 12\,H_2O + 2872\,kJ$$

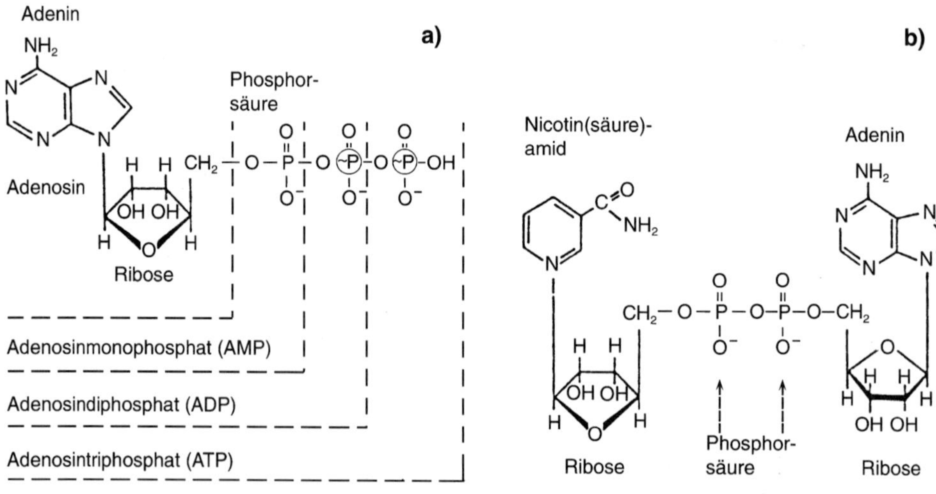

Abb. 1.5 Struktur des Energiespeichers Adenosintriphosphat (a) sowie des Coenzyms Nicotinamid-adenindinucleotid (NAD^+) (b). Letzteres übernimmt den durch Dehydrogenasen abgespaltenen Wasserstoff. Etwas verändert nach SCHLEGEL (1992).

Phototrophie und die Chemotrophie (trophie: griech. trophein – ernähren).

Phototrophe Organismen nutzen als Energiequelle Licht, chemotrophe Organismen chemische Verbindungen. Phototrophe Organismen wandeln Lichtenergie in chemische Energie um. Die Energie wird dabei in den Bindungen organischer Moleküle festgelegt. Dieser Prozess wird als **Photosynthese** bezeichnet. Photosynthese ist die Assimilation des Kohlendioxids in den höheren Pflanzen, den Algen sowie den Cyanobakterien mit Hilfe des Sonnenlichtes unter Aufbau von Kohlenhydraten nach der Bruttogleichung:

$$6\,CO_2 + 6\,H_2O \rightarrow C_6H_{12}O_6 + 6\,O_2 \quad (1.17)$$

Bei **chemotrophen** Organismen ist zwischen der Nutzung organischer und anorganischer Verbindungen zu unterscheiden: Man spricht von **chemoautotrophen** Organismen, wenn organische Energiequellen genutzt werden und von **chemolithotrophen** Organismen, wenn die Energiegewinnung aus der Oxidation anorganischer Verbindungen erfolgt (NH_4^+, NO_2^-, S^{2-}, S, $S_2O_3^{2-}$, Fe^{2+}, CO, H_2). Für eine weitere Untergliederung wird die Art der Kohlenstoffquelle verwendet. Werden von den Organismen organische Stoffe zum Aufbau der Zellsubstanz genutzt, bezeichnet man diese als **heterotroph**. Die Organismen werden **autotroph** genannt, wenn sie CO_2 assimilieren.

Für eine weitere Unterteilung nutzt man die Art des Elektronendonators und des Elektronenakzeptors. Die Art der Nutzung des Elektronenakzeptors führt zur Differenzierung in aerobe und anaerobe Prozesse. Von den aeroben Organismen wird Sauerstoff als Elektronenakzeptor genutzt.

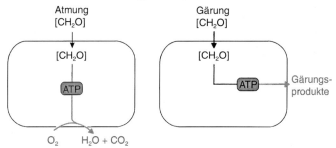

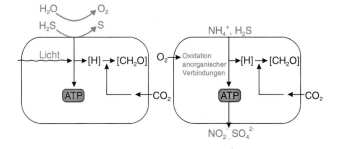

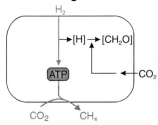

Abb. 1.6 Haupttypen des mikrobiellen Stoffwechsels. Die Energiewandlungsprozesse sind grau, die C-Assimilatoren schwarz dargestellt. [CH$_2$O] steht für die Grundstruktur der Kohlenhydrate.

Tab. 1.1 Ernährungstypen der Wasserorganismen.

Organismengruppe	Funktion	Ernährungsgrundlage
Bakterien und Pilze	Abbau, Chemosynthese und andere Stoffwandlungen	leicht verwertbare (vorwiegend gelöste) organische Substanzen
Algen und Höhere Pflanzen	Photosynthetische Produktion von organischem Material und von Sauerstoff	(vorwiegend) anorganische Kohlenstoff- und Stickstoffverbindungen, Phosphat
Tiere	Verwertung von partikelgebundenem organischen Material	Schwebstoffe einschl. Plankton, Sedimente, Biofilme, andere Tiere

Die anaeroben Organismen verwenden als Akzeptor z. B. Sulfat und Nitrat (anaerobe Atmung) oder sie übertragen Elektronen auf organische Akzeptoren, die beim Abbau von organischen Substraten gewonnen werden (Gärungen).

Atmung und **Gärung** sind die Haupttypen der Chemoorganotrophie. Die Vielfalt der Stoffwechseltypen ist in Abb. 1.6 dargestellt.

Ernährungstypen der Wasserorganismen. Hinsichtlich ihrer Funktion in Gewässern und wasserwirtschaftlichen Anlagen kann man die Organismen in drei Gruppen unterteilen, die sich in ihrer Ernährungsgrundlage unterscheiden (Tab. 1.1).

In Gewässern, die nicht durch Einleitung von Abwässern bzw. durch Pflanzennährstoffe überlastet sind, reicht die Sauerstoffaufnahme aus der Atmosphäre normalerweise für die Mineralisierung von überschüssigem organischem Material aus, ohne dass ein zu großes O_2-Defizit entsteht. Beim aeroben mikrobiellen Abbau von Biomasse werden anorganischer Kohlenstoff, Ammonium und Phosphat freigesetzt, und zwar ungefähr in den folgenden Proportionen:

1.1.4 Enzyme

Enzyme sind die für biochemische Reaktionen verantwortlichen Katalysatoren (Abb. 1.7). Sie sind Proteinmoleküle von charakteristischer Struktur. Bakterienprotein besteht zu 80 bis 90 % aus Enzymen. Das Bakterium *Escherichia coli* enthält ca. 4 Millionen Enzymproteine, davon etwa 1000 verschiedene (FRITSCHE 2002). Enzyme besitzen Molekulargewichte zwischen Zehntausend und einigen Millionen. Jedes Enzym hat eine spezifische dreidimensionale Struktur. Die lineare Anordnung von Aminosäuren, d. h. die Primärstruktur der Proteine, faltet und verdreht sich in eine spezifische Konfiguration und bildet die Sekundär- und Tertiärstruktur.

Nach ihrem Wirkungsort werden die Enzyme unterteilt in:
- **intrazelluläre Enzyme:**
  In der Zellflüssigkeit gelöst oder an bestimmte Zellstrukturen gebunden.
- **Ektoenzyme:**
  An der Zellwand haftend und nur nach außen wirkend.

$$C_{106}H_{180}O_{45}N_{16}P_1 + 118{,}5\ O_2 \rightarrow 106\ CO_2 + 66\ H_2O + 16\ NH_3 + PO_4^{3-} + \text{Energie} \qquad (1.18)$$

Diese Nährstoffe können von neuem genutzt werden, vor allem für die Bildung von Algen-Biomasse. Bei Tieren werden die in der Nahrung enthaltenen N- und P-Verbindungen, soweit ihre Konzentrationen den Eigenbedarf für den Baustoffwechsel übersteigen, mit dem Kot und Harn abgegeben.

- **extrazelluläre Enzyme:**
  An das umgebende Medium abgegebene und außerhalb der Zelle wirkende Enzyme. Diese Enzyme werden u. a. zur Zersetzung partikulärer Abwasserinhaltsstoffe benötigt.

Neben dem reinen Protein-Anteil (Apoenzym) sind für die katalytische Aktivität vieler Enzyme Cofaktoren notwendig, nämlich Coenzyme (Cosubstrate, Transportmetaboliten), prosthetische Gruppen, Metallionen und/oder Effektoren.

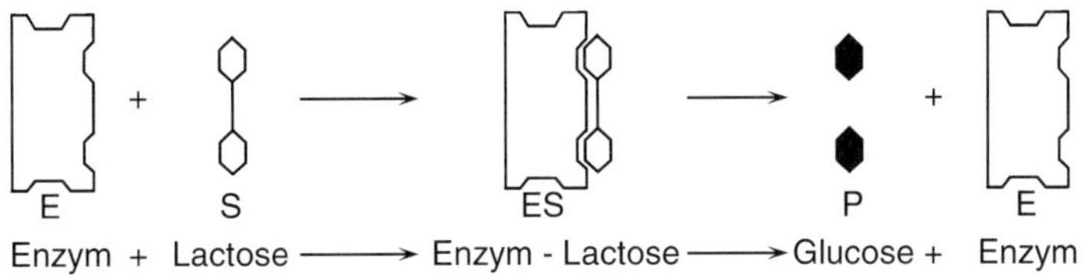

Abb. 1.7 Reaktion zwischen Enzym und Substrat. ES = Enzym-Substrat-Komplex.

Enzym + Lactose ⟶ Enzym - Lactose ⟶ Glucose + Enzym

Coenzyme sind meistens recht locker an das Enzymmolekül gebunden, seltener dauerhaft (z. B. als sog. prosthetische Gruppe). Ein einzelnes Coenzymmolekül kann zu verschiedenen Zeiten mit unterschiedlichen Enzymen assoziiert sein. Coenzyme transportieren Wasserstoff, Elektronen oder Molekülgruppen von einem Enzymmolekül zum anderen. Für die spezifische katalytische Wirkung sind funktionelle Gruppen im Enzymmolekül verantwortlich, die aus bestimmten Aminosäuren bestehen, sie bezeichnet man als „aktives Zentrum". Durch die dreidimensional gefaltete Struktur des Moleküls entsteht eine taschenartige Vertiefung, in der sich dieses „aktive Zentrum" mittels hydrophober (wasserabstoßender) Wechselwirkungen, Wasserstoffbrücken, Ionenbindungen und/oder kovalenter Bindungen ausbildet. Coenzyme werden im „aktiven Zentrum" gebunden.

Die Enzyme sind hochspezifisch für bestimmte Reaktionen; aber das gleiche Coenzym kann von verschiedenen Enzymen gebunden werden und so gleiche Reaktionen an verschiedenen chemischen Substraten katalysieren bzw. mit dem zu übertragenden Molekülteil beladen werden oder diesen abgeben. Die Gesamtzahl der Enzymreaktionen und damit der Ab- und Umbaumöglichkeiten ist außerordentlich groß, zumal oft die Möglichkeit der freien Kombination zwischen den Proteinkomplexen der Enzyme einerseits und den Coenzymen andererseits besteht. Dadurch ist auch eine Anpassung an „neue" Substrate möglich, die dem Organismus bisher unbekannt waren und die in der Natur nicht auftreten. Dazu gehören z. B. Nitrophenole, Chloranilin und sehr viele weitere Chloraromaten bzw. Fremdstoffe.

Das Anpassungsvermögen der Bakterien kann in Kombination mit der im Vergleich zu höheren Organismen sehr kurzen Generationsdauer zu einer Auslese von Bakterienarten führen, die gegen toxische Substanzen bzw. gegen Arzneimittel (insbesondere Antibiotika) weitgehend resistent sind. Viele Abwässer der chemischen Industrie stellen hohe Anforderungen an die enzymatische Ausrüstung und Anpassungsfähigkeit der Mikroorganismen. Offenbar gibt es nur wenige Stoffgruppen, für deren Abbau die Bakterien gar kein „Rezept" finden. Wenn sich jedoch mit der Zeit z. B. Enzyme gebildet haben, die zum Abbau von besonders toxischen Verbindungen befähigt sind, bedeutet dies noch nicht, dass Abbaugeschwindigkeit und -stabilität für eine großtechnische Nutzung ausreichen.

Die Unterscheidung zwischen Naturstoffen und Fremdstoffen ist nicht ganz eindeutig. Heute weiß man, dass z. B. bestimmte organische Chlorverbindungen auch in der Natur vorkommen. Sehr viel mehr Vertreter dieser Gruppe aber sind Fremdstoffe industrieller Herkunft. Arten von Mikroorganismen, die ein breites Spektrum von Naturstoffen nutzen können, kommen auch am ehesten für den Abbau von Fremdstoffen in Frage. Dabei ist meistens eine längere Anpassung bzw. Auslese erforderlich.

Einteilung der Enzyme. Die Kennzeichnung der Enzyme erfolgt durch die Endung „ase" an das umsetzbare Substrat, z. B. Peptidase für Peptide spaltende Enzyme oder an die spezifische Reaktion, z. B. Oxidoreduktasen für Enzyme, die Wasserstoff und Elektronen übertragen.

Auf Grund der Funktionen unterscheidet man 6 Hauptgruppen, die noch in weitere Untergruppen aufgeteilt werden.

- **Oxidoreduktasen:** Wasserstoff- und elektronenübertragende Enzyme, verantwortlich für Oxidations- und Reduktionsprozesse.
  Beispiel: Die Enzyme, die von den Substraten Wasserstoffatome abspalten, werden als Dehydrogenasen bezeichnet. Der abgespaltene Wasserstoff wird oftmals auf das Coenzym NAD übertragen (Nicotinamid adenin-dinucleotid, auch als Diphospho-pyridin-nucleotid bezeichnet, Abb. 1.5b).

$$C_2H_5OH + NAD^+ \rightarrow CH_3CHO + NADH + H^+$$
Ethylalkohol   Azetaldehyd

(1.19)

- **Transferasen:** Enzyme, welche die Übertragung spezifischer Gruppen wie z. B. -COOH,

-NH₂ von einem Donator auf einen Akzeptor katalysieren.
- **Hydrolasen:** Bewirken durch Zuführung von Wasser eine Spaltung in niedermolekulare Teilstücke.
Beispiel:

$$C_{12}H_{22}O_{11} + H_2O \rightarrow C_6H_{12}O_6 + C_6H_{12}O_6$$
$$\text{Saccharose} \qquad \qquad \text{1 mol} \quad \text{1 mol}$$
$$\qquad \qquad \qquad \qquad \text{Fructose} \quad \text{Glucose}$$
$$(1.20)$$

- **Lyasen:** Katalysieren Eliminierungsreaktionen unter Bildung von Doppelbindungen oder Additionen an Doppelbindungen, C-C-Lyasen, C-N-Lyasen wie z.B. Ammoniak-Lyasen.
- **Isomerasen:** Bewirken reversible Umwandlungen isomerer Verbindungen, d.h. solcher mit unterschiedlicher Anordnung der Atome im Molekül, daher unterschiedlichen Eigenschaften.
- **Ligasen** (Synthetasen): Katalysieren die Verknüpfung zweier Moleküle gekoppelt an die Spaltung einer energiereichen Bindung, also meistens unter ATP-Verbrauch.

Wirkungsweise von Enzymen. Die Stoffwechselreaktionen werden durch Enzyme katalysiert. Jedes Enzym wirkt substrat- und reaktionsspezifisch. Regulationsmechanismen sorgen dafür, dass in der Zelle jeweils nur die Enzyme gebildet werden, die zur Verwertung eines bestimmten Substrates und zur Synthese der Zellbestandteile notwendig sind.

- **Substratspezifität:** Durch die Struktur des Proteinanteils besitzt das Enzym die Fähigkeit zum Erkennen bestimmter chemischer Strukturen. Jedes Enzym setzt nur eine bestimmte Gruppe von Verbindungen um, es „kennt" u. U. nur ein Substrat (z.B. Harnstoff, aber schon nicht mehr die substituierte Verbindung Methylharnstoff). Dies ist vergleichbar mit einer Maschine, welche nur die Werkstücke verarbeitet, die sie als solche erkannt hat. Erkennungsmerkmale sind die räumliche Anordnung der Atome im Substratmolekül und deren Ladungsverhältnisse. Bei geringer Substratspezifität können auch chemisch verwandte, in der Struktur ähnliche Substrate umgesetzt werden.
- **Reaktionsspezifität:** Das Enzym führt an „seinem" Substrat nur einen der möglichen Umwandlungsprozesse durch (z.B. die Abspaltung einer Aminogruppe), denen diese Verbindung unterliegen kann. Es gibt neben hochspezifischen Enzymen auch solche mit relativ breitem Wirkungsspektrum.

In ihrer Wirkung sind die Enzyme meistens an einen relativ eng begrenzten Temperatur- und pH-Bereich gebunden. Die meisten Enzyme werden bei $pH > 9{,}5$ und $pH < 3{,}5$ inaktiviert, was vor allem durch ihren Eiweißcharakter zu erklären ist. Ausnahmen sind die für die Oxidation von Schwefel oder Sulfid verantwortlichen Enzyme bei bestimmten Bakterien, die zum Teil noch bei pH 1 aktiv sind. Andererseits wirkt ein pH-Anstieg auf 10 bis 11, als Resultat der Photosynthese, für viele Bakterien hemmend. Allerdings sind die Mikroorganismen in der Lage, innerhalb der Zelle den pH-Wert auch dann im Bereich 6 bis 7 zu halten, wenn er im Wasser wesentlich höher oder niedriger ist.

Kinetik enzymkatalytischer Prozesse. Der Mechanismus einer enzymatisch katalysierten Reaktion lässt sich in Einzelschritten darstellen. Der erste Schritt besteht in der Bildung eines Enzym-Substrat-Komplexes ES (Gleichung 1.21, Abb. 1.7). Die Reaktionsfähigkeit des Substrates wird dadurch gesteigert. Im zweiten Schritt erfolgt die Umsetzung des Enzym-Substrat-Komplexes in das Produkt. Der dritte Schritt ist die Zerlegung des entstandenen Produkt-Enzym-Komplexes in Enzym und Produkt.

Dies lässt sich durch folgende Beziehung darstellen:

$$E + S \underset{k_{-1}}{\overset{k_1}{\rightleftharpoons}} \{ES \rightarrow EP\} \overset{k_2}{\longrightarrow} E + P$$
$$(1.21)$$

Die Reaktionsgeschwindigkeit wird durch die Konstanten k_1, k_{-1} und k_2 festgelegt.

k_1, k_{-1}, k_2 Geschwindigkeitskonstanten; die Geschwindigkeitskonstante k_{-1} zeigt, dass die Bildung des Enzym-Substrat-Komplexes reversibel sein kann.
P   Produkt.

Bereits 1913 stellen Michaelis und Menten fest, dass k_2 wesentlich kleiner als k_1 ist und somit die Reaktionsgeschwindigkeit bestimmt. Der Quotient $\dfrac{k_1}{k_{-1} + k_2}$ wird als Michaelis-Menten-Konstante K_m bezeichnet. Jeder Enzym-Substrat-Komplex besitzt einen spezifischen K_m-Wert.

Wenn alle vorhandenen Enzymmoleküle mit Substratmolekülen beladen sind, ist die maximale Reaktionsgeschwindigkeit erreicht. Dies drückt die Michaelis-Menten-Gleichung aus (Abb. 1.8a).

$$v = v_{max} \frac{S}{K_m + S} \quad (1.22)$$

v   Reaktionsgeschwindigkeit [g / (g · h)]
    v_{max} wird erreicht, wenn $S \gg K_m$ ist, bei $S = 100\ K_m$ beträgt die Abweichung von v_{max} weniger als 1 %.
K_m Michaelis-Menten-Konstante (mg/l); Sie entspricht der Substratkonzentration, bei der $v = 0{,}5\ v_{max}$ ist. Ein Substrat ist um so besser abbaubar, je kleiner K_m ist. Ein kleiner K_m-Wert zeigt, dass bereits bei geringer Substratkonzentration eine große Aktivität erreicht wird. Große K_m-Werte entsprechen einer geringen Enzymaktivität.
S   Substratkonzentration (mg/l).

Zur Ermittlung der Reaktionskonstanten v_{max} und K_m kann man Linearisierungsdiagramme mit transformierter Darstellung nach LINEWEAVER und BURK nutzen:

$$\frac{1}{v} = \frac{1}{v_{max}} + \frac{K_m}{v_{max}\ S} \quad (1.23)$$

Dazu werden bei verschiedenen Substratkonzentrationen die Umsatzgeschwindigkeiten gemessen und als Reziprokwerte aufgetragen (Abb. 1.8b). Bei bestimmten Proportionen von S und K_m kann die Darstellung der Reaktion vereinfacht werden:

Reaktion 0. Ordnung

$$S \gg K_m \rightarrow v \approx v_{max} \quad (1.24)$$

Bei sehr hohen Substratkonzentrationen (S >100 K_m) sind nahezu alle Enzymmoleküle substratgesättigt, d. h. liegen als Enzym-Substrat-Komplex vor, so dass durch eine Erhöhung der Substratkonzentration, solange der Gehalt an Biomasse bzw. Enzymen nicht zunimmt, keine Steigerung der Leistung mehr erreicht wird.

Reaktion 1. Ordnung

$$S \ll K_m \rightarrow v = \frac{v_{max}}{K_m} S \quad (1.25)$$

Bei niedriger Substratkonzentration ist die Reaktionsgeschwindigkeit linear abhängig von S.

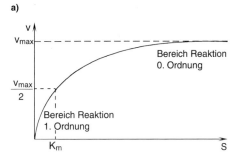

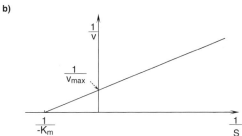

Abb. 1.8 Grafische Darstellung der Michaelis-Menten-Gleichung. a) Abhängigkeit der Geschwindigkeit v einer enzymkatalysierten Reaktion von der Substratkonzentration S. b) Linearisierung nach Lineweaver-Burk zur Bestimmung der Konstanten K_m und v_{max}.

Der Enzymgehalt als Kriterium für Biomasse und Bioaktivität. Das Leistungsvermögen der Organismen bei biologischen Prozessen der Wasserbehandlung und Abwasserreinigung ist vor allem vom Gehalt an Enzymen abhängig. Der prozentuale Anteil der Proteine an der Trockenmasse einer Bakterienzelle liegt bei ca. 50 %. Das Bakterienprotein besteht zu einem hohen, oft sogar sehr hohen Prozentsatz aus Enzymen. Einen hohen Anteil an Enzymen haben die für die Reproduktion der Erbanlagen sowie für die Eiweißsynthese maßgebenden Komponenten Desoxyribonucleinsäure (DNA, Abb. 1.9) und Ribonucleinsäure (RNA). Hingegen erreichen die für die Wasserstoffübertragung und die für den Energieumsatz zuständigen Enzyme, die ein direktes Maß der potenziellen Abbauleistung darstellen, nur wenige Masseprozente. Noch höher als der Anteil an Proteinen ist in Bakterienzellen mitunter der an Speicherstoffen, z. B. Poly-β-Hydroxy-Buttersäure (PHB).

Es leuchtet ein, dass für die Bewertung des mikrobiellen Leistungsvermögens, z. B. die Berechnung der pro Masseeinheit Belebtschlamm (Kap. 3.2) möglichen Abwasserbelastung, der

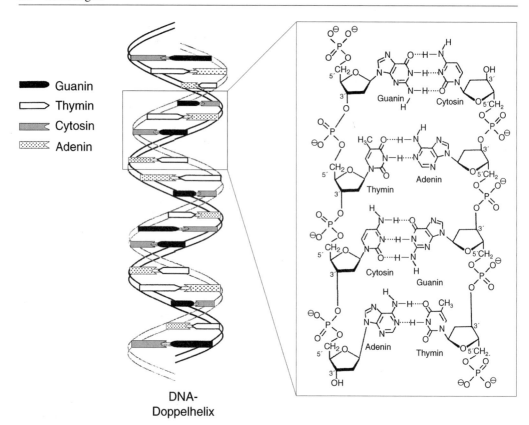

DNA-
Doppelhelix

Abb. 1.9 Aufbau der Desoxyribonucleinsäure (DNA).
Links: Schraubenförmige Anordnung der vier für die Struktur der genetischen Information maßgebenden Nucleotide in einer Doppelkette mit den möglichen komplementären Gegenüberstellungen G–C, C–G, A–T, T–A. Rechts: Die gleiche Struktur mit der Anordnung der Moleküle. Außer den Stickstoffbasen enthalten die Nucleotide auch Zuckermoleküle (Desoxyribose; Fünfringe), die mit Phosphat verestert sind. ($\ominus$ bedeutet Elektron).

Gehalt an ATP oder an Dehydrogenasen ein sehr viel besseres Kriterium ist als z. B. der Glühverlust oder gar die Trockenmasse, in die auch Aschebestandteile, Feinerde, Cellulosefasern und andere inaktive Komponenten mit eingehen. Die Enzyme sind sowohl für den Aufbau als auch für den Abbau bestimmter Substrate, Reservestoffe oder Zellbausteine maßgebend. Für die Umwandlung eines jeden Substrates bzw. Stoffwechselproduktes in ein anderes ist jeweils ein spezielles Enzym erforderlich. Viele Bakterienarten können auf Grund der durch den DNA-Vorrat repräsentierten Sammlung von biochemischen „Programmen" aus einem einzigen Substrat mehr als 100 verschiedene Verbindungen bilden, die alle für den normalen Ablauf der Lebensvorgänge benötigt werden.

Allerdings verbieten es die geringen Abmessungen der Bakterienzelle (und auch der anderen Zellen), das gesamte Sortiment an Enzymen ständig auf Lager zu halten. Der Gesamtgehalt darf vielmehr ein bestimmtes Maß nicht überschreiten. Deshalb wird bei Enzymen, die im Augenblick nicht benötigt werden, der Eiweißanteil in seine Bausteine (Aminosäuren) zerlegt. Die Synthese eines Enzyms erfolgt bei Bedarf (d. h. durch sog. Induktion). Sie wird bei Anhäufung des gebildeten Produkts automatisch unterdrückt (Repression). Der Bauplan eines jeden Enzyms, das zur Grundausstattung der Zelle gehört, ist ebenso wie die meisten anderen Erbanlagen in den Molekülen der Desoxyribonucleinsäure verschlüsselt. Die Informationsspeicherung erfolgt auf der Grundlage der Purinbasen Adenin (A) und Guanin (G) sowie der Pyrimidinbasen Cytosin (C) und Thymin (T) bzw. Uracil (U).

In einem Nucleosid ist eine dieser Basen an einen Pentosezucker (Fünffachzucker) gebunden.

Sind Nucleoside über Esterbindungen des Zuckers mit Phosphatresten verbunden, spricht man von Nucleotiden (Abb. 1.9). Die Ribonucleinsäure (RNA) ist im Unterschied zur Desoxyribonucleinsäure (DNA) nicht doppel-, sondern einsträngig. Weiterhin unterscheidet sich RNA von DNA durch das Vorhandensein der bei DNA fehlenden OH-Gruppe der Ribose und in einer organischen Base: statt Thymin in der DNA enthält RNA Uracil.

Etwa 80 bis 85 % der Bakterien-RNA sind in den Ribosomen enthalten. Diese Ribosomen sind im elektronenmikroskopischen Bild als Partikel im Cytoplasma zu erkennen. Sie haben Abmessungen von ca. 16 nm × 18 nm. Eine Bakterienzelle enthält ungefähr 5000 bis 50000 Ribosomen. Die Zahl der Ribosomen ist um so höher, je schneller die Zelle wächst. Die RNA erfüllt in der Zelle drei wichtige Funktionen:
- **Messenger-RNA** („Boten-RNA", mRNA) enthält die genetische Information der DNA in einem einzelsträngigen Molekül, dessen Basensequenz komplementär zu einem Teilabschnitt der DNA-Basensequenz (d. h. einem Gen) ist.
- **Transfer-RNA** (tRNA) Moleküle sind die „Adapter"-Moleküle der Proteinsynthese. Ein t-RNS-Molekül übersetzt die genetische Information aus der Sprache der Nucleotide in Abfolgen von Aminosäuren, den Proteinbausteinen.
- **Ribosomale RNA** (rRNA) kommt in unterschiedlichen Formen vor, diese Moleküle sind wichtige strukturelle und katalytische Elemente der Ribosomen, der Proteinsynthese-Apparate der Zelle.

1.2 Lebensbedingungen in Gewässern

1.2.1 Anpassungen der Organismen an die Umweltbedingungen

Umweltfaktoren. Unter deren Einfluss stehen alle Mikroorganismen, Pflanzen und Tiere. Steuergrößen für Verhalten, Ernährung, Wachstum, Vermehrung und Ausbreitung der Wasserorganismen sind einerseits
- abiotische, d.h. physikalische und chemische Umweltfaktoren wie z.B. die Temperatur, der Sauerstoffgehalt, die Strömungsgeschwindigkeit, der Gehalt an anorganischen Nährstoffen (vor allem Phosphat, Ammonium, Nitrat), die Lichtintensität und -zusammensetzung, pH-Wert, Karbonatpufferung und andererseits
- Komponenten und Produkte der lebenden Umwelt. Dazu gehören vor allem Nahrungsobjekte, (Fress)feinde und Stoffwechselprodukte wie z.B. Signalstoffe, Toxine.

Bei den für die Wassernutzung wesentlichen Leistungen der Organismen wirken in der Regel mehrere bis viele Arten von Mikroorganismen, Tieren und z.T. auch Pflanzen zusammen. Messbar ist dabei in der Regel nicht die Leistung einer einzelnen Art, sondern die Reaktion des gesamten Ökosystems. Dabei haben bestimmte Eingangsgrößen wie z.B. die Lichtintensität eine bestimmte Antwort wie z.B. Algenwachstum oder Sauerstoffproduktion zur Folge. Wie Abb. 1.10 zeigt, erzeugt die in Form eines Rechteckimpulses einwirkende Lichtintensität eine periodische Änderung der Sauerstoffkonzentration. Obwohl es unmöglich ist, alle Bestandteile und Einzelreaktionen innerhalb des Ökosystems zu erfassen, ist

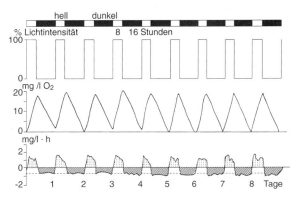

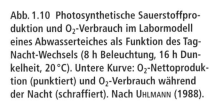

Abb. 1.10 Photosynthetische Sauerstoffproduktion und O_2-Verbrauch im Labormodell eines Abwasserteiches als Funktion des Tag-Nacht-Wechsels (8 h Beleuchtung, 16 h Dunkelheit, 20 °C). Untere Kurve: O_2-Nettoproduktion (punktiert) und O_2-Verbrauch während der Nacht (schraffiert). Nach UHLMANN (1988).

der hier dargestellte Zusammenhang klar genug, dass er z. B. als Gleichung formuliert bzw. für eine Bemessung genutzt werden könnte.

Wachstumsfaktoren dienen entweder unmittelbar der Bildung von körpereigenen Substanzen bzw. von Biomasse oder entscheiden, wie die Temperatur, über die Wachstumsgeschwindigkeit bzw. die Geschwindigkeit von Stoffwechselprozessen. So erhöht eine Zunahme der Temperatur um 10 °C die Bioaktivität um einen Faktor, der zwischen 1,5 und 4 liegen kann. Für die mikrobielle Ammoniumoxidation (Nitrifikation, Kap. 2.1.4 und 3.2.2) bedeutet dies, dass bei Wintertemperaturen für die gleiche Leistung mehr Bakterien-Biomasse vorhanden sein muss. Das Algenwachstum hängt sehr stark von der Konzentration an Nährstoffen, vor allem an Phosphat, sowie von der Lichtintensität und damit auch von der Jahreszeit ab.

Optimumkurven. Jede Art von Organismen kann nur unter bestimmten Umweltbedingungen existieren, ist an diese angepasst. Dieser **Toleranzbereich** ist bei manchen hochspezialisierten und empfindlichen Arten schmal, bei anderen, mehr universellen Arten breit. Die Beziehung zwischen der Intensität eines Umweltfaktors und der Reaktion einer Organismenart ist immer nichtlinear (Abb. 1.11). Unterhalb des **Minimums** und oftmals auch oberhalb des **Maximums** der Faktorintensität ist eine Aktivität bzw. sogar Existenz nicht möglich. Allerdings werden Extremsituationen oftmals für kurze Zeit ertragen. Dem Scheitel der parabelförmigen Toleranzkurve entspricht das **Optimum**, daher die Bezeichnung „Optimumkurve". Der für die Fortpflanzung einer Art maßgebende Ausschnitt aus dieser Kurve ist wesentlich schmaler als der für das Überleben erforderliche.

Man erkennt, dass der Karpfen sehr unterschiedliche Temperaturen erträgt. Er ist **eurytherm** bzw. **euryök** (= breiter Toleranzbereich). Die Bachforelle hingegen kann nur bei Temperaturen bis ca. 15 °C leben. Organismenarten mit engem Toleranzbereich nennt man **stenök** (= schmaler Toleranzbereich). Ihr Vorkommen kann relativ engumschriebene Umweltbedingungen anzeigen. Optimumkurven gelten auch für die Abhängigkeit der Aktivitäten einzelner Arten von vielen anderen Umweltfaktoren. Für wachstumsbegrenzende Nährstoffe hingegen gilt meistens eine (hyperbolische oder exponentielle) Sättigungskurve (Abb. 1.3). Bei toxischen Substanzen entspricht der tolerierbare Bereich jener Konzentration, die noch keine akuten Beeinträchtigungen hervorruft („no effect level"), wodurch aber ein eventueller Langzeiteffekt noch nicht ausgeschlossen ist. Die Bildung von **Dauerstadien** ist eine Möglichkeit, extreme Umweltbedingungen bzw. ungünstige Jahreszeiten zu überstehen. Viele Mikroorganismen, auch Algen, wirbellose Tiere, z. B. Wasserflöhe (*Daphnia*) und höhere Wasserpflanzen sind dazu in der Lage.

Bioindikatoren sind Anzeiger für bestimmte Umweltbedingungen. Beispielsweise sind in einem Fließgewässer u. a. die Bachforelle und die Larven der meisten Steinfliegen (Plecopteren) Indikatoren für einen auch auf Dauer nur wenig von 100 % abweichenden O_2-Sättigungsgrad bzw. eine nur geringe Belastung mit sauerstoffzehrenden organischen Substanzen. Das kombinierte Auftreten mehrerer stenöker Arten kennzeichnet die Beschaffenheit eines Gewässers oftmals so weit, dass dieses bereits ohne Zuhilfenahme chemischer Analysendaten grob bewertet werden kann.

Konkurrenz um Nährstoffe. Diese entscheidet oftmals darüber, welche Organismenarten zu Massenentwicklungen gelangen. Das ist bei Phytoplanktern besonders deutlich zu erkennen. Unterteilt man das Gesamtspektrum des in Gewässern vorkommenden Nährstoffangebotes in verschiedene Klassen, die sog. **Trophiestufen**, so gibt es für jede Klasse bestimmte Arten von Phytoplanktern, die hier besonders günstige Wachstumsbedingungen vorfinden. Voraussetzung dafür ist allerdings, dass auch die übrigen Wachstumsansprüche erfüllt sind. Die den An-

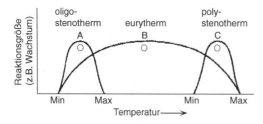

Abb. 1.11 Wirkung von Umweltfaktoren auf die Aktivität/das Wachstum von Wasserorganismen. Einfluss der Intensität eines Umweltfaktors auf die Reaktion/Aktivität einer Organismenart am Beispiel der Temperatur. Oligostenotherm: Kaltwasserformen, (z. B. Bachforelle), schmales Toleranzspektrum. Polystenotherm: Warmwasserformen, (z. B. Guppy). Eurytherm: breites Toleranzspektrum, z. B. Karpfen. Nach CZIHAK, LANGER, ZIEGLER (1996).

stieg der Sättigungskurve kennzeichnende Konstante K_s (Abb. 1.3) liegt bei Phytoplankton-Arten, die in Abwasserteichen wachsen, wesentlich höher als bei Arten aus nährstoffarmen Trinkwassertalsperren. Sie bezeichnet ja einen Konzentrationswert. Die zu erwartenden Unterschiede in der Größenordnung sind bei Phosphor-limitierten Phytoplanktern nach KOHL und NICKLISCH (1988) ungefähr die folgenden:

Phytoplankton-Art	Konstante K_s für Orthophosphat
Asterionella formosa (Kieselalge)	1,5 µg/l
Scenedesmus protuberans (Grünalge)	18 µg/l
Microcystis aeruginosa (Cyanobakterium)	38 µg/l

Die Größe K_s ist aber insofern keine wirkliche Konstante, als ihr Absolutwert stark davon abhängt, ob vorher P-Mangel oder P-Überschuss herrschte, daher auch wesentlich von der Wachstums-Vorgeschichte (KOHL und NICKLISCH 1988). Sättigungskurven für anorganische Nährstoffe mit einer Halbsättigungskonstante K_s gelten sowohl für die spezifische Wachstumsrate µ als auch für die Aufnahmegeschwindigkeit v eines bestimmten Nährstoffes (Abb. 1.8).

Beide sind stark vom Gehalt an gespeichertem (Zell)phosphat abhängig und können somit je nach Ernährungszustand auch für die gleiche Art unterschiedliche Größen erreichen. Viele Goldalgen und nicht-zentrische (d. h. nicht trommelförmige) Kieselalgen wie z. B. *Asterionella* (Abb. 2.14) haben niedrige, viele Grünalgen und Cyanobakterien hohe K_s-Werte. Welche Art von Phytoplanktern sich jeweils durchsetzt, ist häufig von der Konzentration nicht nur eines Nährstoffes abhängig. In Laborexperimenten konnte deutlich gezeigt werden, wie bei bestimmten Kieselalgen die Nährstoffe Phosphat und Silikat kombiniert wirken. *Asterionella formosa* hat einen niedrigen P- und einen hohen Si-Bedarf, bei der zentrischen Form *Cyclotella meneghiniana* ist es umgekehrt. Man erkennt, dass nicht allein die absoluten Konzentrationen der beiden wachstumsbegrenzenden Nährstoffe maßgebend sind, sondern auch das Massenverhältnis P/Si. So erreicht *Asterionella* bereits bei einem viel niedrigeren P-Angebot hohe Wachstumsraten, benötigt aber dazu relativ hohe Si-Konzentrationen. Bei hohem Si-Angebot erreicht *Cyclotella* eine wesentlich höhere Wachstumsrate. Dadurch erklärt sich das häufige Massenwachstum von *Asterionella* in relativ P-armen Trinkwassertalsperren bei niedrigen Si-Konzentrationen aber kontinuierlichem Si-Nachschub und das Vorherrschen von *Cyclotella* in vielen langsamfließenden Gewässern bei niedrigen Si-Konzentrationen aber kontinuierlichem P-Nachschub.

Biotische Faktoren. Für den Einfluss der Wasserorganismen auf ihr Milieu und damit auf die Organismenwelt gibt es viele Beispiele (Kap. 1.2.3). Auch durch starke Fresstätigkeit werden Organismen zur „Umwelt" für die davon betroffenen Beuteorganismen.

1.2.2 Fließ- und Standgewässer als Ökosysteme

Ein Gewässer-Ökosystem ist ein komplexes, sich selbst regulierendes und regenerierendes Abhängigkeitsgefüge von Organismen, bei dem in der Regel die kleinen „Korngrößen" den größeren als Nahrung dienen, von algen- und bakterienfressenden Einzellern und kleinen wirbellosen Tieren bis zu den Raubfischen. Es ist in ein Wirkungsgefüge von nicht-biologischen Umweltfaktoren (z. B. Temperatur, Sauerstoffgehalt) integriert. Nur am Anfang dieses Ernährungsgefüges stehen gelöste Substanzen, nämlich Pflanzennährstoffe (vor allem HCO_3^-, NH_4^+, PO_4^{3-}) für die photosynthetische Produktion von Biomasse und mikrobiell verwertbare gelöste organische Substanzen. Die Biomasse dient den Bakterien und Pilzen sowie den Tieren als Grundlage für Wachstum und Stoffwechsel. In Standgewässern werden die Nährstoffe im Kreislauf genutzt. Einbezogen in die Versorgung der aquatischen Lebensgemeinschaft werden aber auch importierte organische Substanzen, z. B. Falllaub und Abwasser-Inhaltsstoffe.

Standgewässer. Hier ist die mittlere Verweilzeit des Wassers (Zuflussmenge/Volumen) groß genug, dass sich in der Freiwasserregion mikroskopisch kleine freischwebende Algen reichlich entwickeln können. Sie werden als **Phytoplankton** bezeichnet. Bei Massenentwicklungen sind sie bereits mit bloßem Auge an einer Verfärbung des Wassers zu erkennen („Vegetationsfärbung", „Wasserblüte"). Die ebenfalls in der Freiwasserregion von Seen und Talsperren lebenden tierischen Kleinorganismen tragen die Bezeichnung **Zooplankton**. Dazu gehören vor allem Kleinkrebse (z. B. der Wasserfloh *Daphnia*), Rädertierchen und Einzeller. Das Zooplankton wird vor allem von Jungfischen und bestimmten Lachsartigen (Maränen, Felchen) gefressen. Ein solches Abhängigkeitsgefüge wird als Nahrungskette (= Fresskette) bezeichnet, bei Vorhandensein vieler Querverbindungen auch als Ernährungsgefüge oder **Nahrungsnetz**.

Fließgewässer. In schnellfließenden Gewässern stehen u. a. Mikroalgen, die vor allem auf Steinen wachsen, sowie Bakterien und Pilze, die Falllaub und andere organische Reste zersetzen, an der Basis des Ernährungsgefüges. Algenrasen dienen den Larven vieler Weidegänger, vor allem Eintagsfliegen- und Köcherfliegen-Arten. als Nahrung. Die organischen Partikelströme werden durch Larven anderer Insekten mit Hilfe von Sieben oder Netzen abfiltriert. Zu den Filtrieren gehören auch Muscheln, Schwämme, Moostierchen. Am Ende des Ernährungsgefüges stehen vor allem Forellen und andere Lachsfische. In Flüssen beträgt das Alter der fließenden Welle nicht nur Tage, sondern Wochen bis Monate. Unter diesen Bedingungen kann sich auch das Phytoplankton stark entwickeln, Zooplankton ist hier vor allem durch Rädertierchen vertreten.

Intaktheit von Ökosystemen. Anzeichen für Schädigungen. Zahlreiche Arten von wirbellosen Tieren und von Fischen können sich bei einem erhöhten O_2-Defizit nicht mehr vermehren. Entsprechendes gilt auch für erhöhte Konzentrationen von Ammoniak oder Nitrit oder die Anwesenheit anderer toxischer Substanzen. In besonderem Maße trifft dies auf die Eier zu, die in den Porenräumen von Sand- und Kiesablagerungen abgelegt werden, und für die ebenfalls dort lebenden frühen Entwicklungsstadien. In einem intakten Ökosystem müssen auch solche „empfindlichen" bzw. nur begrenzt anpassungsfähigen Organismenarten überleben können. In diese Gruppe gehören auch manche Unterwasserpflanzen und Algen, insbesondere Rotalgen.

Dies bedeutet auch, dass für die Bemessung und den Betrieb von Kläranlagen nicht allein die Einhaltung von vorgegebenen und in der Regel historisch begründeten Emissions-Grenzwerten maßgebend ist. Vielmehr sind jetzt für den Vorfluter auch Güteziele im Hinblick auf den Fortbestand eines intakten Ökosystems vorgegeben. Bisher wurde dieser Gesichtspunkt allein durch den „Gütelängsschnitt" (organische Belastung, Sauerstoff-Verfügbarkeit, biologische Indikatoren des Verschmutzungsgrades) bewertet. Das Fehlen von „empfindlichen" Indikatororganismen in einem Gewässer, das von seiner Struktur her Lebensmöglichkeiten bieten müsste, weist eindeutig auf eine (u. U. auch bereits zeitlich weit zurückliegende) Überlastung hin. Es handelt sich dabei vor allem um besonders anspruchsvolle Arten, die relativ langsam wachsen oder sich nur langsam vermehren, bzw. die sich an Verschlechterungen der Umweltbedingungen nicht anpassen können. Dieser Referenzzustand mit dem Vorkommen einer Mindest-Anzahl von charakteristischen Arten gilt jetzt in Europa als Bezugsmaßstab für Maßnahmen des Gewässerschutzes.

Bewertung von Gewässern im Hinblick auf ihren ökologischen Zustand. Sie stützt sich vorrangig auf die folgenden Organismengruppen
• Phytoplankton,
• Wasserpflanzen,
• wirbellose Tiere des Gewässergrundes,
• Fische.

Ein solcher Organismenbestand ist nicht nur auf eine gute Wasserbeschaffenheit angewiesen, sondern auch auf eine physikalische Struktur des Gewässers, welche die Lebens- und Ernährungsmöglichkeiten für alle Entwicklungsstadien der betreffenden Art gewährleistet. Lachsfische wie z. B. Forellen, die ihre Eier im Kies eines Flussbettes ablegen, können nur gedeihen, wenn dort kein Sauerstoffmangel herrscht, und wenn überhaupt Kiesbänke vorhanden sind, welche die Anforderungen der betreffenden Arten erfüllen. Das Fehlen von charakteristischen Organismen weist auf die Notwendigkeit hin, die dafür maßgebenden Ursachen zu ermitteln und Sanierungsziele festzulegen. Die dabei zu berücksichtigenden Zusammenhänge sind u. a. bei UHLMANN, HORN (2001), LAMPERT, SOMMER (1999), SCHWOERBEL (1999), FRIMMEL (1999), DOKULIL, HAMM, KOHL (2001) dargestellt. Die Europäische Wasserrahmenrichtlinie (WRRL 2000) die im EU-Bereich bis zum Jahr 2016 erfüllt sein soll, schreibt für oberirdische Gewässer (einschließlich Küstengewässer) einen „guten ökologischen und chemischen Zustand" vor.

Für Grundwasserkörper wird ein „guter chemischer Zustand" sowie die Umkehr von Tendenzen der Grundwasserverschmutzung verlangt. Sinngemäß gelten die Forderungen der WRRL auch für die Beschaffenheit und Besiedlung gebauter sowie „erheblich veränderter" Gewässer wie z. B. Kanäle und Talsperren. Hier wird ein „gutes ökologisches Potenzial" verlangt. Auch das gebaute oder durch menschliche Eingriffe stark veränderte Gewässer soll möglichst vielen Organismenarten Lebensmöglichkeiten bieten.

Gewässerstrukturgüte. Sie ist stets als weiteres wichtiges Bewertungskriterium heranzuziehen. Beispielsweise bieten stark ausgebaute Fließgewässer den meisten Arten von Fischen keine ausreichenden Unterstandsmöglichkeiten. Für den Böschungsschutz sind Gehölzstreifen sehr viel günstiger als Wabenplatten oder gar massive Betonplatten. Für die Einrichtung von Gehölzstreifen hat sich auf Grund der Elastizität ihres Wurzelsystems vor allem die Schwarzerle (*Alnus glutinosa*) bewährt.

Durch den Bau einer Talsperre wird in der Regel eine Fließstrecke mit starker und vollständiger Durchmischung des Wasserkörpers in ein stagnierendes (See-ähnliches) und oftmals sogar thermisch geschichtetes Gewässer umgewandelt. Bereits durch die nun einsetzende starke Sauerstoffzehrung am Gewässergrund (überstaute Vegetation) entstehen, im Vergleich zur Fließstrecke, ökologische Defizite. Organismenarten, die auf Turbulenz und starken O_2-Nachschub angewiesen sind, verschwinden. Aber auch das Abfluss- und Temperatur-Regime in der unterliegenden Fließstrecke sowie die Geschiebeführung ändern sich wesentlich. Die Temperatur-Abnahme infolge Abgabe von kaltem Tiefenwasser verlängert dort die Entwicklungsdauer von Insektenlarven und Fischen sehr erheblich. In der Regel werden auch die Wanderwege unterbrochen, die von manchen Arten von Flussfischen für die Art-Erhaltung benötigt werden. In keinem Fall sollte die Wasserführung unter den ökologischen Mindestabfluss sinken, d. h. im Unterwasser von Talsperren das Niveau unterschreiten, welches für das Überleben charakteristischer Arten von Fließwasserorganismenarten erforderlich ist. Das aus Talsperren mit erhöhter Nährstoffbelastung und Phytoplanktonproduktion abfließende Tiefenwasser weist oftmals eine viel schlechtere Beschaffenheit auf als die frühere Fließstrecke.

In sehr vielen Fällen enthält das Wasser nunmehr gelöstes Mangan oder Eisen, Ammonium, Nitrit, u. U. sogar Schwefelwasserstoff (Abb. 1.12). Um eine ökologisch verträgliche Einbindung der Talsperre in das gesamte Fluss-System zu gewährleisten, ist der Betreiber gefordert, für einen guten Zustand auch im Unterwasser Sorge zu tragen.

Nutzungsanforderungen und ökologischer Zustand. Gewässernutzungen sollen den folgenden Bedingungen genügen:
- Der natürliche Zustand soll sich nicht verschlechtern (Vorsorgeprinzip).
- Bei vorhandenen Beschaffenheits- oder Struktur-Defiziten ist der gute ökologische Zustand wiederherzustellen.
- Vorrangiges Ziel ist die nachhaltige Sicherung auch der anspruchsvollen Gewässernutzungen.

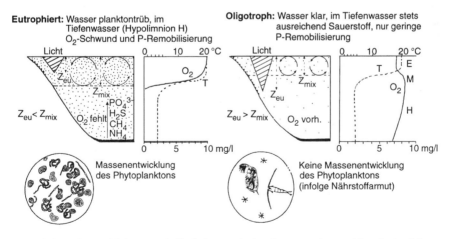

Abb. 1.12 Vertikalverteilung wichtiger Beschaffenheitskriterien in tiefen und daher thermisch geschichteten Standgewässern. Vergleich von Gewässern unterschiedlicher Nährstoffversorgung. Links: reich an Nährstoffen, vor allem Phosphat, und planktontrüb. Rechts: nährstoff- und planktonarm (= oligotroph, Klarwassersee). Phytoplanktonkonzentration = Dichte der Punktierung. z_{mix} = Durchmischungstiefe (Mächtigkeit der im Sommer erwärmten oberen Schicht, des Epilimnions), z_{eu} = Eindringtiefe des Lichtes (von 100 % bis 1 % der Oberflächen-Lichtintensität). E = Epilimnion, M = Metalimnion, H = Hypolimnion.

- Verantwortlich für die Behebung bzw. Vermeidung von Schäden ist der Verursacher. Dabei müssen künftig auch diffuse Lastquellen stärkere Berücksichtigung finden.
- Die Spezifik der verschiedenen Gewässertypen (z. B. schnell- und langsamfließende Gewässer, flache und tiefe Seen) einschließlich ihres „Grundchemismus" (z. B. die großen natürlichen Unterschiede im Hydrogenkarbonat- und Sulfatgehalt) ist zu berücksichtigen.

Durch die WRRL erweitert sich der Blickwinkel bis zum gesamten Einzugsgebiet des Gewässers. Die Bemessung von Kläranlagen bzw. die Belastung durch die (gereinigten) Abwässer muss von vornherein auf den natürlichen Niedrigabfluss bezogen werden (Einwohneräquivalente pro l/s und km^2). Auf der Grundlage einer solchen auf die Fläche bezogenen integralen Betrachtung wird ein Interessenausgleich aller Beteiligten (Gemeinden, Verbände, Industrie, Naturschutz) angestrebt. Einzugsgebiete großer Flüsse überschreiten in der Regel auch Ländergrenzen. Ein einheitliche Umsetzung der Richtlinie ist in einem solchen Fall unverzichtbar.

1.2.3 Gewässer als Träger von Stoffumwandlungsprozessen

1.2.3.1 Organismen verändern die Wasserbeschaffenheit

Durch ihre Stoffwechselaktivitäten, den Entzug oder die Produktion von bestimmten Verbindungen beeinflussen Mikroorganismen, Pflanzen und Tiere ihre Umweltbedingungen. Beispielsweise können manche Algen durch ihre Photosynthese eine O_2-Übersättigung bis zu mehreren 100 Prozent hervorrufen. Durch den CO_2-Entzug kann der pH auf Werte bis über 10,5 ansteigen. Bei hohen Härtegraden wird in Folge der Photosynthese Karbonat ausgefällt, in Seen entstehen dadurch Seekreidebänke.

Die Wasserbeschaffenheit eines Flusses, eines Sees oder einer Talsperre ist in erster Linie durch die Stoff-Flüsse aus seinem Einzugsgebiet bedingt. Für Trinkwassertalsperren ist vor allem der Phosphor-Eintrag und das davon abhängige Phytoplankton-Wachstum entscheidend (Abb. 1.13). Die P-Belastung steigt und fällt vor allem mit der Besiedlungsdichte und dem Flächenanteil sowie der Intensität der landwirtschaftlichen Nutzung des Einzugsgebietes (Abb. 1.14). Im Falle der Talsperre Saidenbach halbierte sich nach 1989 die

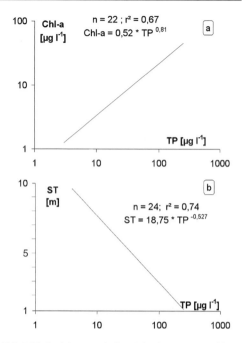

Abb. 1.13 Beziehung zwischen Mittelwerten von Chlorophyll-a (= Phytoplankton), Gesamtphosphat TP und Sichttiefe ST in 23 Talsperren in Deutschland. Nach GROSSE et al. (1998) verändert.

Phosphorbelastung durch den Wegfall der P-haltigen Waschmittel sowie die starke Verringerung des Viehbestandes und des damit verbundenen Anfalls an organischem Dünger (Abb. 1.15).

Fließgewässer. Innerhalb der fließenden Welle (aber auch durch den stark verlängerten Aufenthalt des Wassers in Seen und Talsperren) verändern sich die chemische Zusammensetzung des Wassers und der Gehalt an Schwebstoffen. Das Prinzip der „biologischen Selbstreinigung" ist schon seit langem bekannt und funktioniert überall in der Natur als Entsorgungssystem. Die Organismen entziehen dem Wasser gelöste organische Stoffe sowie Kohlensäure und andere Pflanzennährstoffe oder geben solche Substanzen an das Wasser ab. Sie erhöhen den Gehalt des Wassers an organischen Schwebstoffen (Wachstum von Phytoplankton) oder verringern ihn durch Biofiltration. Für die letztere sind suspensionsfressende Tiere wie Wasserflöhe oder Muscheln verantwortlich. Am Gewässergrund fördern sedimentfressende Tiere, die oftmals in großer Dichte vorhanden sind, die aerobe Schlammstabilisierung: sie beseitigen sauerstoffzehrendes organi-

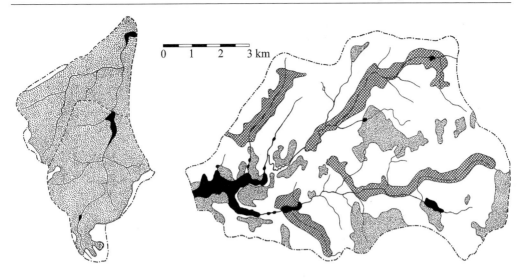

Einzugsgebiet Neunzehnhainer Talsperren

Einzugsgebiet Saidenbachtalsperre

Abb. 1.14 Gegenüberstellung eines überwiegend bewaldeten (links) und eines überwiegend landwirtschaftlich genutzten und relativ dicht besiedelten Talsperren-Einzugsgebietes. Schwarz: Talsperren, Vorsperren und Teiche, punktiert: Wald, kreuzschraffiert: Siedlungen.

weiß: landwirtschaftliche Nutzflächen. Die Neunzehnhainer Talsperren waren schon immer oligotroph, die Beschaffenheit der Talsperre Saidenbach verbesserte sich nach 1989 von eutroph auf mesotroph (vgl. Abb. 1.15).

Abb. 1.15 Drastische Verringerung des Gehaltes an gelöstem anorganischem Phosphat (SRP) in der Talsperre Saidenbach nach der politischen Wende 1989. Hauptursache war das Verschwinden der P-haltigen Waschmittel. Die SRP-Minima sind auf das im zeitigen Frühjahr einsetzende Phytoplankton-Wachstum zurückzuführen. Nach HORN, PAUL, HORN (2001).

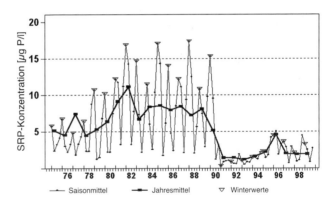

sches Material und fördern durch ihre Bewegungstätigkeit die Belüftung des Sediments. Die auf allen festen Unterlagen wachsenden Bakterien- und Algenrasen werden durch „Weidegänger" wie Eintagsfliegenlarven und Schnecken „kurzgehalten". Pflanzenreste einschließlich Falllaub unterliegen einer Verarbeitung durch Zerkleinerer, z.B. Flohkrebse. In kleineren Fließgewässern leben auch zahlreiche passive Filtrierer, die mit einem selbstgefertigten Sieb oder Netz ausgestattet sind und durch die Strömung mit Partikeln versorgt werden. Auch Fische sind für das Funktionieren der Ökosysteme sehr wichtig. Den Raubfischen obliegt dabei die „Endkontrolle" über die Fressketten. Der gezielte Einsatz solcher Wirkprinzipien für verschiedene Nutzungen wie die Gewinnung von Trinkwasser oder die weitergehende Abwasserbehandlung ist Gegenstand der **Ökotechnologie**. Beispiele werden in Kap. 2.2.3 vorgestellt.

Standgewässer. Durch den Aufenthalt in einem See oder durch den Anstau in einer Talsperre wird die Wasserbeschaffenheit eines Flusses weitgehend verändert. Das gilt nicht nur für den Gehalt an Sinkstoffen, der sich durch Sedimentation stark verringert, sondern für die meisten chemischen Kriterien mit Ausnahme von Komponenten, die keiner biologischen Speicherung oder Stoffwandlung unterliegen (z. B. Chlorid, Natrium). Alle übrigen Inhaltsstoffe werden direkt oder mittelbar in den Stoffwechsel der Organismen einbezogen, und zwar in einem noch höheren Ausmaß, als dies vorher in der Fließstrecke der Fall war. Auf Grund der im Vergleich zu einem Fluss-Segment viel längeren Verweilzeit des Wassers kann sich jetzt reichlich Phytoplankton entwickeln. Dadurch wird der Gehalt an Pflanzennährstoffen, vor allem an gelöstem Phosphat, oftmals sehr stark reduziert.

In allen tiefen und daher meistens thermisch geschichteten Standgewässern (Seen, Talsperren) findet infolge der vertikal unterschiedlichen Verfügbarkeit von Lichtenergie für die Photosynthese eine stoffliche Disproportionierung statt: In der oberen, durchlichteten und im Sommer erwärmten Schicht werden durch Photosynthese Phytoplankton-Biomasse und Sauerstoff erzeugt. In der unteren, dunklen Schicht hingegen halten sich Kühlschranktemperaturen oftmals bis in den Spätsommer. Es finden nur Atmungs- und Abbauprozesse statt. Man bezeichnet das sommerwarme obere Stockwerk (Abb. 1.12) als **Epilimnion**, das kalte untere als **Hypolimnion**. Dazwischen liegt die thermische Sprungschicht, das **Metalimnion**, in der die Temperatur steil abfällt. Der durch die unterschiedlichen Temperaturen (oben meistens um 20 °C, unten zunächst nur 4 °C) bedingte vertikale Dichtegradient ist so groß, dass auch ein starker Wind nicht den gesamten Wasserkörper umzuwälzen vermag. Er erfasst nur das Epilimnion. Man nennt diese, den ganzen Sommer über anhaltende, Dichteschichtung: **Sommerstagnation**. Erst im Herbst sinkt, vor allem durch die Kombination von nächtlicher Abkühlung und verstärkter Windwirkung, die Stabilität der thermischen Schichtung so weit ab, dass schließlich der Wind den gesamten Wasserkörper umwälzen kann (**Herbst-Vollzirkulation**). Unter einer Eisdecke bildet sich wieder eine Schichtung aus (Winterstagnation), aber deren thermischer Gradient ist gering (0 bis 4 °C). Ihr folgt die **Frühjahrs-Vollzirkulation**.

In einem tiefen, nährstoff- und daher phytoplanktonarmen (= oligotrophen) Standgewässer sind im Hypolimnion auch am Ende der Sommerstagnation meistens noch mehr als 4 mg/l Sauerstoff physikalisch gelöst. Dagegen ist in nährstoff- und phytoplanktonreichen (= eutrophen bzw. eutrophierten) Gewässern die Belastung des Tiefenwassers mit abgesunkener Phytoplankton-Biomasse so groß, dass mitunter schon im Frühsommer der Sauerstoff vollständig aufgezehrt ist. Infolge der nun reduktiv verlaufenden mikrobiellen Abbauprozesse bildet sich oftmals Schwefelwasserstoff, und zwar unter Nutzung von Sulfat-Sauerstoff, was zur Freisetzung von Sulfid führt. Infolge von Abbauprozessen werden des Weiteren, auch im und aus dem Sediment, große Mengen an Ammonium und Phosphat freigesetzt. Bereits wenn das Redoxpotenzial noch nicht so weit absinkt, dass sich Schwefelwasserstoff bildet, gehen aus dem Sediment infolge mikrobieller Atmungsprozesse große Mengen an Mn(II) und/oder Fe(II) in Lösung. Es ist deshalb wichtig, für eine Trinkwassertalsperre den oligotrophen oder höchstens mesotrophen (mäßige Nährstoffbelastung und Phytoplanktonproduktion) Zustand zu gewährleisten. Der Ausdruck „Trophie" kennzeichnet also den Ernährungszustand des Gewässers, seine Versorgung mit photosynthetisch erzeugter organischer Substanz. Ein eutropher Zustand muss zwar bei vielen Brauchwassertalsperren toleriert werden, ist aber oftmals mit erheblichen Nutzungseinschränkungen (z. B. Badeverbot infolge Massenentwicklung von aufrahmenden Cyanobakterien) verbunden.

Unter den wachstumsbegrenzenden Nährstoffen spielt in Talsperren und den meisten Seen der gemäßigten Klimazonen der Phosphor die wichtigste Rolle. Je geringer die Summe des in Planktonorganismen gebundenem und gelöstem Phosphors (= Gesamtphosphat TP, Total Phosphorus), desto geringer ist auch die planktogene Trübung des Wassers und desto größer seine Klarheit, gemessen an der Sichttiefe (Abb. 1.12). Jede durch Organismen verursachte Beschaffenheitsveränderung hat Auswirkungen auf die Art und die Gesamtzahl der möglichen **Gewässernutzungen**. Ein oligo- oder mesotropher Zustand ermöglicht eine größere Anzahl von anspruchsvollen Nutzungen (z. B. Badegewässer) als ein eutropher. Es gibt aber auch Nutzungen wie die Bewirtschaftung mit Karpfenfischen, bei denen ein eutropher Zustand erwünscht ist.

Grundwasser-Ökosysteme. Besiedlung und biologische Prozesse in Grundwasserleitern werden in Kap. 2.1 umfassend dargestellt.

1.2.3.2 Reaktionsbecken für die Wasserreinigung

Manche Staugewässer dienen vor allem der Verbesserung der Wasserbeschaffenheit. Dabei verringern physikalische, chemische und biologische Prozesse den Gehalt an Partikeln, Nährstoffen, Krankheitserregern sowie wasser- und gesundheitsgefährdenden Stoffen. Speicherbecken für belastetes Flusswasser sind in der Regel biologisch wirksam: Abnahme des Gehaltes an abwasserbürtigen gelösten organischen Stoffen, Ammonium, Nitrat und Schwebstoffen einschließlich Fäkalbakterien und Viren. Dabei ist der Wasserkörper in großer Fläche der atmosphärischen und auch photosynthetischen Belüftung ausgesetzt, und die auf einer bestimmten Fließstrecke für mikrobielle Abbauprozesse verfügbare Zeit ist stark verlängert. Solche Speicherbecken liegen meistens im Nebenschluss. Aber auch schon die im Hauptschluss liegenden Wehrstaue besitzen oftmals eine nennenswerte Reinigungswirkung.

Fluss-Stauseen sind z. B. an der Ruhr bereits seit mehr als 70 Jahren im Betrieb. Sie werden auch zur Voraufbereitung von Rohwasser für die Trinkwasserversorgung genutzt. Als das Rhein-Maas-System noch sehr viel stärker verschmutzt war als heute, verringerte das der Trinkwasserversorgung von Rotterdam dienende Speicherbecken-System Biesbosch den Ammonium-Gehalt im Mittel um etwa 60% (auf 0,4 mg/l), Öl und Blei in noch höherem Maße, Eisen um mehr als 95%, Fäkal-

Abb. 1.16 Berechnung des erforderlichen Volumens für eine Vorsperre zur Phosphat-Rückhaltung. V = Volumen, V_T = Volumen des Reaktionsraumes (= obere 3 m-Lamelle), A = Oberfläche, Q = Zuflussmenge (m³/s), z = Tiefe (m), P = Konzentration an gelöstem reaktivem Phosphat (als P), μ_P = P-abhängige Wachstumsrate des Phytoplanktons, K_P = P-Konz. (µg/L), bei der die Hälfte des maximal möglichen Wachstums erreicht wird (Halbsättigungskonstante, siehe Abb. 1.3), T = Wassertemperatur, μ_T = temperaturabhängige Wachstumsrate, I = photosynthetisch wirksame Lichtintensität (J/cm² · d), μ_I = lichtabhängige Wachstumsrate, K_I = Halbsättigungsintensität (J/cm² · d), t mittlere theoretische Verweilzeit des Wassers (Tage), t_c = kritische Verweilzeit, bei der die Verluste des Phytoplanktons durch Abschwemmung größer sind als der Zuwachs. Die Relation t/t_c entscheidet über das Ausmaß der P-Elimination. Im dargestellten Beispiel ist der Punkt a in Bild f das Endergebnis einer Berechnung. Um die gesamte Dauerlinie f_1 zu erhalten, müssen 10 bis 12 derartige Punkte berechnet werden. Nach BENNDORF, PÜTZ, FRIEMEL aus UHLMANN (1988).

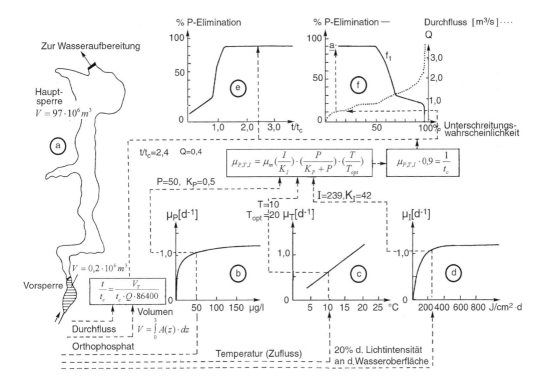

keime (Coliforme) um mehr als 99 % (nach Knoppert in Uhlmann 1988). Diese Anlage ist in hintereinander geschaltete Becken unterteilt, was den Wirkungsgrad im Vergleich zu nur einem Staugewässer erhöht. In ganz ähnlicher Weise dienen die Speicherbecken der Londoner Trinkwasserversorgung (Gesamtvolumen $136 \cdot 10^6$ m^3) der Vor-Aufbereitung von Themsewasser. Die sonst bei dem hohen Phosphatgehalt unvermeidliche Phytoplankton-Massenentwicklung wird durch Zwangszirkulation deutlich verringert. Infolge dieser bis zum Gewässergrund (ca. 18 m) reichenden Durchmischung erhält das Phytoplankton nicht mehr genug Licht (Steel, Duncan 1999). Nach dem gleichen Prinzip arbeiten die Biesbosch-Reaktionsbecken (Oskam 1983).

Vorsperren. Es handelt sich um Staugewässer, die an den Zuläufen von Trinkwassertalsperren errichtet und im Überlauf betrieben werden. Sie waren ursprünglich nur als Absetzbecken für Sinkstoffe und als hydraulische Puffer gedacht. Ein weiterer Effekt besteht aber darin, dass der Gehalt des zufließenden Wassers an gelöstem Phosphat (DRP, dissolved reactive phosphate) deutlich abnimmt. Hierdurch wird die Belastung des nachgeschalteten Hauptbeckens mit Phosphor gesenkt. Dies hat zur Folge, dass dort Ausmaß und Dauer von Phytoplankton-Massenentwicklungen verringert werden können. Um einen erheblichen Anteil des DRP eliminieren zu können, soll die mittlere Verweilzeit des Wassers in der Vorsperre gerade groß genug sein, dass planktische Kieselalgen wachsen können. Sie entziehen dabei dem Wasser große Mengen von DRP. Ein Großteil dieser Algen mit dem gespeichertem Phosphat wird im Bodensediment abgelagert, und zwar entweder in der Vorsperre oder in der Stauwurzel des Hauptbeckens. Das Phosphat bleibt im Sediment vor allem an Eisen gebunden, solange sich kein Schwefelwasserstoff bildet. Die dadurch mögliche Entfernung des DRP aus der Freiwasserregion kann bei ausreichendem Lichtangebot im Frühjahr und Sommer bis 90 %, im Jahresmittel bis zu 50 % betragen. Dies ist (neben den Maßnahmen zur Abwasserbehandlung im Einzugsgebiet) ein wichtiger Beitrag zur Verringerung der P-Belastung des Hauptbeckens der Talsperre. Der prinzipielle Ansatz zur Bemessung von Vorsperren zur P-Elimination ist in Abb. 1.16 dargestellt. Die Abhängigkeit der Wachstumsrate μ des Phytoplanktons vom Phosphatgehalt P und vom Lichtangebot I entspricht jeweils einer Sättigungsfunktion (in Analogie zur Abhängigkeit des Bakterienwachstums von der Substratkonzentration, siehe Gleichung 1.8). Die Funktionen $\mu(P)$ und $\mu(I)$ werden multiplikativ verknüpft. Die Temperaturabhängigkeit kann in diesem Fall als annähernd linear angesehen werden.

2 Organismen in Wasseraufbereitungsanlagen und ihre Leistungen

2.1 Trinkwassergewinnung aus Grundwasserleitern

Das Grundwasser gehört zu den Naturreichtümern, die sich im Gegensatz zu anderen Bodenschätzen selbst erneuern. Das Grundwasser nimmt am Wasserkreislauf teil.

2.1.1 Biologische Reinigungsprozesse im Untergrund

Die Sand- und Kiesablagerungen der Flussauen wirken wie ein mechanischer und biologischer Filter. Für die Qualitätsverbesserung ist wichtig, dass schon bei relativ geringer organischer Belastung des Wassers die Sandlücken von einem Bakterienschleier bzw. von Biofilmen auf den Sandkörnern durchsetzt sind. Bei steinigem Untergrund entwickelt sich eine solche biologische Filterschicht in den Begrenzungen der Klüfte und Spalten.

Vorkommen. Das Grundwasser füllt in unserem Klimabereich die Hohlräume in Lockergesteinen oftmals zusammenhängend aus und befindet sich deshalb besonders im Bereich alluvialer oder diluvialer Sand-, Kies- und Schotter-Ablagerungen. Dies betrifft vor allem die vorhandenen oder ehemalige Talauen von Flüssen (Urstromtäler). Im Bereich des Festgesteins findet sich Grundwasser in Form der Kluft- und Spaltenwässer, die teilweise auch in Form von Quellen an die Oberfläche treten und dann oftmals für die Trinkwassergewinnung genutzt werden. In der Schweiz stammen etwa 80 % des Trinkwassers aus dem Grundwasser. Davon müssen nur 10 % mehrstufig aufbereitet werden. Letzteres betrifft Karstwässer oder reduzierte Grundwässer (von Gunten 2000).

Erneuerungszeiten des Grundwassers. Diese liegen in Flussauen der gemäßigten Klimazonen mit natürlicher Versickerung von Flusswasser (Infiltration) in der Größenordnung von Wochen bis Monaten. In Grundwässern der tiefen Horizonte kann die Verweilzeit viele Jahre, Jahrzehnte oder sogar Jahrhunderte betragen. In trockenen Klimaten erreicht die Verweilzeit in den meistens tief gelegenen Grundwasserspeichern oftmals sogar zehntausende bis hunderttausende von Jahren. Weltweit erneuert sich Grundwasser nur in etwa 1500 Jahren (Kipfer 2000).

Neubildung von Grundwasser. Die Grundwasservorräte in den Talauen werden bei erhöhter Wasserführung der Flüsse sowie nach ergiebigen Niederschlägen durch **Versickerung** angereichert. Die Beschaffenheit des neu gebildeten Grundwassers hängt nicht nur von der Qualität des versickernden Oberflächenwassers, sondern auch von der oftmals langen Verweilzeit und der mineralogischen Zusammensetzung des Untergrundes ab. Das Wasser sickert zunächst durch die ungesättigte Bodenzone. Mit dieser sog. **Infiltration** beginnt der unterirdische Teil des Wasserkreislaufes. Er endet mit dem Wiederaustritt des Wassers in Quellen, mit der Förderung durch Brunnen und der **Exfiltration** in angrenzende Oberflächengewässer bei niedrigem Wasserstand. Durch die mikrobiellen Abbauprozesse im Untergrund nimmt im **Infiltrat** der O_2-Gehalt ab und der CO_2-Gehalt zu. Gleichzeitig verändert sich die chemische Beschaffenheit. Der Gehalt an Kationen und Hydrogencarbonat nimmt, vor allem durch Aufhärtung infolge Auflösung von Carbonaten, zu.

Beschaffenheits-Verbesserung bei der Untergrundpassage. Das versickerte Oberflächenwasser unterliegt einer natürlichen mechanischen, physikochemischen und biologischen Reinigung. Suspendierte Partikel werden je nach Korngröße und Porenweite der filtrierenden Schichten zurückgehalten. Die Wirksamkeit des Filtersystems beruht nicht nur auf diesem „Sieb"-Effekt, sondern auch auf einer Adsorption von gelöstem sowie der Anheftung (Adhäsion) von partikulärem organischem Material. Diese Vorgänge wirken in Kombination mit Austausch- und mikrobiellen Abbauprozessen.

Bedeutung der Bakterien. Bis in die größten Tiefen wachsen auf den Oberflächen des natürlichen Füllmaterials der Grundwasserleiter (Sand,

Kies, Schotter) Bakterien. In der Regel sind alle vom Wasser benetzten Partikel bzw. Oberflächen von einem Biofilm (biologischer Rasen) bedeckt. Dieser Biofilm ist je nach Angebot an gelösten organischen Verbindungen unterschiedlich dick. Im Bereich des echten Grundwassers handelt es sich um einen sehr dünnen, fleckenhaften Bewuchs (Abb. 2.1). Die Zelldichte ist aber hier immer noch um einen Faktor von etwa 1000 größer als im umgebenden „Freiwasser" (OBST, ALEXANDER, MEVIUS 1990). Sie beträgt im Grundwasser nur 10^2 bis 10^5 Zellen pro ml, ist damit um etwa zwei Größenordnungen niedriger als in Seen und Talsperren. Gelöste organische Wasserinhaltsstoffe werden an den Biofilm adsorbiert und von den dort wachsenden Bakterien und Pilzen verarbeitet. Ein Teil davon wird in Biomasse umgesetzt. Durch das Wachstum von Biofilmen und insbesondere von Fadenbakterien bildet sich in den Sand- und Kieslücken ein Sekundärfilter aus, welcher die nicht-biologische „primäre" Filterwirkung unterstützt (Abb. 2.2). Bei einer Versickerung von Oberflächenwasser findet nicht nur ein mikrobieller Abbau von sehr vielen organischen Verbindungen, sondern auch eine weitgehende Rückhaltung von krankheitserregenden Keimen statt. Entscheidende Faktoren sind dabei die

- Fließgeschwindigkeit bzw. hydraulische Belastung,
- die Gesamt-Oberfläche der Partikel,
- der Gehalt des Wassers an organischem Kohlenstoff und
- die Wassertemperatur.

Ein solches System funktioniert ähnlich einem Biofilmreaktor. Während die Sorptionskapazität des „Füllmaterials" begrenzt ist, führt der mikrobielle Abbau vieler organischer Verbindungen zu deren Mineralisation. Das gilt in zahlreichen Fällen auch für Problemstoffe wie z. B. Pestizide, Phenole und weitere Kohlenwasserstoffe. Dabei wirken viele Arten von Mikroorganismen auf perfekte Weise zusammen. Im Vergleich zur Beschaffenheit des Oberflächenwassers führt eine Untergrundpassage in der Regel zu einer beachtlichen Abnahme des Gehaltes an gelösten organischen Stoffen. Sind im versickernden Wasser noch nennenswerte Mengen an Ammonium vorhanden, unterliegt dieses bei Anwesenheit von Sauerstoff zumindestens teilweise einer mikrobiellen Oxidation (Nitrifikation). Oft ist dies mit einer Denitrifikation, also Stickstoff-Abgasung (Kap. 2.1.4) verbunden. In vielen Fällen wird der gelöste Sauerstoff vollständig aufgezehrt. Durch mikrobielle Aktivität wird oftmals nicht nur der im Nitrat, sondern auch der im Sulfat gebundene Sauerstoff verbraucht. Die mikrobiellen Redoxprozesse unterliegen dementsprechend einer klar definierten Abfolge (Abb. 2.3). Ein schwankender Grundwasserstand führt zu einer Verschiebung der Grenze zwischen wassergesättigter und ungesättigter Zone, so dass die mikrobiellen Redoxumsetzungen der Kohlenstoff-, Stickstoff-, Schwefel-, Eisen- und Manganverbindungen entweder in Richtung Reduktion oder hin zu einer Oxidation verlaufen. Die chemoautotrophen Bakterien (Eisen-, Mangan-, Ammonium- und Sulfidoxidierer) werden in den Kap. 2.1.3 bis 2.1.5 näher behandelt.

Kolmation. Das Filtersystem verliert seine Wirkung, wenn es verstopft ist. Man bezeichnet eine solche Selbst-Dichtung als Kolmation. Die Ablagerung von Material auf der Filterschicht wird als äußere Kolmation bezeichnet, die Verstopfung des Porenraumes als innere. Maßgebend sind: kleine tonige Mineralpartikel, Bakterien, wenn sie zu gut mit abbaubaren Substanzen versorgt werden und daher zu schnell wachsen, sowie Phytoplankton und festsitzende Algen.

Bedeutung der tierischen Kleinorganismen (Abb. 2.4, 2.5). An den natürlichen Selbstreinigungsprozessen im Untergrund sind sowohl Einzeller als auch Mehrzeller (Wirbellose) ganz unterschiedlicher Größenklassen in vielseitiger Weise beteiligt. Fäkalbakterien finden im Grundwasser in der Regel keine günstigen Lebensbedingungen vor, sterben bei ausreichend langer Aufenthaltszeit ab oder werden von tierischen Kleinlebewesen gefressen. Diese Tiere verwerten organische Partikel, die sich durch Infiltration von Oberflächenwasser akkumulieren, oder sind Weidegänger von Biofilmen. Durch die Fresstätigkeit der tierischen Kleinorganismen wird daher ständig ein Teil des angereicherten organischen Materials entfernt. Sowohl ihre Fresstätigkeit als auch ihre Bewegungsaktivität hat zur Folge, dass die Kleinstlückensysteme nicht verstopfen. Daher sind organische Ablagerungen im Bereich der Gewässersohle oftmals besser durchlässig als solche mit Überwiegen von Tonmineralien. Die Grundwassertiere wirken also einer Kolmation entgegen (SCHMINKE, GLATZEL 1988). Durch die Verwertung überschüssiger Biofilm-Bakterien regenerieren bzw. stabilisieren sie das Filtersystem und so die hydraulische Durchlässigkeit. Die Zerkleinerung organischer Partikel

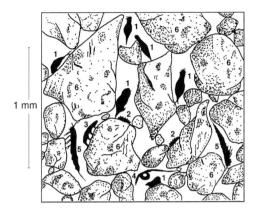

Abb. 2.1 Tierische Kleinorganismen in Sandlücken des Grundwassers. 1 Rotatorien (Rädertierchen), 2 Ciliaten (Wimpertierchen), 3 Tardigrada (Bärtierchen), 4 Nematoda (Fadenwürmer), 5 Harpacticoida (Ruderfußkrebse), 6 Aufwuchsbakterien (Biofilm). Nach STRENZKE aus UHLMANN (1988), verändert.

durch tierische Mehrzeller erhöht die für Mikroorganismen besiedelbare Oberfläche und erhöht so ebenfalls die Gesamtleistung des Filtersystems. Einen weiteren positiven Effekt üben die tierischen Kleinlebewesen dadurch aus, dass sie durch ihre Bewegungstätigkeit das Gefüge des Grundwasserleiters ständig verändern. Sie sind in der Lage, Partikel zu bewegen, die z.T. größer sind als sie selbst. Diese Form der sog. **Bioturbation** schafft ständig neue, sich verändernde Infiltrationswege. Ohne eine solche ständige Filter-Regenerierung durch tierische Kleinorganismen würden feinkörnige Grundwasserleiter verstopfen (HUSMANN 1978, DANIELOPOL 1989, RUMM, SCHMIDT, SCHMINKE 1997).

Grenzen des Selbstreinigungsvermögens. Bei vollständigem Sauerstoffschwund infolge Überlastung mit abbaubaren organischen Stoffen kommt es zum Ausfall der tierischen Besiedlung, und die biologische Filter-Regenerierung bricht zusammen. Eine Gasbildung (Stickstoff, Methan) infolge von Abbau- bzw. -Fäulnisprozessen kann zu einer zusätzlichen Versetzung von Poren und somit einer weiteren Verringerung der Durchlässigkeit führen. Oftmals fehlt gelöster Sauerstoff, ohne dass dies auf eine Verschmutzung zurückzuführen wäre. Der Sauerstoff-Verbrauch kann z.B. auf einer Versickerung von Niederschlagswasser durch Bodenschichten mit hohem Gehalt an Huminstoffen oder an Eisensulfiden beruhen. Infolge der Reduktionsprozesse können sich gelöstes Eisen und Mangan, Schwefelwasserstoff

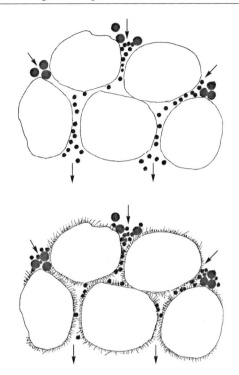

Abb. 2.2 Schema eines Sandfilters. Oben: Eine Schicht aus Sandkörnern, die rein mechanisch wirkt (Primärfilter). Wasserstrom von oben nach unten. Von den zudosierten Kunststoffkügelchen werden die großen zurückgehalten, während die kleinen die Lücken passieren. Unten: Durch Entwicklung eines Bakterienfilms entsteht ein Sekundärfilter. Jetzt werden auch die kleinen Kügelchen weitgehend zurückgehalten. Hier spielen auch Adsorptions- und Adhäsions(= Anheftungs-)prozesse eine entscheidende Rolle.

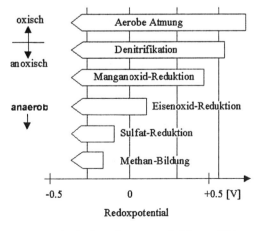

Abb. 2.3 Mikrobielle Redoxprozesse bei der Neubildung von Grundwasser. Nach ZOBRIST (2000), verändert.

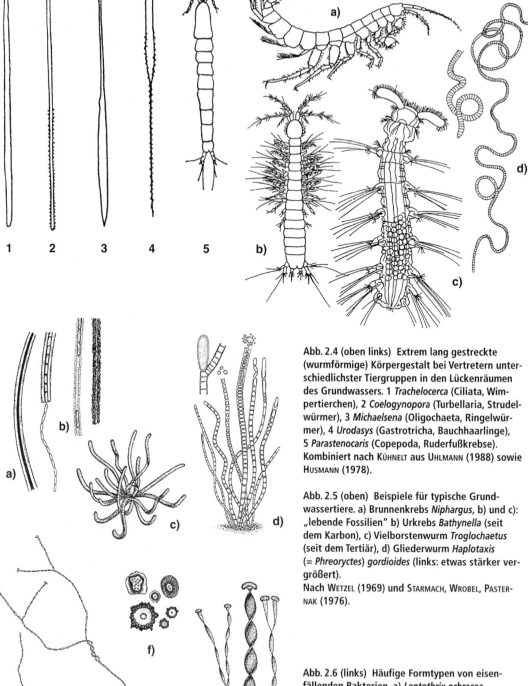

Abb. 2.4 (oben links) Extrem lang gestreckte (wurmförmige) Körpergestalt bei Vertretern unterschiedlichster Tiergruppen in den Lückenräumen des Grundwassers. 1 *Trachelocerca* (Ciliata, Wimpertierchen), 2 *Coelogynopora* (Turbellaria, Strudelwürmer), 3 *Michaelsena* (Oligochaeta, Ringelwürmer), 4 *Urodasys* (Gastrotricha, Bauchhaarlinge), 5 *Parastenocaris* (Copepoda, Ruderfußkrebse). Kombiniert nach Kühnelt aus Uhlmann (1988) sowie Husmann (1978).

Abb. 2.5 (oben) Beispiele für typische Grundwassertiere. a) Brunnenkrebs *Niphargus*, b) und c): „lebende Fossilien" b) Urkrebs *Bathynella* (seit dem Karbon), c) Vielborstenwurm *Troglochaetus* (seit dem Tertiär), d) Gliederwurm *Haplotaxis* (= *Phreoryctes*) *gordioides* (links: etwas stärker vergrößert).
Nach Wetzel (1969) und Starmach, Wrobel, Pasternak (1976).

Abb. 2.6 (links) Häufige Formtypen von eisenfällenden Bakterien. a) *Leptothrix ochracea* (mit Fe^{3+}-reicher Scheide), b) *L. pseudoochracea*, c) *L. lopholea*, d) *Crenothrix polyspora*, e) *Gallionella ferruginea*, f) *Siderocapsa* div. sp., g) *Gallionella minor*, Kopfenden mit aktiven Zellen stark vergrößert. Kombiniert nach verschiedenen Autoren.

und sogar Methan anreichern. Wenn reduziertes Grundwasser in Brunnen gefördert wird bzw. mit Luftsauerstoff in Berührung kommt, kann eine Verstopfung des Porenraumes auch durch mikrobiell verursachte Verockerung oder Ablagerung von Manganoxiden bedingt sein (Kap. 2.1.3). Dies wird insbesondere im Filterbereich von Brunnen beobachtet, da hier eine Vermischung von Wässern aus unterschiedlicher Tiefe stattfindet und der durch die hohe Fließgeschwindigkeit begünstigte Versorgungsstrom von organischen Nährstoffen die Wachstumsbedingungen der Mikroorganismen verbessert.

2.1.2 Organismenvielfalt im Grundwasser – Bioindikatoren

Als Lebensraum für Mikroorganismen und Tiere ist das Grundwasser durch folgende Eigenschaften gekennzeichnet (NEHRKORN 1988):
- niedrige Konzentration an verwertbaren organischen Kohlenstoffverbindungen,
- Dauerdunkelheit, daher auch Fehlen der photosynthetischen Stoffproduktion,
- gleichbleibend niedrige Temperaturen. Die Temperaturschwankungen sind relativ gering und vom Niveau des Grundwasserspiegels abhängig. Bei einer Förderung als Trinkwasser ist dieses im Sommer angenehm kühl, dagegen im Winter nicht so kalt wie z. B. Talsperrenwasser,
- langsamer Stofftransport,
- räumliche Enge in den Lückensystemen von Sanden und Kiesen.

Mikroorganismen. Ihr Arten-Reichtum ist in den Biofilmen offenbar größer als im Wasser und es bestehen große Unterschiede in der räumlichen Verteilung. Es handelt sich ebenso wie in Oberflächengewässern um Vertreter der folgenden großen Gruppen:
- Pilze einschließlich Hefen (sie besitzen ebenso wie die Pflanzen und Tiere einen Zellkern, gehören daher zu den Eucarya),
- Eubacteria („echte Bakterien"),
- Archaebacteria (dazu gehören u. a. die Methanbildner).

Besonders häufig findet man im Grundwasser die Bakterien-Gattungen *Achromobacter*, *Flavobacterium*, *Micrococcus*, *Nocardia*, *Cytophaga*. Bei Anwendung molekulargenetischer Untersuchungsmethoden könnte sicherlich eine Vielzahl von weiteren Gattungen vorgefunden werden, wahrscheinlich auch das erstmals im Berliner Reinwassernetz nachgewiesene und dort häufige *Aquabacterium* (Kap. 2.3.1). Im reinen Grundwasser sind die Bakterien infolge des geringen Angebotes an verwertbaren Kohlenstoffverbindungen vielfach zu Kümmerformen degeneriert. Aus dem gleichen Grunde fehlen dort Pilze fast völlig. Sie kommen dann zur Entwicklung, wenn organische Partikel (z. B. auch Pflanzenreste) eingetragen werden, wie in Karstgebieten mit starkem Wasserdurchsatz oder bei hohem Grundwasserstand bis in den Bereich der Wurzelzone. Mikrobielle Aktivitäten (u. a. Sulfatreduktion) lassen sich noch in mehr als 600 m Tiefe nachweisen (NEHRKORN 1988). Die Ausbreitung der Bakterien erfolgt einmal durch aktive Bewegung mit Hilfe von Geißeln, zum anderen durch passiven Transport.

Tiere im Grundwasser. Blinde Tiere, die in Tümpeln von Höhlen des Kalkgesteins leben, wurden schon im 18. Jahrhundert beschrieben. Am bekanntesten ist ein Lurch, der Grottenolm (*Proteus anguineus*). In Nord- und Südamerika gibt es auch blinde Höhlenfische. Für die Nutzung des Grundwassers sind die tierischen Kleinorganismen wichtig, die im Porengrundwasser, d. h. in den wassergefüllten Kleinstlückensystemen leben, soweit diese nicht durch das Eindringen von feinen Mineralpartikeln verstopft sind. Kennzeichnend sind die folgenden Anpassungen:
- Die Augen sind verkümmert oder fehlen ganz,
- die Haut besitzt keine Pigmente, daher erscheinen die Tiere weißlich oder durchscheinend,
- die Körpermaße entsprechen der Größe des Lückensystems. In Sandlücken leben vor allem kleine und extrem langgestreckte Arten, die sich durch schlängelnde Fortbewegung gut durch die Porenräume hindurchzwängen können (Abb. 2.4). In den relativ großen Porenräumen der Schotter leben u. a. Flohkrebse (z. B. *Niphargus*, Abb. 2.5) und Asseln (z. B. *Proasellus*),
- Tastorgane sind sehr gut entwickelt, z. B. bei Krebstieren in Form von langen Antennen,
- der Stoffwechsel ist reduziert, auch in Anbetracht der oftmals niedrigen Temperaturen (in Mitteleuropa meistens im Bereich von 7 °C bis 13 °C).

Sofern molekularer Sauerstoff zur Verfügung steht, ist der Artenreichtum von tierischen Kleinorganismen im Grundwasser bei sehr geringen Individuenzahlen überraschend groß. Für eine umfassende Bestandsaufnahme sind Pumpversuche

notwendig. Man benötigt dazu des Weiteren lediglich ein nicht zu feinmaschiges Planktonnetz. Viele Arten sind an niedrige O_2-Konzentrationen angepasst. Weltweit wurden bisher ca. 4000 Arten nachgewiesen (BOTOSANEANU 1986, Tab. 2.1), davon mindestens 1500 Arten in Europa. Sie gehören vor allem den folgenden Gruppen an:
- Protozoen (Einzeller),
- Rotatorien (Rädertierchen),
- Turbellarien (Strudelwürmer),
- Nematoden (Fadenwürmer),
- Oligo- und Polychaeten (Borstenwürmer),
- Copepoden (Ruderfußkrebse),
- Ostracoda (Muschelkrebse),
- Cladocera (Wasserflöhe),
- Isopoda (Asselkrebse),
- Amphipoda (Flohkrebse),
- Acari (Wassermilben).

Im Grundwasser Deutschlands wurden bisher knapp 500 Arten von Tieren nachgewiesen (RUMM, SCHMINKE 2000), für Europa wird die Gesamtzahl auf 2000 geschätzt (SKET 1999). Zu den häufigen bzw. besonders bemerkenswerten Bewohnern des Grundwassers zählen verschiedene Arten des Brunnenkrebses *Niphargus*, der altertümliche Vielborstenwurm *Troglochaetus*, dessen nächste Verwandte im Meere leben, sowie der Urkrebs *Bathynella*, der sogar ein lebendes Relikt aus dem Erdaltertum darstellt (Abb. 2.5). Weltweit sind im Grundwasser des Binnenlandes einige Gruppen mit besonders vielen Arten vertreten. Bezieht man das zusammenhängende Lückensystem des salzigen bzw. brackigen Küstengrundwassers mit ein, ergeben sich noch sehr viel höhere Artenzahlen. Grundwasserorganismen haben sich seit dem Erdaltertum über große Entfernungen ausgebreitet. Fünf Gruppen von tierischen Kleinorganismen leben nur im Grundwasser.

Bioindikatoren. Hinsichtlich ihres Indikatorwertes bezüglich der Beschaffenheit/Herkunft des Wassers teilt man die Grundwasserorganismen wie folgt ein:

- **Stygobiont** (griech. styx = Unterwelt). Synonym eucaval. Echte Grundwassertiere (lat. cavus = hohl, Höhle). Stets unterirdisch (hypogäisch) lebend. Maßgebend für ihre Ernährung ist der Massenstrom von gelöstem organischem Kohlenstoff, vor allem Huminstoffe, der infolge der Versickerung von Niederschlagswasser ins Boden- und Grundwasser gelangt. Davon wiederum ist die Entwicklung der Bakterienfilme abhängig. Die Bodenzone mit ihren Pflanzenwurzeln ist generell die Hauptquelle der Stoffzufuhr in das Grundwasser. Starke Regenfälle im Frühjahr und Herbst, aber besonders die Schneeschmelze führen zu einem erhöhten Nahrungsangebot (WEGELIN 1966). In Karst- und Spaltenwässern entscheidet vor allem der Import von partikulärem organischem Kohlenstoff (z. B. Pflanzenreste, Bodenpartikel) über die Besiedlungsdichte. Die Nahrungsversorgung der Tiere des echten, d. h. in der Regel uferfernen Grundwassers ist sehr beschränkt. Deshalb wird offenbar von jeder Art nahezu alles Fressbare verwertet (GONSER 2000). Die meisten dieser Organismen sind Hungerkünstler. Das dürftige Nahrungsangebot, die relativ niedrigen Temperaturen und das oftmals starke Sauerstoffdefizit im echten Grundwasser haben bei den dort lebenden Tieren einen verlangsamten Stoffwechsel mit verringertem O_2-Verbrauch sowie eine niedrige Vermehrungsrate zur Folge. Dies wird aber durch eine lange Lebensdauer ausgeglichen (MALARD, HERVANT 1999).
- **Stygophil.** Hauptverbreitung je nach Art unterirdisch oder auch oberirdisch (epigäisch). Viele dieser Organismen findet man im Lückensystem unter dem Flussbett (hyporheisches Interstitial), wo aber Nahrungsangebot und Besiedlungsdichte mit der Entfernung bzw. Tiefe rasch abnehmen, und auch in Langsamsandfiltern (Kap. 2.2.2.2).
- **Stygoxen.** Synonym: xenocaval (griech. xenos = fremd): Zufallsgäste, nur ausnahmsweise im Grundwasser, dort nicht auf Dauer lebensfähig.

Die Mehrzahl (knapp zwei Drittel) der im Grundwasser vorgefundenen Tier-Arten ist stygophil (RUMM, SCHMINKE 2000). Jedes Auftreten von stygoxenen Arten im Grundwasser weist auf eine Verbindung zur Oberfläche bzw. auf die Beein-

Tab. 2.1 Artenzahlen einiger Organismengruppen im Grundwasser des Binnenlandes (BOTOSANEANU 1986, Zahlen gerundet).

Ruderfußkrebse (Copepoda)	610
Muscheln u. Schnecken	350 (davon in Mitteleuropa nur eine Art)
Fadenwürmer (Nematoda)	290
Muschelkrebse (Ostracoda)	120

flussung durch Oberflächenwasser in Infiltrationsbereichen bzw. -perioden hin. Viele Arten, die am Grunde eines Fließgewässers, d. h. in Schottern, Kiesen und Sanden eines Flussbetts leben, können auch aktiv bis ins Grundwasser eindringen. Dazu gehören die Larven vieler Arten von Steinfliegen, Eintagsfliegen, Köcherfliegen, Zuckmücken, die einen Teil ihres Lebenszyklus, beginnend mit der Ei-Ablage, im Flussbett verbringen. Viele Arten von Ruderfußkrebsen können sowohl dem Flussbett als auch dem Grundwasser zugerechnet werden, sie verbringen aber ihren gesamten Lebenszyklus im Lückensystem.

Ein starkes Auftreten von bakterienfressenden Einzellern, insbesondere Wimpertierchen, in Grundwasserproben weist auf das Eindringen von organisch belastetem Flusswasser bzw. in Brunnen auf die Versickerung von Abwasser hin. Das Vorkommen des Bachflohkrebses *Gammarus* in einer Quellfassung zeigt mit Sicherheit einen Oberflächenkontakt an, z. B. Risse in den Rohrleitungen (WEGELIN 1966). Andererseits weist eine hohe Artenzahl von echten Grundwassertieren in der Regel auf das Fehlen einer Kontamination bzw. auf eine gute Wasserqualität hin. Allerdings sind angesichts der großen Individuenarmut die Funde auch stark zufallsabhängig. In Exfiltrationsperioden können echte Grundwassertiere bis ins Gewässer gelangen. Sie haben dort kaum Überlebenschancen. Noch am häufigsten findet man sie unterhalb von Quellaustritten.

2.1.3 Mikrobielle Redoxumsetzungen von Eisen und Mangan

2.1.3.1 Biogene Umsetzungen des Eisens

Eisen ist in der Erdkruste mit 4,7 % und damit auch in Verwitterungsböden das häufigste Schwermetall. Seine mikrobiellen Redoxumsetzungen spielen nicht nur in Grundwasserleitern eine große Rolle, sondern auch in Gewässersedimenten und in technischen Anlagen. Feinkörnige Fluss-Alluvionen (Kies, Sand) bieten in großem Umfang Ansatzflächen für Fe-umsetzende Mikroorganismen.

Eisen-Oxidation/-Ausfällung: Bei Anwesenheit von Sauerstoff können speziell angepasste Bakterien die bei der Eisen(II)-Oxidation freiwerdende Energie nutzen.

$$4\,Fe^{2+} + 4\,H^+ + O_2 \rightarrow 4\,Fe^{3+} + 2\,H_2O + 189\,kJ \tag{2.1}$$

$$\text{Energie (ATP)} \xrightarrow{CO_2,\,H_2O} \text{Biomasse} \tag{2.2}$$

Unter anderem ist die Gattung *Gallionella* dazu befähigt (Abb. 2.6). Diese und andere obligat chemo-autotrophen (= von organischen C-Quellen unabhängigen) Bakterien nutzen die bei der Eisen(II)-Oxidation freiwerdende Energie sowie Kohlendioxid für Stoffwechsel und Wachstum. Dies ist eine Anpassung an ein Milieu, in dem gelöster organischer Kohlenstoff weitgehend fehlt (SCHLEGEL 1992). Da der Energiegewinn bei der Fe(II)-Oxidation gering ist, sind große Umsätze erforderlich, die zu beträchtlichen Ablagerungen von Eisenoxidhydrat (Ocker) führen können. Für die Bildung von einem Gramm Biomasse müssen mindestens 120 g Eisen(II) umgesetzt werden, wobei die Angaben in der Literatur nicht einheitlich sind. Die langen, gedrehten und von Fe^{3+} inkrustierten Stiele von *Gallionella ferruginea* stellen die Armierung der Eisenockerablagerungen dar (vgl. Abb. 2.9). Die Nutzung der Oxidationsenergie ist bei den ockerbildenden Eisenbakterien nur innerhalb eines relativ engen pH-Bereiches (6,8 bis 7,5) möglich. Oberhalb pH 7,5 vermögen sie mit der rein chemischen Umsetzung nicht mehr erfolgreich zu konkurrieren.

Weitere im mikroskopischen Bild auffällige Eisenoxidierer sind die z. T. auch heterotroph lebenden Gattungen *Crenothrix* und *Leptothrix* sowie die ausschließlich heterotrophen *Siderocapsa* und *Siderococcus* (Abb. 2.6). Diese Bakterien nehmen organisch gebundenes Eisen oder Eisen in Chelatform auf, wobei die Kohlenstoffquelle verwertet und Eisenoxidhydrat als Abfallprodukt freigesetzt wird. Bei den meisten eisenoxidierenden Bakterien ist die Fe(III)-Ausfällung an der elektronegativ geladenen Zelloberfläche möglicherweise ein unbeabsichtigter Effekt. Er bringt Organismen, die gelöstes organisches Substrat benötigen, keinen Nutzen und behindert sogar den Stofftransport. Die dabei oft stattfindende Mitfällung von Fäkalbakterien und Viren ist allerdings aus hygienischer Sicht als sehr günstig zu beurteilen. Natürlich wird Eisen auch als Zellbaustein (z. B. als Bestandteil der Atmungs-Enzyme) benötigt, jedoch nur in außerordentlich geringen Mengen. Die Ablagerung von Eisenocker ist auch in Quellen geringer Schüttung (Sickerquellen) stark ausgeprägt, während bei stärkerer Wasserführung der Eisenschlamm entweder am Grunde abgelagert (Quelltöpfe, Tümpelquellen) oder weggeschwemmt wird (Sturzquellen).

Eisenoxidation in sauren Gewässern. Für den Stoffumsatz in speziellen Grundwasserleitern, vor allem in Bergbaugebieten, sind u. a. die acidophilen (= säureliebenden), obligat chemoautotrophen Bakterien *Acidothiobacillus ferrooxidans* sowie *Leptospirillum ferrooxidans* wesentlich. Sie kommen häufig im Grundwasser eisensulfidhaltiger Abraumhalden, in Bergbaurestseen und in sauren Bergbauabwässern vor. Im sauren Milieu oxidieren sie (sowie noch andere Arten) Eisen(II) zu Eisen(III). Sie tolerieren pH-Werte bis 2,5.

Eisenoxidation mit Nitrat. In eisensulfid- bzw. -disulfidhaltigen Bodenmaterialien können Mikroorganismen neben Sauerstoff auch Nitrat als Elektronenakzeptor nutzen.

lichen FeO(OH)) bzw. als Braunstein (MnO_2) in oft großen Mengen vorhanden sind.

Die organischen Substanzen dienen dabei als Reduktionsmittel, während Eisen(III) und Mangan(III, IV) als Elektronenakzeptoren wirken.

$$8\ FeOOH + CH_3COO^- + 15\ H^+ \rightarrow 8\ Fe^{2+} + 2\ HCO_3^- + 12\ H_2O \qquad (2.6)$$

Als organische Kohlenstoffquellen kommen neben Abwasserinhaltsstoffe auch Huminstoffe sowie Methan in Frage. In sulfidhaltigen Wässern wird Fe(II) weiter zu FeS umgesetzt.

$$5\ FeS_2 + 14\ NO_3^- + 4\ H^+ \rightarrow 5\ Fe^{2+} + 10\ SO_4^{2-} + 7\ N_2 + 2\ H_2O \qquad (2.3)$$

Dabei wird sulfid-gebundener Schwefel u. a. von *Thiobacillus denitrificans* zu Sulfat oxidiert und Nitrat zu Stickstoff umgewandelt. Erhöhte Sulfatgehalte im Grundwasser haben oftmals ihre Ursache in diesem mikrobiellen Prozess. Das hierbei gebildete Eisen(II) kann durch *Gallionella ferruginea* und anderen Bakterienarten zu Eisen(III) aufoxidiert werden.

$$10\ Fe^{2+} + 2\ NO_3^- + 14\ H_2O \rightarrow 10\ FeOOH + N_2 + 18\ H^+ \qquad (2.4)$$

Beide Prozesse werden unter dem Begriff autotrophe Denitrifikation zusammengefasst.

Eisenreduktion. Durch eine ganze Reihe von Mikroorganismen, z. B. Vertreter der Gattung *Geobacter* (fakultativ anaerob) und *Geovibrio* (obligat anaerob) wird Eisen(III) zu Eisen(II) umgewandelt. Wenn in das Grundwasser eingetragene organische Stoffe von Mikroorganismen abgebaut werden, kann daher bei Sauerstoffmangel ionogenes Eisen(II) gebildet werden. Durch den Eintrag von gelösten organischen Substanzen in das Grundwasser wird die mikrobielle Freisetzung von Kohlendioxid durch Atmung gefördert (Abb. 2.7).

Auflösung und Wiederausfällung von Eisen. Sie kann bei Überschreitung einer bestimmten organischen Belastung in Grundwasserleitern eine große Rolle spielen. Abb. 2.7 demonstriert schematisch den unterschiedlichen Effekt einer Versickerung von:
- nicht organisch belastetem und von
- stark abwasserbelastetem Oberflächenwasser.

Im Fall 2 wird in geringer Entfernung von der Eintrittsstelle der gelösten organischen Substanzen zunächst Eisen mobilisiert, dann in größerer Entfernung, bei Vermischung mit sauerstoffhaltigem Grundwasser, wieder ausgefällt. Eine Versickerung von Abwässern oder organisch belastetem Oberflächenwasser hat daher meist negative Auswirkungen, wie z. B. Verringerung der hydraulischen Durchlässigkeit infolge Ockerbildung. Ein wasserundurchlässiger Dichtungsschleier aus Eisenocker und Mikroorganismen im Filterbereich kann die Wasserförderung aus Brunnen zum Erliegen bringen.

Gezielte Enteisenung/Entmanganung im Untergrund. Sofern damit zu rechnen ist, dass auf Grund einer gründlichen und großzügigen Bemessung die erforderliche hydraulische Durchläs-

$$\text{gelöste organische Substanz} \xrightarrow{\text{Bakterien}} CO_2 + H_2O + \text{Energie} \qquad (2.5)$$

Diese mikrobielle Aktivität führt zur Auflösung von Eisen- und Manganmineralien, die z. B. als Raseneisenerz (Limonit = Gemenge aus Eisen(III)-hydroxiden) und Ortstein (im Wesent-

sigkeit im Grundwasserleiter erhalten bleibt, kann die Entfernung von Fe(II) zusammen mit der von Mn(II) auch im Grundwasserleiter direkt (in-situ) durchgeführt werden. Dies hat den Vorteil, dass

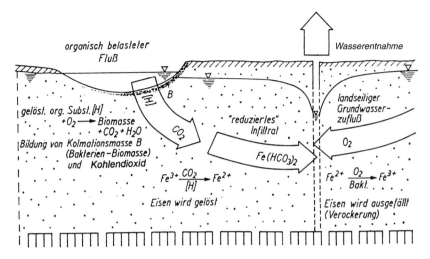

Abb. 2.7 Einfluss der Biomasse- und CO$_2$-Produktion auf die Gewinnung von Uferfiltrat. Durch Versickerung von gelöstem und Bioproduktion von partikelgebundenem organischem Material herrschen günstige Bedingungen für die reduktive Auflösung von Eisen (III). Umgekehrt fördert der landseitige Zufluss von nicht belastetem, O$_2$-reichem Grundwasser die Wiederausfällung von Eisen (III) in den Brunnenfiltern. (siehe Kapitel 2.2.2.1). Aus UHLMANN (1988).

für die Wasseraufbereitung kein Bauwerk erforderlich ist. Außerdem sind keine Filterschlämme zu entsorgen. Erforderlich sind lediglich zwei Brunnen, die wechselweise als Förder- und als Infiltrationsbrunnen dienen, sowie eine Belüftungsanlage. In der Anreicherungsphase wird O$_2$-reiches Wasser in den Grundwasserleiter infiltriert. In der darauf folgenden Entnahmephase erfolgt die Oxidation und Fixierung von Eisen und Mangan im Untergrund sowie die Förderung des enteisenten und entmanganten Wassers. Die Mechanismen der unterirdischen Enteisenung und Entmanganung sind im Detail bei REIßIG, FISCHER, EICHHORN (1983) sowie REIßIG, GNAUCK, SCHWAN (1985) dargestellt. Einer schnellen Verstopfung des Reaktionsraumes wirkt dessen großes Gesamtvolumen entgegen (ROTT, FRIEDLE 2000). Auf Grund der langen Verweilzeit verdichten sich die gebildeten Hydroxide bzw. Oxidhydrate durch allmählichen Wasserentzug (Dehydratation) oder bleiben infolge des hohen Anteils an Mikroorganismen (*Gallionella*-Stiele) porös.

2.1.3.2 Biogene Umsetzungen des Mangans

Das Mangan lässt sich in unterirdischen Wasseraufbereitungsanlagen nicht immer ebenso leicht immobilisieren wie das Eisen. Der chemische Fällprozess kann durch Zusatz einer relativ geringen Menge an KMnO$_4$ + MnCl$_2$ mit dem Injektionswasser in Gang gebracht bzw. gehalten werden (OBST, ALEXANDER, MEVIUS 1990).

Mangan ist nach dem Eisen das häufigste Schwermetall in der Erdrinde. Sein Masseanteil beträgt zwar nur 0,1 %, dafür werden aber Mn(IV)-oxide bei sinkendem Redoxpotenzial durch mikrobielle Manganreduktion leichter in die reduzierte, gelöste Form umgewandelt als Eisen(III)-Verbindungen. Adsorbiertes Mangan(II) kann deshalb sowohl im Grundwasser als auch im Bodensediment besonders der kalkarmen Gewässer in ziemlich hohen Konzentrationen vorkommen. Im Wasserkörper von Seen und Flüssen ist dagegen der Gehalt an gelöstem Mangan (und Eisen) im Regelfall gering, solange Redoxpotenzial und O$_2$-Gehalt sowie der pH-Wert hoch und das Angebot an organischen Komplexbildnern (z. B. Huminstoffen), die Mangan (und Eisen) in Lösung halten, niedrig sind. Ebenso wie beim Eisen spielen bei der Auflösung von Mangan Mikroorganismen, vor allem Bakterien, eine ausschlaggebende Rolle. Als Reduktionsmittel wirken neben biologisch gut abbaubaren organischen Inhaltsstoffen auch die weit verbreiteten Humin- und Fulvosäuren.

Stark vereinfacht:

Manganreduktion:

$$MnO_2 \xrightarrow{\text{Bakt., CO}_2\text{, org. Subst.}} Mn^{2+} \quad (2.7)$$

Manganoxidation:

$$Mn^{2+} \xrightarrow{\text{Sauerstoff}} MnO_2 + \text{Energie} \quad (2.8)$$

$$\text{Energie} \rightarrow \text{Biomasse} \quad (2.9)$$

Die Manganreduktion und -oxidation erfolgt, unter sonst vergleichbaren Bedingungen (z. B. pH-Wert), bei einem höheren Redoxpotenzial als beim Eisen. Die Manganoxidation erfolgt dementsprechend bei der Wasseraufbereitung erst, wenn vorher alles noch vorhandene Methan oxidiert wurde (Bendinger, Manz 2000). Die Festlegung von Mn als Sulfid spielt im Gegensatz zum Eisen nur eine untergeordnete Rolle. Dadurch reichert sich das gelöste Mangan in reduzierenden, H_2S-haltigen Grundwässern und im Tiefenwasser geschichteter Talsperren und Seen oftmals stärker in der Lösung an als das Eisen. Es kann im Tiefenwasser von Seen und Talsperren Konzentrationen von mehr als 10 mg/l erreichen (ROTT, FRIEDLE 2000, Kap. 2.2.3.4). Im Gegensatz dazu ist am Grunde tiefer Klarwasserseen und weiter Bereiche der Ozeane der O_2-Gehalt des Wassers so hoch, dass sich im Bereich des Sediment-Wasser-Grenzfläche „See-Erz", d. h. Eisen-Mangan-Oxid-Knollen bilden können. Solche von Bakterien erzeugten münzenförmigen Gebilde können Durchmesser von bis zu 5 cm und darüber erreichen.

2.1.4 Mikrobielle Stickstoffumsetzungen bei der Trinkwasseraufbereitung

2.1.4.1 Oxidation von Stickstoffverbindungen

Der N-Gehalt des Bodens wird überwiegend durch organisch gebundenen Stickstoff bestimmt. Stickstoff wird von allen Pflanzen und Mikroorganismen als Nährstoff benötigt und überwiegend als Amino-Stickstoff (-NH_2) in Eiweißkörper, Nukleinsäuren und andere Bestandteile der Biomasse eingebaut. Das wesentlichste Abbauprodukt des organisch gebundenen Stickstoffs ist das Ammonium. Es kommt in jedem Oberflächengewässer und im Niederschlagswasser vor. Dabei liegen die natürlichen Konzentrationen meistens unter 0,1 bis 0,2 mg/l. Werte über 0,5 mg/l weisen oftmals auf anthropogenen Einfluss hin. Der Eintrag erfolgt hauptsächlich über die Einleitung nicht genügend gereinigter Abwässer, aber auch über den Oberflächenabfluss von landwirtschaftlich genutzten Flächen (Gülle, ammoniumhaltige Düngemittel) sowie über den Luftpfad, insbeson-

dere durch Emissionen aus Anlagen zur Massentierhaltung. Im Grundwasser kommt Ammonium in der Regel nur in Konzentrationen von 0,2 bis 0,6 mg/l vor. Aber Grundwasser kann bisweilen, besonders in Einzugsgebieten mit moorigen, huminstoffreichen oder eisenhaltigen Bodenschichten, Ammoniumgehalte bis zu 10 mg/l aufweisen (WEBER, KLOSE, GAUDIG 1999). Im Wasser wird Ammonium durch eine zweistufige mikrobielle Oxidation über Nitrit als Zwischenprodukt in Nitrat umgesetzt. An dieser Oxidation sind zwei Bakteriengruppen, nämlich die Ammoniumoxidierer und die Nitritoxidierer, beteiligt. Diese leben vergesellschaftet, denn die Nitritoxidierer sind auf das Endprodukt der Ammoniumoxidierer angewiesen. Die Reaktion kann nur bei ausreichendem Gehalt an Sauerstoff stattfinden. Zur vollständigen Oxidation von 1 mg NH_4^+ sind 4,6 mg Sauerstoff erforderlich. Das pH-Optimum beider Organismengruppen liegt zwischen 7 und 8. Die mikrobielle Oxidation von Ammonium (= Nitrifikation) wird durch niedrige Temperaturen (< 10 °C) und einen niedrigen pH-Wert verlangsamt.

$$NH_4^+ + 1,5\ O_2 \rightarrow NO_2^-\ 2\ H^+ + H_2O + \text{Energie} \quad (2.10)$$

$$NO_2^- + 0,5\ O_2 \rightarrow NO_3^- + \text{Energie} \quad (2.11)$$

2.1.4.2 Ammonium im Trinkwasser

Ammonium stellt einen Indikator für den Einfluss von Abwässern bzw. tierischen Abfallprodukten dar. Es entsteht auch als Zwischenprodukt beim Abbau von Harnstoff. Die Ammoniumgehalte verunreinigter Rohwässer liegen oftmals im Bereich von > 1 mg/l. Ein erhöhter NH_4^+-Gehalt kann in Wasserversorgungssystemen aus Kupfer oder Kupferlegierungen zu Korrosionsschäden führen. Konzentrationen bis 3 mg/l sind aber für den Menschen nicht gesundheitsschädlich. Jedoch stören erhöhte Konzentrationen die Trinkwasseraufbereitung. Bei der Desinfektion bewirkt
- eine erhöhte Ammoniumkonzentration eine erhebliche Chlorzehrung und
- es werden Chloramine gebildet. Diese verursachen einen deutlichen „Apothekengeschmack".

In der deutschen Trinkwasserverordnung (AURAND, ALTHAUS 1991) wurde deshalb ein NH_4^+-Grenzwert von < 0,5 mg/l festgelegt. Bei erhöhten Ammoniumgehalten im Trinkwasserverteilungsnetz kommt es zur Nitrifikation und damit zu erhöhtem Sauerstoffverbrauch, und die dabei gebildeten Bakterienfilme begünstigen die Wiederverkeimung sowie das Auftreten von toxisch wirkenden NO_2-Konzentrationen. Bei erhöhten Ammoniumgehalten des Rohwassers versagen Entmanganungsfilter, weil die Nitrifikanten zuviel Sauerstoff verbrauchen.

2.1.4.3 Die Nitrifikationsstufe in der Trinkwasseraufbereitung

Ein solcher Schritt wird erforderlich, wenn das Rohwasser zuviel Ammonium enthält. Der Prozess ist ebenso wie in Oberflächengewässern und bei der Abwasserbehandlung von der Temperatur, dem Sauerstoffgehalt, dem pH-Wert und der Wachstumsrate der Nitrifikanten abhängig. Deren Optimaltemperatur liegt bei 30 °C, die Minimaltemperatur bei 5 °C. Daher tritt bei der Aufbereitung von ammoniumhaltigem Oberflächenwasser in den Wintermonaten oftmals eine starke Verminderung der Nitrifikation ein. Begrenzt werden kann die Nitrifikation auch durch eine zu geringe Phosphatkonzentration des Rohwassers. (Bei der Enteisenung des Rohwassers wird auch Phosphat mit ausgefällt). Als Aufwuchsflächen für die Nitrifikanten nutzen die meisten Verfahren Trägermaterialien. Dies ist vergleichbar mit den Vorgängen bei der biologischen Oxidation von Ammonium während der Uferfiltration. Dabei kann eine bis zu 90%ige Ammoniumelimination erreicht werden, wenn die Aufenthaltszeit mindestens mehrere Tage beträgt. Langsamsandfilter bieten für die Nitrifikation optimale Bedingungen. Wenn die NH_4^+-Konzentration nicht mehr als 2 mg/l beträgt und die Sauerstoffkonzentration ausreicht, erfolgt während des gesamten Jahres eine fast vollständige Oxidation des Ammoniums. Auch die höher beaufschlagten Mehrschichtfilter haben sich für die Nitrifikation gut bewährt (WEBER, KLOSE, GAUDIG 1999).

Beispiel für eine Anlage zur Nitrifikation. Im Wasserwerk Louveciennes bei Paris werden stündlich 5000 m³ Flusswasser mit einem Ammoniumgehalt von etwa 5 mg/l zu Trinkwasser aufbereitet. Das Rohwasser wird zunächst zur Oxidation der Eisen- und Manganverbindungen mit Ozon versetzt. Das mit Sauerstoff angereicherte Wasser wird anschließend in belüfteten Biofiltern nitrifiziert. Bei Bedarf wird Phosphat zudosiert. Vor der zweiten Ozonstufe, in der hochmolekulare organische Substanzen abgebaut und Viren inaktiviert werden, korrigiert man den pH-Wert durch Zugabe von Schwefelsäure. In dem hinter der Ozonbehandlung angeordneten Aktivkohlefilter werden organische Stoffe adsorbiert und weitestgehend biologisch abgebaut. Das aufbereitete Wasser wird mit Chlordioxid desinfiziert.

2.1.4.4 Beseitigung von überschüssigem Nitrat

Bei hohen Nitratkonzentrationen erfolgt im menschlichen Körper eine Reduktion zu Nitrit, und damit im Zusammenhang steht die Methämoglobinämie (Blausucht) bei Säuglingen. Eine weitergehende Bedeutung des Nitrits liegt in der Bildung der großenteils als kanzerogen geltenden N-Nitrosoverbindungen. Dies sind aromatische Ringe mit einer -NO-Gruppe oder Nichtaromaten mit einer =N-NO-Bindung. Dazu gehören einige der am stärksten bisher bekannten krebserzeugenden Substanzen. In der deutschen Trinkwasserverordnung (AURAND, ALTHAUS 1991) wurde deshalb ein Grenzwert für Nitrat von 50 mg/l festgelegt.

Auswahl von Verfahren zur Aufbereitung von nitrathaltigem Rohwasser. Zur Beseitigung unerwünschten Nitrats wird neben physikalisch-chemischen Verfahren wie Teilentsalzung durch Ionenaustausch, Umkehr-Osmose oder Elektrodialyse auch die mikrobielle Denitrifikation eingesetzt. Prinzipiell unterscheidet man zwischen der assimilatorischen und der dissimilatorischen Nitratreduktion (siehe auch Kapitel 3.2.2). Zur mikrobiellen Nitratentfernung bei der Trinkwasseraufbereitung wird nur die letztere eingesetzt (auch als „Nitratatmung" oder Denitrifikation bezeichnet). Durch Bakterien wird Nitrat zu Nitrit unter Abwesenheit von gelöstem Sauerstoff zu N_2 oder N_2O (Distickstoffoxid) reduziert:

$$10\,[H] + 2\,H^+ + 2\,NO_3 \rightarrow N_2 + 6\,H_2O \quad (2.12)$$

Eine große Anzahl von heterotrophen, d.h. auf organische C-Quellen angewiesenen Bakterien ist in der Lage, Nitrat bei Abwesenheit von gelöstem Sauerstoff als Wasserstoffakzeptor zur Veratmung von organischen C-Verbindungen zu verwenden. Dazu gehören so häufig vorkommende Arten wie *Pseudomonas putida*, *P. fluorescens* sowie *Alcaligenes faecalis*. Bei einer technischen Nutzung werden als Reduktionsmittel (Wasserstoffakzeptoren) u.a. Acetat, Glucose, Ethanol, Methan, aber auch molekularer Wasserstoff oder elementarer Schwefel, eingesetzt. Bei Verwendung von H_2 und S_0 spricht man von autotropher Denitrifikation.

In Frankreich wurden 1983 die beiden ersten großtechnischen europäischen Anlagen zur Denitrifikation bei der Trinkwasseraufbereitung in Betrieb genommen. Dabei können sowohl Aufstrom- wie auch Abstromreaktoren (vgl. Kap. 3.3) eingesetzt werden. Als aerobe Nachreinigungseinheit dient in einer der beiden Anlagen ein abwärts durchströmtes Bett aus Aktivkohle und Sand. Nachreinigungseinheiten sind erforderlich für:
- die Entnahme von Schwebstoffen,
- die Entfernung von Geruchsstoffen,
- den Abbau nicht genutzten Substrates aus dem Denitrifikationsreaktor sowie
- die Oxidation von Nitrit.

Für den Betrieb der Denitrifikationsreaktoren ist eine regelmäßige Rückspülung wichtig, um eine zu starke Biomasseanreicherung zu verhindern.

Für die Denitrifikation werden auch Schwebebettreaktoren (vgl. Kap. 3.3) eingesetzt. Dem Rohwasser wird Ethanol als Elektronendonator zugegeben. Als Trägermaterial für die Biofilme dienen dabei Polystyrolkugeln mit einem maximalen Durchmesser von ca. 10 mm. Solche Reaktoren werden von unten nach oben durchströmt. Das denitrifizierte Wasser wird anschließend mit reinem Sauerstoff belüftet, in Kiesfiltern von überschüssiger Biomasse bzw. Trübstoffen befreit und anschließend desinfiziert. Der Wirkungsgrad lässt sich durch eine interne Kreislaufführung noch erhöhen. Im Handel wird für kleine und mittlere Wasserwerke auch ein Verfahren mit einem rotierenden Tauchkörpersystem angeboten. Dieses arbeitet unter anoxischen Bedingungen als Biomasseträger. Dem Rohwasser wird als Kohlenstoffquelle Ethanol zugesetzt.

Beispiel einer Anlage zur Denitrifikation. Das Wasserwerk Coswig bei Dresden ist für Nitratkonzentrationen im Zulauf von ca. 90 mg/l und eine tägliche Leistung von etwa 10 500 m^3 Wasser bemessen. Dabei ist eine Zugabe von Ethanol als Kohlenstoff- und von Phosphorsäure als Nährstoffquelle erforderlich (Abb. 2.8). Der Denitrifikation dienen abwärts durchströmte Fließbettreaktoren mit einer Nitratabbauleistung von 150 bis 250 g/(m^3 h). Das mit dem Wasser teilweise aus dem Reaktor ausgetragene Füllmaterial (Schaumpolystyren-Kugeln, 2 bis 4 mm Durchmesser) wird in einem Separator von der anhaftenden Biomasse getrennt und zurückgeführt. Anschließend wird das Wasser, dessen Nitratgehalt mittlerweile 20 bis 45 mg/l beträgt, zwecks Stickstoffausgasung belüftet, mit Polyaluminiumchlorid versetzt und filtriert. Vor der anschließenden Aktivkohlefiltration wird erneut belüftet. Neben Trübstoffen einschließlich Bakterien werden weitere 5 bis 15 mg/l Nitrat eliminiert, wahrscheinlich durch Adsorption. Im Aktivkohlefilter werden durch die Nitrifikanten Ammonium und Nitrit oxidiert. Gleichzeitig dient das Aktivkohlefilter als Sicherheitsstufe bei möglichen Ethanol-Durchbrüchen. Nach der Aktivkohlefiltration wird zur CO_2-Entgasung belüftet und mit Chlorwasser desinfiziert.

2.1.5 Krustenbildung und Korrosion im Rohrnetz

2.1.5.1 Bildung von Krusten oder Wandbelag Verockerung. Ockerablagerungen spielen oftmals in Brunnenelementen (Filterkies, Förderleitungen, Pumpen und Armaturen, Schieber, Verteilungseinrichtungen, Behälter) eine unerwünschte Rolle (Abb. 2.9). Im Kap. 2.1.3 wurden die Mechanismen dargestellt, die für die mikrobielle Auflösung und Ausfällung von Eisen- und Manganverbindungen verantwortlich sind. Enthält Wasser, das mit der Oberfläche eines Feststoffs in Kontakt steht, gelöstes Eisen(II), wird dieses von Fe-oxidierenden Bakterien als Energiequelle genutzt. Das gilt auch für Eisenrohre. Allerdings stammt dabei das gelöste Eisen(II), das die Grundlage für die Verockerung bildet, oftmals auch aus der Korrosion der Rohrwandung. Als Kohlenstoffquelle für die Chemosynthese dient den Bakterien Hydrogenkarbonat, dabei muss Sauerstoff vorhanden sein, wobei Spuren genügen.

Beteiligte Organismen. Der Belag von Eisenocker ($Fe(OH)_3$, $FeOOH$) wächst allmählich durch die Aktivität der Bakterien zu „Rostbuckeln" (auch Rostknollen, Tuberkeln genannt) aus (vgl. Abb. 2.11). Dabei bilden die langen, gedrehten Stiele des Eisenbakteriums *Gallionella* (Abb. 2.6) eine Armierung, die oftmals so stabil ist, dass die Rostbuckel auch Druckstößen widerstehen. Auf diese Weise kann sich im Verlauf der Zeit die Querschnittsfläche eines Rohres bis auf wenige Prozent vermindern oder völlig zuwachsen. Dies gilt für Eisen einschließlich Korrosion des Wandmaterials, aber auch ohne diese für Kunststoff (PVC, Polyamid), Gummi, Materialien mit Überzügen aus Bitumen, Epoxidharz, Chlorkautschuk. Reine Mineralstoffe, d. h. Glas, Emaille, Zementmörtel, Asbestzement sowie Metalle außer Gusseisen sind aufgrund ihrer chemi-

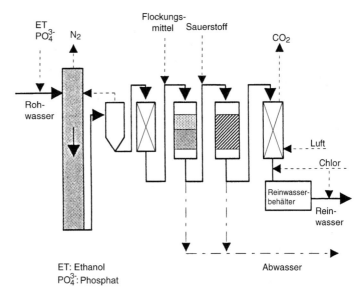

Abb. 2.8 Schematische Übersicht eines Grundwasserwerkes mit Nitratelimination (Coswig bei Dresden). Oben: Verfahrensschema, unten: Abfolge der technologischen Einheiten. Nach MÜLLER (1994).

schen Struktur dafür bekannt, dass sie mikrobielles Wachstum nicht unterstützen. Bei ungenügender Reinigung des Edelstahls vor dem Ersteinsatz tritt stets ein Bakterienbelag auf, der bei sorgfältiger Entfernung der bei der Herstellung entstandenen Oxid- oder Fettschicht nicht zu beobachten ist. (SCHOENEN 1990). Auf sehr lange Sicht entwickeln sich jedoch offenbar auf jedem Material Biofilme mit eisenanreichernden Mikroorganismen.

Verockernd wirken auch andere Fadenbakterien wie z.B. *Sphaerotilus*, *Crenothrix*, *Leptothrix* sowie Arten der Gattung *Siderocapsa*. Die dabei beteiligten Organismen sind teilweise auch noch bei Temperaturen nahe 0 °C aktiv. Außer den bereits genannten Eisen fällenden Mikroorganismen existieren im Wandbelag noch eine Vielzahl weiterer Bakterien:
- Eisenreduzierer: verschiedene Arten von *Bacillus*, *Pseudomonas*, *Clostridium*,
- Sulfatreduzierer (*Desulfovibrio*, Actinomyceten),
- Sulfitreduzierer (*Clostridium*),
- Sulfidoxidierer (*Thiobacillus thiooxidans*, *T. thioparus*) sowie
- Schimmelpilze wie *Penicillium*, *Rhizopus*, *Aspergillus* (EMDE, SMITH, FACEY 1992).

Dies deutet darauf hin, dass an der Verockerung ganze Konsortien von Mikroorganismen beteiligt und die verschiedenen Arten wahrscheinlich optimal aufeinander eingespielt sind. In Bezug auf das Überleben von Fäkalbakterien bzw. Krankheitserregern ist wesentlich, dass innerhalb einer dicken Rost-Schicht Kavernen existieren können, die vor einer Wirkung der Desinfektionsmittel geschützt sind. Ein Teil dieser Mikroorganismen kann freigesetzt werden, wenn in Folge eines Druckstoßes ein Teil des Wandbelages abblättert (U. SZEWZYK, persönl. Mitt.). In vielen Fällen ist die mikrobielle Eisenausfällung mit der des Mangans kombiniert, wobei auch letzteres einen wesentlichen Bestandteil der Rostbuckel bilden kann.

Abb. 2.9 Durch mikrobielle Ausfällung und Auflösung hervorgerufene Verockerung (O) und Korrosion (K) einer Versorgungsleitung für Trinkwasser. Aus UHLMANN (1988).

Manganreiche Wandbeläge. Bereits ein geringfügig erhöhter Mangangehalt des Wassers kann in Druckrohrleitungen zur Bildung eines samtartigen schwarzen Wandbelages führen, der den großen Nachteil besitzt, dass er sich quer zur Fließrichtung riffelförmig ausbildet. Es handelt sich dabei um eine mikrobielle Ausfällung von Manganoxidhydraten bzw. -oxiden (u. U. auch von Carbonaten). Dieser relativ weiche Wandbelag beansprucht bei den gegebenen Rohrdurchmessern in der Regel nur einen relativ geringen Anteil der Querschnittsfläche. Die maximalen Schichtdicken liegen bei etwa 5 mm (OBST, ALEXANDER, MEVIUS 1990). Trotzdem wird infolge der dadurch verursachten Druck- und Reibungsverluste die Durchflussleistung selbst von Leitungen mit großem Querschnitt bis zu mehr als 50 % herabgesetzt. Derartige Ablagerungen wurden allerdings bisher nur bei Druckrohrleitungen für Tiefenwasser aus Trinkwassertalsperren beobachtet. Die Erhöhung des Reibungswiderstandes an überströmten Flächen durch Biofilme bzw. die von ihnen erzeugten Ablagerungen wird auch als „**Biofouling**" bezeichnet (siehe FLEMMING 1992).

2.1.5.2 Mikrobielle Korrosion

Die mikrobiell induzierte Korrosion (MIC, Biokorrosion) von Metallen und nichtmetallischen Materialien beruht auf elektrochemischen und mikrobiellen Prozessen, die nicht voneinander getrennt werden können. Die MIC wurde bei den verschiedensten Werkstoffen nachgewiesen, nicht nur bei Gusseisen und Beton, sondern auch bei rostfreiem Stahl, Zink, Magnesium-Legierungen, Aluminium. Jeder Biofilm schafft letztlich ein Milieu, das Korrosionsprozesse begünstigt.

Korrosion von Metallrohren. Durch:
- Bindung von Wasser,
- Anreicherung von Salzen,
- Ausscheidung von organischen Komplexbildnern,
- den Einfluss von extrazellulären Enzymen sowie
- von Stoffwechselprodukten

können Mikroorganismen indirekt dazu beitragen, dass sich der lokale pH-Wert auf der Metalloberfläche um mehrere Einheiten ändert. Dies wiederum kann der Ausgangspunkt für die MIC sein.

Chemische Grundprozesse der Korrosion. Wenn ein Metall mit Wasser oder Bodenfeuchte in Kontakt kommt, geht ein Teil davon als Kation in Lösung, und es werden Elektronen freigesetzt (TILLER 1980):

$$Me \leftrightarrow Me^{2+} + 2e \quad \text{Anodenreaktion} \quad (2.13)$$

Sauerstoffkorrosion. Der im Wasser gelöste Sauerstoff nimmt leicht Elektronen auf und unterhält dadurch den Katodenvorgang, der im neutralen und alkalischen Milieu nach

$$O_2 + 2 H_2 + 4e \rightarrow 4 OH^- \quad (2.14)$$

und im sauren nach

$$O_2 + 4 H^+ + 4e \rightarrow 2 H_2O \quad (2.15)$$

abläuft.

Bei niedrigen pH-Werten und unter anaeroben Bedingungen erfolgt die katodische Entladung von Wasserstoffionen bzw. von Wasser nach

$$2 H^+ + 2e \rightarrow H_2 \quad (2.16)$$

$$H_2O + e \rightarrow \tfrac{1}{2} H_2 + OH^- \quad (2.17)$$

Bereits ohne Mitwirkung von Bakterien korrodiert („rostet") daher metallisches Eisen unter Sauerstoffverbrauch

$$Fe^0 + \tfrac{1}{2} O_2 + H_2O \rightarrow Fe^{2+} + 2 OH^- \quad (2.18)$$

$$4 Fe^{2+} + O_2 + 2 H_2O \rightarrow 4 Fe^{3+} + 4 OH^- \quad (2.19)$$

$$Fe^{3+} + 3 OH^- \rightarrow Fe(OH)_3 \quad (2.20)$$

Allein dadurch kann in geschlossenen Rohrsystemen völliger O_2-Schwund eintreten.

Die nach (Gleichung 2.13) freigesetzten Metallionen Me^{n+} bilden auf der Metalloberfläche im alkalischen bis schwach sauren Milieu eine meist schwerlösliche Hydroxid- bzw. Oxidhydratschicht, die sog. Korrosionsschutzschicht:

$$Me^{n+} + nOH^- \rightarrow Me(OH)_n \qquad (2.21)$$

Wachstum von Bakterien. Die durch Bakterien produzierten organischen Säuren können die Korrosionsschutzschicht auf einer Metalloberfläche bzw. Rohrinnenwandung auflösen und so das Eisen chemisch angreifen (OBST, ALEXANDER, MEVIUS 1990). Die anhaftenden Mikroorganismen produzieren auch Schleimsubstanzen, **extrazelluläre polymere Substanzen, EPS**. Dadurch bildet sich allmählich ein Biofilm (Kap. 2.3.1). Er schafft ein Milieu, das Korrosionsprozesse zunehmend begünstigt. Die Diffusionshemmung im Biofilm begünstigt eine lokale Anreicherung von Metallen und damit eine Verschiebung des Oberflächenpotenzials. Es entstehen so genannte **Konzentrationszellen**. Auf der Metalloberfläche bilden sich oft Anoden- und Katodenbereiche mit fleckenhaftem Wachstum von Bakterienarten unterschiedlichen Stoffwechseltyps. Dadurch entstehen O_2-haltige und -freie Bereiche. Die sauerstoffarmen Bereiche wirken als Anode, und hier kommt es zur Metallauflösung. Manche Bakterien produzieren saure Polysaccharide, das sind Schleime, die zum Teil mit Metallionen stabile Komplexe bilden können. (FLEMMING 1992). Unter Bakterienkolonien mit hoher Affinität zu Metallionen (Fähigkeit zur Komplexbildung) entstehen Anoden, unter anderen Bereichen Katoden. Auf diese Weise kann auch die Kupferkorrosion erklärt werden. Die durch Stoffwechselprodukte hervorgerufene Metallauflösung an Rohrinnenwandungen wird durch die Abb. 2.10, 2.11, 2.12 veranschaulicht. Eine starke mikrobielle Aktivität geht nicht nur mit Sauerstoffverbrauch, sondern auch mit einer durch Atmungsprozesse bedingten CO_2-Bildung einher. Freies Kohlendioxid ist metallaggressiv. Eine bereits korrosiv geschädigte Rohrwandung bietet Bakterien einen besseren Schutz als eine glatte Oberfläche. Das gilt besonders für kleine Vertiefungen und für Rostbuckel (PERCIFAL, WALKER, HUNTER 2000).

Mikrobielle Umsetzungen des Schwefels. Die wichtigsten mikrobiell induzierten Korrosionsprozesse sind mit dem Umsatz verschiedener Oxidationsstufen des Schwefels verbunden. In der O_2-freien Basisschicht des Biofilms (Abb. 2.10)

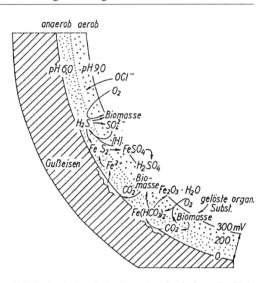

Abb. 2.10 Biochemische Korrosion durch den mikrobiellen Innenbewuchs einer Rohrleitung. Kombiniert nach verschiedenen Autoren.

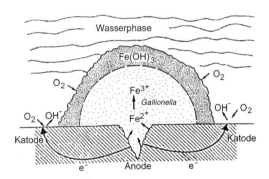

Abb. 2.11 Schematischer Schnitt durch eine Rostknolle an einer gut mit Sauerstoff versorgten Rohrwandung. Verteilung der Ladungen und des Redoxzustandes. Nach FLEMMING (1992).

herrschen anaerobe Bedingungen. Durch die dort wachsenden Bakterien werden u. a. organische Säuren (z. B. Essigsäure und Propionsäure) gebildet. Diese begünstigen das Wachstum von sulfatreduzierenden Bakterien (Desulfurikanten). Da sich unter dem Biofilm ein niedriges Redoxpotenzial einstellt, können solche Bakterien durch katodische Depolarisation eine Auflösung von metallischem Eisen, d. h. eine Eisenoxidation bei völliger Abwesenheit von Sauerstoff bewirken (Abb. 2.12). Der an der Katode gebildete atomare Wasserstoff (Gleichung 2.16, 2.17) wird von den

46 Organismen in Wasseraufbereitungsanlagen und ihre Leistungen

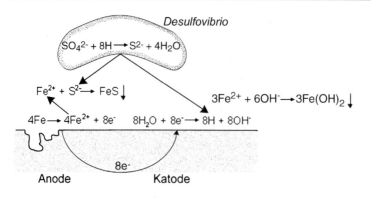

Abb. 2.12 Anaerobe Korrosion des Eisens (Auflösung, Bildung von Eisensulfiden) durch sulfatreduzierende Bakterien. Kombiniert nach verschiedenen Autoren.

Bakterien genutzt, um Sulfat zu Hydrogensulfid/Schwefelwasserstoff zu reduzieren. Das Sulfat dient demnach als Elektronenakzeptor. Als Kohlenstoff- bzw. Energiequelle nutzen die Desulfurikanten organisches Material von bereits vorhandenen Biofilmen, aber auch aus Innenanstrichen, Überzügen und Dichtungsmaterialien sowie Korrosions-Inhibitoren. Bekanntester Vertreter der sulfatreduzierenden Bakterien sind die Gattungen *Desulfovibrio* und *Desulfotomaculum*. Gleichzeitig vermögen aerobe Schwefeloxidierer wie *Thiobacillus ferrooxidans* u. a. Sulfid und Schwefel zu oxidieren, wobei Schwefelsäure entsteht und der pH-Wert bis auf 1,0 absinken kann.

Wenn sich Korrosionselemente mit zunächst winzigen aktiven Stellen (Anoden) ausbilden, löst sich das Metall an den betroffenen Stellen rasch auf. Infolge der extrem niedrigen lokalen pH-Werte schreiten die Lösungs- und Umsatzprozesse des Eisens immer weiter fort, so dass es schließlich zur Ausbildung zahlreicher flacher oder trichterförmiger Vertiefungen (Lochfraß) kommt (Abb. 2.9 bis 2.12). Da die Katode die noch passive Oberfläche in der Umgebung dieser „aktiven Anoden" darstellt, ist das Flächenverhältnis sehr ungünstig. Dementsprechend schreitet die Metallauflösung örtlich, bei hoher anodischer Stromdichte, rasch in die Tiefe fort. Diese Form der Korrosion kann unerwartet schnell zum Ausfall von Bauteilen führen und ist deshalb für Metallkonstruktionen meistens gefährlicher als ein gleichmäßiger Angriff.

In den Endsträngen der Wasserverteilungssysteme nimmt der Gehalt an gelöstem Sauerstoff oftmals so stark ab, dass sich in den Biofilmen der Rohrwandungen Schwefelwasserstoff bilden kann. Das Hydrogensulfid wiederum reagiert mit den an der Anode gebildeten Fe^{2+}-Ionen zu Eisensulfid. Es bildet sich eine Korrosionszelle. Erhöht sich der Wasserverbrauch, kann durch Zutritt von Sauerstoff (infolge der stärkeren Strömung) in den Biofilmen Schwefelsäure gebildet werden, die zur Eisenauflösung und zeitweiliger Braunfärbung des Wassers führt. Enthält das Wasser Ammonium, kann durch Nitrifikanten Salpetersäure (HNO_3) gebildet werden, die ebenfalls sehr stark korrosiv wirkt. Die mikrobielle Korrosion von Rohrleitungen und Armaturen erreicht in schwach gepufferten Weichwässern ein größeres Ausmaß als in kalkreichem, gut gepufferten Systemen.

Rostbuckel begünstigen die Korrosion. Die hier lebenden eisenoxidierende Bakterien wie *Gallionella* (Abb. 2.6) reichern neben Eisen- und Mangan- auch Chlorid-Ionen an. Man erklärt sich das so, dass Anionen in die Rostknollen diffundieren müssen, um einen Ladungsausgleich der anodisch entstandenen Eisen(II)-Ionen zu bewirken. Dabei reichert sich das Chlorid auf Grund seiner elektrokinetischen Eigenschaften am stärksten an (FLEMMING 1992). Durch örtlichen Angriff aggressiver Anionen (dazu zählt vor allem das Chlorid) wird eine ansonsten intakte Passivschicht rasch abgedünnt und ein Durchbruch bis hin zur Metalloberfläche erzielt. Dementsprechend ist Chlorid in besonderem Maße in der Lage, Korrosionsschutzschichten zu durchdringen und sehr starke korrosive Wirkung auf Stahl und andere Metalle auszuüben. Dadurch ist selbst bei Edelstahl Lochfraß möglich.

Korrosion von Betonrohrleitungen. Auch hierbei spielen die Bildung von Sulfid unter den Biofilmen und die durch Bakterien gebildete Schwefelsäure die entscheidende Rolle. Letztere dringt auch in kleinste Risse ein, reagiert mit den Kalkbestandteilen des Zements und bildet $CaSO_4$. Dieses wiederum verbindet sich mit dem vorhandenen Trikalziumaluminat unter starker Wasseraufnahme zu Ettringit.

Durch diesen Stripping-Effekt werden dem Wasser große Mengen an freiem Kohlendioxid, Methan und Schwefelwasserstoff entzogen. Gleichzeitig gelangen Bakterien, die in der Lage sind, für ihre Lebenstätigkeit energiereiche anorganische Verbindungen sowie Methan zu nutzen, zu Massenentwicklungen. Es handelt sich dabei um die folgenden Gruppen von chemosynthetisch aktiven Mikroorganismen:
- Mn(II)-Oxidierer,
- Fe(II)-Oxidierer,
- Ammoniumoxidierer (Nitrifikanten),
- Methanoxidierer,
- Sulfid- und Schwefel-Oxidierer.

$$3\ CaSO_4\ 2\ H_2O + 3\ CaOAl_2O_3\ 12\ H_2O \rightarrow 3\ CaOAl_2O_3\ 3\ CaSO_4\ 32\ H_2O \quad (2.22)$$
$$\text{-Ettringit-}$$

Durch hohe innere Spannungen infolge Wasseraufnahme kommt es zu weiterer Rissbildung und treibender Wirkung. Das mikrobiell gebildete Sulfat dringt weit in das Betongefüge ein und kann dieses vollständig zerstören (OBST, ALEXANDER, MEVIUS 1990). Bei sehr sulfatarmen Wässern spielt die Ettringitbildung eine weitaus geringere Rolle als bei sulfatreichen, weil den Bakterien der Rohstoff fehlt.

2.1.6 Mikroorganismen in Anlagen zur Belüftung von Rohwasser

In vielen Grundwasserleitern des Lockergesteins herrscht Sauerstoffmangel. Oftmals verliert das bei der Grundwasserneubildung versickernde Niederschlagswasser bereits in der Humusschicht, wo die Intensität mikrobieller Prozesse am höchsten ist, den Großteil seines O_2-Vorrates. In tiefen Schichten der gesättigten Grundwasserzone oder unter wasserundurchlässigen Deckschichten fehlt dann der molekulare Sauerstoff oftmals vollständig, und für mikrobielle Abbauprozesse wird der in Mn(IV)- und Fe(III)-oxiden sowie der in Nitrat und Sulfat chemisch gebundene Sauerstoff genutzt. Infolgedessen sind reduzierte Grundwässer in der Regel reich an gelöstem Fe(II), Mn(II), Ammonium, Sulfid sowie an Methan. Daher muss das geförderte Rohwasser vor einer weiteren Behandlung intensiv belüftet werden. Dazu dienen:
- die Verdüsung,
- die Verrieselung oder
- der Einsatz von Rohrgitterkaskaden.

Die Vertreter der beiden letztgenannten Gruppen haben den höchsten Sauerstoffbedarf. Erst dann, wenn deren Nahrungsgrundlage erschöpft ist, kommen die drei anderen Gruppen zum Zuge. Deren Lebenstätigkeit spielt sich auf einem wesentlich höheren Niveau des Redoxpotenzials ab. Den weitaus höchsten Anteil am Gesamt-Massenstrom hat die mikrobielle Ablagerung von Eisen und Mangan, weil hier ein „Austreib"-Effekt keine Rolle spielt.

Oxidation von Sulfid und Schwefel. Fädige Schwefelbakterien der Gattungen *Beggiatoa* und *Thiothrix* oxidieren reduzierte Schwefelverbindungen und bilden auf allen Unterlagen spinnwebwebartige Schleier oder leuchtend weiße Beläge. Weit weniger erwünscht sind *Thiobacillus*-Arten mit Ausnahme von *T. denitricans*, der überschüssiges Nitrat zu N_2 umsetzt und dabei OH^--Ionen bildet. Alle übrigen *Thiobacillus*-Arten oxidieren Sulfid und Schwefel bis zu Schwefelsäure. Diese kann in gut gepufferten Wässern gebunden werden, wird aber in Situationen mit nur schwacher Pufferung zum Problem. So kann in Biofilmen auf Betonteilen die entstandene Schwefelsäure das Ca^{2+} herauslösen (Kap. 2.1.5).

Methanoxidation. Methan ist in vielen Grundwässern in beachtlichen Konzentrationen enthalten. Die für die Oxidation verantwortlichen Bakterien erzielen auf Grund des hohen Energiegehaltes ihres Substrats hohe Wachstumsraten, können dementsprechend reichlich Biomasse bilden.

Ammoniumoxidation (Kap. 2.1.4). Die Nitrifikanten können nur existieren, wenn reduzierte Schwefelverbindungen sowie organische Kohlenstoff- und Energiequellen, einschließlich Methan, weitgehend fehlen. Infolge ihr niedrigen Wachstumsraten werden sie sonst von anderen chemosynthetisch aktiven Bakterien, vor allem Methanoxidierern, überwuchert. Dann fehlt den Nitrifikanten der dringend benötigte Sauerstoff.

Enteisenung (siehe auch Kap. 2.1.3). Schon zu Beginn des 20. Jahrhunderts wurden zur Aufbereitung von anaeroben Grundwässern sog. Riesler mit Steinschüttungen eingesetzt (OBST, ALEXANDER, MEVIUS 1990), auf denen sich dicke Schichten von Fe-fällenden Bakterien bzw. von Eisenocker entwickeln können. Die Tatsache, dass solche Anlagen einer bestimmten Einarbeitungszeit bedürfen, weist auf die Bedeutung der Mikroorganismen hin. Daneben spielt auch die rein chemische Oxidation von Fe(II) eine Rolle. Teilweise können alle diese Prozesse auch von Schnellsandfiltern übernommen werden. Unter mikroaeroben Bedingungen (bei O_2-Gehalten von höchstens 1,5 mg/l) wird der Enteisenungsprozess primär vor allem durch *Gallionella* (Abb. 2.6) getragen. Die von den Bakterienzellen gebildeten Eisenoxidhydratbänder besitzen eine Feinstruktur aus gedrillten Fäden (Fibrillen) und auf Grund ihrer großen Oberfläche katalytische Eigenschaften. Dadurch wird eine intensive sekundäre Eisenfällung ermöglicht. Jedoch lassen sich bei einer Umstellung der Aufbereitung auf aerobe biologische Kontaktfiltration mit O_2-Gehalten um 10 mg/l erheblich längere Filterlaufzeiten erzielen. Hierbei sind gleitende Bakterien und die von ihnen gebildeten Exopolymere für die Fe-Fällung verantwortlich (HANERT 1971, CZEKALLA, KOTULLA 1990).

Entmanganung (siehe auch Kap. 2.1.3). Hinsichtlich hoher Anforderungen an die O_2-Versorgung und das Redoxpotenzial stehen die Manganoxidierer an erster Stelle. Sie können nicht wachsen, solange Sulfid, Methan, Ammonium und Fe(II) anwesend sind. Deshalb sind Enteisenungs- und Entmanganungsfilter in der Regel hintereinander geschaltet. Die Abhängigkeit der Wirksamkeit eines Entmanganungsfilters von einer ausreichend langen Einarbeitungszeit ist noch wesentlich stärker ausgeprägt als bei der mikrobiellen Fe(II)-Oxidation. An der Entmanganung sind neben Bakterien auch Pilze beteiligt (OBST, ALEXANDER, MEVIUS 1990).

2.2 Trinkwasser aus Oberflächengewässern

2.2.1 Wasserentnahme aus Fließ- und Standgewässern

Im Vergleich zur Nutzung von Grundwasser bzw. Brunnen weist die Wassergewinnung aus Oberflächengewässern zahlreiche Besonderheiten auf. Prinzipiell sind Beschaffenheitsschwankungen sehr viel stärker ausgeprägt. Im folgenden werden die Bedingungen beschrieben, die bei einer Direkt- oder Indirektentnahme von Rohwasser relevant sind.

Im Gegensatz zur Wassergewinnung aus unterirdischen Vorkommen ist, schon im Hinblick auf die hygienische Sicherheit, stets eine Aufbereitung durch Filtration erforderlich. Bei ungünstiger Rohwasserbeschaffenheit sind außerdem chemische und/oder biologische Behandlungsstufen unerlässlich. Je nachdem, ob es sich um Fließgewässer, Seen oder Stauseen handelt, sind die Anforderungen an die Aufbereitungstechnik sehr unterschiedlich. Städtische Siedlungen haben sich über Jahrtausende an Gewässern entwickelt, die in der Lage waren, den Wasserbedarf für Bevölkerung, Gewerbe und die in der Umgebung angesiedelte Landwirtschaft zu decken. Es handelt(e) sich dabei entweder um Flüsse mit einer auch in Trockenzeiten ausreichenden Wasserführung oder um Seen. Schon im Altertum wurden jedoch, wenn das Angebot nicht mehr ausreichte, auch Überleitungen (Aquaedukte) aus anderen Einzugsgebieten errichtet. In Nordafrika legten die Römer für die Sicherung der Trinkwasserversorgung auch Flussstaue an (WETZEL 1969).

a) Jahreszeitliche Temperaturschwankungen. Ein sehr großer Nachteil sind bei Oberflächengewässern die oftmals erheblichen jahreszeitlichen Schwankungen der Temperatur. Im Hinblick auf die Wasserbehandlung und -verteilung sind sowohl zu hohe als auch zu niedrige Rohwassertemperaturen von Nachteil. Warmes Wasser verkeimt schneller und die Aufbereitungsprozesse laufen bei niedrigen Temperaturen langsamer ab. Am ungünstigsten sind flache Standgewässer, in denen selbst in Mitteleuropa hochsommerliche Extrem-Temperaturen bis zu 30°C und darüber auftreten können. Tiefe und daher thermisch geschichtete Standgewässer sind gegenüber Temperaturschwankungen besser gepuffert, denn ihr

Tiefenwasser wird sowohl von der sommerlichen Erwärmung als auch von einer direkten Windeinwirkung nur in relativ geringem Maße erfasst (Abb. 1.12). Solche Gewässer bieten auch den Vorteil, dass der Phytoplankton-Gehalt im Vergleich zu den oberflächennahen Wasserschichten in der Regel stark vermindert ist.

In vielen tropischen Gebieten liegt die Rohwassertemperatur jedoch in allen Wassertiefen kaum jemals unter 25 °C. Dadurch kommt es im Verteilungsnetz nicht selten zu O_2-Schwund, u. U. auch zur Bildung von Schwefelwasserstoff infolge von mikrobieller Sulfatreduktion.

b) Schwankungen des Schwebstoffgehaltes. Sie treten infolge von Hochwasserereignissen in Erscheinung sowie dort, wo der Gehalt des Wassers an Pflanzennährstoffen, vor allem Phosphat erhöht ist. Besonders unerwünscht ist ein so starkes Wachstum von Phytoplanktern, dass Betriebsstörungen durch die gebildete Biomasse oder durch bestimmte Stoffwechselprodukte eintreten. Es ist sehr wichtig, die Ursachen solcher Massenentwicklungen genau und rechtzeitig zu kennen.

2.2.1.1 Fließgewässer

Städtische Zentralwasserversorgungen mit Hausanschlüssen sind seit der Mitte des 19. Jahrhunderts verbreitet. Dies wurde durch die Einführung von gusseisernen Rohren möglich.

Mechanische Aufbereitung. Die Vorreinigung des aus einem Fluss entnommenen Wassers erfolgt durch Rechen und Absetzbecken. Ihr folgen Filtration und chemische Behandlung. An den Wirkungsgrad der Filterstufe müssen sehr hohe Anforderungen gestellt werden, da der Schwebstoffgehalt des Flusswassers zeitweise extrem ansteigen kann. In der Elbe bei Dresden wurden in Hochwassersituationen schon Konzentrationen von mehr als 1000 mg/l beobachtet (KITTNER, STARKE, WISSEL 1988). Unter den Ursachen erhöhter Schwebstoffführung stehen Erosionsprozesse im Einzugsgebiet an vorderster Stelle. Auch Phytoplankton und Bakterien gehören zu den Schwebstoffen, die in der Filterstufe zurückgehalten werden müssen. Im Bereich der EU soll Rohwasser aus Oberflächengewässern einen Schwebstoffgehalt von 25 mg/l nicht überschreiten. Absetzbecken müssen so bemessen sein, dass die Verweilzeit für die Ausbildung von Phytoplankton-Massenentwicklungen zu kurz ist. Für das Wachstum von festsitzenden Organismen bieten die Entnahmebauwerke, Rechen, Verteilungs- und Filteranlagen umso bessere Bedingungen, je höher der Gehalt an Nährstoffen bzw. an gelösten und an partikulären organischen Substanzen ist.

Da in Flusswässern hygienisch relevante Komponenten in hoher Konzentration enthalten sein können (Kap. 2.4) und die Wasserbeschaffenheit sich manchmal so schnell ändert, dass Wasserbehandlungsanlagen in ihrem Anpassungsvermögen überfordert sind, wird in deutschen Trinkwasserwerken eine Direktentnahme kaum noch praktiziert. Eine Ausnahme bildet u. a. das Flusswasserwerk Langenau in einem Wassermangelgebiet an der oberen Donau (STABEL 2001). In Mitteleuropa hat man vielmehr schon seit langem, als zusätzliche Aufbereitungsstufe, die künstliche Infiltration von mechanisch und physikochemisch vorbehandeltem Flusswasser mit anschließender Feinaufbereitung eingeführt (Kap. 2.2.2.2). Nach Infiltration oder als Uferfiltrat aufbereitetes Flusswasser spielt in Deutschland als Trinkwasser eine große Rolle. Immerhin versorgt der Rhein etwa 5,5 Mio. Menschen (LAWA 1996). Im Ergebnis der Gewässersanierungen sind zwar Massenentwicklungen von Fadenbakterien, Pilzen und Glockentierchen in der Vorbehandlungsstufe selten geworden, nicht aber die von Schwämmen, Moostierchen, Dreikantmuscheln und anderen filtrierenden tierischen Makroorganismen. Diese sind für die Gewässerreinigung wichtig, wirken jedoch in technischen Anlagen störend. Die Schalen der Dreikantmuschel (*Dreissena*) haften durch Sekretfäden so fest an der Unterlage, dass sie im Extremfall 30 cm dicke Schichten bilden können. Kolonien der Moostierchen sind in der Lage, die Filterdüsen von Flusswasserwerken zu verstopfen. Dies ist vor allem dadurch bedingt, dass die Wohnröhren der Einzeltiere aus (mikrobiell schwer angreifbarem) Chitin bestehen, und die zahlreichen unbewohnten Röhren dadurch lange erhalten bleiben. Aber auch bei einer Nutzung von Flusswasser für eine künstliche Infiltration oder von Uferfiltrat ist zu berücksichtigen, dass die Beschaffenheit weitaus größeren Schwankungen unterliegen kann als die von echten Grundwässern und die des Tiefenwassers aus nährstoff- und planktonarmen Standgewässern. Da bei Fließgewässern das Risiko von Laststoff-Stößen auch infolge von Havarien relativ hoch ist, muss die Aufbereitung auf einen solchen Fall vorbereitet sein und nicht nur über die Möglichkeiten der Flockung, sondern auch des Einsatzes von Ozon als Oxidationsmittel und von Aktivkohlefiltern verfügen.

2.2.1.2 Seen, Talsperren, Speicherbecken
a) Besonderheiten der Wasserentnahme aus Standgewässern

Bei einer Nutzung von Standgewässern wirkt vor allem ein zu hoher Phytoplankton-Gehalt störend.

Die Entwicklung des Phytoplanktons wird ebenso wie bei den Bakterien (Kap. 1.1) durch das Zusammenwirken von Wachstums- und Verlustfaktoren gesteuert. **Wachstumsfaktoren** sind vor allem die Pflanzennährstoffe und das Licht, auch die Temperatur, für die **Verluste** sind vor allem Abschwemmung (bei zu kurzer Verweilzeit des Wassers), Absinken und Gefressenwerden (durch Zooplankton) maßgebend. In der Regel entsprechen die Maxima der Phytoplankton-Biomasse den Konzentrationen des Orthophosphats vor dem Beginn des jahreszeitbedingten Wachstums im Frühjahr (Abb. 2.13). Im Bodensee, aus dem rund 4 Mio. Menschen mit Trinkwasser versorgt werden, konnte durch den Ausbau der Kläranlagen im gesamten Einzugsgebiet der Phosphatgehalt (als P) von fast 100 µg/l (1980) auf ca. 15 µg/l (2000) verringert werden. Dadurch erhöhen sich die Klarheit und generell die Qualität des Rohwassers bedeutend (STABEL 2001). In Seen und Talsperren ist die mittlere Verweilzeit des Wassers so groß, dass sich Phytoplankton (Abb. 2.14) stark entwickeln kann. In flachen Standgewässern sind außerdem die Bedingungen für eine übermäßige Erwärmung sowie eine starke Zunahme des Schwebstoffgehaltes durch Resuspension von Bodensediment gegeben. Daher orientiert sich die Trinkwassergewinnung an tiefen, thermisch geschichteten Gewässern. Wasser aus dem unteren, sommerkalten und phytoplanktonarmen Stockwerk, dem **Hypolimnion**, verdient in der Regel den Vorzug gegenüber dem aus den oberen Horizonten. Das ist allerdings nur möglich, solange das Tiefenwasser auch ansonsten eine gute Beschaffenheit aufweist. Das thermisch, d. h. durch vertikale Dichteunterschiede isolierte **Tiefenwasser** wird auf Grund seiner fast stets niedrigen Temperaturen bevorzugt. Es besitzt in tiefen Seen das ganze Jahr über eine Temperatur von 4°C bis 5°C. Die Entnahmetiefen der Bodensee-Wasserwerke liegen z. B. zwischen 40 m und 60 m (STABEL 2001). Bei der Wasserentnahme aus tiefen Seen und Talsperren muss berücksichtigt werden, dass diese in der Regel nicht nur thermisch, sondern auch biologisch und chemisch geschichtet sind (CLASEN 1994). Dabei zeichnet sich das Tiefenwasser durch eine verringerte O_2-Konzentration und einen erhöhten Gehalt an CO_2, aber besonders in den tiefsten Schichten u. U. auch an gelöstem Mangan, Eisen und Ammonium aus. Dies ist bei der Bestimmung des richtigen Entnahmehorizontes entscheidend.

b) Nährstoffangebot und Phytoplanktonwachstum

Generell wünschenswert für die Trinkwasserentnahme aus Seen und Talsperren ist die Oligotrophie als Normalzustand, die Mesotrophie entspricht den Mindestanforderungen (Abb. 2.13). In nährstoffarmen tiefen Standgewässern (Abb. 1.12) verarmt das obere, im Sommer erwärmte Stockwerk (Epi-

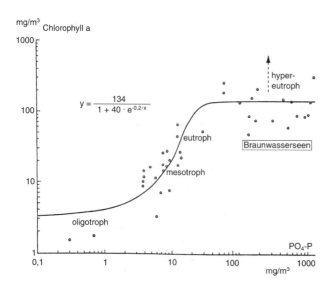

Abb. 2.13 Sommer-Höchstwerte der Phytoplankton-Biomasse (als Chlorophyll) in verschiedenen Gewässern. Beziehung zum Höchstwert des Orthophosphats im vorhergegangenen Winter. Nach LUND, STRAŠKRABA, BENNDORF aus UHLMANN (1988).

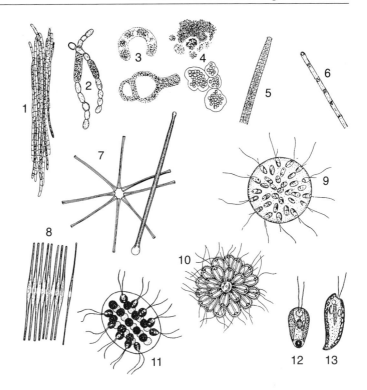

Abb. 2.14 Häufig auftretende Phytoplankter, welche die Trinkwassergewinnung stören: 1–6 Cyanobakterien („Blaualgen"), 1 *Aphanizomenon flos-aquae*, 2 *Anabaena flos-aquae*, 3 *Microcystis aeruginosa*, 4 Kolonien von *M. flos aquae*, unten: stärker vergrößert, 5 *Planktothrix (Oscillatoria) rubescens*, 6 *Limnothrix (Oscillatoria) redekei*, 7–8 Kieselalgen (Diatomeen), 7 *Asterionella formosa*, Kolonie, Einzelzelle stärker vergrößert, 8 *Fragilaria crotonensis*, 9 u. 10 Goldalgen (Chrysophyceen), 9 *Uroglenopsis americana*, 10 *Synura uvella (S. petersenii)*, 11 Grünalgen (Chlorophyceen) *Eudorina elegans*, 12 u. 13 Cryptomonadinen, 12 *Rhodomonas lacustris*, 13 *Cryptomonas* (verschiedene Arten). Nach HUBER-PESTALOZZI (1939, 1942), STREBLE, KRAUTER 1988, LIEBMANN (1960), SLÁDEČEK (1956).

limnion) an Nährstoffen. Diese stehen dann fast nur noch in der Tiefe zur Verfügung, in die kein Licht gelangt. Hinsichtlich der Abhängigkeit des Phytoplankton-Wachstums von der Phosphorbelastung des Gewässers (Abb. 1.13, 2.13) gibt es eine sehr wichtige Ausnahme: das Cyanobakterium *Planktothrix rubescens* (Abb. 2.14), das den im Tiefenwasser etwas erhöhten Phosphatgehalt für Massenentwicklungen (Bakterienplatten) ausnutzt.

Eine erhöhte Konzentration an Nährstoffen führt in Seen und Talsperren fast stets auch zu einer Verschlechterung der Wasserbeschaffenheit, nämlich:
- zur Erhöhung des Gehaltes an Phytoplankton-Biomasse. Folgen sind eine stark erhöhte Belastung der Filter in der Wasseraufbereitung, erhöhte Zehrung des in der letzten Stufe zugesetzten Desinfektionsmittels und Gefahr der Wiederverkeimung im Leitungsnetz.
- zu Tag-Nacht-Schwankungen des pH-Wertes infolge der Photosynthese des Phytoplanktons. Zu hohe pH-Werte verursachen eine empfindliche Störung der Aluminium-Flockung im Wasserwerk.
- zu Tag-Nacht-Schwankungen des O_2-Gehaltes, dadurch zeitweise O_2-Übersättigung und Auftreiben (Flotation) der $Al(OH)_3$-Flocken bei der Flockungsfiltration (Kap. 2.2.3.3)
- zur Anreicherung von gelösten Stoffwechselprodukten, vor allem Geruchsstoffen sowie von Substanzen, welche die Flockung stören (Kap. 2.2.3.4)
- zu verringertem Sauerstoffgehalt im Tiefenwasser infolge der starken Belastung mit O_2-zehrender Phytoplankton-Biomasse (Abb. 1.12). Dies wiederum führt zur Anreicherung von Kohlendioxid, gelöstem Eisen und Mangan (vgl. Abb. 2.26), Ammonium, Nitrit und mitunter sogar Schwefelwasserstoff.

c) Talsperren als wichtigste Trinkwasserspeicher für Oberflächenwasser

Im Vergleich zu Seen weisen Talsperren zahlreiche Besonderheiten auf:

Einfluss des Anstaus auf die Wasserbeschaffenheit. Bei der Planung muss unbedingt beachtet werden, dass sich die Beschaffenheit an der Sperrmauer gegenüber der im Zufluss meistens grundlegend ändert. Die theoretische Verweilzeit des Wassers im Staubecken erreicht sehr oft die Größenordnung von einem Jahr. Bereits bei einer theoretischen Verweilzeit von drei Tagen steht genügend Zeit für die Produktion von Phytoplankton zur Verfügung.

Nach dem Erst-Anstau hält die Freisetzung von gelöstem organischem Kohlenstoff, Kohlendioxid, Ammonium, Eisen und Mangan aus dem Mutterboden und aus Vegetationsresten über mehrere Jahre an. Die Wasseraufbereitung muss diesem Anfangszustand Rechnung tragen, der zunächst bei weitem nicht so günstig ist wie der auf Grund der P-Belastung aus dem Einzugsgebiet zu erwarten (Abb. 1.13).

Beckenform und vertikale Unterschiede der Beschaffenheit. Der Wasserkörper ist vor dem Absperrbauwerk am tiefsten, nicht in der Mitte des Seebeckens (Abb. 2.15). Die Stauspiegelschwankungen haben zur Folge, dass in der Talsperre in der Regel ein Ufergürtel von typischen Überwasser- sowie von Unterwasserpflanzen fehlt.

Bei erhöhtem Phytoplankton-Gehalt ist andererseits in Stagnationsperioden mit erhöhten Konzentrationen an aggressiver Kohlensäure, an Mangan oder Eisen zu rechnen. Mit abnehmender Tiefe und zunehmender Phosphorbelastung steigt die Wahrscheinlichkeit, dass das Rohwasser zumindest zeitweise eine sehr ungünstige Beschaffenheit aufweist. In einer Trinkwassertalsperre ist bei relativ geringem Volumen des Hypolimnions die Wahrscheinlichkeit, dass der O_2-Vorrat durch den Abbau der nach unten absinkenden Phytoplankton-Biomasse vollständig aufgebraucht wird, weitaus größer als in einem sehr tiefen Becken mit einem mächtigen Hypolimnion. Je größer die Wassertiefe an der Sperrmauer ist, desto größer ist auch die Wahrscheinlichkeit, dass für die Rohwassergewinnung noch ein Horizont der Wasserbeschaffenheit zur Verfügung steht, in dem der Gehalt an Plankton-Biomasse schon verringert, aber der Gehalt an gelöstem Mangan noch nicht hoch ist. Bis zum Spätsommer wird nicht selten ein Großteil des kalten Tiefenwassers entnommen. Gleichzeitig verbessern sich die Wachstumsbedingungen für das Phytoplankton, weil bei niedrigem Wasserstand die (vor allem aus dem Sediment freigesetzten) Nährstoffe nun besser zugänglich sind als zuvor. Der Einfluss der Biomasseproduktion des Phytoplanktons auf die Wasserbeschaffenheit wird in Kapitel 2.2.3 ausführlich dargestellt.

In **tropischen Seen und Talsperren** ist in der Regel das Tiefenwasser nicht kalt. Seine Minimum-Temperatur entspricht der Lufttemperatur in der kältesten Jahreszeit. Diese fällt aber in Äquatornähe unterhalb der Gebirgslagen kaum unter 25 °C. Nicht selten findet nur in der „kältesten" Jahreszeit eine vollständige Umwälzung des Wasserkörpers statt. Aus den temperaturbedingt hohen Stoffumsetzungsraten und der langen Stagnationsdauer ergeben sich für die Trinkwasserversorgung oftmals große Probleme. So ist eine mikrobielle Sulfatreduktion mit Bildung von H_2S und Polysulfiden sehr viel schwerer zu vermeiden als in Mitteleuropa. Bei einer vergleichbaren Belastung mit Pflanzennährstoffen (Abb. 1.13) weist daher das Tiefenwasser von Seen und Talsperren in den Tropen und Subtropen in der Regel eine wesentlich schlechtere Beschaffenheit auf als in Talsperren der gemäßigten Klimazone. Dementsprechend ist die Forderung, dass Trinkwassertalsperren möglichst oligotroph sein sollen, in warmen Klimaten sehr schwer zu erfüllen. Die meisten Trinkwassertalsperren in den warmen Ländern sind daher eutroph, bestenfalls mesotroph.

Relativ **flache Talsperren** eignen sich nur schlecht für die Trinkwasserversorgung. Obwohl normalerweise keine thermische bzw. chemische

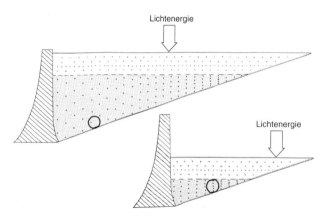

Abb. 2.15 Schematischer Längsschnitt durch eine Talsperre bei Vollstau (oben) und nach starker Absenkung. Phytoplankton wächst nur im oberen, durchlichteten Stockwerk. Die dort eingezeichneten Punkte repräsentieren die Konzentration des pro Oberflächen- und Zeiteinheit produzierten Phytoplanktons. Nach dem Absinken ins lichtlose untere Stockwerk verteilen sich diese nun stark O_2-zehrenden Partikel in einem großen (oben) oder in einem kleinen Wasservolumen. Im Bild: ca. 5-mal mehr Plankter pro Volumeneinheit im kleineren Volumen, dargestellt als Kreis.

Schichtung auftritt, kann sich diese bei Windstille und starker Erwärmung der obersten Wasserschichten durch Sonneneinstrahlung dennoch gelegentlich ausbilden. Infolge der hohen Temperatur des Wassers und sogar des Sediments erreicht dann die CO_2-Anreicherung sowie die der anderen bereits genannten Störstoffe sehr schnell ein großes Ausmaß.

Einfluss des Füllstandes auf die Wasserbeschaffenheit. Während der Wasserstand zumindestens der für die Trinkwassergewinnung genutzten Seen meistens relativ konstant ist, schwankt der Stauspiegel von Talsperren in der Regel stark. Damit kann sich auch das Stauvolumen im Laufe eines Jahres stark ändern. Der Füllstand ist für die Wasserqualität entscheidend. Eine starke Absenkung des Stauspiegels führt dazu, dass

- relativ warmes Wasser aus dem oberen Stockwerk (mit höherem Phytoplankton-Gehalt) nach unten nachrückt, was die Geschwindigkeit von mikrobiellen Abbauprozessen im Sediment, fördert;
- das Verhältnis von Sedimentoberfläche zu Wasservolumen größer wird, was bei Wellenschlag die Resuspension von Schlammpartikeln und damit den Schwebstoffgehalt erhöht;
- sich die Freisetzung von Mangan und Nitrit aus dem Sediment verstärkt. Sie setzt oftmals bereits ein, wenn der O_2-Gehalt im Hypolimnion noch 2 bis 3 mg/l beträgt. Für die Freisetzung von gelöstem Mangan und Eisen ist ausschließlich das Sediment verantwortlich;
- bei O_2-Schwund (und erst recht bei Anwesenheit von Sulfid) sich die Phosphat-Freisetzung aus dem Sediment rasant erhöht.

Infolge der Volumen-Verringerung nimmt die organische **Belastung des Hypolimnions** zu. Aus kleinen Talsperren wird während des Sommerhalbjahres mitunter so viel Tiefenwasser entnommen, dass am Ende gar kein Hypolimnion mehr existiert. Dann können sowohl Probleme durch erhöhten Phytoplankton-Gehalt als auch durch episodische Freisetzung von Mangan oder Eisen aus dem Sediment entstehen. Um den erforderlichen Beschaffenheits-Zustand einer Talsperre zu erhalten, muss der erforderliche Mindest-Stauinhalt berechnet werden, damit nicht ein mesotropher Zustand durch einen eutrophen abgelöst wird (PÜTZ, SCHARF 1998).

Da die **Wasserentnahme** in unmittelbarer Nähe der Sperrmauer erfolgt, sollte unbedingt die Möglichkeit vorgesehen werden, zwischen **unterschiedlichen Tiefenhorizonten** auswählen zu können. Dadurch kann man auch nach einem niederschlagsbedingten Einbruch von Trübstoffen bzw. Fäkalkeimen solchem laststoffreichen Wasser gezielt ausweichen. Bei einer starken Absenkung im Winterhalbjahr (z. B. im Interesse der Rückhaltung eines Frühjahrshochwassers) ist wegen der ständigen Durchmischung (bei Fehlen einer Eisdecke) und dem geringen Lichtangebot in der Regel kein nennenswertes Phytoplanktonwachstum möglich. In diesem Fall ergeben sich, abgesehen von einer erhöhten Mineraltrübe nach Hochwässern oder infolge von Resuspension infolge Windwirkung, keine weiteren negativen Auswirkungen auf die Wasserbeschaffenheit. Bildet sich jedoch eine Eisdecke aus, sind unmittelbar darunter infolge der nun fehlenden Durchmischung und trotz der niedrigen Temperaturen Massenentwicklungen von Goldalgen (Chrysomonadinen) möglich, die teilweise dem Wasser einen sehr starken Geruch verleihen (Beispiel siehe Kapitel 2.2.3.4). Auch die Frühjahrs-Massenentwicklungen planktischer Kieselalgen können schon bei sehr niedrigen Wassertemperaturen einsetzen.

Bedeutung der Stoff-Ströme aus dem Einzugsgebiet für die Wasserbeschaffenheit. Jede Talsperre ist ein Element des Wasser- und Stoffhaushaltes einer größeren Einheit, nämlich des Einzugsgebietes. Oftmals wird dieses intensiv landwirtschaftlich genutzt (siehe DOEHMEN et al. 2000) und ist besiedelt. Die bei ackerbaulicher Nutzung oftmals nur schüttere Vegetationsdecke und die Flächen-Versiegelung führen dazu, dass mit den hohen Abflussspitzen in der Regenzeit große Mengen an Mineralpartikeln einschließlich Phosphor eingetragen werden.

Im Rahmen der Gütebewirtschaftung von Trinkwassertalsperren müssen vor allem die folgenden Beschaffenheitsparameter ins Auge gefasst werden:
- Eintrag von Pflanzennährstoffen,
- Eintrag von Krankheitserregern,
- Überschreitung der für Trinkwasser zulässigen Höchstwerte für Nitrat,
- Eintrag von Säuren und Aluminium in Gebieten mit sehr weichem Wasser.

Erforderlich ist daher eine ganzheitliche Betrachtung des wasserwirtschaftlichen Systems.

Eine maximale Rückhaltung von Störstoffen bzw. die höchste Versorgungssicherheit kann nur durch eine gut aufeinander abgestimmte Bewirtschaftung bzw. Betriebsweise aller Komponenten erreicht werden (Multibarrieren-System, siehe z.B. BENNDORF, CLASEN 2001, PÜTZ 2001). Talsperren sind auf Grund der im Vergleich zu den meisten Seen kurzen Verweilzeit des Wassers und der Möglichkeit des Auftretens von hydraulischem Kurzschluss empfindlicher gegen **Stoßbelastungen mit diffusen Laststoffen** aus dem Einzugsgebiet. Trübstoffwolken können schon nach wenigen Tagen an der Sperrmauer auftauchen, obwohl die theoretische Verweilzeit des Wassers in den meisten Fällen mehr als 6 Monate beträgt. Bei Trübstoffen (einschließlich Bakterien) können Veränderungen der Rohwasserbeschaffenheit mit Hilfe von Trübungsmessgeräten kontinuierlich erfasst werden. Bei den ebenfalls zu den diffus eingetragenen Laststoffen zählenden Pflanzenbehandlungs- und Schädlingsbekämpfungsmitteln, die hauptsächlich aus landwirtschaftlichen Nutzflächen stammen, ist eine spezifische Schnellbestimmung nicht möglich.

Auswirkungen einer Talsperre auf die unterliegende Fließstrecke. Talsperren tragen zur Rückhaltung (Retention) von Hochwässern bei. Andererseits müssen sie für die unterliegende Fließstrecke noch den ökologisch notwendigen Mindestabfluss gewährleisten (siehe HÜTTE 2000). Oftmals verbessern sie die Wasserbeschaffenheit dieser Fließstrecke, u. a. durch Nährstoff-Rückhaltung.

Die Einleitung von Tiefenwasser aus Talsperren und Speicherbecken in die unterliegende Fließstrecke kann jedoch auch nachteilige Folgen haben. Dazu gehört u. a. die Ausfällung von Eisen (Verockerung) bzw. von Mangan infolge der nun möglichen Wiederbelüftung. Dies ist für viele Arten von wirbellosen Tieren schädlich. Eine sehr niedrige Temperatur des hypolimnischen Wassers kann in der unterliegenden Fließstrecke zu Entwicklungsstörungen bei wirbellosen Tieren führen. Besonders bei manchen Wasserinsekten führt der für ein Fließgewässer unnatürliche Temperatur-Jahresgang zu einer Entkopplung von Entwicklungsdauer der Larven (über die Temperatursumme gesteuert) einerseits und Jahreszeit andererseits: wegen der niedrigen Temperaturen schlüpfen die erwachsenen Tiere in einer falschen Saison. Das kann die Fortpflanzung in Frage stellen. Ungünstig wirkt sich in dieser Hinsicht auch das veränderte Abflussregime aus, weil falsche Signale gesetzt werden.

2.2.2 Biologisch wirksame Filtrationsprozesse in Festbettsystemen

Ebenso wie die Sand- und Kiesablagerungen im Uferbereich von Flüssen sind auch die Bakterienfilme von Sandfiltern in der Lage, gelöste Stoffe auch dann noch aufzunehmen, wenn sie in sehr niedriger Konzentration vorliegen. Dies gilt sogar für viele schwer abbaubare organische Substanzen bzw. für Fremdstoffe. So wird beispielsweise in der Feinaufbereitung (Mehrschichtfilter) des Wasserwerks Halle-Beesen der Gehalt an organischen Chlorverbindungen, gemessen als AOX, im Mittel von 16,5 auf 8,5 µg/l reduziert. Noch vorhandenes Ammonium wird ohnehin vollständig zu Nitrat umgesetzt (WEBER, KLOSE, GAUDIG 1999). Bei den Aufbereitungsprozessen muss den Besonderheiten sowohl des Oberflächenwassers (z.B. Phytoplankton, Geruchsstoffe, schwer abbaubare Stoffe, vgl. Kap. 2.2.3) als auch des Grundwassers Rechnung getragen werden, also einer breiten Palette von möglichen Anforderungen.

„**Reduzierte Grundwässer**" besitzen ebenso wie O_2-arme hypolimnische Wässer oftmals einen hohen Gehalt an gelöstem Eisen und/oder Mangan, Methan, Schwefelwasserstoff. In Grundwässern wurden schon Methangehalte bis 70 mg/l nachgewiesen (BENDINGER, MANZ 2000), in hypolimnischen Wässern ist der Gehalt in der Regel weitaus geringer. Das Methan wird zunächst großenteils durch Austreiben (Stripping) entfernt. Es kann ebenso wie Sulfid bei ausreichender O_2-Versorgung auch mikrobiell oxidiert werden. Methan und Sulfid dürfen auch deshalb nicht anwesend sein, weil andernfalls die mikrobielle Ammonium-Oxidation gehemmt wird. Eine besonders starke Oxidationswirkung kann in sog. Trockenfiltern erzielt werden, BAUMGARDT et al. (2000). Dies sind geschlossene Filter, in denen die Filterschicht von einem Wasser/Druckluft-Gemisch durchströmt wird.

In der Einarbeitungsphase von Sand- und Kiesfiltern ist deren Durchlässigkeit weitaus am größten. Der zunehmenden Verstopfung der Porenräume durch Biomasse von Algen und Bakterien bzw. durch neu gebildete Biofilme wirkt teilweise die Fresstätigkeit tierischer Einzeller und wirbelloser Tiere entgegen. Eine besonders große Bedeutung besitzen dabei die Gliederwürmer (Wenigborstenwürmer, Verwandte des Regenwurmes) sowie Zuckmückenlarven. Diese Organismen fressen nicht nur große Mengen von partikelgebundenem organischem Material einschließlich Kieselalgen, sondern durchwühlen auch die oberste Filterschicht (SCHMIDT 1985). Die unverdaut ausgeschiedenen Teilchen sind meistens größer als die Nahrungspartikel, dadurch wird indirekt die Durchlässigkeit gefördert. Dies alles entspricht **einer biologischen Regenerierung** des Sekundärfilters (Kap. 2.1.1 und Abb. 2.1, 2.2). Bei einer nur mäßigen Belastung mit organischen Partikeln erreicht die Fress-Leistung von tierischen Ein- und Mehrzellern sowie der „Selbst-Abbau" von mikrobieller Biomasse ein solches Ausmaß, dass bei manchen technischen Anlagen mit einer langen Laufzeit (bis zu 2 Jahren) gerechnet werden kann.

2.2.2.1 Gewinnung von Uferfiltrat

Uferfiltrat ist Wasser, das aus Flüssen oder Seen in den Grundwasserraum eindringt, in der Regel durch Versickerung. Dabei unterliegt das Oberflächenwasser einer Bodenpassage von unterschiedlicher Dauer und vermischt sich mit dem Grundwasser. In sehr vielen Ländern reicht die natürliche Grundwasser-Neubildung nicht aus, um den Bedarf zu decken. Wenn die durch Uferfiltration gewinnbare Wassermenge nicht genügt, ist es an bestimmten Standorten naheliegend, das Grundwasser durch Infiltration von Oberflächenwasser anzureichern. In Deutschland stammen ca. 63% des Trinkwassers aus unterirdischen Wasservorkommen. Hinzu kommen weitere 15% aus Uferfiltrat und der künstlichen Grundwasseranreicherung (ROTT, FRIEDLE 2000). In der Nähe von Köln werden jährlich ca. 38 Mio. m^3 Uferfiltrat gefördert (STABEL 2001). Ziel der Uferfiltrat-Gewinnung ist eine möglichst weitgehende Ausnutzung der natürlichen Reinigungsprozesse bei der Untergrundpassage und in der Kolmationsschicht.

Uferfiltration kann durch eine Entnahme mit Brunnen induziert werden. Dadurch wird die Grundwasseroberfläche unter den Flusswasserspiegel abgesenkt. Die Brunnen erfassen zumeist eine Mischung aus Uferfiltrat und echtem Grundwasser, welches landseitig zufließt und unter entsprechenden geohydraulischen Bedingungen sogar den Fluss unterströmt. Zur Fassung des Wassers werden Galerien aus Horizontal- oder Vertikalfilterbrunnen sowie Sickerleitungen angelegt. Über Heberleitungen gelangt das Wasser in Sammelbrunnen.

Die Gewässersohle ist in der Regel sehr ungleichförmig ausgebildet. Die oberste Schicht besteht bei Flüssen in Mitteleuropa oftmals aus Blöcken und im Uferbereich sogar aus Steinen. Hier ist die hydraulische Durchlässigkeit im Vergleich zur darunterliegenden Kies- bzw. Sand-Schicht verringert. Die im Bereich einer sandigkiesigen Gewässersohle gebildete Kolmationsschicht wird bei starkem Geschiebetransport oftmals aufgerissen, was zur Erhaltung der Durchlässigkeit beiträgt. Voraussetzung für die Einrichtung einer Uferfiltrat-Gewinnung ist das Vorhandensein eines Grundwasserleiters mit guter hydraulischer Verbindung zum Oberflächengewässer. Wichtig ist dabei die Kenntnis der Strömungsverhältnisse, der zu erwartenden Fördermenge und der Wassergüteveränderung entlang des Fließweges. Für eine zuverlässige Bemessung sind des Weiteren Informationen über den Kolmationszustand zu Betriebsbeginn und eine auf Erfahrung gestützte Voraussage der Kolmationsentwicklung während der Betriebszeit erforderlich. Eine zu starke Kolmation führt zur Isolierung des Grundwasserleiters. Ob der Aufbau der Kolmationsschicht überwiegend auf den Eintrag von Partikeln, auf Ausfällung oder auf andere biologische Vorgänge zurückzuführen ist, hängt von vielen Standortfaktoren, vor allem der Beschaffenheit des Gewässers, seiner Schwebstoffführung und Fließgeschwindigkeit ab.

Verbesserung der Wasserbeschaffenheit. Durch die künstliche Untergrundpassage verbessert sich die Beschaffenheit des Flusswassers erheblich. Im Vergleich zu einer Direktentnahme bieten die Uferfiltration und die künstliche Infiltration (Kap. 2.2.2.2) folgende Vorteile:
- Elimination von Schwebstoffen,
- Entfernung von Bakterien, Viren und Parasiten (Abb. 2.16, 2.17).

So wurde beispielsweise 1868 in Halle die Direktentnahme von Trinkwasser aus der Saale, die noch zwei Jahre zuvor eine Cholera-Epidemie ausgelöst hatte, durch Uferfiltration aus einem 4 m mächtigen und mehr als 4 km^2 ausgedehnten kiesigen Grundwasserleiter in der Elster/Saale-Aue ersetzt (WEBER, KLOSE, GAUDIG 1999). Am Rhein verbessert sich die Belastung mit Bakterien, bezogen auf die Beschaffenheit des Flusswassers, folgendermaßen (SCHUBERT 2000):
- Koloniezahl (20°C) um 4×10^2,
- coliforme Keime um 2×10^2,
- *Escherichia coli* um $> 2 \times 10^2$,
- Elimination von biologisch abbaubaren gelösten Substanzen. Das gilt auch für die meisten

„Problemstoffe". Eine zusammenfassende Bewertung der Eliminationsprozesse bei der Uferfiltration in den Niederlanden ergab eine starke, nachhaltige und von den Redoxverhältnissen unabhängige Entfernung von polycyclischen aromatischen Kohlenwasserstoffen (PAK), polychlorierten Biphenylen (PCB), Organochlor-Pestiziden, Bromoform, Dichloranilin, Nitrobenzol, Nitrotoluol und Chlornitrobenzol (STUYFZAND 1998),
• starke Dämpfung von Beschaffenheitsschwankungen des Infiltrates im Vergleich zum Gewässer.

Wirkungsmechanismen. Die Qualität des Uferfiltrats hängt nicht nur von der Beschaffenheit des Oberflächenwassers ab. Die Bioaktivität wird auch durch die Raumbelastung des Filtermaterials bzw. Untergrundes (Fließweg und Korngrößenverteilung), die Verweilzeit des Wassers und die jeweiligen Redoxverhältnisse gesteuert. Da Schwebstoffe in der Kolmationsschicht weitgehend zurückgehalten werden, dringen sie kaum in den Grundwasserleiter ein. Daher nimmt unterhalb der Kolmationsschicht die Gesamtzahl der organischen Partikel sehr stark ab (Abb. 2.16, 2.17).

In der Kolmationsschicht finden auf engstem Raum die verschiedensten biologischen, chemischen und physikochemischen Prozesse statt. Das Ausmaß der „Lebendverbauung" von Kies- und Sandkörnchen durch Bakterien nimmt mit der Konzentration an leicht abbaubaren Substanzen zu. Die hydraulisch und biochemisch erwünschte Variante ist ein dünner Bakterienfilm mit einer Schichtdicke von < 0,3 mm. Die Bakterienbesiedlung setzt sich im Allgemeinen kontinuierlich vom Flussbett bis in den Grundwasserleiter fort. Ihre Dichte nimmt mit zunehmender Tiefe und Entfernung vom Ufer stark ab (RÖSSNER, GUDERITZ 1993). Da bei den niedrigen Strömungsgeschwindigkeiten eine Regenerierung des Biofilms durch Spülwirkung ausscheidet, kommen für die Aufrechterhaltung eines stationären Gleichgewichts von Biomasse-Zuwachs und -Verlust fast nur tierische Kleinorganismen in Frage, die als Weidegänger in derartigen Kleinst-Lücken-Systemen in großer Individuen- und Artenzahl zu gedeihen vermögen.

Eine ungünstige Beschaffenheit des versickernden Wassers führt dazu, dass unter dem Flussbett der für das Funktionieren der „**biologischen Filterregenerierung**" erforderliche Mindest-Sauerstoff-Gehalt unterschritten wird. Bei einem zu niedrigen O_2-Gehalt infolge zu starker organische Belastung sinkt die Aktivität der bakterienfressenden Fauna stark ab, und die Poren werden durch Bakterienbiomasse, auch Zoogloeen und durch Eisensulfide verstopft. Dadurch wird die hydraulische Durchlässigkeit stark vermindert.

Ammoniumgehalte von mehr als 10 mg/l stellen sehr hohe Anforderungen an eine ausreichende O_2-Versorgung der Nitrifikanten. In der Regel ist aber die Konzentration wesentlich geringer.

Da im Flusswasser oft schwer abbaubare bzw. gesundheitlich bedenkliche Substanzen enthalten sind, die z. B. aus Mischkanalisationen oder aus diffusen Quellen stammen, sind eine lange Verweilzeit bzw. eine lange Infiltrationsstrecke vorteilhaft. Wenn allerdings die Belastung des ver-

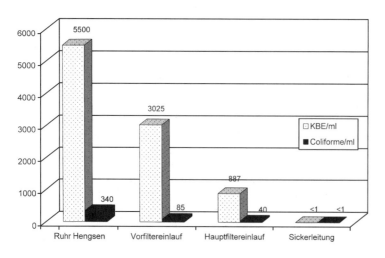

Abb. 2.16 Rückgang des Gehaltes an freisuspendierten Bakterien (koloniebildende Einheiten und Coliforme) von Wasser der Ruhr bei der künstlichen Grundwasseranreicherung. Nach KUHLMANN (2000), verändert.

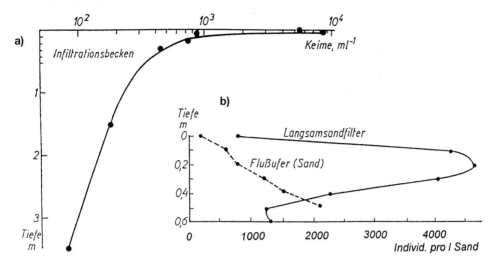

Abb. 2.17 Beispiele für biologisch aktive Filterschichten. a) Vertikale Verteilung der Bakterienzahl pro ml Sand in einer Pilotanlage zur künstlichen Infiltration von Flusswasser. Nach W. Ramm aus Uhlmann (1988). b) Vertikale Gradienten der Individuendichte von mehrzelligen Tieren in einem Langsamsandfilter, verglichen mit der Verteilung im nahegelegenen Fluss (ebenfalls Sandgrund). Nach Husmann aus Uhlmann (1988).

sickernden Wassers mit abbaubaren organischen Substanzen höher ist als der gleichzeitige O_2-Eintrag, werden von den Mikroorganismen Nitrat und Sulfat als Sauerstoffquellen genutzt. Die damit verbundene Abnahme des Redoxpotenzials führt zur Auflösung von Mangan und Eisen (Mn^{4+} → Mn^{2+}, Fe^{3+} → Fe^{2+}). Vermischt sich dieses Uferfiltrat im Untergrund mit O_2-haltigem Wasser, z. B. Hangwasser (Abb. 2.7), so fällt zunächst das Eisen aus. Dazu genügen bereits O_2-Konzentrationen von 1 bis 2 mg/l (Schmidt 1985). Bei höherem Sauerstoffgehalt wird auch das Mangan oxidiert. Das geförderte Uferfiltrat bedarf in sehr vielen Fällen einer Belüftung und Entsäuerung.

2.2.2.2 Künstliche Grundwasseranreicherung – Langsamsandfilter

Hierbei wird vorbehandeltes Oberflächenwasser über eine relativ große Fläche verteilt und versickert (Abb. 2.18a). Die entsprechenden Anlagen nutzen gezielt die biologischen Vorgänge wie bei der Gewinnung von Uferfiltrat. Es sind auch die gleichen Prozesse, welche für die so oft gerühmte Reinheit von Quellwässern verantwortlich sind. Der Reinigungseffekt ist bereits hinsichtlich des Gehaltes an frei suspendierten Bakterien sehr beachtlich (Abb. 2.16, 2.17). Die biologische Wirkung von Langsamsandfiltern beruht ebenso wie die künstliche Infiltration darauf, dass Bakterien-Biofilme aufgrund ihrer Sorptionskapazität und Stoffwechselaktivität gelöste organische Stoffe einschließlich Fremdstoffen eliminieren können. Diese Fähigkeit entwickelt sich erst über eine längere Zeit durch die Einarbeitung des Filters. In dieser Beziehung besteht eine deutliche Parallele zur Reinigungskapazität von Böden (Schmidt 1985).

Lange Laufzeiten sind im Interesse der biologischen Wirkung (z. B. Entfernung von Fremdstoffen sowie von Geruchsstoffen durch Bakterien mit speziellen Leistungen, Ammoniumoxidation auch bei niedrigen Temperaturen) erforderlich. Entsprechend der Empfehlung des Wasserfachverbandes (DVGW 1995) zur Auslegung der Schutzzonen für Trinkwassergewinnungsanlagen soll die Aufenthaltszeit des versickerten Oberflächenwassers mindestens 50 Tage betragen. Durch Steuerung der Betriebsbedingungen kann die Ansiedlung gewünschter Mikroorganismen gefördert werden. In biologisch wirksamen Filtern wird, im Bedarfsfalle begünstigt durch eine vorgeschaltete Anreicherung des Wassers mit Reinsauerstoff oder Kaliumpermanganat, auch gelöstes Eisen und Mangan sehr weitgehend eliminiert. Dafür sind teilweise chemische Reaktionen, teilweise spezialisierte Gruppen von Bakterien verantwortlich (Kap. 2.1.3). Obwohl zwischen künstlicher Grundwasseranreicherung und Langsamsandfiltration zahlreiche Gemeinsamkeiten existieren, werden sie in diesem Text, der

Tradition folgend, getrennt dargestellt. In beiden Fällen handelt es sich um Filtersysteme mit einer **oberflächlichen Kolmationsschicht**, die nicht durch Rückspülung, sondern nur durch Abschälen entfernt werden kann. Biologische Prozesse sind die Hauptträger des Aufbereitungsprozesses.

a) Künstliche Grundwasseranreicherung

Für die Versickerung von (aufbereitetem) Oberflächenwasser werden Gräben, offene und geschlossene Becken (Infiltrationsbecken) genutzt. Dabei kommen Sandbecken (mit Algen oder Unterwasserpflanzen) oder/und Pflanzenbecken (mit Überwasserpflanzen) (Abb. 2.18b) zur Anwendung. Die Anlagen werden entweder ähnlich wie Tropfkörper zur Abwasserbehandlung (Kap. 3.3.2) als
- Trockenfilter,
- im Überstau oder
- intermittierend betrieben.

Becken im Überstau mit nur mäßiger hydraulischer Belastung (bis 0,6 m/d) und relativ langsamem Wachstum der Fadenalgen/Unterwasserpflanzen müssen nur aller 4 bis 6 Jahre gereinigt werden, bei ausgesprochen starken Massenentwicklungen hingegen alljährlich. Bei einem Betrieb ohne Überstau verstopft die oberste Filterschicht infolge Wachstums von benthischen Mikroalgen schneller. Der Sand muss daher oftmals in Intervallen < 1 Jahr maschinell regeneriert werden.

Sandbecken (Abb. 2.19): Für die Leistung der Sandbecken sind die Mächtigkeit des Filtersandes sowie die richtige Bemessung der Drainageschicht unter dem Sand wichtig. Die Leistung ist abhängig von:
- der Rohwasserqualität,
- der Korngrößenverteilung des Filtersandes, die anhand der **Sieblinie** gekennzeichnet wird,
- der Filtergeschwindigkeit.

Die Durchsatzleistung von Sandbecken beträgt 1– 5 $m^3/m^2 d$. Dies entspricht einer hydraulischen Belastung von 1–5 m/d. Die mittlere theoretische Verweilzeit des Wassers im Reaktor sollte nicht weniger als 20 Tage betragen. Zu einer nachhaltigen Infiltrationsleistung von Sandbecken tragen Zuckmückenlarven und Borstenwürmer bei, indem sie große Mengen von Algen-Biomasse fressen und durch ihre Wühltätigkeit die Filtersandschicht auflockern. Sie sind aber allein nicht in der Lage, die Anreicherung von partikelgebundenem Material zu verhindern. Daher muss die oberste Schicht des Filtersandes (bis 5 cm) von Zeit zu Zeit abgetragen und gewaschen werden. In Infiltrationsbecken sind auch die Biofilme/Bakterienschleier hauptsächlich in der obersten 5 cm-Schicht konzentriert, daher relativ leicht zugänglich. Durch die Erneuerung der obersten Sandschicht vermindert sich das Risiko, dass nichtgelöste Stoffe auch in die tieferen Filterschichten gelangen, sich anreichern bzw. plötzlich bis in den Ablauf durchbrechen können. Durch die mechanische Regenerierung der Filtersandschicht werden auch nichtabbaubare Stoffe aus dem System entfernt, die lediglich durch Adsorption und Bioakkumulation zurückgehalten werden konnten.

Werden die Anlagen im **Überstau** betrieben, entwickelt sich Phytoplankton, das in seiner Zusammensetzung dem in Teichen und Flachseen sehr ähnlich ist. Vom Herbst bis zum Frühjahr herrschen meistens Kieselalgen vor, in der warmen Jahreszeit Grünalgen oder Cyanobakterien. Besonders häufig wachsen einzelne Grünalgen sowie Kieselalgen. Massenentwicklungen führen zu Druckverlusten infolge Verstopfung von Porenräumen (Kolmation) mit Biomasse oder (durch CO_2-Verbrauch bei der Photosynthese) ausgefälltem $CaCO_3$. In Anlagen mit Überstau entwickeln sich des Weiteren fädige Grünalgen wie z.B. *Cladophora* mitunter zur regelrechten Plage. Sie erreichen nicht selten einen Deckungsgrad von weit mehr als 50 % und eine Schichtmächtigkeit (nach dem Trockenfallen) bis zu 15 cm. Algen können erhebliche Tag-Nacht-Schwankungen des Sauerstoffgehaltes verursachen. Selbst in 2 m Filtertiefe wurden noch Tag-Nacht-Amplituden des O_2-Gehaltes von 10,5 mg/l beobachtet (SCHMIDT 1985, vgl. Abb. 2.24). Durch nächtlichen Sauerstoffschwund wird in den tieferen Filterschichten die Auflösung von Mangan oder auch Eisen gefördert. Ungünstig ist auch ein sehr starker pH-Anstieg an der Oberfläche (bis über 10). Dem wirkt allerdings im Filterkörper die biogene CO_2-Bildung durch Abbau- und Atmungsprozesse entgegen.

Ein Zusammenbruch von Algen-Massenentwicklungen kann zur Freisetzung von sehr unangenehmen Geruchsstoffen wie z.B. Geosmin führen. Glücklicherweise bietet die relativ lange Verweilzeit des Wassers im Untergrund die Chance für deren weitgehenden mikrobiellen Abbau.

Noch unerwünschter als Massenentwicklungen von Algen sind die von **Unterwasserpflanzen.** Sie bedecken mitunter mehr als 75 % der Fläche. Besonders lästig ist z.B. der Wasserhahnenfuß

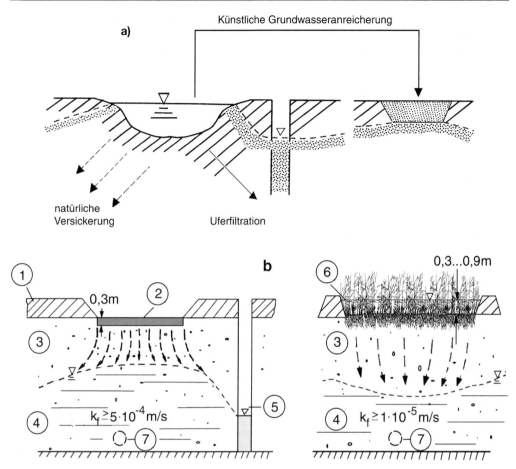

Abb. 2.18 Uferfiltration und künstliche Grundwasseranreicherung. a) Schematische Übersicht, b) Vergleich zwischen Sandbecken ohne Überstau (links) und Pflanzenbecken mit Überstau (rechts). K_f = Durchlässigkeitsbeiwert, 1 = Deckschicht (wenig wasserdurchlässig), 2 = Filtersandschicht, 3 = Aerationszone, 4 = Grundwasserleiter, 5 = Brunnen zur Wasserfassung, 6 = Pflanzen, von Wasser überstaut, 7 = Sickerleitung zur Wasserfassung. Kombiniert nach verschiedenen Autoren.

Ranunculus trichophyllos. Ein besonderes Risiko besteht darin, dass im Herbst ein Teil des Bestandes einschließlich der Wurzeln abstirbt und dadurch die organische Belastung des Filters wesentlich erhöhen kann. Hierdurch (und auch durch Absterben von Algen oder anderer Arten von Unterwasserpflanzen) wird die Auflösung von Eisen und Mangan in tieferen Filterschichten gefördert.

Leider ist in Versickerungsbecken das Angebot an Nährstoffen und an photosynthetisch nutzbarer Energie stets hoch genug, dass Massenentwicklungen von Algen und Unterwasserpflanzen auf biologischem Wege nicht verhindert werden können. Daher sind außer der Sandwäsche, bei der auch die Samen der Unterwasserpflanzen abgetrennt werden können, zusätzliche therapeutische Abhilfemaßnahmen erforderlich (WEBER, KLOSE, GAUDIG 1999):

Maßnahmen zur Eindämmung von Massenentwicklungen des Wasserhahnenfußes (*Ranunculus*):
- Trockenlegung (1 mal pro Jahr),
- mechanische Entkrautung bis Ende Juni (noch vor der Samenbildung), evtl. auch Entfernung der Wurzeln.

Maßnahmen gegen das Überhandnehmen von Fadenalgen:
- Alternierender Aufstau-Betrieb mit episodischem Trockenfallen oder völliger Verzicht auf Überstau. Dadurch können sich auf der obers-

ten Sandschicht nur Mikro-Algen (Kieselalgen, koloniebildende Grünalgen) entwickeln.
- Entfernung der getrockneten Algenteppiche,
- Zugabe von ca. 1 mg/l Kaliumpermanganat.

Pflanzenbecken: Als Pflanzenarten kommen nur Überwasserpflanzen in Frage. Ihre Auswahl hängt von der Beschaffenheit des Filterkörpers, der Überstauhöhe sowie der Beschaffenheit des versickernden Rohwassers ab. Bei den Pflanzenbecken ist die Beckensohle in der Regel mit Flechtbinse (*Schoenoplectus lacustris*), Rohrglanzgras (*Phalaris arundinacea*), Weißem Straußgras (*Agrostis stolonifera*) oder auch Gemeiner Quecke (*Elytrigia repens*) bewachsen. Die Wirksamkeit der Pflanzen besteht in der Eliminierung von Partikeln sowie von anorganischen und organischen Nährstoffen durch die Filterwirkung des dichten Wurzel- bzw. Rhizomfilzes. Die Kapillarwirkung des Wurzelsystems erhöht die Sickerleistung. Die Infiltrationsgeschwindigkeit in Pflanzenbecken liegt bei 0,5 bis 1 m/d. Je nach Wuchshöhe der Pflanzen erfolgt ein Wassereinstau von 0,30 bis 0,90 m. Jährlich soll mindestens eine zweimalige Trockenlegung der Becken erfolgen, damit die Mahd der Pflanzen möglich wird. Die Pflanzenbeete können mehr als 10 Jahre funktionsfähig bleiben. In der Rhizosphäre (Wurzelzone) sind Bakterien-Biofilme ebenso wirksam wie in Pflanzenbecken zur Abwasserbehandlung (Kap. 3.4.2). Ähnlich wie in Sandbecken werden organische Partikel durch wirbellose Tiere, vor allem Gliederwürmer (Oligochaeten), Fadenwürmer (Nematoden) und Muschelkrebschen (Ostracoden) weiter verarbeitet.

b) Langsamsandfilter
Einen ähnlich guten Effekt wie den der Grundwasseranreicherung kann man auch durch Direktentnahme von Oberflächenwasser mit anschließender Aufbereitung in Langsamsandfiltern erzielen. Dabei durchströmt das Wasser in einem dafür angelegten Becken vertikal eine Sandschicht und wird dabei gereinigt (Abb. 2.19). Im Gegensatz zum weitgehend mechanisch arbeitenden Schnellfilter und ebenso wie bei der Grundwasseranreicherung wird beim Langsamsandfilter die Siebwirkung des Sandes und die sorptive Bindung von Wasserinhaltsstoffen durch biologische Effekte ergänzt. Im Regelfall ist eine Vorbehandlung des Rohwassers erforderlich. Dazu werden im einfachsten Fall nur Grobkiesfilter, andernfalls auch Flockung und Filtration eingesetzt. Bei Bedarf erfolgt auch eine Zugabe von

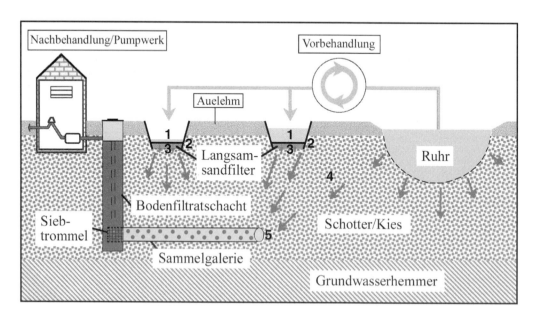

Abb. 2.19 Schema eines Langsamsandfilters mit 1. episodischem Überstau, 2. biologisch aktiver und 3. überwiegend mechanisch wirksamer Filterschicht. Darunter befindet sich 4. der natürliche Untergrund der Talaue (Flussschotter, -kies) mit 5. den Sammelgalerien der Filterbrunnen. Nach RUMM (1999) Die Schicht 2 muss von Zeit zu Zeit abgetragen und erneuert werden.

Oxidationsmitteln, z. B. Kaliumpermanganat. Erforderlichenfalls wird das Wasser vor der Versickerung belüftet. In manchen Anlagen wird zur Vorbehandlung sogar Ozon zugegeben. Im Langsamsandfilter kommt es zu einer weitgehenden Entfernung von:
- partikulärem Material, auch durch die Fresstätigkeit tierischer Organismen. Von dem mit dem Rohwasser eingetragenen partikulären organischen Kohlenstoff wurden in der Anlage Echthausen/Ruhr mehr als 99,9 % eliminiert bzw. zurückgehalten (RUMM 1999);
- Krankheitserregern. Schon vor mehr als 150 Jahren wurden Langsamsandfilter in London als Entkeimungsfilter eingesetzt. Ihr Wirkungsgrad beträgt oftmals mehr als 99,5 %;
- gelösten organischen Stoffen. In der Anlage Echthausen verringerte sich der mittlere Gehalt an gelöstem organischem Kohlenstoff (DOC) von über 3 mg/l im Rohwasser auf Werte um 1 mg/l im Filtrat. Jahreszeitliche Schwankungen traten überhaupt nicht in Erscheinung;
- gelöstem Fe(II) und Mn(II) sowie Ammonium. Der Ammoniumgehalt, der im Rohwasser (Ruhr) der genannten Anlage erheblich schwankte und mitunter mehr als 1 mg/l betrug, ging im Filtrat auf einen Mittelwert von 0,016 mg/l zurück.

Durch die lange Untergrundpassage können demnach ebenso wie bei der Grundwasseranreicherung Beschaffenheitsschwankungen ausgeglichen werden. Ebenso wie in Infiltrationsbecken verstopfen die oberflächennahen Porenräume am schnellsten, vor allem durch benthische Mikroalgen und Cyanobakterien. In dieser Hinsicht bringt auch die Vorbehandlung keine Entlastung. Die Algen können durch den Wechsel von Photosynthese und nächtlichem O_2-Verbrauch erhebliche Tag-Nacht-Schwankungen des Sauerstoff-Gehaltes (vgl. Abb. 2.24) sowie der redoxabhängigen mikrobiellen Fällungs- und Lösungsprozesse im Filterkörper hervorrufen. In Langsamsandfiltern verringert sich die Laufzeit von mindestens 4 Wochen auf wenige Tage, wenn das versickernde Wasser größere Mengen an planktischen Kieselalgen enthält und diese nicht vorher entfernt werden. Neuerdings bewähren sich Langsamsandfilter auch als Nachreinigungsstufe für Anlagen zur biologischen Nitratelimination aus Trinkwasser (OBST, ALEXANDER, MEVIUS 1990; Kap. 2.1.4).

Möglichkeiten der biologischen Filter-Regenerierung. Die Lebenstätigkeit der wirbellosen Tiere trägt direkt oder indirekt zur Elimination von partikelgebundenem organischem Material bei:
- direkt durch Fresswirkung,
- indirekt durch Zerkleinerung/mechanischen Aufschluss zur weiteren Verarbeitung durch Mikroorganismen.

Die meisten in Langsamsandfiltern lebenden Tiere sind Weidegänger, fressen Bakterienrasen und erhalten auf diese Weise die Durchlässigkeit der Filter. Da sie offenbar keinerlei nennenswerten Verlusten durch Gefressenwerden ausgesetzt sind, erreichen sie oft sehr hohe Individuendichten. Durch ihre Fress- und Bewegungsaktivität legen sie immer wieder Porenräume frei. Im Langsamsandfilter fördert dementsprechend der Eintrag von mechanischer Energie durch die Tiere die Grenzflächenerneuerung. An der Verarbeitung von organischen Partikeln sind offenbar ebenso wie in Böden ganz unterschiedliche Größenklassen von wirbellosen Tieren beteiligt. Sie haben einen erheblichen Nahrungsbedarf und erreichen hohe Individuendichten. An der Oberfläche der von RUMM (1999) untersuchten Filter, der „**biologisch aktiven Zone**", waren bis mehr als 100 000 Individuen pro Liter vorhanden. Hier konzentrierten sich die Fadenwürmer und Rädertierchen (Abb. 2.1, 2.20). Hingegen waren Ruderfußkrebse, Flohkrebse (darunter der Brunnenkrebs *Niphargus*, Abb. 2.5) und Asselkrebse in den Porenräumen des eigentlichen Filters und der darunterliegenden Schotterschicht am häufigsten. Manchmal liegt der Vorzugshorizont nicht direkt unter der Oberfläche, sondern in einer Tiefe von einigen Dezimetern. Bei den maßgebenden tierischen Organismen handelt es sich vor allem um Borstenwürmer (Oligochaeten), Fadenwürmer (Nematoden), Muschelkrebschen (Ostracoden) und die Larven von Chironomiden (Zuckmücken) (Abb. 2.20). Auch der Artenreichtum der tierischen Kleinorganismen in Langsamsandfiltern ist beachtlich. In der Anlage Echthausen fand RUMM (1999) insgesamt 135 taxonomische Einheiten vor:
- 56 Arten von Krebstieren, davon:
  - 18 Ruderfußkrebse (Copepoden),
  - 12 Muschelkrebse (Ostracoden),
  - 19 Blattfußkrebse (Wasserflöhe im weiteren Sinne),
  - 7 Arten von Asseln und Flohkrebsen,
- 30 Arten von Fadenwürmern (Nematoden),
- 13 Arten und Gattungen von Rädertierchen (Rotatorien),

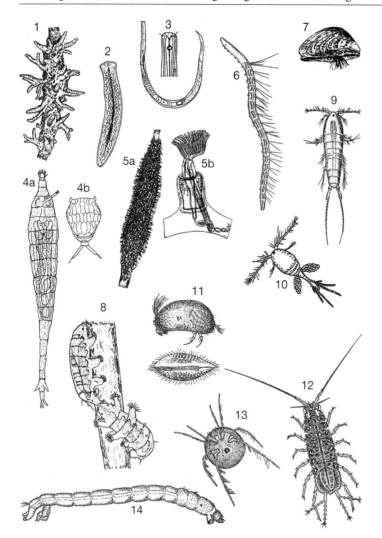

Abb. 2.20 Wirbellose Tiere, die in Wasserwerksanlagen stellenweise häufig oder massenhaft auftreten. 1 = Süßwasserschwamm *Spongilla*, 2 = Strudelwurm *Polycelis*, 3 = Fadenwurm *Monhystera* (Vorderende vergrößert), 4a = Rädertierchen *Rotaria*, 4b = Rädertierchen *Lecane*, 5 = Moostierchen *Plumatella*, a = Kolonie, b = Einzeltier (stark vergrößert), 6 = Wenigborstenwurm *Nais*, 7 = Dreikantmuschel *Dreissena*, 8 = Bärtierchen *Echiniscoides*, 9 = Ruderfußkrebs *Canthocamptus*, 10 = Ruderfußkrebs (Hüpferling) *Cyclops*, 11 = Muschelkrebs *Candona* (Seitenansicht und Aufsicht), 12 = Wasserassel *Asellus*, 13 = Wassermilbe *Hydrodroma*, 14 = Zuckmückenlarve *Chironomus*. Nach Vorlagen von ENGELHARDT (1996), GRUNER (1982), HESSE, DOFLEIN (1943), KLIMOWICZ (1977), LIEBMANN (1960), SLÁDEČEK (1956), STREBLE, KRAUTER (1988), UHLMANN (1988).

- 10 Arten und Gattungen von Ringelwürmern (Anneliden),
- 7 Arten von Wassermilben.

Die Gesamt-Artenzahl dürfte in Wirklichkeit noch höher sein, da die Zuckmücken und die Einzeller noch nicht mit ausgewertet werden konnten. Viele dieser Organismen sind in der Lage, ein monatelanges Trockenliegen der Filter zu überdauern (HUSMANN 1978). Über diese Fähigkeit verfügen auch die Grundwasser-Tiere in den feinkörnigen Ablagerungen der Flussauen, die an extreme Wasserstandsschwankungen bis hin zu langandauerndem Trockenfallen angepasst sind. Die tierische Besiedlung von intermittierend betriebenen Filtern unterscheidet sich von der in Filtern mit ständigem Überstau. In letzteren ist auch das gesamte Ernährungsgefüge anders strukturiert, weil im überstehenden Wasser auch Phyto- und Zooplankter sowie Fadenalgen leben können. Letztere sowie Cyanobakterien können quadratmetergroße Decken bilden. Eine sehr hohe photosynthetische Stoffproduktion, bedingt durch optimale Lichtbedingungen und Nährstoffversorgung, ist ein spezifischer Nachteil der Langsamsandfilter und Infiltrationsbecken.

Dementsprechend reicht die biologische Filter-Regenerierung allein in der Regel nicht aus, um der ständigen Anreicherung von Feststoffen auf Dauer die Waage zu halten. Die meisten tierischen Organismen leben in einer Filtertiefe von 20–30 cm und nicht in der oberflächlichen

Kolmationschicht (OBST, ALEXANDER, MEVIUS 1990). Da ebenso wie bei der Grundwasseranreicherung die Möglichkeit einer Reinigung durch Rückspülung ausscheidet, muss im Langsamsandfilter von Zeit zu Zeit (nach dem Absenken des Wasserspiegels) die oberste, 2 cm dicke Filterschicht abgetragen werden. Diese Schicht ist die biologisch aktivste, aber auch darunter sind alle für den Reinigungsprozess benötigten Organismen noch vorhanden. Ist die Gesamt-Schichthöhe mit der Zeit um etwa 35 cm verringert, wird wieder gewaschener Sand aufgefüllt. Im Gegensatz zu einem Schnellfilter muss der Langsamsandfilter erst wieder eingearbeitet werden.

2.2.2.3 Aktivkohlefilter

Bei einer direkten Wassergewinnung aus Oberflächengewässern wäre in vielen Fällen der Gehalt des Reinwassers an gelöstem organischen Kohlenstoffverbindungen, speziell an Geruchsstoffen und potenziell gesundheitsbeeinträchtigenden Spurenstoffen, in der Regel noch zu hoch, würden nicht diese Stoffe durch Adsorption entfernt. Zur Entfernung der Geruchsstoffe bzw. des Rest-DOC bedient man sich vor allem geschlossener Schnellfilter, die mit gekörnter Aktivkohle bestückt sind (Beispiel siehe Kap. 2.1.4). Deren innere Oberfläche beträgt 500–1400 m^2/g (OBST, ALEXANDER, MEVIUS 1990). Ist die Adsorptionskapazität erschöpft, muss der Filter reaktiviert werden. Bei einer Direktentnahme von Flusswasser müssen vor der Aktivkohlebehandlung bis zu 6 Behandlungsstufen eingeschaltet werden. Es sind dies:

Vorozonung → Flockung → Sedimentation
→ Hauptozonung → Sekundärflockung
→ Schnellfiltration.

Durch die vorbereitende Zudosierung von Oxidationsmitteln (Ozon, O_3) kann ein Teil der schwer abbaubaren organischen Stoffe (z. B. Humin- und Fulvosäuren) in Verbindungen umgewandelt werden, die großenteils gut mikrobiell abbaubar sind. Offenbar wird aber auch ein Teil des adsorbierten Materials durch Mikroorganismen verarbeitet, die in sehr dünnen Biofilmen wachsen. Dadurch bleibt das Adsorptionspotenzial wesentlich länger erhalten als bei Filtern ohne Organismen. Zur biologischen Filter-Regenerierung tragen wahrscheinlich nicht nur einzelne Arten von Bakterien und Fadenpilzen bei, sondern ein ganzes Wirkungsgefüge, in dem auch Hefen, tierische Einzeller und kleine Arten von wirbellosen Tieren

eine Rolle spielen. Schnelle Änderungen der hydraulischen Belastung sollten vermieden werden, um ein Ausspülen dieser Organismen auf die Reinwasserseite zu verhindern. Über ihren Anteil an der Gesamtleistung des A-Kohle-Filters existieren offenbar keine verallgemeinerungsfähigen Angaben. Nach einer thermischen Reaktivierung des Filters bedürfen die biologischen Prozesse einer langen Einarbeitungszeit.

Bei sehr ungünstiger Rohwasserbeschaffenheit erfolgt nach der Kohlefiltration noch eine künstliche Infiltration oder Langsamsandfiltration (GIMBEL 1992). Die Aktivkohlefiltration wird auch zur Wasseraufbereitung in Schwimmbädern eingesetzt. Hierbei spielt u. a. der mikrobielle Abbau von Harnstoff eine wesentliche Rolle (VAN DER HOEVE, zit. nach OBST, ALEXANDER, MEVIUS (1990).

2.2.2.4 Schnellsandfilter (Kiesfilter)

Bei diesen Filtern, die vorwiegend auf mechanischer Grundlage arbeiten, sind auch mikrobielle Prozesse beteiligt. Die Sandkörner sind von einem fleckenhaften dünnen Bakterienfilm überzogen, dessen braune bis schwarzbraune Färbung auf eine biologische Ausfällung von Eisen und/ oder Mangan hinweist. Der Überzug besteht aber oftmals vor allem aus organischem Material mit einem hohen Anteil von Bakterienbiomasse. Auch bei hohen Filtergeschwindigkeiten können Schnellfilter durch Auswahl entsprechender Betriebsbedingungen für die Enteisenung bzw. Entmanganung eingesetzt werden, bei Zugabe eines Reduktionsmittels auch für eine Denitrifikation (OBST, ALEXANDER, MEVIUS 1990, siehe auch Kap. 2.1.4).

Enteisenung. Kiesfilter können für die Enteisenung eingesetzt werden, sofern das Fe^{2+} im Rohwasser nicht in so hoher Konzentration (> 10 mg/l) vorliegt, dass der Großteil davon in einer vorgeschalteten Grobaufbereitungs- bzw. Belüftungsanlage entfernt werden muss. Für die chemische und biochemische Oxidation ist dabei wesentlich, ob das Eisen nur als Fe^{2+}-Ion oder in vorwiegend organischer Bindung, bei hohem Gehalt des Rohwassers an Huminstoffen, vorhanden ist. Das Eisen wird bei ausreichendem O_2-Angebot entweder direkt zu Oxidhydrat ($Fe_2O_3 \cdot H_2O$) oxidiert oder über die Zwischenstufe $Fe(OH)_2$. Pro mg Eisen werden 0,14 mg O_2 benötigt. Das bereits auf der Oberfläche der Filterkieskörner in dünner Schicht abgelagerte Oxidhydrat wirkt katalytisch. Bei pH-Werten unter 7,0 sind die

Eisen fällenden Bakterien in der Lage, erfolgreich mit dem chemischen Prozess zu konkurrieren (Kap. 2.1.3). Für eine rein chemische Enteisenung ist der pH-Bereich 7,5–8,0 am günstigsten. In diesem Falle müssen OH$^-$-Ionen zugesetzt werden. Die Rückhaltung von Fe^{3+} erhöht den Filterwiderstand und verkürzt daher die Laufzeit. Wenn bei hohem Huminstoffgehalt des Rohwassers der mikrobielle Abbau der Eisen-Huminstoff-Komplexe im Filter nicht schnell genug verläuft, muss die Fe-Oxidation durch Zugabe eines starken Oxidationsmittels (Chlor, Kaliumpermanganat) verstärkt werden.

Entmanganung. Mangan ist im Grundwasser und im Tiefenwasser von Seen und Talsperren meistens als Mn^{2+} gelöst. Die Oxidation zu unlöslichem Mn^{4+} setzt ein sehr hohes Redoxpotenzial voraus. Im Entmanganungsfilter sind die Kieskörner mit einem schwarzen Belag von MnO$_2$ (Braunstein) überzogen. Die biochemische Entmanganung funktioniert nur, wenn keine gelöstes Eisen (Fe^{2+}) mehr anwesend ist. Für mikrobiell arbeitende Entmanganungsfilter ist eine noch längere Einarbeitungszeit erforderlich als für die Enteisenung. Auf rein chemischem (adsorptiv-katalytischem) Wege wird die Entmanganung oftmals durch Zugabe von Kaliumpermanganat in Gang gesetzt bzw. gehalten. Entscheidend für den Effekt ist der schwarze Braunstein-Belag.

2.2.3 Rohwasserentnahme aus algenreichen Gewässern

Für die Trinkwassergewinnung genutzte Seen und Talsperren sollten nährstoff- und planktonarm sein. Bei einem eutrophen Zustand (vgl. Abb. 2.13) kann eine einwandfreie Trinkwasserversorgung nicht mehr mit ausreichend hoher Sicherheit gewährleistet werden.

2.2.3.1 Anforderungen an die Aufbereitungstechnik

Die Aufbereitung von Seen- und Talsperrenwasser hat vier Grundanforderungen zu erfüllen (HOYER 1998):
- Entfernung von Partikeln, vor allem Phytoplankton,
- Entfernung von gelösten organischen Stoffen. Besonders wichtig sind dabei Geruchsstoffe und Toxine von Cyanobakterien,
- Einstellung des Kalk/Kohlensäure-Gleichgewichts,
- Desinfektion.

In Gewässern mit einem großen Hypolimnion steht meistens genug kaltes und phytoplanktonarmes Tiefenwasser zur Verfügung. Die Bemessung einer Aufbereitungsanlage muss die infolge der Planktonentwicklung zu erwartenden Veränderungen der Wasserbeschaffenheit berücksichtigen. Besondere Beachtung erfordern in diesem Zusammenhang stark ausgeprägte vertikale und jahreszeitliche Änderungen in der Zusammensetzung des Phytoplanktons und der davon abhängigen Konzentration an Stoffwechselprodukten. Die Aufbereitungsstrategie muss auch schnellen Veränderungen folgen können. Dabei spielt neben der Rückhaltung von Phytoplankton-Biomasse auch die Entfernung von Geruchsbildnern, Toxinen, gelöstem Mangan, Eisen eine oft wesentliche Rolle. Sofern Absetzbecken der Vorbehandlung von Flusswasser dienen, ist bei der Planung zu berücksichtigen, dass Massenentfaltungen des Phytoplanktons bereits bei einer mittleren theoretischen Verweilzeit des Wassers von mehr als zwei Tagen auftreten können.

Eine ungünstige Beschaffenheit des Tiefenwassers von Standgewässern zwingt dazu, den in unserem Klimabereich gegebenen Vorteil der niedrigen Wassertemperatur nicht voll zu nutzen und statt dessen die Entnahme nach oben zu verlagern. Dieser „Kompromiss-Horizont" liegt oftmals bereits im Bereich der thermischen Sprungschicht (Metalimnion, vgl. Abb. 1.12). Selbst in mesotrophen Standgewässern sind in der Tiefe, wenn das Licht bis dorthin eindringt, Massenentwicklungen von besonders unerwünschten Schwachlicht-Formen möglich. Gerade diese Schicht wird nicht selten von dem feinfädigen, rötlich gefärbten Cyanobakterium *Planktothrix rubescens* (Abb. 2.14) bevorzugt. Auf Grund seiner (komplementären) rötlichen Eigenfärbung ist es in der Lage, das in der Tiefe vorherrschende blaugrüne Licht gut ausnutzen. Es kann in ca. 10–12 m Tiefe regelrechte „Bakterienplatten" ausbilden. In der Tiefe sind die Pflanzennährstoffe noch nicht so weitgehend aufgebraucht wie im oberen Stockwerk des Wasserkörpers. Solche **Planktonhorizonte** lassen sich mit Hilfe von Trübungs- oder Chlorophyllsonden sicher erfassen.

Die Wasserentnahme aus einem solchen Horizont sollte unbedingt vermieden werden, zumal diese sog. Burgunderblutalge oftmals toxisch wirkt. Wie andere planktische Cyanobakterien besitzt *Planktothrix rubescens* die Fähigkeit, durch Einlagerung von Gasblasen in die Zellen zur Wasseroberfläche aufzutreiben. Dadurch breiten sich metalimnische Massenentwicklungen bei zeitweise etwas erhöhtem Nährstoffangebot mitunter bis zur Wasseroberfläche aus und färben das Wasser rot. Wenn sie dort aufrahmen und das Gewässer mit rosafarbenem Schaum bedecken, ist dies ein sichtbares Alarmsignal in Bezug auf Toxine. Massen von absterbenden *Planktothrix rubescens* bieten überdies mitunter einen Anblick, als seien „die blutenden Eingeweide von Tausenden von Schlachttieren an der See-Oberfläche ausgebreitet" (JAAG 1954). Für den Wasserwerksbetrieb sind bereits Massenentwicklungen mäßigen Umfangs äußerst unerwünscht, da dieses Cyanobakterium auch aufbereitungstechnisch sehr schwer zu beherrschen ist. Die fädigen Kolonien zerbrechen in kurze Fäden, und die Bruchstücke passieren die Filter.

In einem früher nicht vermuteten Ausmaß zeichnen sich viele Gewässer durch starkes Wachstum von **Picoplankton** aus. Im Gegensatz zu den normalen Korngrößen des Phytoplanktons wie z. B. den koloniebildenden Kieselalgen (Abb. 2.14) sind viele Vertreter des Picoplanktons kugelförmig und sehr klein (oftmals $< 5\,\mu m$). Es handelt sich vor allem um Grünalgen und Cyanobakterien. Der Wirkungsgrad der Rückhaltung in der Flockungs-/Filtrationsstufe ist offenbar weitaus geringer als bei den klassischen Phytoplanktern. Phytoplankton, das in der Wasseraufbereitungsanlage nicht zurückgehalten wird und in das Reinwasser gelangt, beeinträchtigt den Wirkungsgrad der Desinfektion erheblich (Kap. 2.4). Durch Adhäsion an dem Biofilm im Verteilungssystem wirkt es als Kohlenstoffquelle für das Wachstum von Bakterien und fördert auf diese Weise die Wiederverkeimung. Nicht selten ist dieses Bakterienwachstum auch mit einer Geruchsbildung verbunden.

2.2.3.2 Maßnahmen gegen Nutzungseinschränkungen

Kontrolle des Phytoplankton-Wachstums durch filtrierende Zooplankter. In mesotrophen Seen und Talsperren ist eine niedrige Phytoplankton-Konzentration oftmals nicht allein durch ein geringes Nährstoffangebot (Abb. 2.13) bedingt. In vielen Fällen wird ein Großteil der kleinen Korngrößen des Phytoplanktons vom filtrierenden Zooplankton, vor allem dem Wasserfloh *Daphnia*, dem Ruderfußkrebs *Eudiaptomus* oder anderen Kleinkrebsen sowie von Rädertierchen gefressen.

Fressketten lassen sich manipulieren. Für den Wasseraufbereitungsprozess ist die Förderung der großen Phytoplankter günstig: sie lassen sich sehr viel leichter entfernen als sehr kleine Algenzellen (NIENHÜSER, persönl. Mitt.). *Daphnia* ist zwar in der Lage, große planktische Kieselalgen wie z. B. *Asterionella* mit ihren Mundwerkzeugen zu zertrümmern, bevorzugt aber die kleinen Korngrößen des Phytoplanktons. Sie besitzt nur wenige, aber am Rande mit zahlreichen Filterborsten besetzte Beinpaare (Abb. 2.21). Diese dienen nicht der Fortbewegung. Vielmehr arbeiten sie in einer durch die zweiklappige Schale begrenzten Filterkammer. Durch ihren raschen und rhythmischen Schlag wird ein partikelhaltiger Wasserstrom nach hinten geleitet. Die Borstenkämme wirken beim Durchpressen des Wassers als Filter. An den Borsten befinden sich zahlreiche Nebenborsten, deren Abstände so klein sind, dass selbst Phytoplankter von nur wenigen µm Durchmesser zurückgehalten werden können (Abb. 2.22, 2.23). Durch die geringe Maschenweite der Borstenkämme und die Produktion eines Flockungsmittels (Schleim) sind Daphnien in der Lage, Partikel bis zur Bakteriengröße aus dem Wasser zu entfernen. Dadurch ist ihre Wirksamkeit oftmals höher als die von Mikrosiebfiltern. Der Filterrückstand, also die Nahrung, wird in einer Bauchrinne nach vorn zum Schlund befördert. Diese Maschinerie ist so leistungsfähig, dass bei ausreichender Bestandsdichte der gesamte Wasserkörper einer Talsperre bereits innerhalb weniger Tage komplett „durchfiltriert" werden kann. Berechnet man für kleinere Arten, z. B. *D. galeata*, die verfügbare Filterfläche, so wird pro mm² „Daphnia-Filter" täglich eine Wassersäule bis zu 65 m filtriert, dies entspricht einer hydraulischen Belastung von 2,7 m pro h (W. HORN, persönl. Mitt.). Es ist wichtig, dieses gewässerinterne Aufbereitungssystem über einen möglichst langen Zeitraum leistungsfähig zu erhalten. Die Förderung der relativ großen Daphnien hat auch den Vorteil, dass kleine Zooplankter (Rädertierchen), welche die Wasseraufbereitung mit Schnellfiltern stören, infolge Nahrungskonkurrenz zurückgedrängt werden.

Selbst die Klarheit des Baikalsees beruht nicht zuletzt auch darauf, dass durch den dort vorherrschenden Ruderfußkrebs *Epischura baicalensis* täglich in der Oberflächenlamelle eine Wassermenge von 3 bis 6 Mrd. m³ durchfiltriert wird (GALAZI 1985). Das ist trotz des geringen Anteils am Gesamtvolumen des Sees ein beachtlicher Betrag. Allerdings sind manche Phytoplankter auf Grund ihrer Größe, ihrer starken Zellwand oder anderer Merkmale nicht fressbar. Andererseits

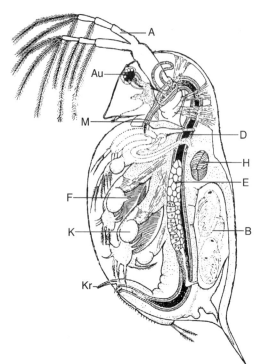

Abb. 2.21 Körperbau und Filterapparat des Wasserflohs *Daphnia*. Oben: Seitenansicht. Der Körper ist von einer zweiklappigen, vorn/unten offenen Schale umgeben. Die kräftigen Antennen (A) dienen der Fortbewegung. An den Beinen befinden sich Filterkämme (F) und Kiemensäckchen (K). Die am Körperende sitzende gegabelte Kralle (Kr) dient der Reinigung der Filterkammer, wenn diese verstopft ist. Au = Komplexauge, M = Mundöffnung, D = Darm, H = Herz, E = Eierstock, B = Brutraum mit Embryonen. Nach STORCH, WELSCH (1999). Unten: Ansicht von vorn mit Blick in die durch die Innenflächen der Schalenhälften begrenzte Filterkammer. Stark schematisiert: Vier aufeinanderfolgende Phasen der Saug- und Druckfiltration. Die Bewegung der Beinpaare 2 bis 5 in der Filterkammer erzeugt abwechselnd Sog und Überdruck. Die Filterkämme am 3. und 4. Beinpaar sind mit sehr feinen Nebenborsten besetzt (dargestellt in Abb. 2.22). Die vier Phasen werden in etwa einer Sekunde durchlaufen. Die aus dem Wasser abfiltrierten Partikel werden in die Bauchrinne transportiert und von dort zum Mund befördert. Nach A. WAGNER (unveröff.).

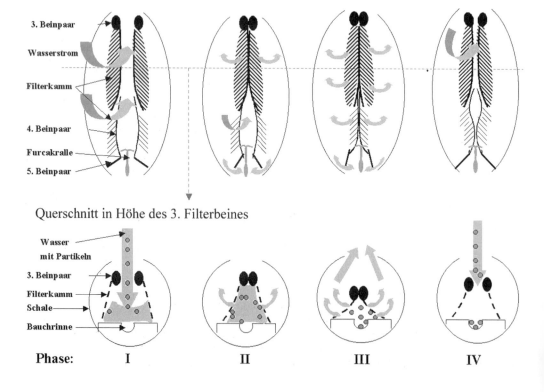

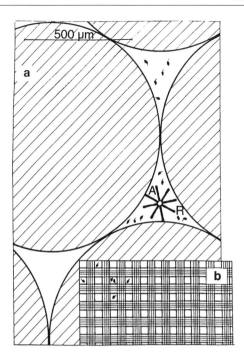
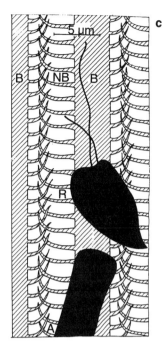

Abb. 2.22 Schematische Gegenüberstellung zweier großtechnischer Filtersysteme: Schnellsandfilter (a) und Mikrosiebfilter (b) mit der Feinstruktur der Filterkämme (Filterborsten B mit Nebenborsten NB) des Wasserflohs *Daphnia hyalina* (c), gezeichnet nach einem REM-Photo (GELLER, MÜLLER, aus UHLMANN 1988). Beispiele für charakteristische Phytoplankter: Kieselalge *Asterionella* (A) und Geißelalge *Rhodomonas* (R). Aus UHLMANN (1983).

kann ein besonders starker Fraßdruck sogar dazu führen, dass nicht fressbare Phytoplankter selektiv begünstigt werden und auf diese Weise zu Massenentwicklungen gelangen. In besonderem Maße gilt das für *Ceratium* und manche Cyanobakterien wie z.B. *Microcystis*. Diese herrschen allerdings in der Regel nur dann vor, wenn die Phosphorbelastung des für die Rohwasserentnahme genutzten Gewässers sehr hoch ist.

Nahrungskettenmanipulation. Grundbedingung für den Erhalt der Biofiltration ist, dass der Bestand an großen, d.h. besonders leistungsfähigen Zooplanktern (Daphnien) hoch und der an zooplanktonfressenden Fischen niedrig bleibt. Dies bedeutet, dass ein Besatz mit Maränen (*Coregonus*), also fischereilich sehr attraktiven Edelfischen, für Trinkwassertalsperren kaum in Frage kommt. Geeignet hingegen ist u.a. ein anderer Lachsfisch, die Seeforelle *Salmo trutta* f. *lacustris* (GROSSE et al. 1998, SCHULZ 1997). Diese Art frisst vor allem Kleinfische, auch kleine Barsche, die sich in Trinkwassertalsperren großenteils von Zooplankton ernähren. In eutrophen und hypertrophen Seen und Talsperren hingegen, z.T. auch in mesotrophen, stellen Karpfenfische wie z.B. die Plötze den Großteil des Fisch-Bestandes. Hier bieten sich für eine Kontrolle der zooplanktonfressenden Fische andere Arten von Raubfischen an, nämlich große Zander, Hechte und Barsche. Es muss ein künstlicher Besatz mit ausreichend großen Exemplaren erfolgen. Die Nahrungskettenmanipulation wird in verschiedenen Trinkwassertalsperren und Speicherbecken erfolgreich praktiziert (BENNDORF, KAMJUNKE 1999, GROSSE et al. 1998, WILLMITZER, WERNER, SCHARF 2000, BENNDORF, CLASEN 2001), aber auch in Seen.

Verlangsamung des Phytoplankton-Wachstums durch Zwangszirkulation. In vielen Fällen ist es nicht möglich, den Phosphor-Import aus dem Einzugsgebiet auf ein Niveau abzusenken, auf dem Massentwicklungen des Phytoplanktons von langer Dauer oder sehr hoher Amplitude ausgeschlossen werden können und bei dem die Nahrungsketten-Manipulation als alleinige Gegenmaßnahme stets wirksam genug ist. Ein solche Situation besteht u.a. in den Großräumen London und Rotterdam, wo die Trinkwasser-Speicherbecken mit nährstoffreichem Flusswasser (Them-

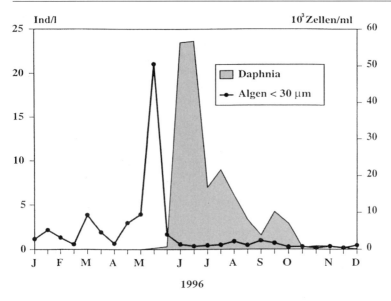

Abb. 2.23 Jahreszeitliche Abfolge des Phytoplanktons mit einer Größe <30μm und des Wasserflohs *Daphnia* in der Kerspe-Talsperre 1996. Linke Skala: *Daphnia*-Anzahl, rechte Skala: Algendichte. Nach NIENHÜSER, BRACHES (1998).

se, Maas) beschickt werden müssen. Diese Speicherbecken sind so tief bemessen, dass infolge einer Zwangszirkulation (z. B. durch Druckluft) die Durchmischungstiefe des Wasserkörpers wesentlich größer ist als die Eindringtiefe des Lichtes (siehe OSKAM 1983, BENNDORF, CLASEN 2001). Die vollständige Durchmischung führt dazu, dass die Aufenthaltszeit der Phytoplankter in den tiefen, nicht durchlichteten Wasserschichten zu lang wird. Umgekehrt ist dafür die Aufenthaltszeit in der oberen durchlichteten Schicht zu kurz, um ein ausreichendes Wachstum des Phytoplanktons zu ermöglichen. Durch diese künstliche Totalumwälzung ist dafür gesorgt, dass anstelle des Phosphats das Licht zum wachstumsbegrenzenden Faktor wird. Ohne sie wäre das Wasser der Speicherbecken wegen einer untragbar hohen Phytoplankton-Konzentration für die Trinkwasserversorgung nicht verwendbar.

Ist allerdings die mittlere Tiefe eines Gewässers zu gering, wird durch eine Zwangsumwälzung das Phytoplanktonwachstum eher gefördert, oder besonders unerwünschte Arten werden begünstigt. Natürlicherweise findet in unseren Seen und Talsperren eine Vollzirkulation im Herbst statt und beendet so die Wachstumssaison des Phytoplanktons. Dabei spielt das abnehmende Angebot an Lichtenergie eine entscheidende Rolle, denn im Frühjahr, bei stark zunehmender Tageslänge, beginnt oftmals das Wachstum planktischer Kieselalgen trotz tiefreichender Zirkulation und noch sehr niedriger Temperaturen.

Künstliche Zufuhr von Sauerstoff in das Hypolimnion. Das Tiefenwasser von Seen und Talsperren ist im Sommer thermisch und dadurch in der Regel auch chemisch isoliert. Die atmosphärische Belüftung (g O_2/m^2d) ist nur in den Zirkulationsperioden wirksam genug, dadurch im Jahresmittel um mehr als zwei Größenordnungen geringer als z. B. in einem Fluss. Bei erhöhter Belastung mit Phytoplankton-Biomasse ist daher das Hypolimnion nicht mehr in der Lage, den O_2-Bedarf der mikrobiellen Abbauprozesse zu decken. Bei Bedarf wird deshalb das O_2-arme Tiefenwasser zur Oberfläche gefördert, dort mit Luftblasen vermischt, und das nunmehr mit Sauerstoff angereicherte Wasser in die Tiefe zurückgeführt (BERNHARDT, HÖTTER 1967). In manchen Fällen wurde auch schon eine Begasung des Hypolimnions mit Rein-Sauerstoff praktiziert. Sie hat den Vorteil, dass damit eine gleichzeitige Erwärmung des hypolimnischen Wassers fast vollständig vermieden werden kann.

2.2.3.3 Störungen der Flockung und Filtration

Wenn sich die für die Trinkwassergewinnung genutzten Seen und Talsperren in einem oligo- bis mesotrophen Zustand befinden, ist eine sichere Aufbereitung möglich. Sie beschränkt sich dann auf:

- die Zugabe von Fe-oder Al-chlorid bzw. -sulfat,
- Flockung mit Zusatzmöglichkeit für Flockungshilfsmittel,

- Schnell-Sandfiltration,
- Einstellung des Kalk-Kohlensäure-Gleichgewichts,
- Desinfektion und
- Zugabe von Kalkwasser (bei niedriger Wasserhärte).

Wenn man von den Schwebstoff-Einbrüchen nach Starkniederschlägen und der gelegentlichen Aufwirbelung von Sediment einmal absieht, sind in den meisten Wasserwerken die im Gewässer selbst gebildeten Schwebstoffe, also vor allem Phytoplankton, am bedeutsamsten. In der Regel nimmt es den Großteil der Aufbereitungskapazität in Anspruch. In nährstoffarmen Talsperren entwickeln sich hauptsächlich Goldalgen (Chrysophyceen) und Kieselalgen (Diatomeen). Bei erhöhtem Nährstoffgehalt herrschen neben Kieselalgen oftmals Grünalgen (Chlorophyceen) und Cyanobakterien ("Blaualgen") vor (Abb. 2.14). Die beiden letztgenannten Gruppen verursachen die größeren Probleme. Mehr als 130 Arten von Algen wurden bisher im Zusammenhang mit Störungen in Wasserwerken registriert, davon treten ca. 25 häufig in Erscheinung (HORTOBÁGY 1973). Bei der Überwachung der Rohwasserbeschaffenheit kommt der mikroskopischen Analyse ein sehr hoher Stellenwert zu. Sehr oft muss die Aufbereitungstechnologie maßgeschneidert, d. h. auf die betreffende Art des Phytoplanktons zugeschnitten sein.

Flockung. Aufbereitetes Trinkwasser sollte nicht mehr als 0,1 µg/l Chlorophyll-a enthalten (CLASEN 1994). Schon deshalb ist der Filtration in der Regel eine Flockung mit Al- oder Fe-Salzen vorgeschaltet, um kleine Partikel zu abfiltrierbaren Teilchen zu aggregieren. Dazu ist es erforderlich, die in der Regel negative Oberflächenladung der Mikropartikel durch Flockungsmittel mit positiven Ladungen (Fe^{3+} oder Al^{3+}) zu kompensieren. Damit die Metallionen nicht schnell hydrolysieren und um Flocken der gewünschten Größe und Scherfestigkeit zu gewinnen, sind spezielle Mischtechniken erforderlich (HOYER 1998). Bei der Flockung können auch manche gelösten organischen Stoffe adsorbiert und dadurch mit entfernt werden.

Bei hohem Phytoplanktongehalt und speziell bei Auftreten eigenbeweglicher Phytoplankter ist meistens eine Erhöhung der Al-Dosis bis auf etwa 0,8 mg/l erforderlich. Entsprechend groß ist die Gesamtmasse der entstehenden Flocken und der von ihnen im Filter ausgefüllte Porenraum. So legen sich beispielsweise die stern- bzw. kammförmigen Kolonien mancher Kieselalgen wie ein Vlies auf die Filter und verstopfen in Verbindung mit den anhaftenden Aluminiumhydroxidflocken deren Oberflächen nach kurzer Zeit (KRIEGSMANN 1994). Zu berücksichtigen sind bei der Berechnung des Flockungsmittelbedarfs auch die besonders für flache bzw. nährstoffreiche Gewässer charakteristischen, durch den Tag-Nacht-Rhythmus der Photosynthese (Abb. 2.24) bedingten Konzentrations-Änderungen von pH-Wert, Sauerstoff und Kohlendioxid. Schwankungen des pH-Wertes von 7 bis 10 innerhalb von 24 h sind, mit entsprechenden Auswirkungen auf die Effektivität der Flockung, durchaus möglich. Bei tiefen Gewässern sind Schwankungen relativ gut zu beherrschen, wenn die Entnahmehöhe variiert und jeweils der Horizont mit der besten und in der Regel ziemlich konstanten Wasserbeschaffenheit erfasst werden kann, oder wo die Möglichkeit be-

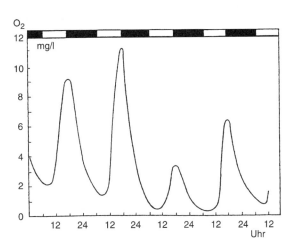

Abb. 2.24 Tag-Nacht-Schwankungen des Sauerstoffgehalts im Ablauf eines Langsamsandfilters. Nach K. SCHMIDT aus UHLMANN (1988).

steht, innerhalb eines Verbundsystems jeweils die Entnahme auf das Speicherbecken mit der augenblicklich besten Rohwasserqualität zu konzentrieren.

Störungen der Flockung durch Planktonorganismen. Ohne eine Flockungsstufe würden bei Massenauftreten von kleinzelligen Grünalgen oder feinfädigen Cyanobakterien selbst im Falle einer 99%igen Rückhaltung noch so viele Algenzellen auf die Reinwasserseite gelangen, dass besonders in den wenig durchflossenen Endsträngen Geruchsbeeinträchtigungen und Wiederverkeimung kaum zu vermeiden wären. Die Anlagerung von Flockungsmitteln an die Zellen der Phytoplankter und deren Einbindung in die Flocken verläuft nicht so unkompliziert wie bei Mineralpartikeln. Manche Phytoplankter produzieren organische, z.T. hochmolekulare Stoffwechselprodukte, welche bereits in sehr niedrigen Konzentrationen als **Flockungshemmer** wirken (siehe BERNHARDT, HOYER, SCHELL, LÜSSE 1985). Dies beruht darauf, dass sich solche Stoffe den zu entfernenden Partikeln anlagern und dabei wie ein Schutzkolloid wirken. Sie binden sich an Fe- bzw- Al-Hydroxidkomplexe und verhindern dadurch eine wirksame Aggregatbildung. Infolge dieser kolloidstabilisierenden Wirkung bleibt u.U. selbst bei einer $Al_2(SO_4)_3$-Konzentration von 10 bis 20 mg/l die Rest-Trübung hoch, und der Al-Gehalt im Trinkwasser kann den zulässigen Grenzwert überschreiten (BERNHARDT, WILHELMS 1978). Abhilfe ist durch Verschiebung des Flockungs-pH-Wertes in den schwach sauren Bereich (pH 6,0 bis 6,5) oder durch Zusatz von Ca^{2+}-Ionen zur Kompensation der negativen Ladungen möglich.

Manche Algen und Cyanobakterien sind selbst schwer ausflockbar. Bei Vorhandensein einer gallertigen Hüllsubstanz (diese besteht im Wesentlichen aus sauren Polysacchariden) sind anionische Flockungshilfsmittel nicht wirksam genug. Zur Abtrennung wird ein weitporiges Tiefenfilter empfohlen. Viele der ganz kleinen, nur wenige µm großen kugelförmigen Arten (Picoplankton) lassen sich in den Flocken nicht ausreichend fixieren. Kleine eigenbewegliche Plankter (vor allem Geißelalgen, Rädertierchen sowie die Nauplius-Larven von Ruderfußkrebsen) sind oftmals in der Lage, sich aus Al- oder Fe-Hydroxidflocken wieder „herauszuarbeiten".

Schnellsandfiltration. Da Mineralpartikel im Rohwasser von Talsperren und Seen infolge ihrer guten Absetzeigenschaften meistens nur noch mit Korngrößen unter 10 µm vorliegen (HOYER 1998), herrschen organische Partikel und vor allem Phytoplankton vor (Abb. 2.14). Dabei geht es überwiegend um Korngrößen bis zu etwa 100 µm. Bei einer Direktentnahme aus großen Flüssen entstehen noch größere Probleme als bei Talsperren, und auch die Gesamt-Artenzahl des Phytoplanktons sowie die damit verbundene Aufbereitungs-Spezifik ist größer (z.B. fast 300 Arten in den Absetzbecken der Budapester Wasserwerke (HORTOBÁGY 1973).

Zur Partikelabscheidung bevorzugt man Zweischichtfilter (mit einer Tiefenfiltration durch eine grobporige Oberschicht und eine feinporige Unterschicht, BERNHARDT, HOYER, SCHELL, LÜSSE 1985). Als normal werden Filtergeschwindigkeiten um 8 m/h angegeben. Das entspricht einer Filterbelastung von 8 m^3/m^2h bei einer Überstauhöhe von 2,5 m und gilt für einen definierten Bereich der Korngröße und des pH-Wertes. Hohe Phytoplanktondichten führen zu erheblichen Druckverlusten, d.h. die hydraulische Belastbarkeit nimmt stark ab.

Die Eliminationsrate ist bei den verschiedenen Partikelgrößen bzw. Arten von Planktonorganismen sehr unterschiedlich und hängt in erster Linie ab von deren
- Größe,
- Form,
- Beweglichkeit.

Geringer als bei sperrigen Kolonien von Kieselalgen ist der Wirkungsgrad bei fädigen Formen, höher (bis zu 99%) beim großen Zooplankton, z.B. Wasserflöhen (*Daphnia*). Die stab- oder nadelförmigen Einzelzellen der Kieselalgen passieren teilweise die Filter, deshalb beträgt der Gesamtwirkungsgrad von Flockung + Schnellsandfilter manchmal nicht mehr als 70%. Die Fäden des Cyanobakteriums *Planktothrix rubescens* (Abb. 2.14) zerfallen leicht in kürzere Fragmente, und diese durchwandern die Filter. Die Aggregation von Fäden oder Bruchstücken davon wird durch Zugabe schwach anionischer Flockungshilfsmittel begünstigt. Dieser Phytoplankter wächst in tiefen Horizonten des Wasserkörpers, die ansonsten wegen ihrer niedrigen Temperatur und des in der Regel noch sehr geringen Gehaltes an gelöstem Eisen oder Mangan bei der Entnahme bevorzugt werden Auch manche Geißelalgen (vor allem *Cryptomonas* und *Rhodomonas*) können auf Grund ihrer Eigenbeweglichkeit und Kleinheit die Filter durchwandern. Unbefriedigend ist aus dem gleichen Grund auch die Rückhaltung bei manchen kleinen Zooplanktern, z. B. den Larven (Nauplien) von Ruderfußkrebsen (Copepoden) sowie dem Rädertierchen *Kelicottia* (*Notholca*). Diese eigenbeweglichen Organismen können durch Vorozonung oder Permanganat-Zugabe (und auch durch Ultraschall) vor der Flockung/Filtration inaktiviert werden (CLASEN, NIENHÜSER, persönl. Mitt.).

Ein gleichzeitiges Auftreten großer und kleiner Phytoplankter kann zu einer Verkürzung der Laufzeit von Schnellsandfiltern bis auf wenige Stunden führen. Dass sich manche Arten von Planktern in nur unbefriedigendem Maße aus dem Rohwasser entfernen lassen bedeutet, dass Phytoplankter die Filter passieren, sich in Stillwasserzonen des Versorgungsnetzes (z. B. Hochbehältern) ablagern.

Als Maß für den Wirkungsgrad der Wasseraufbereitung (Abb. 2.25) wird oftmals die Trübung herangezogen. Das ist in der Regel berechtigt. Es gibt aber wichtige Ausnahmen. Da die Trübung ihr Maximum bei einer Partikelgröße von nur etwa 0,2 bis 0,3 µm erreicht, ist die Streulicht-Intensität bei den meisten Phytoplanktern (auf Grund ihrer Größe) oftmals relativ gering im Vergleich zu ihrer Masse. Der Algen-Gehalt des Reinwassers wird dadurch oft unterbewertet. Eine zweckmäßige Ergänzung ist z. B. die automatisierte Partikelgrößenmessung.

Die Reinigung der Filter erfolgt in der Regel durch eine kombinierte Luft-Wasser-Spülung. In der anschließenden Einfahrphase wird oftmals die erforderliche Filtratgüte nicht erreicht, so dass das Vorfiltrat, wenn nicht mehrere Anlagen parallel betrieben werden, abgeschlagen oder zum Rohwasser zugegeben werden muss. Das sehr partikelreiche Rückspülwasser wird gesammelt und vor Einleitung in ein Gewässer gereinigt.

Zusätzliche Aufbereitungsschritte werden erforderlich, wenn die durch Massenentwicklungen des Phytoplanktons hervorgerufenen Qualitätsverschlechterungen ein kritisches Ausmaß überschreiten. Das Gesamtspektrum der verfügbaren Möglichkeiten wird in Tab. 2.2 vorgestellt.

Mikrosiebfilter. Bei saisongebundenen Massenentwicklungen, besonders von Kieselalgen, (Abb. 2.14, 2.22) kann die Laufzeit der Schnellsandfilter durch Vorschaltung von Mikrosiebfiltern erhöht werden. Dies ermöglicht eine u. U. sehr erhebliche Verringerung des betriebstechnischen Aufwands für die Filterrückspülungen sowie der Wasserverluste in versorgungstechnisch kritischen Jahreszeiten. Besonders bewährt hat sich eine Maschenweite von 35 µm, zumal damit auch ein beträchtlicher Anteil der kleinen Phytoplankter erfasst werden kann (NIENHÜSER, persönl. Mitt.). Große, sperrige bzw. koloniebildende Planktonalgen (Abb. 2.14, 2.22), wie *Asterionella*, *Fragilaria*, *Tabellaria fenestrata* können zu ca. 60 %, manchmal bis zu 95 % eliminiert werden. Mikrosiebfilter halten auch Zooplankter sowie neben sperrigen auch große gallertige Algenkolonien (z. B. *Eudorina*, *Synura*) zurück.

Tab. 2.2 Aufbereitungsschritte für Wasser aus unterschiedlichen Tiefenhorizonten eines Standgewässers.

Wasser aus der oberen, durchlichteten Schicht, Epilimnion	• Mikrosiebfiltration • Voroxidation mit Kaliumpermanganat oder Ozon • Aktivkohle • Chlordioxid (aber nicht Ozon) zur End-Desinfektion oder • Ozon und Abbau der Ozonierungsprodukte im Aktivkohlefilter
Wasser aus dem unteren Stockwerk, Hypolimnion	• CO_2- und H_2S-Entgasung • Kalkmilch-Zugabe zur Aufhärtung (Binden der aggressiven Kohlensäure) • Permanganatdosierung zur weiteren Entmanganung • Möglichkeit der Sekundärflockung • Marmorfilter zur Entsäuerung und Rest-Entmanganung • Ozon • Aktivkohlefilter (s. Kap. 2.2.2.3) • Rest-Entsäuerung durch Natronlauge oder durch Kalkwasser oder Marmorfilter

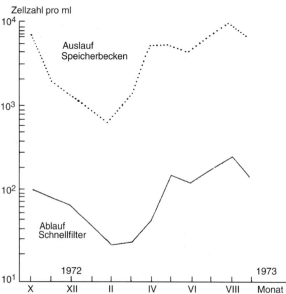

Abb. 2.25 Jahreszeitliche Änderungen des Phytoplanktongehaltes bzw. der Filterbelastung in verschiedenen Stufen des Aufbereitungsprozesses. Nach KLIMOWICZ aus UHLMANN (1988), verändert.

Dies gilt nicht für sehr kleine Algenarten, z. B. die unter 10 µm große Geißelalge *Rhodomonas* (Abb. 2.22), die eigenbeweglich ist und von den Siebtrommeln überhaupt nicht zurückgehalten wird.

2.2.3.4 Störungen durch Stoffwechsel- und Abbauprodukte

a) Geruchsstoffe

Anforderungen an die Wasseraufbereitung. Qualitativ einwandfreies Trinkwasser soll genusstauglich sein. Dies bedeutet, es soll keinerlei Geruch (abgesehen von noch vorhandenem Desinfektionsmittel, was aber auch unerwünscht ist) bzw. Beigeschmack aufweisen. Es handelt sich im Wesentlichen um flüchtige Substanzen. So genannte Geschmacksstoffe im Trinkwasser werden größtenteils vom Geruchssinn wahrgenommen. Davon kann man sich bei einer Verkostung von Wasser, z. B. solchem mit einem erdigen Geschmack, durch Zuhalten der Nase leicht überzeugen. Die fast einzigen Ausnahmen sind salziger sowie metallischer Geschmack, wie er z. B. durch gelöstes Eisen oder Mangan hervorgerufen wird. Wichtig ist in diesem Zusammenhang die Ermittlung der Verdünnungsstufe, bei der kein Geruch bzw. Geschmack mehr wahrgenommen wird (Schwellenwert zur Kennzeichnung der Geruchsintensität). Verursacht wird Geruch nicht nur durch Algen und durch Strahlenpilze (Actinomyceten), sondern auch durch Einleitungen bzw. Rückstände von ungenügend behandelten Industrieabwässern. Diese treten am ehesten bei der Infiltration von Flusswasser in Erscheinung.

Wenn im Reinwasser keine Geruchs-Beeinträchtigungen eintreten sollen, sind an die Aufbereitung relativ hohe Anforderungen zu stellen. Auch Desinfektionsmittel sollen in den Endsträngen des Verteilungssystems, d. h. beim Verbraucher, nicht mehr wahrnehmbar sein. Dies setzt aber bei Verwendung von Chlor voraus, dass der Rest-Gehalt des Wassers an gelösten organischen Stoffen nur sehr gering ist. Andernfalls entstehen durch die Oxidationswirkung unerwünschte, weil geruchsintensive oder z. T. sogar gesundheitsschädliche Desinfektions-Nebenprodukte.

Für die Nicht-Eignung eines Oberflächengewässers zur Trinkwassergewinnung ist die Ungenießbarkeit der dort lebenden Fische oftmals ein ziemlich sicherer Indikator. In deren Fettgewebe können sich lipidlösliche Geruchsstoffe stark anreichern. Falls keine alternative Rohwasserquelle zur Verfügung steht, ist die Aufbereitung solchen Wassers mit hohen Aufwendungen verbunden und die Vorschaltung einer biologischen Aufbereitungsstufe (vorzugsweise künstliche Infiltration oder Langsamsandfiltration, Kap. 2.2.2) naheliegend.

Herkunft der Geruchsstoffe. Es handelt sich meistens entweder um gewässerbürtige Stoffwechsel- bzw. Abbauprodukte oder um organische Stoffe industrieller Herkunft. Die erstgenannten stammen meistens von lebenden Algen oder anderen Mikroorganismen oder werden bei deren Absterben freigesetzt. So enthalten beispielsweise die Öle in den Zellen bestimmter Phytoplankter sehr geruchsintensive ungesättigte Aldehyde (WATSON, SATCHWILL, DIXONS, MCCAULEY 2001). Besonders berüchtigt als Geruchsbildner sind manche Goldalgen wie z. B. *Synura* und *Dinobryon* sowie Kieselalgen wie z. B. *Asterionella* (Abb. 2.14). Sie verursachen einen intensiv lebertranartigen bzw. fischartigen Geruch. Da sich Phytoplankter sehr rasch vermehren können, tritt unangenehmer Geruch oftmals ganz plötzlich auf, und auch ein verstärkter Einsatz von Aktivkohle bringt nicht immer die erforderliche Abhilfe. Von den Algen sind zwar ca. 50 Arten als ausgesprochene Geruchsbildner in Wasserwerksanlagen bekannt (PALMER 1962), aber nur wenige Arten kommen in Trinkwasseranlagen sehr häufig vor. Bei den Geruchsstoffen handelt es sich um Verbindungen aus den folgenden Stoffklassen:

- **Kohlenwasserstoffe und höhere Alkohole:** Hierzu gehören Öle mit penetrantem Geruch, u. a. Octadien, Octatriene, Pentanol, Octanol, Octenol. Sehr bekannte Produzenten solcher Geruchsstoffe sind u. a. die sternförmige Kieselalge *Asterionella* und die Geißelalge *Synura*. Beim *Asterionella*-„Öl" liegt die Wahrnehmungsgrenze des Menschen bei einer Verdünnung von 1:2 Mio. Der durch Octadien und Octatrien bedingte fischige Geruch kann bereits in Aufbereitungsanlagen sehr lästig werden und beim Personal Brechreiz hervorrufen. Hingegen liegt beim Erdöl die Wahrnehmungsgrenze nur bei einer Verdünnung von etwa 1:0,8 Mio.
- **Nor-Carotinoide:** Auch viele dieser Stoffe haben eine extrem niedrige Geruchsschwelle, allerdings weisen manche einen angenehmen Geruch auf (JÜTTNER 1988). Sie werden von planktischen Grünalgen gebildet, auch von manchen Cyanobakterien.
- **Lipoxygenaseprodukte, ungesättigte Aldehyde:** Diese entstehen bei der enzymatischen Spaltung von ungesättigten Fettsäuren und haben ebenfalls extrem niedrige Geruchsschwellen. Die Geißelalgen *Synura* (Abb. 2.14) und *Dinobryon* produzieren u. a. einen ranzigen Geruch. Von planktischen Kieselalgen wird häufig Hexanal oder Octatrien, von manchen Grünalgen 2,6-Nona-dienal produziert. In Anbetracht der oftmals sehr niedrigen Geruchsschwellen ist eine Beeinträchtigung durchaus nicht erst bei einer hohen Konzentration der Algen-Biomasse zu erwarten. Sie ist z. B. bei der Goldalge *Synura* schon spürbar, wenn nur 10 Kolonien im Liter Wasser vorhanden sind. Die Wahrnehmungsgrenze des gebildeten „Öles" (mit einem sehr markanten Geruch nach grünen Gurken) liegt bei einer Verdünnung von 1:25 Mio. Auch dieser Geruch wird durch Nona-dienal verursacht. Mit Massenentwicklungen dieser Alge ist bereits im Winter zu rechnen, da sie unter einer Klareis-Decke oftmals sehr günstige Wachstumsbedingungen findet. Ein weiterer wesentlicher Bestandteil des *Synura*-Öls ist 2,4-Heptadienal (JÜTTNER 1995). Sofern *Synura* in thermisch geschichteten Wasserkörpern auftritt, kann der entsprechende Tiefenhorizont mit Massenentwicklung u. U. anhand einer erhöhten Trübung lokalisiert und bei der Rohwasserentnahme vermieden werden (SCHMIDT 2001). Der ausgeprägte Lebertran-Geruch der Goldalge *Uroglena* (Abb. 2.14) ruft ebenfalls leicht Brechreiz hervor.
- **Organische Schwefelverbindungen:** Dimethylsulfid und Dimethyldisulfid verursachen einen fischartigen, Dimethyl-polysulfide schon oberhalb einer Konzentration von nur 10 ng/l einen „sumpfigen" bzw. Verwesungsgeruch. Solche Stoffe entstehen durch bakteriellen Abbau von Phytoplankton-Biomasse oder werden von bestimmten Algen direkt gebildet.
- **Terpenoide** treten unter den von Wasserorganismen gebildeten Geruchsstoffen offenbar am häufigsten auf. Sie bewirken einen muffigerdigen Geruch, der oftmals zu massiven Beschwerden der Verbraucher führt. Hauptverursacher ist das Geosmin (Trans 1-10-dimethyl trans-9-decalol), daneben ist noch das 2-Methylisoborneol sehr verbreitet.

Produzenten der **Terpenoide** sind:
- Cyanobakterien (früher Blaualgen). Sie besitzen ebenso wie die Algen Chlorophyll a. Die Stoffwechselprodukte der lebenden Zellen verursachen einen grasigen bis stark erdigen Geruch. Hierzu gehören auch fädige, am Grunde klarer Gewässer lebende Arten.
- Actinomyceten (Strahlenpilze). Sie gehören zu den Bakterien. Strahlenpilze gelten als besonders wirksame Geruchsbildner. Sie siedeln sich leicht auf überstauter Vegetation an oder können im Gefolge einer Algen- oder Cyanobakterien-Massenentwicklung in großer Dichte auftreten. Der durch Geosmin bedingte erdige

Geruch lässt sich durch Chlorzusatz nicht beseitigen. Vielmehr können dabei noch unangenehmere Komponenten entstehen.
• Schimmelpilze.

Das Rohwasser aus Speicherbecken, die mit Flusswasser gespeist werden, kann auch Geruchsstoffe industrieller Herkunft enthalten.

Desinfektions-Nebenprodukte. Viele Geruchsstoffe machen sich erst nach der Desinfektion des Wassers richtig bemerkbar. Durch die Oxidationswirkung von Chlor können u.a. Trihalomethane sowie Chloranisole entstehen (KETELAARS 1994). Der von ihnen verursachte muffige bzw. „Medizin"geruch wird als sehr unangenehm empfunden. Manche Desinfektions-Nebenprodukte sind sogar gesundheitsschädlich, z.B. Chloroform. Die Desinfektions-Nebenprodukte entstehen meistens durch Verbindung des Chlors mit Aromaten aus Huminstoffen, Ligninsulfonsäuren sowie manchen algenbürtigen Substanzen. Huminstoffe werden auch aus dem Bodensediment freigesetzt. Aus den genannten Gründen sollte der Gehalt des Wassers an gelöstem organischem Kohlenstoff nicht mehr als 1,5 mg/l C org. betragen.

Zu bevorzugende Desinfektionsmittel. Im Hinblick auf Geruchsstoffe ist der Einsatz von Chlordioxid sehr viel günstiger als der von Chlor. Bei Zugabe von Chlordioxid ist auch die Bildung von Desinfektions-Nebenprodukten relativ gering. Der vorgeschriebene Restgehalt beträgt 0,05 mg/l ClO_2. Die Desinfektion des Trinkwassers mit Ozon ist ebenfalls in dieser Richtung wirksam, führt allerdings nicht immer zu völlig geruchlosen Produkten. Bei noch erhöhtem Restgehalt an gelösten organischen Substanzen können z.B. Aldehyde entstehen, die dem Wasser einen fruchtigen Geruch verleihen (KETELAARS 1994). Trotzdem gilt die Ozonbehandlung als die weitaus wirksamste Methode zur Entfernung von Geruchsstoffen. Sie besitzt auch die wenigsten unerwünschten Nebenwirkungen. Zur Entfernung besonders problematischer Geruchsstoffe wird eine Kombination von Ozon mit Wasserstoffperoxid vorgeschlagen. Für eine generelle Anwendung empfiehlt sich die Folge von Ozondosierung und Aktivkohlefiltration. Bei nur sporadischem Auftreten von Geruchsstoffen genügt meistens die Zugabe von Aktivkohle in Pulverform.

Biologischer Abbau von Geruchsstoffen. Dafür können die Langsamsandfiltration und die künstliche Infiltration genutzt werden (Kap. 2.2.2.2).

Möglichkeiten einer Kontrolle von geruchsbildenden Organismen durch Maßnahmen im Gewässer. Am günstigsten ist es, sich auf die Ursachen der Geruchsbildung zu konzentrieren, d.h. vor allem, Massenentwicklungen des Phytoplanktons gar nicht erst aufkommen zu lassen (Kap. 2.2.1.2). Geißelalgen aus der Gruppe der Goldalgen (Chrysophyceen) sind empfindlich gegen erhöhte pH-Werte. In Weichwasser-Talsperren können daher ihre Massenentwicklungen durch Zugabe von Kalkhydrat (in der Regel weniger als 10 mg/l) erfolgreich bekämpft werden (PÜTZ, BENNDORF, GLASEBACH, KUMMER 1983: *Synura*, LOTH 1989: *Uroglena*). Ein relativ starkes Wachstum von Goldalgen ist auch in nährstoffarmen Gewässern sowie unter einer Eisdecke möglich (WATSON, SATCHWILL, DIXONS, MCCAULEY 2001).

Weniger bewährt hat sich hingegen die Bekämpfung von Cyanobakterien durch Zugabe von Kupfersulfat. Zwar sterben diese Organismen bei einer Dosierung von etwa 1 mg/l ab, aber gleichzeitig werden aus ihren Zellen lebertoxische Stoffe freigesetzt. Außerdem bestehen, obwohl die angegebene Cu-Dosierung in vielen Ländern als verträglich angesehen wird, gegen die bewusste Anreicherung eines toxischen Schwermetalls in einem Gewässer-Ökosystem prinzipielle Bedenken.

Für die Gewinnung von Rohwasser aus der Maas, die stark nährstoffbelastet ist, werden vom Biesbosch-Verband in den Niederlanden große Speicherbecken betrieben. Die mittlere Verweilzeit des Wassers beträgt fünf bis sechs Monate. Zusätzlich zu den Geruchsstoffen, die von Phytoplanktern gebildet werden, wird hier der Großteil des Geosmins von benthischen Cyanobakterien, vor allem verschiedenen Arten der Gattung *Oscillatoria*, produziert. Der dadurch verursachte muffig-erdige Geruch tritt vor allem dann in Erscheinung, wenn es gelungen ist, durch Förderung des filtrierenden Zooplanktons die Klarheit bzw. Lichtdurchlässigkeit des Wassers wesentlich zu erhöhen. Bis jetzt hat sich eine mechanische Entfernung bzw. Zerstörung der auf dem Gewässergrund in 2–6 m Tiefe wachsenden *Oscillatoria*-Matten am besten bewährt: Von Zeit zu Zeit wird vom Boot aus eine aus 20 schweren Eisenketten bestehende „Harke" über den Gewässergrund gezogen (KETELAARS, EBBENG 1994).

b) Toxische Substanzen
Cyanobakterien als Hauptproduzenten. Bei erhöhtem Phosphatgehalt entwickeln sich, vorzugs-

weise in Standgewässern und besonders in der wärmeren Jahreszeit, planktische Cyanobakterien. Sie fallen durch die Bildung von Schwimmschichten (Wasserblüten) auch optisch ins Gewicht und bilden oftmals giftige Stoffwechselprodukte (CARMICHAEL 1992, CHORUS 1999, FALCONER 1999). Die Zellen dieser Cyanobakterien können, anders als die meisten Planktonalgen, Gasvakuolen bilden und dadurch ihre vertikale Position im Wasserkörper selbst steuern. Da sie oftmals leichter als Wasser sind, sinken sie nicht ab, sondern treiben zeitweise zur Oberfläche auf. Dies dient offenbar u.a. dem „Auftanken" von Kohlendioxid, wenn die Vorräte an anorganischem Kohlenstoff verbraucht sind (erkennbar an einem stark erhöhten pH-Wert). Solche wasserblütenbildenden Cyanobakterien werden bereits bei nur sehr geringer Windgeschwindigkeit zu zentimeter- bis dezimeterdicken blaugrünen Schichten zusammengetrieben. Die dann in Massen absterbenden Zellen verursachen oftmals Geruchsprobleme. Nicht nur *Microcystis*, sondern auch mindestens fünf andere Gattungen von Cyanobakterien, darunter *Anabaena* und *Planktothrix*, produzieren das extrem giftige Stoffwechselprodukt **Microcystin**. Es gibt aber auch Cyanobakterien, besonders feinfädige, deren Kolonien meistens im Wasserkörper verteilt sind. Dazu gehören zwei häufige Arten von *Limnothrix* (Abb. 2.14). Sie bilden keine Schwimmschichten, verursachen aber eine intensiv graugrüne Verfärbung des Wasserkörpers. Eine weitere Ausnahme bildet das fädige Cyanobakterium *Planktothrix rubescens*. Es handelt sich um eine Schwachlichtform, die den im Tiefenwasser klarer Gewässer etwas erhöhten Phosphatgehalt ausnutzt.

Die in Mitteleuropa häufigsten Cyanobakterien-Toxine sind Stoffwechselprodukte verbreiteter *Microcystis*-, *Anabaena*- und *Planktothrix*-Arten. Bis zu bestimmten Schwellenwerten der Toxin-Konzentration wirken allerdings bei den Konsumenten des Trinkwassers auch Entgiftungsmechanismen, die u.a. mit der erhöhten Aktivität eines Enzyms, der Glutathion-S-Transferase, verbunden sind (PFLUGMACHER, AME, WIEGAND, STEINBERG 2001). Etwa 20 verschiedene Gattungen von Cyanobakterien besitzen die Fähigkeit zur Bildung von toxischen Stoffwechselprodukten (CHORUS, BARTRAM 1999). In Mitteleuropa ist mit *Microcystis*-Wasserblüten in der Zeit von Ende Juni bis September zu rechnen. Untersuchungen an einer Vielzahl von Gewässern in Deutschland haben gezeigt, dass Massenentwicklungen von *Microcystis*, *Planktothrix* und *Anabaena* (Abb. 2.14) nahezu 100%ig mit der Bildung von **Microcystin** verbunden sind. Die Proportionen zwischen den Gehalten an zellgebundenen und an gelösten Microcystinen können im Verlauf der Wachstumssaison stark schwanken. JÄHNICHEN, PETZOLDT, BENNDORF (2001) konnten nachweisen, dass bei *Microcystis* in einer hypertrophen Talsperre die Produktion des Toxins begann, wenn bei starkem Wachstum im Wasser die Vorräte an freiem CO_2 verbraucht waren (erkennbar an einem pH-Wert über 8,4) und nunmehr der Hydrogencarbonat-Gehalt absank.

Eigenschaften und Wirkungen der Toxine. Manche Cyanobakterien-Toxine sind extrem giftig, insbesondere für Wirbeltiere. Im Versuch mit Mäusen wirkt bereits die Injektion geringer Dosen tödlich. Es sind Fälle verbürgt, in denen Cyanobakterien-Wasserblüten über das Tränkwasser den Tod hunderter von Weidetieren oder Haustenten verursachten. Vergiftungen von Haustieren wurden vor allem in Ländern mit warmem Klima (z.B. Australien, Südafrika, Brasilien) verzeichnet. Sie können im Sommer auch in Mitteleuropa auftreten. Aber auch gegenüber manchen Wirbellosen und sogar Unterwasserpflanzen bestehen Giftwirkungen. Beim Menschen sind Todesfälle infolge akuter Giftwirkung selten, schon weil extrem cyanobakterienreiches oder algenreiches Wasser als Trinkwasser abstoßend ist bzw. kaum als Rohwasser für die Trinkwasser-Aufbereitung genutzt wird. Anders ist die Situation in wasserarmen, d.h. in der Regel warmen und trockenen Klimaten. Die Cyanobakterien-Toxine befinden sich größtenteils innerhalb der Zellen und werden offenbar vor allem bei deren Absterben freigesetzt. Ein solcher Zusammenbruch von „Wasserblüten" kann u.a. auf Befall der Cyanobakterien-Kolonien durch Cyanophagen beruhen. Das sind Viren, die Bakterien befallen. Es gibt aber auch Wasserblüten mit nur geringer Toxinproduktion. Unter dem Einfluss des Sonnenlichtes und bei Anwesenheit bestimmter Gelbstoffe (Fulvosäuren) werden Microcystine relativ schnell abgebaut (STEINBERG, HAITZER, HÖSS, PFLUGMACHER, WELKER 2001).

Eine Zugabe von Oxidations- und Desinfektionsmitteln bei der Wasseraufbereitung führt dazu, dass die Toxine schneller in Lösung gehen. In manchen Fällen gelangt es bis in das Reinwasser. Dadurch verursachte Fälle von Leberentzündung und Gastroenteritis sind mehrfach dokumentiert (FALCONER 1999). Eine bereits in den sechziger

Jahren abgeschlossene Studie weist aus, dass in Harare (Simbabwe) jedes Jahr zahlreiche Schulkinder gerade in der Jahreszeit an Gastroenteritis erkrankten, in welcher die Cyanobakterien-Wasserblüte in der für die Versorgung maßgebenden Trinkwassertalsperre zusammenbrach. In einem anderen Stadtteil hingegen, der mit Trinkwasser anderer Herkunft versorgt wurde, traten solche Erkrankungen nicht auf. Die eigentliche Ursache blieb damals unbekannt.

Die bisher nachgewiesenen **Cyanobakterien-Toxine** sind in ihrer chemischen Struktur (Abb. 2.26) und ihren Wirkungen sehr unterschiedlich.

Es gibt vier verschiedene Gruppen:

Leberschädigende Verbindungen (Hepatotoxine): Hierzu zählen vor allem die Microcystine. Sie sind geruchlos, können nur durch eine relativ aufwendige Analytik nachgewiesen werden (siehe z. B. SCHMIDT 2001). Es handelt sich um niedermolekulare Eiweißkörper, sog. Heptapeptide. Sie bestehen aus fünf in jedem Falle vorhandenen und zwei variablen Aminosäuren. Unter diesen Aminosäuren befindet sich auch eine seltene, d. h. anderswo überhaupt nicht vorkommende. Bereits 1994 waren ca. 50 strukturelle und unterschiedlich toxische Varianten von Microcystinen bekannt (SIVONEN, JONES 1999, FASTNER et al. 1999). Ein solches Toxin wurde zuerst aus *Microcystis* isoliert, kommt aber auch bei einigen anderen Gattungen von Cyanobakterien vor. Es wird durch die Enzyme im Magen und Dünndarm nicht zerstört, reichert sich vielmehr, weil es von den Gallensäuren aufgenommen und zur Leber transportiert wird, dort stark an und hemmt Proteinphosphatasen, die für die Aufrechterhaltung der Zellfunktionen lebenswichtig sind. Im ungünstigsten Fall lösen sich, wie man aus Tierversuchen weiß, die Leberzellen größtenteils auf, und es kommt zu inneren Blutungen, die zum Tode führen. Besonders gefährdet sind Dialyse-Patienten In einem Dialysezentrum in Caruaru (Brasilien) erkrankten 116 von insgesamt 130 Patienten, mehr als 50 davon starben (KOMÁREK et al. 2001). Das Trinkwasser stammte aus der Tabocas-Talsperre, in der 6 bisher wenig bekannte Arten von Cyanobakterien vorherrschten. Die Untersuchung des Aktivkohlefilters zeigte die Anwesenheit des hochtoxischen Microcystins LR. Dieses wurde auch im Blut sowie im Lebergewebe der Erkrankten bzw. Verstorbenen nachgewiesen. Ins Gewicht fällt aber auch die chronische Wirkung von Microcystinen. Schon bei sehr geringer Dosierung wurde nachgewiesen, dass sie die Wirkung anderer, krebserregender Stoffe erheblich verstärken können. Epidemiologische Studien im Süden Chinas haben gezeigt, dass bei Bevölkerungsgruppen, die in ihrer Trinkwasserversorgung langfristig auf stark cyanobakterienhaltiges Oberflächenwasser angewiesen waren, Leberkrebs signifikant häufiger auftrat als bei Personen, die aus Tiefbrunnen versorgt wurden (YU 1994). In Armidale/Australien wurden die gesundheitlichen Auswirkungen von *Microcystis*-Massenentwicklungen in einer Trinkwassertalsperre über längere Zeit untersucht (FALCONER 1999). Bei den Konsumenten wurde eindeutig ein erhöhter Gehalt an einem bestimmten Leber-Enzym, der Gamma-Glutamyl-Transferase, nachgewiesen. Dies ist ein deutlicher Hinweis auf eine Leberschädigung. Zu den Hepatotoxinen zählen auch Alkaloide, wie sie u. a. von dem Cyanobakterium *Cylindrospermopsis* gebildet werden. Es verursacht Wasserblüten besonders in tropischen Gewässern. Das Toxin beeinträchtigt die Bildung von wichtigen körpereigenen Eiweißstoffen, schädigt nicht nur die Leber, sondern auch die Nieren. Es wird, im Gegensatz zu den Microcystinen, jedoch durch die Verdauungsprozesse im Magen und Dünndarm teilweise inaktiviert. Dieser Effekt ist aber offenbar nicht immer ausreichend. Dokumentiert ist eine Epidemie mit 150 Erkrankungen, davon 140 Kindern, in Australien (FALCONER 1999). Die Betroffenen mussten im Krankenhaus behandelt werden. Kurz vorher war die Trinkwassertalsperre zur Bekämpfung der Cyanobakterien mit Kupfersulfat behandelt worden, nachdem sich die Verbraucher über den unangenehmen Geschmack bzw. Geruch des Trinkwassers beschwert hatten. Symptome der Erkrankung waren: schmerzhafte Leberschwellung, Erbrechen, blutiger Durchfall, Nierenschäden mit Elektrolytverlusten sowie Glucose und Blut im Urin. Besonders stark betroffen sind in solchen Fällen außer Kindern Personen, die an Hepatitis, Nierenerkrankungen oder Alkoholismus leiden.

Nervengifte (Neurotoxine): In Binnengewässern wird das stark wirkende Nervengift Saxitoxin (Abb. 2.26) produziert, vor allem durch das weitverbreitete Cyanobakterium *Anabaena circinalis*. Es blockiert die Natrium-Kanäle der Nervenzellen, verhindert dadurch in den Nervenbahnen die Erregungsleitung, was zur Lähmung der Atemmuskulatur und zum Tode führt. Im Darling-Fluss (Australien) erstrecken sich Massenentwicklungen dieser Art mitunter über Strecken

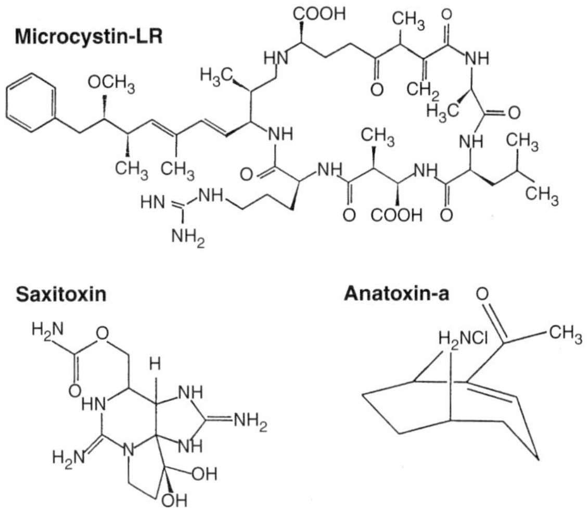

Abb. 2.26 Struktur einiger häufiger Toxine von Cyanobakterien. Nach P‍FLUGMACHER, A‍ME, W‍IEGAND, S‍TEINBERG (2001). Das Molekül von Microcystin-LR ist ein Ring aus 7 Aminosäuren, Anatoxin und Saxitoxin sind Alkaloide. Diese Toxine besitzen zahlreiche Varianten.

von 100 km und verursachen den Tod vieler Schafe und Rinder. Hauptursachen für tödliche Vergiftungen von Haustieren nach dem Trinken von cyanobakterienreichem Wasser sind auch in Europa und Nordamerika Neurotoxine von *Anabaena*, *Planktothrix* und *Aphanizomenon*. Es handelt sich dabei vor allem um das Anatoxin-a (Abb. 2.26). Ein weiteres von *Anabaena* gebildetes Nervengift ist kein Alkaloid, sondern ein organisches Phosphat. Es hemmt, ähnlich manchen Insektiziden, die Cholinesterase. Zu den Neurotoxinen zählen auch Stoffwechselprodukte, vor allem Domosäure, von im Meere lebenden Geißel- und Kieselalgen (u. a. *Nitzschia*), die von Muscheln gefressen werden und dadurch nicht selten tödliche Lebensmittelvergiftungen beim Menschen auslösen. Aus Binnengewässern sind entsprechende Vergiftungen wahrscheinlich nur deshalb nicht bekannt geworden, weil die hier lebenden Muscheln als menschliche Nahrung keine Rolle spielen.

Haut- und schleimhautreizende Substanzen: Die in der Zellwand sehr vieler Bakterien und auch der Cyanobakterien vorhandenen Lipopolysaccharide wirken bei empfindlichen Personen stark allergen, gelten daher als eine wesentliche Ursache von nach dem Baden in Gewässern zu verzeichnenden Hautproblemen (Kap. 2.5).

c) Maßnahmen gegen Gesundheitsgefährdung durch Toxine von Cyanobakterien Möglichkeiten einer Entfernung bei der Wasseraufbereitung. Für die Überwachung der Rohwasserbeschaffenheit bildet das Mikroskop das wesentlichste Hilfsmittel. Der analytische Nachweis der Toxine ist aufwendig und teuer (Hochdruckflüssigkeitschromatografie mit UV-Detektion). Die Weltgesundheitsorganisation WHO hat für Microcystin im Trinkwasser einen provisorischen Grenzwert von 1 µg/l festgelegt. Für die Kontrolle des Wirkungsgrades der Aufbereitung stehen neuerdings auch leistungsfähige Test-Bestecke auf der Grundlage von Antikörpern bzw. Enzymtests zur Verfügung.

Als Maßnahmen kommen in Frage:
- **Gebundene Toxine** der Cyanobakterien sind meistens in den Zellen lokalisiert. Deshalb lässt sich ihre Konzentration durch Al-Fällung (nach Zusatz eines Flockungshilfsmittels) und Mehrschichtfiltration erheblich verringern (L‍AMBERT, H‍OLMES, H‍RUDLEY 1996), solange die Zellen nicht durch Zugabe eines Oxidations- bzw. Desinfektionsmittels geschädigt sind, etwa durch eine Vorchlorung. Die Bedingungen, welche eine Freisetzung bewirken, sind noch nicht ausreichend bekannt (S‍CHMIDT 2001).
- **Gelöste Toxine** werden oftmals schlagartig aus den Zellen freigesetzt. Durch Flockungsfiltration kann ihr Gehalt nur in geringem Umfang, meistens um weniger als 20 %, verringert werden. Solange die Konzentration nicht zu hoch ist, können sie bei einer nachfolgenden Desinfektion durch Ozon weitgehend oxidiert und dadurch eliminiert werden (S‍TEFFENSEN et al. 1999). Auch Chlordioxid ist gegenüber Microcystin recht wirksam. Des Weiteren können sie durch Kohlefilter oder Zugabe von Pulverkoh-

le gut eliminiert werden. Der Wirkungsgrad muss aber überwacht werden.
- Mikrobielle Abbaumechanismen sind wirksam, wenn die Bakterienkonzentration hoch und die Reaktionszeit ausreichend lang ist. Das ist bei der Langsamsandfiltration und der künstlichen Infiltration gewährleistet.

Anforderungen an die Abwasserbehandlung und die Gütebewirtschaftung der Gewässer. Es ist erst unzureichend bekannt, in welcher Entwicklungsphase bestimmter Arten von Cyanobakterien Toxine gebildet und wann sie in das Wasser abgegeben werden. Von FASTNER et al. (1999) wurden 55 Seen und Talsperren in Deutschland mehrmals untersucht. In 70% der Proben lag der Gesamt-Microcystin-Gehalt (in den Zellen gebunden und gelöst) unter 10 µg/l. Dies ist ein deutlicher Hinweis darauf, wie positiv sich die P-Elimination bei der Abwasserbehandlung auswirkt. In manchen Ländern werden Cyanobakterien-Wasserblüten in Seen und Talsperren noch immer mit Kupfersulfat (maximal 1 mg/l) bekämpft. Dabei müssen aber unerwünschte Nebenwirkungen in Kauf genommen werden. Unter diesen ist die Freisetzung von Toxinen mit Abstand am bedeutsamsten.

d) Hypolimnische Anreicherung von Substanzen, die Korrosion oder Wandbelag im Verteilungsnetz hervorrufen
Sauerstoffschwund. Die Produktion von Algen-Biomasse durch Photosynthese bleibt in thermisch geschichteten Standgewässern auf das durchlichtete und in der Regel gut mit Sauerstoff versorgte obere Stockwerk beschränkt. Ihr biochemischer Abbau durch Bakterien hingegen belastet vor allem die unteren Horizonte (Abb. 2.15), weil hier in den Stagnationsperioden die O_2-Zufuhr aus der Atmosphäre außerordentlich gering ist und im Jahresmittel die Größenordnung von 0,1 mg/l d meistens nicht überschreitet. Pro Gramm verbrauchten Sauerstoffs werden mindestens 1,2 g Kohlendioxid gebildet (Kap. 1.1). Da die theoretische Verweilzeit des Tiefenwassers in der Regel mehrere Monate beträgt, können bei intensivem Abbau leicht CO_2-Konzentrationen bis 50 mg/l und darüber entstehen. Sie bringen, da gleichzeitig O_2-Schwund herrscht, das in Verwitterungsböden bzw. im Bodensediment oftmals reichlich vorhandene Mangan und/oder Eisen in Lösung. Wenn aber der molekulare und der im Nitrat gebundene Sauerstoff aufgebraucht ist und das Tiefenwasser reichlich Sulfat enthält, bildet sich bei ausreichendem Angebot an organischem Material Schwefelwasserstoff. Dies führt zu einer Ausfällung von Fe-Sulfiden, während das Mangan weiterhin in Lösung bleibt. Die Verhältnisse liegen hier ähnlich wie bei Grundwasser schlechter Beschaffenheit.

Im hypolimnisch entnommenen Rohwasser muss man in ungünstigen Fallen mit folgenden Konzentrationen von Störstoffen rechnen:
- Kohlendioxid bis 50 mg/l und darüber,
- Ammonium bis 5 mg/l. Wenn bis in die Endstränge eine Konzentration von 0,1 mg/l an freiem wirksamem Chlor eingehalten werden soll, darf die NH_4^+-Konzentration im Wasser nicht mehr als 0,2 mg/l betragen (BERNHARDT 1965). Schon kleine NH_4^+-Mengen reichen aus, um bei einer Entkeimung des Trinkwassers mit Chlor dieses als Chloramin zu binden. Dessen bakterizide Wirkung ist sehr gering. Des Weiteren besteht bei der mikrobiellen Oxidation des Ammoniums das Risiko einer Nitrit-Bildung,
- Eisen(II) bis 40 mg/l und darüber,
- Mangan(II) bis 10 mg/l und darüber,
- Schwefelwasserstoff bis 5 mg/l.

Die künstliche Belüftung des Tiefenwassers bietet eine Möglichkeit, die Anreicherung von gelöstem Mangan oder auch Eisen rückgängig zu machen oder von vornherein zu verhindern. Dies wird von manchen Wasserbetrieben regelmäßig praktiziert.

Auswirkungen im Verteilungssystem. Die Wandungen von Rohwasserleitungen bieten günstige Bedingungen für Massenentwicklungen von Bakterien. Die bei reichlichem Angebot an reduzierten Fe-, Mn-, N- und S-Verbindungen gebildeten Biofilme haben viele negative Auswirkungen. Sie begünstigen Korrosionsprozesse und Druckverluste (Kap. 2.1.5). Die Anreicherung der Biofilme mit organischen Substanzen fördert auch das Überleben von Krankheitserregern. In manchen Trinkwasser-Fernleitungen ergaben sich auch Hinweise darauf, dass von den Bakterienfilmen Nitrit gebildet wird, offensichtlich durch Nitratreduktion. Bei besonders ungünstiger Beschaffenheit des Rohwassers wird in der Regel auf einen Transport durch Fernleitungen verzichtet und statt dessen das Wasserwerk in unmittelbarer Nähe der Sperrmauer errichtet.

2.3 Massenentwicklungen von substratgebundenen Organismen

Wasseraufbereitungs- und Verteilungsanlagen bieten sehr große Ansatzflächen für festsitzende bzw. nichtschwimmende Organismen, die zwar durch ihre Stoffwechselaktivität die Wasserbeschaffenheit verbessern, in anderen Fällen aber auch Wassernutzungen stark beeinträchtigen können. Das aus Flüssen, Talsperren und Seen entnommene Wasser enthält in der Regel gelöste und partikelgebundene organische Substanzen sowie Pflanzennährstoffe. Sie bilden die Ursache für Massenentwicklungen von Bakterien, Pilzen, Fadenalgen, höheren Wasserpflanzen oder tierischen Organismen.

2.3.1 Wachstum von Bakterien und Pilzen – Biofilme

Bei einer Wasserentnahme aus Flüssen mit einem erhöhten Gehalt an gelösten organischen Substanzen können Rechen- und Siebanlagen durch Bakterien oder Pilze verstopfen, die entweder an Ort und Stelle wachsen oder bereits als Zotten mit der fließenden Welle angetrieben werden. Da die Wachstumsgeschwindigkeit vor allem vom Gehalt an leicht abbaubaren organischen Stoffen abhängt, kann sich in Industriewasserkreisläufen nach einem havariebedingten Einbruch von solchen Substanzen binnen weniger Tage ein so dicker Wandbewuchs entwickeln, dass der Querschnitt von Rohren fast vollständig eingeengt wird (Abb. 2.27). Bei den viel langsamer wachsenden Eisen fällenden Bakterien dauert es hingegen Jahre oder Jahrzehnte, bis durch Verockerung der Querschnitt so stark eingeengt ist (Abb. 2.9).

Auf den Innenwandungen von Trinkwasserleitungen können sich Bakterien aber auch bei sehr geringer Konzentration an gelösten organischen Substanzen gut entwickeln. Entscheidend für die gute DOC-Versorgung ist in einem so extrem verdünnten Nährmedium die starke Grenzflächenerneuerung. Völlig vermeidbar ist solches Wachstum selbst bei einem DOC-Gehalt von nur 1–2 mg/l nicht. Bei den Bakterien und Pilzen im Wandbewuchs handelt es sich z.T. um die gleichen Arten wie in Reaktoren der Abwasserbehandlung, z.B. *Zoogloea*, *Sphaerotilus*. Dies ist insofern bemerkenswert, als das schnellste Wachstum von Mikroorganismen bei einer Substratkonzentration in der Größenordnung von etwa 1 % erzielt wird, das sind 10 g/l. Dagegen beträgt die Substratkonzentration in aufbereitetem Flusswasser nur < 0,001 % bzw. < 10 mg/l. Dies entspricht ungefähr einem DOC-Gehalt von 4 mg/l.

Prinzipiell entwickeln sich auf allen Arten von Unterlagen Biofilme von Mikroorganismen. Sie sind als Wandbewuchs oftmals schon mit bloßem Auge erkennbar.

Ein **Biofilm** wird folgendermaßen definiert (CHARACKLIS, MARSHALL 1990):

„Zellen, die unbeweglich einer Oberfläche aufliegen und häufig in einer organischen Hüllsubstanz (Matrix) mikrobiellen Ursprungs eingebettet sind".

Die Anheftung von Mikroorganismen an Oberflächen und die Ausbildung festsitzender mikrobieller Lebensgemeinschaften wurde erstmals von ZOBELL (1943) beschrieben. Seitdem stellte sich heraus, dass Biofilme in der Natur (Gewässer, Böden, auf manchen pflanzlichen und tierischen Geweben) und in technischen Systemen (Wasserverteilungssysteme, Kühlkreisläufe, Ionenaustauscher) allgegenwärtig sind (COSTERTON et al. 1987, CHARACKLIS, WILDERER 1989).

Abb. 2.27 Durch Einbruch von leicht abbaubaren organischen Substanzen in einen Kühlkreislauf hervorgerufene Massenentwicklung von Pilzen in einer Rohrleitung. Nach HÖHNE aus UHLMANN (1988).

Während im Grundwasser und in Langsamsandfiltern die von Mikroorganismen verwertbaren Substrate bereits nach relativ kurzer Fließstrecke verbraucht sind, können sie in Rohrleitungen über große Strecken transportiert werden. Für die Wassernutzung hat die Entwicklung von Biofilmen in Wasserverteilungs- und Kreislaufsystemen viele nachteilige Folgen (FLEMMING 1992):
- Erhöhung des Reibungswiderstandes an überströmten Flächen (Biofouling),
- Erhöhung des Widerstands für den Wärmeübergang in Wärmeaustauschern, dadurch starke Verringerung des Wirkungsgrades,
- Wirkung als Nährboden für hygienisch bedenkliche Bakterien in Trinkwasserleitungen,
- Verursachung von Materialschäden (Biodeterioration). Dazu gehören die Auflösung von Schutzanstrichen und Dichtungsmaterialien sowie die beschleunigte Korrosion von Rohrwandungen (Kap. 2.1.5),
- Beeinträchtigung der Produkt-Qualität (z.B. bei der Papierherstellung, verringerte Haltbarkeit).

Wie entstehen Biofilme? Flächen, die mit Wasser in Berührung stehen, wirken „anziehend" sowohl auf organische Makromoleküle als auch auf Bakterienzellen. In der Regel bildet sich bereits innerhalb von Stunden bis zu wenigen Tagen eine dünne schleimige Bewuchsschicht. Davon kann man sich leicht überzeugen, wenn man ein Glasgefäß mit Leitungswasser füllt oder von Wasser durchströmen lässt. Ein „biologischer Rasen" bildet sich z.B. selbst auf rostfreiem Stahl, wenn auch nicht innerhalb kurzer Zeit. Überhaupt spielen die Art des Rohrmaterials und die Grenzflächenspannung keine entscheidende Rolle, es sei denn, es handelt sich um Stoffe mit biozider Wirkung oder um Unterlagen, aus denen verwertbare Kohlenstoffverbindungen freigesetzt werden. Trotz ihrer Toxizität bieten aber nicht einmal „mikrobiozide", also bakterientoxische Metalle wie Kupfer und Silber auf die Dauer ein Hindernis für die Bildung von Biofilmen, nachdem die (schwierige) Erstbesiedlung und „Versiegelung" durch widerstandsfähige Bakterien erfolgt ist.

Auf allen von Wasser benetzten Oberflächen entwickeln sich Biofilme. Das Anfangsstadium ist durch die Ansiedlung begeißelter oder schleimbildender Zellen gekennzeichnet. Später erfolgt eine Vernetzung dieser Zellen durch Zellwandauswüchse oder fadenförmige Anhänge. Das Wachstum der Bakterien erfolgt nicht, wie bei den Zellgeweben der höheren Organismen, in gleichmäßigen Schichten, sondern in der Regel ganz unregelmäßig. Finger- und pilzförmige Vorsprünge der Bakterienkolonien wechseln mit schroffen Vertiefungen, von denen manche wiederum durch Kanäle verbunden sind. Unter dem Mikroskop stellt sich ein Biofilm als ein äußerst ungleichkörniges Konglomerat dar. Der optische Eindruck einer glatten Fläche, eines „Films", ist eine sehr grobe Abstraktion.

Die zeitliche Entwicklung eines Biofilms kann in vier Phasen beschrieben werden (FLEMMING, GEESEY 1991, Abb. 2.28):
1. **Vorbereitungsphase** (Bildung eines „Conditioning Film"): Adsorption von Wasserinhaltsstoffen (u.a. mikrobielle Stoffwechselprodukte wie Polysaccharide, Proteine; auch Huminstoffe). Dieser Vorgang findet in Sekunden statt und ist irreversibel. Meistens entsteht dadurch an der Oberfläche eine leicht negative Gesamtladung.
2. **Reversible Adhäsion:** Durch unterschiedliche Transportmechanismen gelangen die Mikroorganismen in die Nähe der Oberfläche und werden dort festgehalten (elektrostatische bzw. van der Waalsche Wechselwirkungen). Die Bakterien können sich aber auch aktiv, durch Eigenbewegung, oder passiv, durch Brownsche Molekularbewegung, wieder ablösen. Das Adhäsionsverhalten der Organismen wird durch die jeweils erreichte Wachstumsphase, den Ernährungszustand, die Ionenstärke und die Ladungsverhältnisse beeinflusst.
3. **Irreversible Adhäsion:** Die Anhaftung erfolgt nunmehr auch durch chemische Bindung, hydrophobe Wechselwirkung und Dipol-Wechselwirkung. Dies gilt für gelöstes organisches Material und für Mikroorganismen.
4. **Biofilmwachstum:** Die anhaftenden Mikroorganismen vermehren sich und es lagern sich weitere Zellen an. Von den Organismen werden große Mengen Schleim (EPS, extrazelluläre polymere Substanzen) ausgeschieden.

Von den Faktoren, die in Trinkwasseranlagen das Ausmaß des Biofilm-Wachstums auf der Reinwasserseite bestimmen, sind die folgenden am wichtigsten:
- die Konzentration an verwertbaren organischen Stoffen (gelöster organischer Kohlenstoff bzw. sein abbaubarer Anteil) sowie an Phosphat und N-Verbindungen,
- die Temperatur,

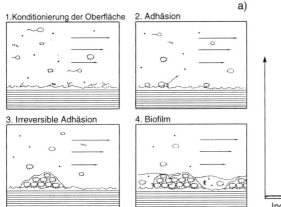
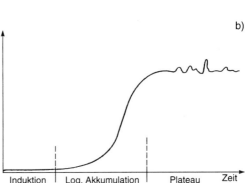

Abb. 2.28 Anreicherung von organischer Substanz in Biofilmen (stark schematisiert). a) Aufeinanderfolgende Phasen bei der Besiedlung einer Oberfläche durch Bakterien. Ab Phase 3 beginnendes Wachstum. b) Zeitlicher Verlauf entsprechend einer sigmoiden Wachstumskurve. Ordinate: Trockenmasse. Verändert nach Vorlagen von CHARACKLIS (1990) und FLEMMING (1992).

- Oberflächen-Rauigkeit bzw. Reibungswiderstand und weitere hydrodynamische Bedingungen (vor allem Fließgeschwindigkeit und die davon abhängige Grenzflächenerneuerung),
- die Zusammensetzung des Rohr- sowie des Dichtungsmaterials. Auf PVC und Polyethylen bilden sich Biofilme sehr leicht, auf rostfreiem Stahl wesentlich schwerer.

Wachstum und Verluste. Während bei sehr guter Versorgung mit leicht abbaubaren Substraten in kurzer Zeit sehr dicke Biofilme entstehen können, bilden in Reinwasserleitungen die Bakterien normalerweise nur einen Biofilm, dessen Stärke weniger als 0,1 mm bis wenige mm beträgt. Für die Abhängigkeit der Wachstumsgeschwindigkeit von der Substratkonzentration ist Gleichung 1.8 maßgebend. Für die Anreicherung von Bakterienbiomasse gilt:

Netto-Wachstum des Biofilms
= Zellwachstum – Verluste

Die Verluste beruhen hier zunächst vor allem auf der Ablösung von Bakterien-Aggregaten infolge der Wirkung von Scherkräften. Dieser Effekt ist je nach Fließgeschwindigkeit und Grenzflächenbeschaffenheit unterschiedlich. In der Regel wird ständig ein Teil der am weitesten herausragenden Flächen und Zotten des Biofilms abgerissen. Dadurch wird die Bakteriengemeinschaft verjüngt, andererseits erhöht sich dadurch der Schwebstoffgehalt des Wassers. Langfristig betrachtet, stellt sich meistens ein Gleichgewicht zwischen Zellwachstum und Verlusten ein (siehe auch Gleichung 1.15).

Zu den Verlusten zählt auch der durch Gefressenwerden. Stellenweise weiden auf den Biofilmen tierische Einzeller, Würmer oder auch Wasserasseln und eliminieren auf diese Weise erhebliche Anteile der jeweils nachwachsenden Biomasse. Es kann sogar vorkommen, dass relativ langsam wachsende „Spezialisten", z.B. Bakterien mit besonderen Leistungen wie Ammonium-Oxidation oder Abbau von bestimmten Fremdstoffen, schneller weggefressen werden, als sie sich vermehren können.

Zusammensetzung von Biofilmen. Biofilme enthalten hauptsächlich die in Tab. 2.3 genannten Bestandteile:

Extrazelluläre polymere Substanzen (EPS). Diese Stoffe werden von den Mikroorganismen in relativ großen Mengen produziert, dadurch sind die Zellen in eine gallertartige Hüllsubstanz (Matrix) eingebettet. Sie bestehen aber ihrerseits bis zu 99% aus Wasser. Der Massen-Anteil der EPS an diesem die Bakterien umgebenden Material beträgt bis 90%. Die Hauptbestandteile der EPS sind:
- Kohlehydrate, insbesondere neutrale und geladene Polysaccharide,
- Proteine,
- Glycoproteine, d.h. Eiweißkörper mit einem Kohlenhydratanteil,
- Nukleinsäuren.

Tab. 2.3 Zusammensetzung von Biofilmen in Reinwassersystemen (kombiniert nach FLEMMING et al. 2000, PERCIFAL et al. 2000, KREYSIG 2001).

- Bakterienzellen, die oftmals Kolonien bilden, aber in „reifen" Biofilmen oftmals weniger als 10% der Gesamt-Trockenmasse repräsentieren
- Wasser (oftmals > 90%)
- Extrazelluläre Polymere (EPS, überwiegend Polysaccharide, z. B. Alginate). Die EPS repräsentieren bis zu 90% der organischen Substanz, bestehen aber ihrerseits bis zu 99% aus Wasser)
- Proteine, Lipide, Huminstoffe, Nukleinsäuren (auch als Bestandteile der EPS)
- eingefangene und eingeschlossene Partikel, Fällungsprodukte
- sorbierte organische Verbindungen bzw. Nährstoffe (polare und unpolare)
- sorbierte Ionen (oftmals erfolgt die Sorption selektiv)

Durch die EPS werden Zellen von Bakterien und Pilzen an der Oberfläche und untereinander verankert. Dazu leisten Polymerbrücken eine erheblichen Beitrag. Die Bildung von EPS hat für die Mikroorganismen die folgende Vorteile (PERCIFAL, WALKER, HUNTER 2000):
- Sie verleihen dem Biofilm inneren Halt.
- Sie sind in der Lage, organische und anorganische Nährstoffe zu adsorbieren.
- Die EPS verlängern die Diffusionswege, verbessern dadurch den Schutz der Mikroorganismen gegen Schadstoffe. Dadurch sind die Zellen gegen plötzliche Änderungen ihrer Umgebungsparameter wie z. B. pH-Wert, Hemmstoffe, Salzgehalt sowie gegen Austrocknung, geschützt, FLEMMING, GEESEY (1991), EDGEHILL (1996). Sie schützen die Mikroorganismen auch vor einer Stoßchlorung von geringer Dauer.
- Die organische Matrix ermöglicht eine enge räumliche Zuordnung von Organismen und die Kommunikation zwischen Bakterienzellen, die in ihrem Stoffwechsel aufeinander angewiesen sind. Begünstigt wird auch der Austausch von genetischer Information (PALENIK 1989, LISLE, ROSE 1995).

Konzentrationsgradienten. Durch die Aktivität der immobilisierten Zellen entstehen teilweise sehr steile Konzentrationsgradienten. Dadurch, dass die O_2-Konzentration im Inneren und an der Oberfläche des Biofilms nahe Null ist, kann molekularer Sauerstoff schnell nachfließen. Auch gelöste Substrate können auf Grund solcher Gradienten wirkungsvoll genutzt werden.

Anreicherung von Material. Relativ gering ist bisher der Kenntnisstand darüber, welche Substanzen an welche Komponenten eines Biofilms gebunden werden und wie hoch das Remobilisierungs-Potenzial ist. Die Masse des festklebenden bzw. adsorbierten anorganischen Materials kann weitaus größer sein als die des organischen bzw. der Bakterien. Das Sortiment der anhängenden bzw. eingeschlossenen Mineralpartikel ist oftmals sehr spezifisch. Häufig führt die Material-Anreicherung zu einer erhöhten Oberflächen-Rauigkeit, was weitere Ablagerungen begünstigt. Auch auf Membranen zur Gewinnung von Wasser mit hohem Reinheitsgrad führen die mikrobiellen Biofilme zu beträchtlichen Ablagerungen (Tab. 2.4).

Mangan- und Eisen-Ablagerungen. Die EPS wirken auf Grund ihres Gehaltes an Poly-Anionen auch als Molekularsieb und als Ionenaustauscher, begünstigen dadurch lokal die Anreicherung von Kationen. Bereits eine sehr kleine Biomasse kann die Ablagerung relativ dicker Schichten von Mangan oder Eisen hervorrufen. Unter den Bakterien, die auf Rohrwandungen wachsen, befinden sich, wie bereits erwähnt, auch mangan-fällende (vgl. Kap. 2.1.3.2, 2.1.5). Dazu gehört u. a. *Hyphomicrobium*. Diese Organismen sind in der Lage, ähnlich einem Katalysator das Rohwasser auch bei sehr niedrigem Mn-Gehalt nahezu vollständig zu „entmanganen" und das MnO_2 zwischen ihren Zellen abzulagern. Die

Tab. 2.4 Zusammensetzung der Ablagerungen auf einer Umkehrosmose-Membran. (verändert nach FLEMMING, SZEWZYK, GRIEBE 2000).

- Eisen 28%
- partikulärer organischer Kohlenstoff (POC) 19%
- Kalzium 12%
- Proteine 10%
- Huminstoffe 10%
- Kohlenhydrate 7%
- Uronsäuren 4%
- Rest 10%

samtschwarzen Mangan-Ablagerungen an den Wandungen von manchen Fernleitungen für Trinkwasser erhöhen die Wandrauigkeit und die Druckverluste, verringern daher die Durchgängigkeit erheblich. Manchmal löst sich auch auf der Reinwasserseite ein Mn-reicher *Hyphomicrobium*-Film ab und verursacht „schwarzes Wasser". Hingegen wird „rotes Wasser" durch die Ablösung von Fe(III)-Ablagerungen hervorgerufen.

Anreicherung von organischen Stoffen und bakterienfressenden Organismen. Einer Akkumulation unterliegen auch die ebenfalls kationischen Aminogruppen, was unter Bedingungen des Nährstoffmangels vorteilhaft sein kann. Andererseits wird den Lipopolysacchariden, wichtigen Zellwandbestandteilen der meisten Bakterien, nachgesagt, dass sie Korrosionsprozesse fördern (PERCIFAL, WALKER, HUNTER 2000). Biofilme bilden oftmals eine sehr gute Nahrungs- bzw. Lebensgrundlage für tierische Einzeller und wirbellose Tiere. Dies betrifft u. a. Wimpertierchen (Ciliaten), Geißeltierchen, Amoeben sowie Nematoden (Fadenwürmer), Oligochaeten (Wenigborstenwürmer), Insektenlarven (vor allem Zuckmücken, Chironomiden) (Abb. 2.20) und sogar Schnecken. Unter den Wimpertierchen gibt es eine ganze Gruppe, die sich vom „Abweiden" der Biofilme ernährt. Dazu gehört z. B. *Aspidisca*.

Stabilität der Organismen-Zusammensetzung. Die Arten-Zusammensetzung der Bakterien und tierischen Organismen in Biofilmen unterliegt meistens einem zeitlichen Wechsel. Dabei nimmt die Artenzahl der Bakterien oftmals mit dem Alter eines Biofilms zu. Manche Arten sind nur als Pioniere vorhanden. Sukzessionen, d. h. eine zeitliche Abfolge in der Arten-Zusammensetzung, sind charakteristisch für die Biofilmentwicklung und führen auch zu Unterschieden in der mikrobiellen Struktur auf engstem Raum. Für kriechende Ciliaten wie *Aspidisca* ist nachgewiesen, dass sie in Langsamsandfiltern die Nitrifikation, also die Beseitigung von noch vorhandenem Ammonium fördern. Sie fressen ständig einen erheblichen Anteil der heterotrophen, auf gelöste organische Substanzen angewiesenen Bakterien weg, die andernfalls auf Grund ihres schnelleren Wachstums die Nitrifikanten verdrängen würden (MADONI et al. 2000).

Grenzen des Leistungsvermögens von Biofilmen. Sie werden in hohem Maße durch physikalische Größen bestimmt, nämlich
- Grenzflächenerneuerung und
- Konzentrationsgradienten.

Infolge ihrer oftmals dichten Packung sind die meisten Bakterien auf eine ziemlich große Grenzflächenerneuerung angewiesen. Die Versorgung der Biofilme mit Sauerstoff und Nährstoffen erfolgt fast immer einseitig, d. h. nur von der Oberfläche her. Bis zum Grunde voll versorgt werden nur extrem dünne Biofilme (10–25 µm). Nur in diesem Fall werden Gas- und Stoffaustausch nicht durch Transporthemmung beeinträchtigt. Steile Konzentrationsgradienten bedeuten auch, dass im Inneren bzw. in den unteren Schichten anoxische oder anaerobe Bedingungen herrschen. Dies ist nicht nur mit einer Freisetzung von Produkten wie N_2, CH_4, Ethanol, Lactat verbunden, sondern auch von Sulfid, das bei Hinzutritt von Sauerstoff und nicht ausreichender Carbonatpufferung mikrobiell zu Schwefelsäure oxidiert wird.

Biofilme in Reinwasserleitungen und -behältern. Ein starkes Biofilm-Wachstum hat u. a. die folgenden Auswirkungen (PERCIFAL, WALKER, HUNTER 2000):
- Erhöhter Bedarf an Chlor bzw. anderen Desinfektionsmitteln.
- Bildung eines günstigen Nährbodens für die Wiederverkeimung (da die Desinfektionsmittel nur oberflächlich eindringen). Ein deutlicher Anstieg der Keimzahl ist generell bereits ab 15 °C zu verzeichnen. Biofilme bieten bestimmten pathogenen Bakterien einen geeigneten Lebensraum. Dadurch ist auch bei sehr niedrigem Angebot an gelöstem organischem Kohlenstoff u. U. ein Überleben z. B. von Typhus-Erregern möglich.
- Warmwasserleitungen bieten günstige Lebensbedingungen für *Legionella* (Kap. 2.4).
- Begünstigung geruchsbildender Bakterien (z. B. Actinomyceten/Strahlenpilze, die einen erdigen Geschmack verursachen).
- Erhöhtes Nahrungsangebot für im Trinkwasser ganz unerwünschte wirbellose Tiere (z. B. Wasserasseln, Kap. 2.3.2).
- Begünstigung des Wachstums sulfidbildender Bakterien in der anaeroben Basisschicht, dadurch auch der Korrosion von Rohrleitungen.

Einem mikrobiellen Abbau (auch durch chlorresistente Bakterien) unterliegen u. a. organische Werkstoffe, z. B. in den Fliesenfugen von Reinwasserbehältern. Gleiches gilt auch für die meisten Anstrichmaterialien. Sind frisch aufgebrachte Anstriche nicht 100 %ig ausgehärtet, können die noch vorhandenen Weichmacher zu einem unerwartet starken Bakterienwachstum führen. Auf diese Weise kann eine dichte fellartige „Auskleidung" mit Bakterienzotten entstehen, die teilweise Längen von mehr als 10 cm erreichen. Durch die in manchen Trinkwasserwerken praktizierte Zugabe von Phosphat zur Verhinderung der Bildung von Rostwasser (Braunfärbung durch Fe(III)) wird Bakterienwachstum wahrscheinlich oftmals gefördert.

Arten-Zusammensetzung von Biofilmen. Sehr gut aufbereitetes Trinkwasser weist generell nur einen sehr niedrigen Gehalt an gelöstem organischem Kohlenstoff auf. Die für solch oligotrophe Bedingungen kennzeichnende mikrobielle Struktur ist bisher weitgehend unbekannt bzw. wurde erst an wenigen Beispielen untersucht. Für das Berliner Verteilungsnetz wiesen KALMBACH, MANZ, WECKE, SZEWZYK (1999) mit Hilfe von Gensonden nach, dass dort die bisher unbekannte Gattung *Aquabacterium* vorherrschte und mit drei Arten vertreten war. Es handelt sich um bewegliche Stäbchen, die in der Lage sind, auch bei sehr niedrigem O_2-Gehalt zu wachsen und auch Nitrat als Sauerstoffquelle zu nutzen. Als Kohlenstoff- und Energiequelle verwerten diese Bakterien organische Säuren, jedoch keine Kohlehydrate. Ebenso wie die für die biologische P-Elimination bei der Abwasserbehandlung verantwortlichen Organismen (Kap. 3.2.2) sind sie in der Lage, Polyphosphate und polymerisierte Fettsäuren zu speichern. *Aquabacterium commune* wurde auch im Verteilungsnetz von drei weiteren Großstädten als zahlenmäßig vorherrschende Art nachgewiesen. In den Biofilmen der Verteilungssysteme sind auch Pilze immer vorhanden, wenn auch in sehr geringer Zellzahl.

Biofilme in Reaktoren zur Wasserbehandlung. Um das Wachstum bestimmter gewünschter Mikroorganismen zu fördern, werden u. a. in Aktivkohlefiltern und in Reaktoren zur Denitrifikation definierte Trägermaterialien eingesetzt. Als besonders geeignet haben sich u. a. Blähtonkugeln und Sinterglas-Körper erwiesen (OBST, ALEXANDER, MEVIUS 1990). In Reaktoren mit Umwälzung können infolge Wirkung der Scherkräfte die Schichtdicken der immobilisierten Bakterienfilme innerhalb bestimmter Grenzen kontrolliert werden, z. B. keine Schichtdicken > 200 µm.

Biofilme in Industriewasserleitungen und Kühlkreisläufen. Eine relativ hohe Wassertemperatur führt dazu, dass bereits bei einem leicht erhöhtem Gehalt an assimilierbarem organischem Kohlenstoff (AOC) dessen Nachschub auf Grund der hohen Strömungsgeschwindigkeit groß genug ist, um einen u. U. zentimeterstarken biologischen Rasen ausbilden zu können (Abb. 2.27). In Kühlkreisläufen liegt der AOC vor allem in Form von Stoffwechsel- und Abbauprodukten der in Rieselwerken von Kühltürmen wachsenden Algen vor.

2.3.2 Massenentwicklungen von tierischen Benthos-Organismen

Die am Gewässergrund lebenden Organismen werden als **Benthos**, die wirbellosen Tiere und tierischen Einzeller als **Zoobenthos** bezeichnet. Seit der Mitte des 19. Jahrhunderts existieren in vielen Großstädten zentrale Wasserversorgungsanlagen. Seitdem sind auch Massenentwicklungen des Zoobenthos (Abb. 2.20) dokumentiert. Zunächst verfügten nur wenige große Städte über eine mechanische Aufbereitungsstufe. Deren Wirkungsgrad war denkbar gering. Veranlassung zu einer wissenschaftlichen Betrachtungsweise gaben vor allem die damals auch in Europa und den USA verbreiteten Trinkwasserepidemien (Kap. 2.4). Bei Wasserwerksanlagen geht es um die Kenntnis der Organismenzusammensetzung in Rohwässern unterschiedlicher Herkunft und ihre Eignung als Indikator der stofflichen Zusammenhänge zwischen Rohwasser, Aufbereitung und Verteilung. Die biologische Trinkwasseranalyse setzte sich in Deutschland nach dem Erscheinen des Werkes „Mikroskopische Wasseranalyse" von CARL MEZ (1898) und der Arbeiten von KOLKWITZ und MARSSON (1908, 1909) zur biologischen Gewässerbeurteilung durch.

Auch in aufbereitetem Trinkwasser wachsen in der Regel noch Bakterienfilme. Sie bilden die Nahrungsgrundlage für tierische Organismen. Deren Vorhandensein wiederum ist ein untrüglicher Indikator dafür, dass ein Versorgungsstrom von organischen Substanzen existiert. Ein Massenauftreten von Wirbellosen oder Einzellern weist in der Regel auf eine ungenügende Beschaffenheit des Rohwassers oder auf einen Einbruch von Verunreinigungen hin. Je höher der Gehalt des Wassers an gelöstem (DOC) oder partikelgebundenem organischem Kohlenstoff (POC), desto schneller können Biofilme wachsen, und desto besser werden Weidegänger und suspensionsfressende Tiere versorgt. Ein wiederholtes Massenauftreten von makroskopisch erkennbaren Organismen im Verteilungsnetz widerspricht der Forderung nach **Appetitlichkeit und Ästhetik** (DIN 2000). Daher muss bei einem zu hohen POC- oder DOC-Gehalt entweder die Aufbereitungstechnologie geändert oder auf andere Rohwasserquellen zurückgegriffen werden.

Gewarnt werden muss vor einer Rückführung von Filterrückspülwasser in die Aufbereitungsanlage. Es hat sich gezeigt, dass die Eier von Zuckmücken äußerst haltbar und widerstandsfähig sind, sogar einen pH-Wert von 12 vertragen, dadurch u. U. von den offenen Absetzbecken für Rückspülschlamm durch sämtliche Aufbereitungsstufen hindurch bis in die Hochbehälter gelangen können, und dies bei ansonsten einwandfreier Wasserbeschaffenheit (OBST, persönl. Mitt.). Die meisten Plankton-Organismen hingegen haben im Rohrnetz kaum Überlebensmöglichkeiten (Phytoplankter allein schon wegen fehlenden Lichtes). Aber in strömungsarmen Bereichen, vor allem in Hochbehältern, tragen sie zur Bildung von Sediment bei. Um Algenwachstum auszuschließen, besitzen moderne Filterhallen keine Fenster. Andere Organismen, die sich von Biofilmen ernähren, finden dort jedoch Möglichkeiten zur Vermehrung. Die Zahl der Organismen, die im Hochbehälter pro Volumeneinheit Frischsediment vorgefunden wurden, ist erwartungsgemäß bei Entnahme von Rohwasser aus Talsperren und Seen am höchsten und bei einer Herkunft aus oberflächenfernen Grundwasserleitern mit Kiesablagerungen am geringsten. Unter den in Europa und Nordamerika auf der Reinwasserseite vorkommenden Arten von Einzellern und wirbellosen Tieren befinden sich im Gegensatz zu den Tropen keine Überträger von Krankheiten.

2.3.2.1 Übersicht der vorkommenden Organismengruppen

Die folgenden Ausführungen beziehen sich auf Zentralwasserversorgungen, nicht auf Einzelbrunnen. In letzteren ist das Gesamtspektrum der Organismenarten noch wesentlich größer (BEGER 1966). Mit Ausnahme der Fische sind fast alle Gruppen von Tieren, die in Binnengewässern vorkommen, auch in Wasserwerksanlagen vertreten. Charakteristische Beispiele sind in Abb. 2.20 zusammengestellt.

Süßwasserschwämme gehören zu den festsitzenden Suspensionsfressern, wobei das Partikelspektrum auch Bakterien umfasst. Die Gattungen *Spongilla* (Abb. 2.20) und *Ephydatia* entwickeln sich häufig auf den Stabrechen von Einlaufbauwerken oder im Zulaufgerinne zu den Filtern. Mitunter bilden sie dicke, bis kindskopfgroße Kolonien. Selbst an den Wandungen von Trinkwasserstollen und -leitungen wachsen sie als bis zu einem halben Meter große graue bis gelbliche Fladen. Darin sind keine Einzel-Individuen unterscheidbar. An der Oberfläche befinden sich zahlreiche kleine Einströmöffnungen. Sie münden in einen großflächigen Korridor, von dem aus Kanäle in die zahlreichen Filterkammern führen. Diese sind von einem Gewebe aus langbegeißelten Zellen ausgekleidet. Mit diesem Flimmerepithel werden der Wasserstrom bewegt und Nahrungspartikel herangestrudelt, sodass sie in die Zellen aufgenommen werden können. Der Nahrungserwerb ist also ähnlich wie bei farblosen Geißelalgen. Als Nahrung dienen auch kleine Phytoplankter. Das filtrierte Wasser gelangt über ein Kanalsystem in die kaminförmigen Ausströmöffnungen, welche die Schwamm-Oberfläche überragen. Das Skelett der Süßwasserschwämme besteht hauptsächlich aus beidseitig zugespitzten, mikroskopisch kleinen **Kieselnadeln**. Sie werden beim Zerfall von Schwamm-Kolonien freigesetzt, können bisweilen auch auf der Reinwasserseite gelangen. Dies ist ein sehr berechtigter Grund für Beanstandungen, zumal auch Gesundheitsgefährdungen nicht 100%ig auszuschließen sind.

Fadenwürmer (Nematoden). Die meist kleinen, an ihrem spitzen Hinterende erkennbaren Würmer (Abb. 2.20-3) gehören zu den wichtigsten Trägern der Abbauprozesse von festen Abfällen im Stoffhaushalt der Natur. Sie sind überall, vor allem in Böden und Sedimenten, in z. T. sehr hohen Individuenzahlen und mit zahlreichen Arten vertreten. Das Vorkommen in Trinkwasseranlagen weckt zwar Assoziationen an Parasiten, aber unter den bei uns herrschenden Klimabedingungen fehlen im Rohwasser krankheitserregende Arten völlig. Ein Durchschlagen von Spulwurm-Eiern ist auszuschließen. In den Tropen hingegen werden über nicht ausreichend behandeltes Wasser die Erreger der Flussblindheit, der Elephantiasis sowie der Medinawurm-Krankheit (Dracunculiasis) übertragen. Zwischenwirte sind Stechmücken bzw. Zooplankter (Ruderfußkrebse) der Gattung *Cyclops* (vgl. Kap. 2.4.3).

Die in Wasserwerksanlagen auftretenden Arten von Fadenwürmern sind in der Regel nur wenige mm groß. Die meisten leben als Bakterienfresser, beziehen ihre Nahrung entweder aus Biofilmen oder aus Schlamm-Ablagerungen. Durch ihre charakteristische schlängelnde und ruckartige Fortbewegungsweise können sie sich aus Hydroxidflocken wieder befreien, gelangen dadurch leicht auf die Reinwasserseite. Auf Grund ihrer durch Chitin geschützten Körperoberfläche sind sie widerstandsfähiger gegen Desinfektionsmittel als viele andere Wasserorganismen. Mitunter dringen Fadenwürmer auch durch Undichtigkeiten aus dem umgebenden Erdreich in Reinwasserbehälter ein (KLAPPER, persönl. Mitt.).

Rädertierchen (Rotatorien) sind vor allem im Zooplankton vertreten, es gibt aber auch zahlreiche Arten, die auf festen Unterlagen sitzen oder sich dort kriechend fortbewegen (Abb. 2.20-4). Filtrierende Arten besitzen zum Herbeistrudeln von Nahrungspartikeln einen Wimpernkranz, der einem rotierenden Rad ähnelt. Bei schwimmenden Formen dient dieser außerdem als Propeller. Die meisten Rädertierchen sind kleiner als 0,5 mm. Da eine Fortpflanzung auch ohne Befruchtung der Eier möglich ist, beträgt die Generationsdauer bei manchen Arten nur wenig mehr als einen Tag, deshalb kommen Massenentwicklungen schnell zustande. Rädertierchen sind in Trinkwassertalsperren, im Grundwasser und in allen Arten von Filteranlagen anzutreffen. Sie sind ebenfalls leicht in der Lage, sich aus Hydroxidflocken „herauszuarbeiten", gelangen dadurch bisweilen in unerwünscht großen Mengen auf die Reinwasserseite.

Moostierchen (Bryozoen). Schon der Name weist auf Pflanzenähnlichkeit und eine festsitzende Lebensweise hin. Sie ernähren sich als Suspensionsfresser. Hinsichtlich des Nahrungsspektrums bestehen Ähnlichkeiten mit den Schwämmen. Die Einzeltiere der in großen Kolonien wachsenden Organismen sind mikroskopisch klein (Abb. 2.20-5), besitzen eine mit Wimpern versehene Tentakelkrone. Die Kolonien sind massig, manchmal verzweigt, können Größen bis zu etwa 20 cm erreichen. Vertreter der Gattung *Plumatella* können bereits auf den Einlaufrechen von Industrie-Wasserwerken so dicht wachsen, dass sie die Wasserzufuhr nahezu unterbinden (KLAPPER, persönl. Mitt.). Zu erheblichen Druckverlusten führen Moostierchen auch in Schnellfiltern, weil sie die Durchlass-Schlitze der Filterdüsen überwuchern bzw. verstopfen.

Gliederwürmer (Wenigborstenwürmer, Oligochaeten). Sie gehören zu den Ringelwürmern (Abb. 2.20). Manche erreichen eine auffällige Länge: der Brunnendrahtwurm (*Haplotaxis gordioides*, Abb. 2.5) lebt eigentlich im Grundwasser und dringt von dort in Quellfassungen und Brunnenstuben vor. Die meisten anderen Arten stammen aus Oberflächengewässern, sind wesentlich kleiner, ernähren sich vor allem von organischem Sediment in Wasserbehältern oder von Bakterienfilmen oder leben räuberisch (z. B. *Chaetogaster*). Die Häufigkeit und Wirkung dieser Tiere kann so groß werden, dass sie sogar die Leistung von Biofilm-Reaktoren zur Abwasserreinigung empfindlich beeinträchtigen (große Verluste an Bakterienbiomasse durch die Fresstätigkeit von *Nais elinguis*, WOBUS, RÖSKE, RÖSKE 2000).

Egel (Hirudineen). Der Schlammegel (*Herpobdella*) wandert gelegentlich in das Verteilungsnetz ein und kann sich dort offenbar sogar vermehren (KLAPPER, SCHUSTER 1972). Da die Tiere sehr auffällig sind und bis ca. 40 mm lang werden, widerspricht dies total der Forderung nach „Appetitlichkeit" des Trinkwassers.

Muscheln. Muscheln spielen in der Gewässerreinigung eine große Rolle, weil sie besonders in Kiesbänken der langsamfließenden Gewässer sehr große Individuendichten erreichen können. In Wasserwerksanlagen kommt nur die Dreikantmuschel (*Dreissena*) vor, die sich im Gegensatz zu den einheimischen Süßwassermuscheln nicht eingräbt, sondern mit Hilfe von Fäden aus einem schnell erstarrenden Polymer auf festen Unterlagen verankert (Abb. 2.20-7) *Dreissena* ist für die Gewässerreinigung stellenweise bedeutsam, aber in Wasserwerken, besonders den Einlaufbauwerken, höchst unerwünscht.

Krebstiere

- **Asselkrebse (Isopoden)** sind in Anlagen mit Entnahme aus Oberflächengewässern durch die Wasserassel *Asellus aquaticus* vertreten (Abb. 2.20-12). Sie ist 8 bis 12 mm groß, bewohnt in erster Linie Oberflächengewässer. Auf Grund ihrer Beweglichkeit und Kleinheit (die Jungtiere sind nur 1 bis 2 mm lang) gelangt sie auch leicht bis in das Verteilungssystem von Wasserwerken. Die Jungtiere können alle Filterstufen überwinden (KLAPPER, SCHUSTER 1972). Wenn ausreichend Nahrung in Form von Bakterienfilmen zur Verfügung steht, können sich Wasserasseln sehr stark vermehren. Die Höhlenassel *A. cavaticus* hingegen ist ein Grundwasserbewohner, der nur über Quellfassungen und Brunnenstuben ins Versorgungssystem eindringen kann und ganz im Gegensatz zur Wasserassel bisher kaum zu Beanstandungen geführt hat.

- **Flohkrebse (Amphipoden)** in Trinkwasseranlagen stammen überwiegend aus dem Grundwasser. Verbreitet (auch in Langsamsandfiltern) ist vor allem der Höhlenflohkrebs (Brun-

nenkrebs) *Niphargus* (Abb. 2.5). Er fällt ebenso wie andere Grundwasserbewohner durch fehlende Augen und fehlende Pigmentierung auf.
- **Wasserflöhe (Cladoceren)** sind in den für die Praxis wesentlichen Fällen typische Zooplankter und spielen als Filtrierer bei der Voraufbereitung in Talsperren- und Speicherbecken eine wichtige Rolle (Kap. 2.2.3.2). Sie leben auch im Überstau von Langsamsandfiltern. Ein Durchwandern der Filter ist aber nahezu ausgeschlossen.
- **Muschelkrebse (Ostracoden)** sind sehr leistungsfähige Schlammfresser. Aus Oberflächengewässern gelangen sie auch in die Filteranlagen, mitunter auch auf die Reinwasserseite. Es gibt keine Berichte über Massenentwicklungen oder Betriebsstörungen.
- **Ruderfußkrebse (Copepoden)** gelangen sowohl aus dem Plankton als auch aus dem Grundwasser in die Anlagen. Manche Arten können die Filter durchwandern, einige davon sich dort bzw. im Netz sogar vermehren. In warmen Klimaten wirkt der Hüpferling *Cyclops* als Überträger der Medinawurm-Krankheit (Kap. 2.4.3). *Paracyclops fimbriatus* erträgt in Biofilm-Reaktoren zur Reinigung von Industrieabwässern sogar einen erhöhten Chlorphenolgehalt und kann dort die Leistung der Bakterien sehr stark mindern (WOBUS, RÖSKE, RÖSKE 2000).

Insekten
- **Springschwänze (Collembolen).** Diese nicht flugfähigen, meistens nur millimetergroßen Urinsekten leben vor allem in Böden, aber auch im ungesättigten Grundwasser sowie auf Oberflächengewässern. Sie bilden nicht selten pulverartige Schichten an der Wasseroberfläche in Brunnenstuben und Behältern.
- **Zuckmücken (Chironomiden**, Abb. 2.20) sind keine Stechmücken, aber die häufigsten Vertreter der flugfähigen Insekten in Gewässern und Wasserwerksanlagen. Die Larven fressen Biofilme oder Schlamm-Partikel. Ihr Vorkommen weist auf zwei mögliche Ursachen hin. Entweder auf Defizite in den Abdichtungen (z. B. in den Entlüftungen von Behältern). So können die Weibchen hineinfliegen und ihre Eier ablegen. Andererseits können die Eier von Zuckmücken offensichtlich allen Aufbereitungsprozessen widerstehen. Daher sollte bei einem Betrieb von offenen Schlammabsetzbecken eine Rückführung des Filter-Rückspülwassers in die Aufbereitung unbedingt vermieden werden.

2.3.2.2 Massenentwicklungen auf der Rohwasserseite

Tierische Organismen in Brunnen. In den Lückensystemen von feinkörnigen Fluss-Alluvionen, aber auch in Kluft- und Spaltenwässern leben neben dem farblosen Brunnenkrebs *Niphargus* (Abb. 2.5) noch zahlreiche andere Arten von Wirbellosen und tierischen Einzellern (Kap. 2.1.2). Mit dem Uferfiltrat oder Grundwasser bzw. aus Quellfassungen können sie in ungünstigen Fällen bis in die Hochbehälter bzw. in das Verteilungsnetz gelangen.

Festsitzende Tiere in Speicher- und Reaktionsbecken. Bei einer Voraufbereitung des Rohwassers in Speicher- und Reaktionsbecken werden Muscheln, Schwämme und Moostierchen mitunter als Feinfiltrierer genutzt. Durch kombinierten Einsatz eines Flockungsmittels (Schleim) und eines Siebapparates erzielen besonders Muscheln bei der Entfernung von Schwebstoffen oft einen außerordentlich hohen Wirkungsgrad. Im Falle der Dreikantmuschel (*Dreissena*, Abb. 2.20) sind z. B. für den Ucinsker Stausee, einem Teil der Moskauer Trinkwasserversorgung, Bestandsdichten bis ca. 1000 Individuen pro m^2 dokumentiert (IZVEKOVA, nach UHLMANN 1988). Dies bedeutet, dass das gesamte Wasservolumen u. U. mehr als einmal pro Tag durchfiltriert wird. Die von *Dreissena* entfernten organischen Schwebstoffe werden verdaut, die Rückstände in stabilisierter und leicht absetzbarer Form als Kot abgeschieden. Im Ucinsker Stausee sind das pro Tag fast 50 t Trockenmasse, die übrigens vor allem von Zuckmückenlarven und Borstenwürmern als Nahrung weiter verwertet bzw. mineralisiert werden.

2.3.2.3 Massenentwicklungen in Einlaufbauwerken und Aufbereitungsanlagen

Suspensionsfressende Tiere können sich auf festen Unterlagen in solchen Massen entwickeln, dass sie ernsthafte Betriebsstörungen hervorrufen.

Einlaufbauwerke. Dreikantmuscheln (*Dreissena*) können auf Stabrechen, in Siebanlagen und in Rohrleitungen dicke Schichten bilden, die den Querschnitt verengen und die Reibung stark erhöhen. Dabei ist u. a. schon eine Einengung des Rohrdurchmessers von 0,9 auf 0,23 m beobachtet worden (BEGER 1966). Die harten Schalen von toten Muscheln rufen in rotierenden Teilen der Pumpen und Ölkühler mechanische Schäden hervor. Noch problematischer ist die Verschleppung der mikroskopisch kleinen Larven durch das gesamte Versorgungssystem. Dadurch können die Muscheln überall wachsen. Da *Dreissena*-Larven teilweise in der Lage sind, sich aktiv durch die Filter hindurcharbeiten (KLAPPER, SCHUSTER 1972), hilft auch eine vorgeschaltete Filterstufe nur bedingt, am ehesten in Kombination mit einer Desinfektion. Ein Muschelbesatz an Rechen und Ansaugkörben kann durch Druckluft bekämpft werden. Der Einsatz von spezifischen Molluskengiften ist in Trinkwasseranlagen nicht statthaft, allerdings besitzen einige quarternäre Ammoniumverbindungen, die auch in Flockungshilfsmitteln für die Trinkwasseraufbereitung enthalten sind, schon bei geringen Dosierungen molluskentötende Eigenschaften (MC MAHON, SHIPMAN, LONG 1993). Im Bodensee-Wasserwerk Sipplingen umgeht man das *Dreissena*-Problem dadurch, dass das Rohwasser aus dem Meta- bzw. Hypolimnion entnommen wird. In die kalten und lichtlosen Tiefenschichten dringen die Muschellarven nicht vor.

Filteranlagen
- **Festsitzende Filtrierer** (Moostierchen, Süßwasserschwämme, Dreikantmuscheln). Ihnen bietet der Boden von Schnellsandfiltern z.T. günstigere (weil seltener von Störungen betroffene) Lebensbedingungen als die vorgeschalteten Gewässer. Beispielsweise wachsen Moostierchen der Gattung *Plumatella* sogar auf kupfernen Filterdüsen. Sie können enorme Druckverluste verursachen. In solchen Fällen schafft auch eine häufige Rückspülung u. U. nicht die erforderliche Besserung, weil auch tote Wohnröhren (aus Chitin bestehend) fest haften. Vielmehr müssen der gesamte Kies entfernt und die Düsen einzeln gereinigt oder ersetzt werden.
- **Mobile Organismen** (Weidegänger und Partikelfresser). Sofern Rohwasser für die Trinkwasserversorgung nennenswerte Mengen an mikrobiell nutzbaren gelösten Substanzen enthält (das gilt vor allem bei einer Entnahme aus Oberflächengewässern), entwickelt sich auf den Sand- oder Kieskörnern der Filteranlagen ein Bakterienrasen (Kap. 2.3.1). Er bildet eine sehr günstige Nahrungsgrundlage für viele tierische Einzeller und wirbellose Tiere. Diese Organismen können sich stark vermehren, da sie in Wasserwerksanlagen keinem Fraßdruck durch Fische und räuberische Wasserinsekten ausgesetzt sind. Die tierischen Kleinorganismen repräsentieren eine wichtige biologische Reinigungsstufe. Die Biofilme von Aktivkohlefiltern bieten eine gute Nahrungsgrundlage für Borstenwürmer wie z.B. *Nais* (Abb. 2.20-6). In Aktivkohlefiltern von Grundwasserwerken kann auch der Höhlenflohkrebs (Brunnenkrebs) *Niphargus* (Abb. 2.5) vorkommen. Die Tiere ernähren sich von dem zurückgehaltenen organischen Material (DVGW 1997) und tragen so in erheblichem Umfang zur Filter-Regenerierung bei. Zu den mobilen tierischen Organismen, die im Sandlückensystem von Filtern eine ausreichende Ernährungsbasis vorfinden, zählen auch Ruderfußkrebse, nämlich Cyclopoiden (Hüpferlinge, Abb. 2.20-10) und Harpacticiden (Abb. 2.20-9).
- **Hohe Individuendichten.** Wenn man die in Proben aus Langsamsandfiltern gefundenen Individuendichten pro m^2 Filteroberfläche hochrechnet, findet man leicht Individuendichten von mehr als 25 000 Fadenwürmern, mehr als 10 000 Wenigborstenwürmern oder mehr als 15 000 Strudelwürmern (Abb. 2.20-2). In den oberen Schichten von Sandfiltern hat man bis 35 000 Individuen pro l an Ruderfußkrebsen nachgewiesen. Nach der Filterspülung waren auf der Reinwasserseite noch immer mehr als 50 Individuen pro m^3 vorhanden (DVGW 1997). Bei dieser Größenordnung erwachsen jedoch normalerweise keine hygienischen Probleme. Das Vorhandensein von tierischen Organismen ist stets ein untrüglicher Indikator dafür, dass ein Versorgungsstrom von organischen Substanzen existiert.
- **Ausschwemmung von Organismen.** Abrupte Veränderungen der Strömungsgeschwindigkeit sowie eine zu große Individuendichte können dazu führen, dass solche Organismen in das Leitungsnetz gelangen. Eine Ausschwemmung lässt sich jedoch in vielen Fällen durch eine Verbesserung der Betriebsweise weitgehend vermeiden (BERGER 1997, zit. bei GAMMETER, BOSSHART 2001). Da die Kleinkrebse Körperlängen bis ca. 1,5 mm erreichen, sollten bei einer zu großen Individuenzahl die Porenräume durch Einbringen von Feinsand > 0,2 mm verkleinert werden. Auch kleine Porenräume werden von tierischen Organismen (Rädertierchen, Amöben, Fadenwürmer) besiedelt (Abb. 2.2). Diese fallen aber, wenn sie in das Reinwasser gelangen, optisch kaum ins Gewicht.
- **Bekämpfung.** Im Bedarfsfalle kann die Individuendichte der tierischen Kleinorganismen durch eine
  – mechanische Rückspülung oder eine
  – chemische Bekämpfung

verringert werden. Für letztere ist in Deutschland nur Ozon zugelassen. Durch das Absterben der Organismen kann sich aber die bakteriologische Qualität des Reinwassers verschlechtern bzw. der Bedarf an Desinfektionsmittel nimmt zu.

2.3.2.4 Massenvorkommen in Reinwasserbehältern und im Versorgungsnetz

Versorgungsnetz. Über Massenentwicklungen von Tieren im Reinwassernetz wird kaum noch in der Literatur berichtet. Das muss aber nicht bedeuten, dass sie extrem selten sind. Ihre Eintrittswahrscheinlichkeit hängt vom Ausmaß des Biofilm-Wachstums bzw. von der Dichte der Partikelströme sowie von Druckunterschieden ab. Am wahrscheinlichsten sind Massenentwicklungen von Tieren bei einer Entnahme des Rohwassers aus phytoplanktonreichen Oberflächengewässern. Die Vermehrungsraten von eingeschleppten Organismen im Netz sind bei niedrigen Temperaturen normalerweise gering. In der Regel verringern sich die Individuendichten mit der Entfernung von der Aufbereitungsanlage, und zwar annähernd exponentiell. Die deutsche Trinkwasserverordnung schließt das Vorkommen von tierischen Kleinorganismen auch auf der Reinwasserseite nicht aus, solange sich daraus keine gesundheitlichen oder ästhetischen Probleme ergeben.

Andererseits entspricht ein Reinwasser, das die ästhetischen Mindestanforderungen nicht erfüllt, nicht dem Stand der Technik. Dies ist normalerweise dann der Fall, wenn makroskopisch erkennbare Tiere bis zum Verbraucher des Wassers gelangen. Extremfälle sind Massenauftreten der Wasserassel *Asellus aquaticus* (Abb. 2.20-12) sowie des meistens aus Kluft- und Spaltenwässern stammenden Brunnendrahtwurms *Phreoryctes (Haplotaxis) gordioides* (Abb. 2.5). Letzterer ist besonders durch seine Länge (bis 30 cm!), Bewegungsaktivität und Rotfärbung (Hämoglobin) sehr auffällig. Deshalb müssen die Wasserwerke über sichere Instrumentarien zur Vermeidung und/oder Bekämpfung von unerwünschten Massenentwicklungen tierischer Kleinorganismen verfügen.

Die **Wasserassel** kann selbst in mehrstufige Anlagen einwandern (KLAPPER, SCHUSTER 1972). Sie lebt im Gegensatz zu festsitzenden Suspensionsfressern von Bakterienrasen, die sich um so stärker entwickeln, je höher der Gehalt des Wassers an mikrobiell verwertbaren Substanzen ist. In den Reinwassernetzen befinden sich in der Regel ca. 95 % der Bakterien in den Biofilmen und nur etwa 5 % suspendiert im Wasser. Obwohl Wasserasseln auf den Rohrwandungen leben und dabei beachtlichen Strömungsgeschwindigkeiten widerstehen, werden sie mitunter bis zu den Wasserzählern und den Stecksieben der Gasthermen verfrachtet, wo sie sich in Mengen bis zu mehreren hundert Exemplaren ansammeln, die Siebe verstopfen, erheblichen Druckmangel und nach dem Absterben eine drastische Erhöhung von Trübung/Keimzahlen bewirken können. Im Extremfall wurden bis etwa 100 Asseln pro Liter Leitungswasser vorgefunden.

Bekämpfung der Wasserassel. Wird die Chlordosierung erhöht, bilden sich bereits bei nur schwach erhöhtem DOC-Gehalt chlororganische Verbindungen, die einen „Apotheken"-Geruch verursachen oder gesundheitlich bedenklich sind. Gegen die Wasserassel hat man früher vor allem Pyrethrin, den Wirkstoff eines vorderasiatischen Korbblütlers, eingesetzt. Man ging davon aus, dass dieser in der angewendeten Konzentration für Warmblüter einschließlich des Menschen unschädlich sei. Hingegen werden Krebstiere und Insekten bei einer Dosis von weniger als 5 µg/l abgetötet, bzw. ihre Vermehrung wird unterbunden (KLAPPER 1966). Die Bekämpfung mit Pyrethrin erfolgte vorwiegend nachts bei geringer Hauswasserentnahme. Dadurch konnten die geschädigten Wasserasseln über die gefluteten Hydranten weitgehend aus dem Netz entfernt werden. Verwandte Wirkstoffe können auch synthetisch hergestellt werden. Empfindliche Arten von Fischen werden schon durch sehr geringe Dosierungen von Pyrethroiden geschädigt, beispielsweise wird die Vermehrung des Lachses bereits bei einer Konzentration von 0,004 µg/l beeinträchtigt (MOORE, WARING 2001).

Auf Grund humantoxikologischer Bedenken ist heute in Deutschland generell der Einsatz von chemischen Mitteln in Verteilungsnetzen nicht mehr möglich. Als Maßnahme gegen die Bekämpfung von Wasserasseln oder anderen massenhaft auftretenden wirbellosen Tieren haben sich Wasser-Luft-Spülungen der betroffenen Abschnitte durchgesetzt. Im Zusammenhang damit müssen oftmals die Wasserzähler ausgewechselt werden. Der vor allem im Osten Deutschlands sehr stark gesunkene Wasserverbrauch hat teilweise eine verringerte Fließgeschwindigkeit im Leitungsnetz zur Folge. Dadurch können sich jetzt sehr viel dickere Biofilme entwickeln, in denen neben Wasserasseln auch Schlammegel (*Herpobdella*) und Wenigborstenwürmer günstige Lebensbedingungen finden. Abhilfe kann nur durch gelegentliche Spülungen geschaffen werden.

In Anlagen zur Uferfiltration bzw. künstlichen Infiltration von Flusswasser muss damit gerechnet werden, dass auch Vertreter der echten Grundwasserfauna (z. B. der Brunnenkrebs *Niphargus*, Abb. 2.5) günstige Lebensbedingungen finden, sich vermehren und in das Leitungsnetz transportiert werden, wenn keine wirksamen mechanischen Barrieren existieren.

Reinwasserbehälter. Selbst bei einem DOC-Gehalt um 0,05 mg/l (als C) bildet sich bereits ein dünner Biofilm. Die Wachstumsgeschwindigkeit der Bakterien ist auf festen Unterlagen immer groß genug, dass sie für den Lebensunterhalt von tierischen Einzellern und kleinen Arten von wirbellosen Tieren, vor allem Rädertierchen und Fadenwürmern, ausreicht (SCHREIBER, SCHOENEN 1994). In einem solchen oligotrophen Milieu bilden sich allerdings größere Bakterien-Kolonien („Kalotten") bevorzugt über Fugen, deren Dichtungsmaterial gut verwertbare C-Quellen enthält. Ansonsten sind die Bakterien der Behälterwandungen sehr anspruchslos und nutzen auch Substrate, die als nicht oder schwer abbaubar gelten wie etwa Ligninsulfonsäuren (SCHOENEN, persönl. Mitt.). Eine weitere wichtige Nahrungsquelle für Tiere stellt das Sediment dar, das sich auf dem Boden der Behälter ablagert und nur periodisch entfernt werden kann. Es bildet sich vor allem aus Phytoplanktern, die im Filter nicht zurückgehalten wurden. In den von GAMMETER und BOSSHART (2001) untersuchten Fällen wurden vielfach mehr als 500 Tiere/m² nachgewiesen (mit Höchstwerten über 1000/m²). Eine solche Individuendichte ist allerdings noch nicht besorgniserregend, denn in den natürlichen Lebensräumen ist sie meistens um Größenordnungen höher. Besonders häufig kommen Ruderfußkrebse und Fadenwürmer vor. Insgesamt nachgewiesen hat man bisher die folgenden Organismengruppen:

- Rädertierchen (Abb. 2.20-4),
- Bärtierchen (Abb. 2.20-8),
- Fadenwürmer (Abb. 2.20-3),
- Borstenwürmer (Abb. 2.20-6),
- Wassermilben (Abb. 2.20-13),
- Krebstiere (insbesondere die Ruderfußkrebse *Canthocamptus* und *Cyclops*, Abb. 2.20-9, 2.20-10) sowie Muschelkrebse (Abb. 2.20-11),
- Insektenlarven (Abb. 2.20-14).

Die Organismenzusammensetzung ist je nach Herkunft des Wassers unterschiedlich, viele Arten sind gute Indikatoren hinsichtlich der Art des Rohwassers, z. T. auch der Art der Aufbereitung. Die meisten der in Hochbehältern nachgewiesenen tierischen Kleinorganismen weisen offenbar eine hohe Chlor-Resistenz auf (DVGW 1997). Hochbehälter bzw. Reinwasserkammern sollten normalerweise mindestens einmal jährlich gereinigt werden. Die Be- und Entlüftungen müssen mit engmaschigem Gewebe oder mit Filtern versehen sein, damit keine Zuckmücken eindringen und ihre Eier ablegen können. Auch ein Eindringen anderer Insekten sowie von Wirbeltieren (Kröten, Frösche, Mäuse, gelegentlich sogar Vögel) durch nicht 100%ig dichte Belüftungsöffnungen muss ausgeschlossen werden.

2.3.3 Wachstum von Algen und Bakterien in Kühleinrichtungen und an Wasserbauwerken

Die photosynthetische Produktion von organischem Material pro Flächeneinheit ist oftmals nicht nur in Gewässern höher als auf landwirtschaftlich genutzten Flächen, sondern auch in technischen Anlagen. Durch die Anreicherung von Biomasse können Einlaufbauwerke und Rohrleitungen verstopfen. Biofilme von Algen und Bakterien fördern die Korrosion.

2.3.3.1 Kühltürme und -kreisläufe

Sowohl bei der Durchlauf- als auch bei der Kreislaufkühlung treten biologische Probleme auf. Bei ausreichendem Zutritt von Licht bieten Kühltürme nahezu ideale Bedingungen für Massenentwicklungen von fädigen bzw. flächendeckenden Algen an den Verteilerrosten sowie den Seitenwänden des Kühlturms. Unter mitteleuropäischen Klimabedingungen gilt dies für den Zeitraum vom zeitigen Frühjahr bis zum Herbst.

Wachstumsbedingungen der Algen. Den in Kühltürmen wachsenden Algen steht in der Regel ein ausreichender Massenstrom aller erforderlichen Nährstoffe zur Verfügung, sodass nur noch das Licht als wachstumsbegrenzender Faktor wirken kann. Da bei einem Nasskühlturm mit Kaminwirkung die für das Algenwachstum kritische Lichtintensität nicht unterschritten werden kann, erreicht die Biomasseproduktion auch unter den Schwachlichtbedingungen im Rieselwerk, also an der Basis des Turms, noch hohe Werte. Eine ausreichende Lichtabschirmung ist nur in sehr hohen, schlanken (hyperbolischen) Kühltürmen zu erwarten. Dann ist in unseren geographischen Breiten ein vertikaler Lichteinfall kaum möglich, außerdem die Licht-Absorption durch die dicke Wasserdampf-Schicht so stark, dass unten kein Massenwachstum mehr möglich ist. Nicht auszuschließen ist eine hohe Biomasseproduktion von Algenfilmen auf der oberen Innenwand des Kühlturms. Die hierfür verfügbare Fläche ist jedoch weitaus geringer als in einem Rieselwerk.

Material-Zerstörung durch Fadenpilze. Das Material der hölzernen Rieselwerke ist dem Angriff von Pilzen ausgesetzt. Viele Tausende von Arten sowohl von Schlauchpilzen (Ascomyceten) als auch von Basidiomyceten (zu denen die bekannten Hutpilze gehören) sind Holzzersetzer, daher in der Lage, Holz als Energie- und Kohlenstoffquelle zu nutzen. Selbst dann, wenn in Kühltürmen besonders widerstandsfähige Holzarten eingesetzt sowie Imprägnierungsmittel eingesetzt werden, ist dieses Material gefährdet. Dabei muss man zwei Fälle unterscheiden (GREINER 1993).

- Die Erreger der **Oberflächenfäule** zerstören die Zellulosefasern des Holzes, und das Bindemittel Lignin (in trockenem Zustand ein braunes Pulver, daher der Name **Braunfäule**) bleibt zurück.
- **Ein innerer Pilzbefall** ist nur sehr schwer zu erkennen. Er kann als **Weißfäule** auftreten, die an einer weißen Verfärbung zu erkennen ist, aber auch als Braunfäule.

Die Weißfäule-Erreger zersetzen das Lignin, und die (weißen) Zellulosefasern bleiben zurück. Da dies **unter** der Oberfläche geschieht, erscheinen die entsprechenden Konstruktionen oftmals selbst dann noch intakt, wenn ihre mechanische Stabilität bereits stark beeinträchtigt ist. Das Holz wirkt zwar auf den ersten Blick solid, kann aber mit einem scharfen Gegenstand leicht durchtrennt werden. Ein innerer Pilzbefall tritt unerwartet auch an Stellen auf, die nicht vom Wasser überströmt werden (AUTORENKOLLEKTIV 1984). Dies gilt z. B. für die Abzugskammern von Ventilator-Kühltürmen. Für eine (wiederholte) Imprägnation solch „trockener" Kühlturmteile stehen nur sehr giftige Präparate zur Verfügung. Es werden deshalb anstelle von Holz zunehmend Beton- und Kunststoffelemente eingesetzt.

In Kühltürmen sowie in Wärmeaustauschern wird das Wachstum von Bakterien aus der Familie der Legionellaceen begünstigt, von denen einige als Krankheitserreger sehr bedeutsam sind (Kap. 2.4.1). Maßgebend ist dabei das Einatmen der bakterienhaltigen Aerosole. Als potenzielle Infektionsquellen sind nur Rückkühlwerke in offener oder geschlossener Bauweise wirksam. Für die Bewertung der damit verbundenen Risiken existieren Leitlinien.

Auswirkungen des Algen- und Bakterienwachstums auf die Kühlkreisläufe. Algen-Fetzen und -fäden lagern sich auf Sieben und Düsen ab. Durch starkes Algenwachstum können daher die Einläufe von Rückflusskanälen verstopfen. Die Produktion kann so hoch sein, dass die Siebe mehrmals wöchentlich gereinigt werden müssen. Für die schleimigen Beläge und Zotten von Cyanobakterien der Gattungen *Oscillatoria*, *Phormidium* und *Lyngbya* sind Längen bis 2 m und Stärken bis 3 cm dokumentiert, für die Strähnen der Grünalgen *Cladophora* und *Ulothrix* Längen bis 1,5 m (SAALBREITER 1964). Auch Kieselalgen sowie Wassermoose können sich hier entwickeln. Großflächige „Vorhänge" von fädigen Grünalgen und Cyanobakterien behindern den Luftstrom merklich (VIDELA 1996). Das Algenwachstum verändert Hydraulik und Wirkungsgrad des Kühlturms. Das Wasser rieselt nicht mehr als dünner Film, sondern ganz ungleichmäßig über die Verteiler. Die Last der Biomasse kann so groß werden, dass Rieseler einstürzen (KLAPPER, persönl. Mitt.). In Kühlsystemen wurden bisher knapp 140 Arten von Algen nachgewiesen (LAKATOS 1990). Der von den Algen erzeugte Sauerstoff fördert durch Depolarisierung die Korrosion von Beton und Stahl. Generell wird auch die Ablösung von Schutzanstrichen durch Algenwachstum und O_2-Produktion gefördert (Abb. 2.29).

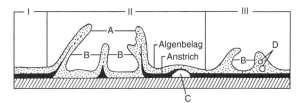

Abb. 2.29 Ablösung eines Schutzanstriches unter Einwirkung von Algen. Zustand I: Normale Schichtenfolge. II. Aufwölbung des Asphaltanstriches (A, B) nach Blasenbildung (C). III. Blasenbildung D und Blasensprengung im Algenfilm. Aus A. WETZEL (1969).

Bakterienwachstum. Biofilme entwickeln sich in Kühlkreisläufen vor allem auf Grund der von den Algen gebildeten organischen Stoffwechsel- und Abbauprodukte. Bereits ein dünner Bakterienrasen erhöht den Wärmeübergangs-Widerstand, verringert dadurch den Wirkungsgrad von Wärmeaustauschern erheblich. Außerdem entstehen erhebliche Druckverluste durch den erhöhten Reibungswiderstand. Eine Massenentwicklung von Bakterien ist in Kühlkreisläufen auch bei Temperaturen im Bereich $> 60\,°C$ möglich (HOFFMANN 1958). Die Schichtdicke der Biofilme kann so groß werden, dass diese den Querschnitt der Röhren in den Austauschern wesentlich einengen. (Die Verstopfung von Rohrleitungen durch schleimbildende Bakterien wird im Kap. 2.3.1 behandelt). Die Korrosionsprobleme in Kühlkreisläufen werden hauptsächlich durch Biofilme verursacht und beginnen damit, dass durch den starken O_2-Verbrauch der Bakterien an den metallischen Werkstoffoberflächen kein Sauerstoff vorhanden ist. Sulfatreduzierer, die sich hier entwickeln, ertragen teilweise noch Temperaturen bis $80\,°C$. Ihr Vorhandensein ist oftmals an schwarzen Ablagerungen von Eisensulfiden zu erkennen. Bei Kernkraftwerken kann der durch mikrobielle Korrosion entstehende Schaden eine Größenordnung erreichen, die dazu zwingt, Teile des Kreislaufsystems „planmäßig" auszuwechseln. Der entsprechende Aufwand betrug im Mittel von drei Anlagen 30 000 000 \$ (BIOGEORGE, unveröffentlicht).

Da der Gehalt an Pflanzennährstoffen in der Regel ausreichend hoch ist, werden infolge des Algenwachstums auch die Bakterienfilme in den Wärmeaustauschern ständig mit gelösten organischen Substanzen versorgt. Obwohl sich in der Regel die größten Probleme durch Organismenwachstum in offenen Betriebswasserkreisläufen ergeben, ist eine Bekämpfung durch Biozide auch in geschlossenen Systemen schwierig. Dafür sind vor allem die folgenden Ursachen maßgebend:
- Durch hohe Dosen von Bioziden können Bakterien in Biofilmen nur inaktiviert, aber in der Regel nicht abgetötet werden.
- Die extrazellulären Polysaccharide (EPS, Kap. 2.3.1) bieten einen wirksamen Schutz gegen das Eindringen von Bioziden.
- Die Diffusionsgeschwindigkeit der Biozide ist in voll entwickelten Biofilmen oftmals nicht ausreichend, dass sie tief genug eindringen und bakteriell verursachten Lochfraß infolge Bildung von Lokalelementen an der Metalloberfläche verhindern können. Um das Eindringen zu erleichtern, werden deshalb oftmals noch zusätzlich Dispergiermittel eingesetzt.
- Die Korrosionsprobleme werden durch die fortgesetzte Anwendung von oxidierend wirkenden Bioziden eher noch verstärkt.

Zur **Bakterienbekämpfung** werden vor allem Oxidationsmittel wie Chlor, Chlordioxid, Hypochlorit, Ozon eingesetzt (HELD, SCHNELL 2000). Sie greifen bei hoher Dosierung auch Lignin und damit das Holz an. Viele Arten von Mikroorganismen werden mit der Zeit resistent, so dass die vom Hersteller angegebenen Dosierungen sich oftmals als zu gering erweisen. Die zur Inaktivierung in Biofilmen erforderlichen Dosierungen liegen oftmals im mehr als zwei Größenordnungen höher als bei der Bekämpfung von freisuspendierten Organismen. Heutzutage kommen für die Organismenbekämpfung in der Regel nur noch wenige Stoffe in Frage.
- Chlor (gasförmig oder in Form von chlorabspaltenden Verbindungen wie Natriumhypochlorit). Man speist es kurz vor den Wärmeaustauschern ein, damit es nicht im Kühlturm durch den UV-Anteil des Sonnenlichts zerstört wird oder in die Atmosphäre entweicht. Eine kontinuierliche Zudosierung von Chlor begünstigt die Bildung Cl_2-resistenter Bakterienstämme (und Algen) in so hohem Maße, dass in vielen Fällen eine sog. Stoßchlorung (mindestens ein- bis zweimal pro Woche) praktiziert wird.
- Stoßweise Zugabe von Hypochlorit, hierbei ist der Chlorverbrauch geringer, Resistenzerscheinungen werden vermieden. Die nur stoßweise Anwendung von Bioziden hat auch den großen Vorteil, dass chemische Korrosionswirkungen (durch oxidativen Angriff auf das Rohrmaterial) in noch vertretbaren Grenzen gehalten werden können. Die Anwendung von Chlor stellt bestimmte Anforderungen an die Wasserbeschaffenheit. Bei einem zu hohen Gehalt an gelöstem oder partikelgebundenem organischem Kohlenstoff bilden sich Organochlorverbindungen, für deren Emission Grenzen gesetzt sind.
- Wasserstoffperoxid. Es besitzt im Gegensatz zu fast allen anderen Verbindungen den Vorteil, dass kaum schädliche Abbauprodukte entstehen. Bei Wasserstoffperoxid genügt u. U. ein Einsatz pro Monat, um ein nennenswertes bzw. schädliches Ausmaß des Biofilmwachstums zu verhindern. Einsatz wegen der sehr hohen Kosten nur bei geschlossenen Kreisläufen.

- Ozon ist ebenfalls sehr wirksam, allerdings nicht bei zu hohen Temperaturen.
- Chlorphenole.
- Acrolein.
- Alkylamine, Alkylaminacetate und verwandte organische Stickstoffverbindungen.
- Organische Schwefelverbindungen wie z. B. Kalium-N-methyl-dithiokarbamat.
- Organische Bromverbindungen wie z. B. 2-Brom-4-hydroxoacetophenon.
- Wechsel zwischen zwei verschiedenen Bioziden, um eine Selektion und damit Förderung von resistenten Mikroorganismen auszuschließen.

Es ist einfacher, auf solche Weise ein System praktisch einigermaßen „Biofilm-frei" zu halten als bereits vorhandene Biofilme zu bekämpfen. Im Interesse des Gewässerschutzes stehen mittlerweile Chloraromaten, quarternäre Ammoniumverbindungen und organische Bromverbindungen nur dann zur Disposition, wenn die Einleitung ungereinigten Kreislaufwassers in ein Gewässer ausgeschlossen ist. Dies ist dann der Fall, wenn die toxische Wirkung nach einer stoßweisen Zugabe in das Kühlsystem relativ schnell abklingt oder der betreffende Stoff leicht unwirksam gemacht werden kann (z. B. Umsetzung des Chlors zu Chlorid oder Inaktivierung von Acrolein durch Zugabe von Natriumsulfit). Über längere Zeit wurden auch hochtoxische organische Quecksilber- und Zinnverbindungen eingesetzt, was wesentlich zu einer bis heute noch nicht überwundenen Belastung von Gewässersedimenten beigetragen hat.

2.3.3.2 Rechen- und Siebanlagen, Kanäle und andere wasserbauliche Anlagen

Wenn Betriebswasser aus Stauseen, Flüssen oder Seen entnommen wird, können Rechen und Siebe u. U. innerhalb kurzer Zeit durch Massenentwicklungen von Fadenalgen verstopfen. Sie gehören meistens zu den Chlorophyceen (Grünalgen) oder den Cyanobakterien (Blaualgen). Im Gegensatz zu den wurzelnden Unterwasserpflanzen benötigen sie für ihre Entwicklung in der Regel feste Ansatzflächen. Dazu gehören auch Grobkies und Uferpflanzen wie z. B. Schilf und Rohr. Von dort können sie sich durch den Auftrieb des photosynthetisch gebildeten Sauerstoffs ablösen und quadratmetergroße driftende Inseln bilden, bei ausgeprägter Strömung auch meterlange Strähnen.

Fadenalgen sowie Krusten von Kieselalgen und Cyanobakterien (Blaualgen) siedeln sich auf wasserbenetzten Böschungen an. Sie wachsen in der Regel schneller als Unterwasserpflanzen. Manche Arten von Algen wachsen sogar endolithisch, d. h. im Inneren von Gestein bzw. mineralischen Werkstoffen. Viele Algen scheiden organische Substanzen aus, die wiederum von Bakterien genutzt werden können. Algenfilme auf Eisen oder Beton (Abb. 2.29) führen zu schweren Korrosionserscheinungen:

- Auflösung durch CO_2 oder H_2SO_4. Das Kohlendioxid stammt aus Atmungs- und Abbauprozessen in der Basis-Schicht der Biofilme. Bei Fehlen von molekularem Sauerstoff und von Nitrat wird von speziell angepassten Bakterien der in Sulfat gebundene Sauerstoff genutzt. Es bildet sich Schwefelwasserstoff bzw. Sulfid. Bei erneutem O_2-Zutritt wird das Sulfid von anderen Bakterien als Energiequelle genutzt und zu Schwefelsäure bzw. Sulfat umgesetzt.
- Abheben des Schutzanstriches durch starken Auftrieb von O_2-Blasen. Diese werden von den Algen durch die photosynthetische Spaltung von Wasser gebildet (Abb. 2.29). Die Algenzellen können durch feine Risse in die Schutzanstriche eindringen.
- Zerstörung der bituminösen Außenhautdichtung von Steinschüttdämmen, wahrscheinlich verursacht durch starke Zugkräfte, die beim Austrocknen dicker Filme von krustenbildenden Algen oder Cyanobakterien wirksam werden.
- Vergrößerung von Rissen durch Einlagerung von extrazellulärer polymerer Substanz. Diese kann große Mengen von Wasser aufnehmen, das bei Frost eine Sprengwirkung ausübt.
- Bildung tiefer blanker Gruben in Stahl durch die depolarisierende Wirkung des photosynthetisch produzierten Sauerstoffs.

Sofern Kanäle offen sind (und die Böschungen mit Betonplatten belegt) oder gar U-Profile oder senkrechte Stahlspundwände besitzen, stellen sie eine Gefahr für Wildtiere dar, die auf den glitschigen Flächen ausgleiten und sich oftmals nicht mehr aus dem Wasser befreien können.

2.3.4 Übermäßiges Wachstum von höheren Wasserpflanzen

Massenentwicklungen von Unterwasserpflanzen beeinträchtigen die Wasserentnahme. In Einlaufbauwerken an stark verkrauteten Kanälen, Flüssen, Stauseen oder Seen verstopfen nicht selten die Rechen- und Siebanlagen in kurzer Zeit. Ursache sind meistens Massenentwicklungen von Unterwasserpflanzen wie Laichkraut (*Potamogeton*), Wasserhahnenfuß (*Ranunculus*), Tausendblatt (*Myriophyllum*), Hornblatt (*Ceratophyllum*). In warmen Klimaten spielen außerdem Betriebsstörungen durch Schwimmblattpflanzen (vor allem Wasserhyazinthe *Eichhornia*) eine Rolle. Als Bekämpfungsmaßnahme kam früher in vielen Fällen nur eine manuelle Beseitigung in Frage. Mitunter mussten bei Wasserkraftanlagen die Kraut-Anlandungen mühsam durch Taucher unter Wasser abgeschlagen werden. In modernen Anlagen können ebenso wie bei der mechanischen Abwasserbehandlung Änderungen der Druckhöhe automatisch gemessen werden. Dies dient als Signal für eine mechanische Reinigung des Rechens.

In Flüssen, denen Seen oder Stauseen als Geschiebefallen vorgeschaltet sind, wirken dichte Bestände von Unterwasserpflanzen (u. a. der Wasserhahnenfuß *Ranunculus fluitans*) als Schwebstoff- und Schlamm-Sammler. Dies hat u. a. dazu geführt, dass vor Jahrzehnten am Hochrhein Brunnengalerien für die Trinkwassergewinnung (Uferfiltrat) stillgelegt werden mussten, weil Schlamm mit hohem organischem Anteil (durch Phytoplankton-Massenentwicklung im Bodensee) die Porenräume der Flussschotter verstopfte und den Sauerstoff-Nachschub ins Uferfiltrat verhinderte. Auf reduktive Bedingungen im Grundwasser mit starkem Anstieg des Eisen- und Mangangehaltes waren die Wasseraufbereitungsanlagen nicht eingerichtet.

2.4 Überdauern und Vermehrung von Krankheitserregern

Trinkwasser ist unser wichtigstes Lebensmittel. Es soll klar, farblos, geruchsfrei und appetitlich sein, bis zum Verbraucher keimarm, darf keine pathogenen Bakterien, Viren oder Wurmeier enthalten. Das Risiko, dass im Oberflächenwasser vorhandene pathogene Mikroorganismen aus Abwässern oder Großanlagen der Tierhaltung bis in das Trinkwasser gelangen, hängt vor allem von physikalischen Bedingungen wie z. B. Temperatur und Hydrodynamik ab. Durch eine gut funktionierende Abwasserbehandlung sowie durch Schutzzonen kann dieses Risiko niedrig gehalten werden. Bei langer Kontaktzeit im Gewässer/Grundwasserleiter werden die meisten Krankheitserreger durch biologische und physikochemische Selbstreinigungsmechanismen (Adsorption) eliminiert bzw. immobilisiert. Gut geschützte Grundwasserleiter sind daher keimarm, und es genügt z. B. eine abschließende UV-Desinfektion. Bei einer Entnahme aus Oberflächengewässern ist das gesundheitliche Risiko wesentlich höher (vor allem bei hydraulischem Kurzschluss) als bei einer langen Untergrundpassage bzw. einer künstlichen Grundwasseranreicherung.

Um eine Vermehrung von gesundheitlich bedenklichen Organismen im Verteilungsnetz zu unterbinden, gibt es zwei Möglichkeiten:
- den Zusatz eines Desinfektionsmittels mit Depotwirkung in ausreichend hoher Konzentration am Wasserwerksausgang oder
- die Erhöhung des Aufbereitungsgrades auf ein Maß, das diesen Bakterien die benötigten Nährstoffe weitestgehend entzieht.

Auch nach der Aufbereitung enthält Trinkwasser noch Keime, das sind aber in der Regel fast ausschließlich harmlose Wasserbakterien. Je nach Herkunft des Rohwassers (Grundwasser, Oberflächengewässer) liegt diese Gesamtzellzahl meistens zwischen ca. 20000/ml und 500000/ml. Auch die letztgenannte Anzahl reicht noch nicht aus, um eine nennenswerte Trübung des Wassers hervorzurufen.

Hygienisch relevante Mikroorganismen sind die unter den Darmbakterien vorherrschenden Coliformen und natürlich die Krankheitserreger. Für ihr vermehrtes Auftreten können vor allem die folgenden Ursachen maßgebend sein:
- Keine ausreichende Desinfektionswirkung bzw. zu lange Stagnation des Wassers in der Leitung. Der Querschnitt der Rohre ist meistens auf eine Fließgeschwindigkeit von 1 m/s ausgelegt, aber manchmal beträgt diese nur 0,1 oder gar nur 0,01 m/s.
- Neuverlegung von Leitungen, dadurch Eindringen von Verunreinigungen.
- Vermehrtes Bakterienwachstum auf bestimmten Dichtungsmaterialien von Schiebern und in Hausinstallationen. Als besonders problematisch gelten Gummidichtungen.
- Eindringen von Abwasser in Havariefällen oder infolge Unachtsamkeit.
- Druckstöße, die zur Freisetzung von Bakterien führen, welche zuvor in Biofilmen der Rohrwandung oder in Kavernen eines Rost-Belages immobilisiert waren.

2.4.1 Bakteriell bedingte Infektionskrankheiten

Mit der Industrialisierung im 19. Jahrhundert war ein nahezu explosionsartiges Wachstum der Städte und ihrer Bevölkerung verbunden. In den durch Zuwanderung übervölkerten Wohnvierteln herrschten oftmals katastrophale hygienische Verhältnisse. Viele Städte wurden von Typhus- oder Cholera-Epidemien heimgesucht. Zur Verbesserung der Situation wurden Wasserwerke und Verteilungsnetze errichtet. Der erhöhte Wasserverbrauch und der nunmehr erforderliche Bau von Kanalisationsnetzen führten zu einem so stark erhöhten Abwasseranfall, dass das Selbstreinigungspotenzial der Gewässer bald überfordert war.

Auch ein Rohwasser, das weder eine erhöhte Trübung noch einen auffälligen Geruch aufweist, kann ein Mehrfaches der für eine Infektion ausreichenden Dosis an pathogenen Keimen enthalten. Bei manchen bakteriellen Durchfallerkrankungen reichen schon 10 Bakterienzellen aus, meistens ist aber die Infektionsdosis höher (Tab. 2.5). Der typische Ausbreitungsweg einer Seuche durch bakteriell belastetes Trinkwasser wird am Beispiel der Cholera-Epidemie in Hamburg 1892 (Tab. 2.6) besonders deutlich: Die Krankheit breitete sich nur in den Stadtteilen aus, die mit unbehandeltem Trinkwasser aus der abwasserbelasteten Elbe versorgt wurden (EVANS 1991, SUCH 1998). Dieses Wasser wurde lediglich in Absetzbecken „aufbereitet" und gelangte über Hochbehälter in sog. Hauswasserkästen. In diesem Verteilungssystem waren selbst Aale ein „nie fehlender Bestandteil" (BEGER 1966). Die dem Hamburger Trinkwassernetz unmittelbar benachbarten, häufig nur durch eine Straße getrennten Wohngebiete der damals noch selbständigen Stadt Altona hingegen wurden mit Grundwasser versorgt oder mit Oberflächenwasser, das in Langsamsandfiltern behandelt worden war. Sie blieben von der Seuche verschont.

In dichtbesiedelten Gebieten ist die Gewinnung von Trinkwasser aus Flüssen oder Standgewässern auch heute noch mit dem erheblichen Risiko des „Durchschlagens" von Krankheitserregern verbunden. Im weltweiten Maßstab betrifft dies vor allem die folgenden Erkrankungen (E = Erreger):
- **Typhus** (Bauchtyphus, E: *Salmonella typhi*). Der Erreger verursacht Darmgeschwüre und -blutungen, verbunden mit hohem Fieber. Er kann sich in einem Gebiet über lange Zeit halten, vor allem durch Dauerausscheider. Unterarten der Erkrankung sind Paratyphus A, B, C.

Tab. 2.5 Durch Trinkwasser übertragbare Bakterien. Nach DOTT (2000), verändert.

Erreger	relative Infektionsdosis[d]
Campylobacter jejuni	mäßig
Enteropathogene *E. coli*	niedrig bis hoch
Salmonella typhi	hoch
Andere Salmonellen	hoch
Shigella spp.	gering
Vibrio cholerae	hoch
Yersinia enterocolitica	hoch (?)
Aeromonas spp.	hoch (?)
Mycobacterium spp.	?

[d] Dosis, die notwendig ist, um bei 50% von gesunden erwachsenen Freiwilligen eine Infektion auszulösen.

Tab. 2.6 Durch Bakterien, Viren und tierische Einzeller hervorgerufene Trinkwasserepidemien des 19. und 20. Jahrhunderts mit mindestens 5000 Erkrankten. Nach DOTT (2000) und BOTZENHART (2000), verändert.

Ort	Jahr	Krankheit	Erkrankte	Tote
Hamburg	1885/88	Typhus	15 804	1214
Hamburg	1892	Cholera	16 956	8605
St. Petersburg	1908	Cholera	9000	4000
New Delhi	1955	Hepatitis A	28 745	73
Georgetown, U.S.A	1980	Hepatitis A	ca. 8000	
Carrollton, U.S.A	1987	Cryptosporidiose	13 000	
Halle/S.	1981/82	Rotavirus (Gastroenteritis)	11 600	
Lanzarote (Kanaren, Spanien)	1982/83	Rotavirus (Gastroenteritis)	13 311	
Oxfordshire, U.K.	1989	Cryptosporidiose	5000	
Milwaukee	1993	Cryptosporidiose	403 000	

- **Weitere Salmonellosen.** Es gibt sehr viele Arten der Gattung *Salmonella*, die beim Menschen (auch bei Weide- und Wildtieren) fiebrige Durchfallerkrankungen hervorrufen. Zwischen 1990 und 2000 wurden in Deutschland mehr als 100 000 Fälle pro Jahr registriert.
- **Cholera** (E: *Vibrio cholerae*). Der Erreger verursacht enorme Flüssigkeitsverluste (Durchfälle, Brechdurchfälle) und Nierenversagen. Ohne Gegenmaßnahmen tritt in der Regel der Tod nach 24 bis 48 h ein.
- ***Campylobacter*-Infektion.** Dieser Durchfallerreger kommt auch bei uns ziemlich häufig vor, die Erkrankung ist meistens mit hohem Fieber verbunden.
- **Bakterienruhr** (E: *Shigella dysenteriae*). Die Krankheit (Sterblichkeit bis 30 %, vor allem durch starken Wasserverlust) tritt in Mitteleuropa kaum mehr auf, und hier sind für die Übertragung kontaminierte Lebensmittel wichtiger als das Trinkwasser Hingegen sind zwei andere, allerdings weit weniger gefährliche *Shigella*-Arten auch in Deutschland endemisch (z. B. häufig in Kindereinrichtungen).
- **Pathogene Stämme von *Escherichia coli*.** Invasive (zellzerstörende) und toxinbildende Stämme führen zu Durchfallerkrankungen bei Säuglingen und Erwachsenen. Es werden vier Gruppen enteropathogener *E. coli* (griech. Enteron = Darm) unterschieden:
  - EPEC (enteropathogene *E. coli*),
  - EHEC (enterohämorrhagische *E. coli*), verursacht blutige Durchfälle,
  - ETEC (enterotoxinbildende *E. coli*),
  - EIEC (enteroinvasive *E. coli*), wirkt zellzerstörend.

Beispiel: ***E. coli* O:157 H:7** (enterohämorrhagischer *E. coli*) ist ein Darmbewohner von Säugetieren, befällt beim Menschen Zellen der Darmwandung und der Niere, verursacht blutige Durchfälle und in schweren Fällen Nierenversagen. Es kann nach Starkregen von Dungplatten oder aus überlaufenden Güllegruben in die Gewässer, mitunter auch ins oberflächennahe Grundwasser transportiert werden. Im Mai 2000 gelangten diese Bakterien in das städtische Trinkwassernetz von Walkerton, Ontario, Kanada. Es gab 2300 Erkrankungen und 16 Todesfälle (PELLEY 2000). Allerdings war an dieser Epidemie auch *Campylobacter* beteiligt

Die großen Trinkwasserepidemien des 19. Jahrhunderts hatten zur Folge, dass leistungsfähige Verfahren der Wasseraufbereitung mit Filtration, Flockung/Fällung und Desinfektion entwickelt wurden. Diese Fortschritte machen sich vor allem in den reichen Ländern bemerkbar. Gegenwärtig haben jedoch ca. 1,1 Mrd. Menschen noch keinen Zugang zu einigermaßen sicherem Trinkwasser. Etwa 80 % der in den Entwicklungsländern auftretenden Erkrankungen werden durch Wasser übertragen. Von den 17 Mio. Menschen, die alljährlich an Typhus erkranken, sterben 600 000. Pro Jahr sterben ca. 5 Mio. Menschen an wasserbürtigen Krankheiten, in der Mehrzahl Kinder. Dass Mängel bei der Überwachung von Trinkwasserwerken auch in hochentwickelten Ländern heute noch zu Epidemien führen können, zeigen die Massenerkrankungen durch den tierischen Einzeller *Cryptosporidium* (Tab. 2.6). Durch direkten Kontakt mit Abwasser wird u. a. die Weilsche Krankheit übertragen, die zu Gelbsucht oder anderen Organschäden führt. Erreger sind schraubenförmige Bakterien der Gattung *Leptospira*.

Stärker gefährdet, vor allem gegenüber virusbedingten Durchfallerkrankungen, sind Besucher von Kläranlagen (HÄNEL 1986). Aerosole können je nach Windstärke bis zu 200 m, maximal 400 m weit getragen werden. Die Tröpfchengröße erreicht ca. 0,5 mm, so dass auch Bakterien verbreitet werden können.

Elimination von Krankheitserregern in Gewässern und Kläranlagen. So gut wie alle Erreger von Infektionskrankheiten des Menschen und der Haustiere gelangen auch ins Abwasser und, bei nicht ausreichender Behandlung, in die Gewässer. Bei der Selbstreinigung im Gewässer, die auch in wirtschaftlich hoch entwickelten Ländern nach wie vor eine wesentliche Rolle spielt (zumindestens bei der Belastung durch Mischwässer bzw. Regenüberläufe), werden Krankheitserreger vor allem durch:
- Suspensionsfresser (tierische Einzeller, Zooplankter, Muscheln, Moostierchen, Süßwasserschwämme),
- Einwirkung der UV-Strahlung,
- antibakteriell wirksame Ausscheidungen von Phytoplanktern oder Unterwasserpflanzen, vielleicht auch von anderen Mikroorganismen,
- Bakteriophagen, d. h. virusähnliche Partikel

in starkem Maße reduziert. Im Winter lässt die Wirksamkeit der Selbstreinigungsprozesse deutlich nach. In vielen Fällen ist die Selbstreinigungskraft der Gewässer auch bei hohen Temperaturen überfordert. Beispielsweise lag 1994 nach WHO-Angaben die Zahl der Cholera-Fälle bei

5,5 Mio. (PERCIFAL, WALKER, HUNTER 2000), die Mehrzahl davon in Asien und Afrika. Hauptursache war die Verwendung von verunreinigtem Wasser für die Bewässerung von Gemüse.

In Belebungsanlagen mit einem normalen Bestand an bakterienfressenden tierischen Einzellern verringern sich die Koloniezahlen pathogener (durchfallerregender) Bakterien in der Regel um 90 bis 98 % (HÄNEL 1986). Dieser Wirkungsgrad reicht für eine Nutzung des gereinigten Abwassers zur Bewässerung von Frischgemüse noch nicht aus. Die Elimination von Keimen bei der biologischen Abwasserbehandlung erreicht vor allem bei niedrigen Temperaturen nicht das wünschenswerte Ausmaß. Dokumentiert sind aber auch Fälle mit sehr hohem Wirkungsgrad (z. B. Abwasserteiche in den Tropen, Kap. 3.4).

Bakterien in Hausinstallationen. Nicht aufbereitetes Trinkwasser enthält eine Vielzahl an Mikroorganismen, darunter auch solche, die eigentlich Gewässerbakterien sind, aber gelegentlich auch Krankheiten beim Menschen hervorrufen. Dazu gehören außer den beiden im folgenden genannten Arten auch Vertreter der Gattungen *Acinetobacter, Aeromonas, Flavobacterium, Arthrobacter, Pseudomonas*. Es ist normalerweise nicht möglich, die Desinfektion bei der Wasseraufbereitung so weit zu treiben, dass das Verteilungssystem völlig bakterienfrei ist. Zumindestens gedeihen die genannten und viele andere Bakterien in den Biofilmen (vgl. Kap. 2.3.1).

- *Mycobacterium avium* ist mit dem Tuberkulose-Erreger verwandt, aber in Gewässern verbreitet. Es kann beim Menschen Durchfallerkrankungen oder Lungenentzündung hervorrufen. Dieses Bakterium verträgt, im Gegensatz zu Darmbakterien wie *Escherichia coli* oder *Campylobacter jejuni*, ziemlich hohe Konzentrationen an Desinfektionsmitteln (LE CHEVALIER et al. 1999). In Gewässern leben auch zahlreiche nicht pathogene Vertreter der Gattung *Mycobacterium*.
- *Legionella pneumophila* wird fast ausschließlich durch Reinwasser-Aerosole im Bereich von Duschen, Bädern, Whirlpools, aber auch von Rückkühlwerken übertragen. Dieses Bakterium ist der Erreger der Legionärskrankheit, einer schweren Lungenentzündung, sowie des Pontiac-Fiebers, welches unter grippeartigen Symptomen verläuft. *Legionella* ist, im Gegensatz zu den Erregern der Durchfallerkrankungen, nicht von Mensch zu Mensch übertragbar. *L.* ist eigentlich ein freilebender Organismus, wächst auch bei Normaltemperaturen, vermehrt sich aber am besten in Biofilmen bei Temperaturen bis 45 °C. Bei Temperaturen über 55 °C sterben die Zellen ab. Eine längere Erwärmung des Wassers auf 60 °C bietet daher in Warmwasserinstallationen eine ausreichende Sicherheit. Bei 70 °C genügen für eine Abtötung einige Sekunden. Allerdings können unzureichend durchströmte Bereiche des Verteilungssystems immer wieder als Infektionsquelle wirken. Als „Vektoren" für die Vermehrung von *Legionella* in Biofilmen spielen auch bestimmte tierische Einzeller (*Acanthamoeba*) eine große Rolle. In diesen Wirtszellen sind sie auch vor einer Einwirkung von Desinfektionsmitteln besser geschützt.

Indikatoren einer Fäkalverunreinigung. Die Eignung eines Oberflächen- oder Grundwassers für die Trinkwassergewinnung wird anhand der Zahl der jeweils vorhandenen bzw. im Labor u. a. auf Spezial-Nährböden nachweisbaren Fäkalbakterien beurteilt.

- *Escherichia coli* gehört neben vielen anderen Bakterienarten zur natürlichen Mikrobenbesiedlung des menschlichen Darms (griech. colon = Dickdarm), kommt dort in sehr großer Zahl vor und gelangt mit Fäkalabwässern in die Umwelt. Der Nachweis von *E. coli* im Wasser und in Lebensmitteln ist ein wichtiger Indikator für fäkale Verunreinigungen.
- **Coliforme**, die Zahl der mit *E. coli* verwandten Bakterien, die auch bei anderen Säugetieren einschließlich Wildtieren vorkommen.
- **Enterokokken (Fäkalstreptokokken)** sind normale Darmbewohner von Mensch und Tier. Sie können auch Harnwegsinfektionen, Wundinfektionen und Herzmuskelentzündung hervorrufen.
- *Clostridium perfringens* ist der Erreger von Gasbrand, einer rasch fortschreitenden toxischen Myonekrose (Muskelzerfall). Es bildet Exotoxine. Weiterhin ist dieses Bakterium ein häufiger Erreger unspezifischer Infektionen sowie von Lebensmittelvergiftungen.

Für die Beurteilung der bakteriologischen Beschaffenheit von Trinkwasser und Badewasser sind die von der Weltgesundheitsorganisation WHO sowie die von der Trinkwasserverordnung vorgeschriebenen Grenz- und Richtwerte maßgebend. Aus Tab. 2.7 ist ersichtlich, welche Koloniezahlen und Konzentrationen der verschiede-

Tab. 2.7 Grenz- und Richtwerte für hygienisch relevante Bakterien im Trinkwasser. Nach TWVO (1990, 1993).

Organismus	Grenzwert	Richtwert (pro ml)
Escherichia coli	in 100 ml nicht enthalten	–
Coliforme Bakterien	in 100 ml nicht enthalten	–
Enterokokken	in 100 ml nicht enthalten	–
Clostridium perfringens	in 100 ml nicht enthalten (einschließlich Sporen)	
Koloniezahl bei 20 °C	–	≤ 100
Koloniezahl bei 36 °C	–	≤ 100
Koloniezahl in desinfiziertem Trinkwasser bei 20 °C	–	≤ 20

nen Fäkalindikatoren im Trinkwasser nicht überschritten werden dürfen.

Elimination von Fäkalindikatoren in einer Trinkwassertalsperre. Der wasserhygienische Wirkungsgrad eines Systems Vorsperre/P-Eliminierungsanlage/Hauptsperre kann am besten anhand von statistischen Verteilungen der Summenhäufigkeiten beurteilt werden (Abb. 2.30). In den mit landwirtschaftlichen und häuslichen Abwässern belasteten Zuflüssen der Wahnbachtalsperre steigen bei Hochwasserabfluss die Keimzahlen (Koloniebildende Einheiten bei 20 °C) von einigen 100 bis 1000/ml auf weit über 100 000 pro ml. An den Kurven kann man nicht nur den Medianwert erkennen, sondern auch die Eintrittswahrscheinlichkeiten von über 99 % bzw. unter 1 %. Die 10 %-, 50 %- und 90 %-Perzentile sind in den Abbildungen als horizontale Linien eingetragen. Man erkennt, dass bereits in der Vorsperre eine deutliche Verringerung vor allem der Coliformen stattfindet. Mit der Gesamtkeimzahl hingegen, die nicht so stark abnimmt, werden auch viele typische Gewässerbakterien mit erfasst. Für die weitere Eliminierung im Gesamtsystem ist nicht allein die zwischengeschaltete P-Eliminierungsanlage für den Zufluss der Wahnbach-Talsperre durch ihre Fällmittelzugabe beteiligt. Auch die lange Verweilzeit des Wassers im Hauptbecken ist

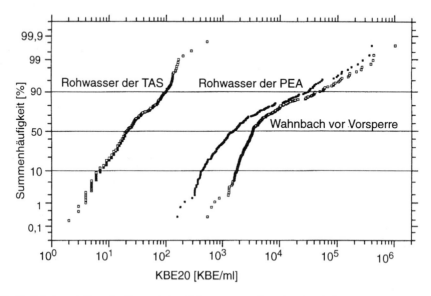

Abb. 2.30 Häufigkeitsverteilung der Gesamtkeimzahl im Zulauf der Vorsperre sowie im Zulauf der Wasseraufbereitungsanlage des Talsperrensystems Wahnbach. An der Keim-Eliminierung sind die Vorsperre, die P-Eliminierungsanlage (PEA) und das Hauptbecken der Talsperre (TAS) beteiligt. KBE: Anzahl der koloniebildenden Einheiten (Keimzahl) bei 20 °C. Nach CLASEN (1998).

maßgebend. Ein wesentlicher Anteil der Bakterien wird wahrscheinlich vom Zooplankton gefressen. Für die Coliformen beträgt die Gesamtelimination mehr als drei Größenordnungen, nämlich 3,1 log (10)-Stufen. Dem hier dargestellten „durchschnittlich" sehr guten Effekt wirkt der gelegentliche Einbruch von trübstoffreichem Wasser nach Starkregen entgegen. Er ist sehr oft mit einem hydraulischen Kurzschluss verbunden, der dazu führt, dass z. B. im Spätsommer kaltes und bakterienreiches Bachwasser das Epilimnion extrem schnell „untertäuft" und binnen weniger Tage bis zum Entnahmebauwerk vordringt. Dies kann mit Hilfe von Trübungsmesssonden zuverlässig erfasst werden. Ein Wasserwerk muss in der Lage sein, auf solche Belastungsstöße rechtzeitig mit Kompensationsmaßnahmen (Veränderung des Entnahmehorizontes, vorübergehende Erhöhung der Dosierung von Fällmitteln, Verstärkung der Desinfektion) zu reagieren.

2.4.2 Erkrankungen durch enterale Viren

Enterale Viren sind Viren, die sich im Darm (griech. enteron) des Menschen vermehren und in Konzentrationen bis 10^{12} infektiöse Einheiten/g Stuhl ausgeschieden werden. Durch Aufnahme kontaminierten Wassers können zahlreiche Arten von humanpathogenen Viren (HPV) übertragen werden (fäkal-oraler Übertragungsweg). Aufgrund der Wirtsspezifität der Viren ist ausschließlich der Mensch Ausgangspunkt einer Infektion. Manche HPV können bereits in sehr geringer Konzentration eine Infektion verursachen. Die Infektionsdosis liegt teilweise nur wenig höher als bei 10 Partikeln, d. h. „infektiösen Einheiten"

(HENNES 1996). In einem Liter unbehandeltem Abwasser können aber bis 80000 infektiöse Viruseinheiten nachgewiesen werden. Die zahlenmäßige Relation zwischen Fäkalbakterien und Viruspartikeln bewegt sich zwischen 400000:1 und > 10 Mio.:1 (BOTZENHART 2000). Dies bedeutet, dass die Partikeldichte in belasteten Oberflächengewässern maximal rund 300/l beträgt, meistens aber nicht mehr als 10/l.

Bei den HPV-Infektionen durch Wasser handelt es sich in der Regel um Durchfallerkrankungen (Gastroenteritis), die oftmals mit Fieber verbunden sind. Auch Erreger von infektiöser Gelbsucht (Hepatitis), der Kinderlähmung (Poliomyelitis) sowie von Hirnhautentzündung (Meningitis) sowie weiteren Viruserkrankungen können durch Trinkwasser übertragen werden. In Tab. 2.8 sind die wichtigsten Arten von trinkwasserrelevanten Viren zusammengestellt.

Die durch HPV verursachten infektiösen Durchfallerkrankungen erreichen nicht selten das Ausmaß von Epidemien. In manchen Jahren werden von den durch Wasser ausgelösten Durchfallerkrankungen mehr als 50% durch Viren verursacht (PERCIFAL, WALKER, HUNTER 2000). Sie haben aber vergleichsweise weniger Todesfälle zur Folge als die bakteriellen Erkrankungen. Für Trinkwasserepidemien mit besonders vielen Erkrankten war bisher meistens das Hepatitis-E-Virus verantwortlich (WALTER 2000). Die große Epidemie in New Delhi (Tab. 2.6) wurde durch Rückstau von stark abwasserbelastetem Flusswasser in einer Hochwassersituation verursacht. In manchen Fällen treten Adenoviren und Echoviren am häufigsten auf, in anderen Rotaviren und norwalkähnliche Viren (DÜRKOP 2000). In Halle/Saale trat 1981 eine hochwasserbedingte Rota-

Tab. 2.8 Durch Trinkwasser übertragbare Viren. Nach DOTT (2000), verändert und R. DUMKE, persönl. Mitt.

Erreger	Übertragungsweg[a]	Überleben/Persistenz im Wasser[b]	Chlorresistenz	relative Infektionsdosis[d]
Adenovirus	o, K, I	+++	+/−	gering
Enteroviren (Polio-, Coxsackie-, ECHO-virus)	o	+++	+/−	gering
Hepatitis A	o	+++	+/−	gering
Hepatitis E	o	?	?	gering
Norwalk virus	o	?	?	gering?
Rotavirus	o	?	?	gering bis mäßig

[a] Übertragungsweg: o oral, I Inhalation, K Kontakt. [b] Überdauern infektiöser Stadien im Wasser (bei 20°C): (+++) länger als ein Monat. +/− Erreger werden bei Anwendung üblicher Desinfektionsmittelkonzentrationen und Kontaktzeiten inaktiviert. ? nicht bekannt oder unsicher. [d] Dosis, die notwendig ist, um bei 50% von gesunden erwachsenen Freiwilligen eine Infektion auszulösen.

virus-Epidemie auf. Dabei wurde eine Brunnengalerie überschwemmt, aus der normalerweise Uferfiltrat und künstlich angereichertes Grundwasser gefördert wurde (WALTER 2000). Die Hepatitis-A-Epidemie in Georgetown, USA, ist wahrscheinlich auf Versickern von Oberflächenwasser nach einem Starkregen zurückzuführen. Dabei gelangten die Viren durch eine Bruchlinie im Kalkgestein in die bis 64 m tiefen Brunnen eines Grundwasserwerkes. Aber auch die direkte Versickerung von Abwasser aus undichten Leitungen und Fäkalgruben könnten beteiligt gewesen sein. Trinkwasser ist nicht die einzige wichtige Infektionsquelle. Als Ursache für Erkrankungen kommen auch Schmierinfektionen, z.B. in Kindereinrichtungen und in Telefonzellen, in Frage. Die epidemiologische Erfassung wasserbürtiger HPV-Infektionen ist mit vielen Unsicherheiten verbunden. Man muss davon ausgehen, dass die günstige Situation in Deutschland hinsichtlich der Erkrankungszahlen teilweise auch aus einer Unterschätzung der tatsächlichen Verhältnisse resultiert. In noch weitaus höherem Maße dürfte dies auf viele andere Länder zutreffen.

Elimination durch Abwasserreinigung, Selbstreinigung und Wasseraufbereitung. Konventionelle mechanisch-biologische Kläranlagen liefern keinen virusfreien Ablauf. Es können mehrere hundert infektiöse Einheiten pro Liter Abwasser in die Umwelt entlassen werden. HPV überdauern im Abwasser und in Gewässern in der Regel länger als Fäkalbakterien. Im Gegensatz zu den Fäkalbakterien sind sie jedoch nicht in der Lage, sich außerhalb ihrer Wirtsorganismen zu vermehren, z.B. in Biofilmen. Sie sind vielmehr darauf angewiesen, den Zellstoffwechsel von geeigneten Wirten „anzuzapfen". Sie zwingen diesen, in großem Umfang Virus-Nukleinsäuren und -Proteine zu produzieren. Einmal im Wasser vorhandene Viruspartikel bleiben über eine lange Zeit infektiös. Damit ist die Voraussetzung für einen Transport in den Oberflächengewässern bzw. eine Migration in Grundwasserleitern gegeben. Ein nicht unerheblicher Anteil der HPV ist, weil an Schwebstoffen adsorbiert, durch eine organische Matrix geschützt, auch gegen die Einwirkung von Desinfektionsmitteln. Bei der Wasseraufbereitung können Virus-Kontaminationen durch Flockungsfiltration, Langsamsandfiltration oder Uferfiltration weitgehend entfernt werden. Durch Flockungsfiltration lassen sich bis zu 99,9 % aller Viren eliminieren (BOTZENHART 2000). Die im Fällmittelschlamm stark angereicherten Partikel bleiben infektiös, was auch bei der Schlammbehandlung (Kap. 3.5.6) berücksichtigt werden muss. Durch Langsamsandfiltration können ebenfalls Eliminationsraten bis zu 99,9 % erzielt werden. Prinzipiell muss aber auf eventuelle Filterdurchbrüche bzw. Kurzschluss-Strömungen geachtet werden. DUMKE (1995) konnte nur in wenigen Uferfiltrat-Proben der Elbe Viren nachweisen, obwohl 95 % aller Proben des Elbwasser selbst viruspositiv waren. Zu vergleichbaren Ergebnissen gelangten u.a. auch HAHN et al. (1996). Ein Trinkwasser, das den bakteriologischen Qualitätsstandards in allen Kriterien genügt, kann durchaus noch Viren enthalten. Die Statistiken über virusbedingte Trinkwasserepidemien sind äußerst lückenhaft.

Nachweis von HPV. Die Viren neigen in „ungeschütztem" Zustand zu einer Adsorption an verschiedenste Oberflächen. Dies wird u.a. für die Virusanreicherung beim Nachweis in Wasserproben methodisch genutzt. Der dafür erforderliche zeitliche und materielle Aufwand ist erheblich. Solche Nachweise können nur von hoch spezialisierten Laboratorien durchgeführt werden. Die Viren müssen dabei aus einem Probevolumen bis zu 1000 l angereichert werden. Bisher hat man im Abwasser schon ca. 140 verschiedene Arten von Viren fäkalen Ursprungs nachgewiesen.

Coliphagen. Ähnlich wie bei der bakteriologischen Gütekontrolle des Wassers werden bei der virologischen Prüfung Indikatororganismen genutzt. Als empfindliche, aber infolge ihrer relativ hohen Konzentration im Wasser auch leicht nachweisbare Indikatoren einer Fäkalverunreinigung durch Viren werden Bakteriophagen eingesetzt. Das sind Viren, welche Bakterien befallen. Bei der Wasseruntersuchung können verschiedene Phagengruppen nachgewiesen werden, die unterschiedliche Bakterien aus dem Darmtrakt von Warmblütern bzw. des Menschen befallen (u.a. *Escherichia coli*). Außerhalb ihrer Wirtsbakterien im Darm können sie sich nicht vermehren. Für den Menschen sind sie ungefährlich. Phagen verhalten sich in der Umwelt ähnlich wie HPV, lassen sich jedoch wesentlich kostengünstiger und schneller nachweisen als diese. Das Verhältnis zwischen HPV und Coliphagen kann mit > 1 : 1000 angenommen werden. Bei negativem Phagenbefund ist die Anwesenheit von HPV demnach außerordentlich unwahrscheinlich. Eine Vermehrung bestimmter Phagen innerhalb ihrer Bakterien-Wirte im Abwasser/Wasser kann jedoch nicht ausgeschlossen werden. In diesem Zusammenhang ist zu beachten, dass Phagen ebenso wie HPV sehr resistent gegenüber Umwelteinflüssen sind, daher auch noch in Wässern und in Situationen vorkommen können, in denen keine bakteriellen Fäkal-Indikatoren mehr nachgewiesen werden.

Die Phagen-Konzentration im unbehandelten Abwasser wird auf Werte von mindestens 10^7 pro ml geschätzt (HENNES 1996). Etwa ein Drittel davon ist an Schwebstoffe gebunden. Selbst in vollbiologisch behandeltem Abwasser kommen die Bakteriophagen noch regelmäßig und in Konzentrationen bis 10^4 pro ml vor. Phagen dringen auch in Belebtschlamm-Bakterien ein, können sich dort vermehren und einen Teil davon abtöten. Der Rückgang der Phagen während des Behandlungsprozesses beruht auf einer Bindung an Belebtschlammpartikel oder Biofilme sowie der Entfernung mit dem Überschussschlamm. Auch Gewässerbakterien unterliegen einem Befall durch Phagen.

2.4.3 Erkrankungen durch tierische Parasiten

2.4.3.1 Einzeller (Protozoen)

An Krankheiten, die durch Abwasser bzw. Wasser übertragen werden, sind drei Gruppen von tierischen Einzellern beteiligt, die Wechseltierchen (Rhizopoden), zu denen parasitische Amöben gehören, die Geißeltierchen (Flagellaten) und die Sporentierchen (Sporozoen).

Parasitische Amöben. Gefährlichster Vertreter ist der Erreger der Amöbenruhr, *Entamoeba histolytica* mit fäkal-oralem Übertragungsweg Die Krankheit ist in vielen tropischen Ländern sehr verbreitet, entsprechend groß dort auch das Infektionsrisiko (vor allem über Bewässerungswasser bzw. Frischgemüse und -obst). In Mitteleuropa spielt die Krankheit kaum noch eine Rolle. Allerdings ist die Gesamtzahl der Personen, die als Keimträger wirken, wahrscheinlich nicht ganz unerheblich. Etwa 8 Gattungen von freilebenden Vertretern der Ordnung Amoebina (Nacktamöben) kommen in Gewässern, im Grundwasser und in Verteilungssystemen vor. In den Biofilmen der Rohrnetze leben sie als Bakterienfresser und können insgesamt eine Dichte von mehreren hundert Zellen pro cm^2 erreichen. Unter ihnen befinden sich einige fakultative Krankheitserreger bzw. -Übertrager. Dazu gehören u. a. einige Arten der in der Umwelt sehr verbreiteten Gattungen *Acanthamoeba* und *Naegleria*. Sie verursachen gelegentlich Entzündungen im Bereich des Gehirns bzw. der Hirnhaut sowie der Hornhaut des Auges. Des Weiteren gibt es zahlreiche Arten von Bakterien, auch krankheitserregende, die in den Zellen von Amöben Schutz finden und sich dort sogar vermehren können. Das bekannteste Beispiel ist *Legionella pneumophila*. Diese Bakterien vermehren sich in Warmwassersystemen, wenn dort die Temperatur nicht hoch genug ist (vgl. Kapitel 2.4.1). Im Allgemeinen besitzen Amöben eine relativ hohe Chlorresistenz und können sich auf Filtermaterialien anreichern.

Geißeltierchen. Als bedenklich gilt eine erhöhte Anzahl der Dauerstadien des Geißeltierchens *Giardia intestinalis*. Dieses besitzt 8 Geißeln (Abb. 2.31-2), heftet sich mit einem Saugnapf an den Zellen der Schleimhaut des Dünndarms fest, verursacht bei Aufnahme mit

Tab. 2.9 Durch Wasser übertragbare tierische Einzeller (Protozoen). Nach WHO aus DOTT (2000), verändert.

Erreger	gesundheitl. Bedeutung	Übertragungsweg	Überleben im Wasser	relative Infektionsdosis
Entamoeba histolytica (Gruppe: Rhizopoden, Wurzelfüßer)	Amöbenruhr	Wasser, Nahrungsmittel o	+	gering
Giardia intestinalis (Gruppe: Flagellaten, Geißeltierchen)	Durchfallerreger	Wasser o	+	gering
Cryptosporidium parvum (Gruppe: Sporozoen, Sporentierchen)	Durchfallerreger	Wasser o	+++	gering

o oral, + kurz, +++ lang.

dem Trinkwasser oder der Nahrung in mehr als 90 % der Fälle Durchfall. Es kann sich im Darm über Jahre halten (Dauerausscheider).

Sporentierchen. *Cryptosporidium* (Abb. 2.31-3) verursacht ebenfalls Darmkatarrhe. In Oxfordshire (Großbritannien) erkrankten 1989 5000 Menschen an Cryptosporidiose. In England war *Cryptosporidium* zwischen 1987 und 1990 stellenweise für mehr als 60 % der registrierten Durchfallerkrankungen verantwortlich (PERCIFAL, WALKER, HUNTER 2000). Wie aus Tab. 2.6 hervorgeht, erkrankten in Milwaukee (USA) 1993 bei einer einzigen Trinkwasserepidemie sogar mehr als 400 000 Menschen. Nach sehr starken Niederschlägen war kontaminiertes Wasser aus einer Großtieranlage durch Regenüberläufe in den Michigansee und dort in das Einlaufbauwerk der Trinkwassergewinnung geraten. *Cryptosporidium* ist vor allem für Personen mit Immunschwäche gefährlich. Ein erkrankter Mensch kann täglich mehr als 100 Mio. Zellen (Oocysten = Dauerstadien) ausscheiden, ein Kalb bis zu 10 Mrd. Im Hauptzufluss einer Trinkwassertalsperre in Nordrhein-Westfalen wurden in einer Hochwasserwelle mehr als eine Cyste pro l Wasser ermittelt (O. HOYER, persönl. Mitt.). Eine solche Konzentration gilt bereits als sehr bedenklich. Es ist anzunehmen, dass die durchfallerregenden tierischen Einzeller in richtig bemessenen und betriebenen Belebtschlammanlagen wie auch in anderen vollbiologischen Anlagen zu einem hohen Prozentsatz eliminiert werden. Eine Vermehrung in den Biofilmen der Verteilungsnetze ist im Gegensatz zu Fäkalbakterien ausgeschlossen. Bei der hygienischen Kontrolle in deutschen Wasserwerken konnten bis jetzt mit Ausnahme von zwei sehr kleinen Anlagen keine relevant erhöhten Zahlen an parasitischen Einzellern nachgewiesen werden. Sie können im Wesentlichen nur bei Havarien in das Reinwassernetz gelangen.

2.4.3.2 Wurmerkrankungen

Maßgebend für deren Anzahl sind vor allem Abwässer von Schlachthöfen sowie Abschwemmungen aus Tierställen (HÄNEL 1986). Bei Untersuchungen an Abwässern kleinerer Gemeinden wurden pro Liter Rohabwasser maximal mehr als 100 Wurmeier gefunden (KNAACK, RITSCHEL 1975), in der Regel ist die Anzahl weitaus geringer. Gegenüber Wurmeiern bzw. -erkrankungen gibt es keine Immunität. Am häufigsten ist mit folgenden (im Darm des Menschen lebenden) Arten zu rechnen:

Fadenwürmer (Nematoden)
- *Enterobius vermicularis* (Madenwurm), besonders bei Kindern auftretend,
- *Ascaris lumbricoides* (Spulwurm, Abb. 2.31-4), vor allem in warmen Ländern noch stark verbreitet,
- *Trichuris trichiura* (Peitschenwurm),
- *Dracunculus medinensis* (Medinawurm), nur in warmen Klimaten, verursacht sehr schmerzhafte Geschwüre an den Beinen, Zwischenwirt (*Cyclops*, Hüpferling, ein planktischer Kleinkrebs) wird mit mangelhaft filtriertem/desinfiziertem Trinkwasser aufgenommen,
- *Ancylostoma duodenale* (Erreger der „Tunnelkrankheit", besonders in wärmeren Ländern, verursacht erhebliche Blutverluste).

Bandwürmer (Cestoden)
- *Taenia solium* (Schweinebandwurm, Abb. 2.31-7),
- *T. saginata* (Rinderbandwurm).

Ausschließlich in den warmen Klimaten relevant (mit Ausnahme der Erreger der Bade-Dermatitis, Kap. 2.5) sind die zu den **Saugwürmern (Trematoden)** gehörenden Pärchenegel
- *Schistosoma haematobium*,
- *Schistosoma japonica*.

Sie sind die Erreger der Bilharziose (Schistosomiasis). An dieser Krankheit leiden mehr als 200 Mio. Menschen. *Schistosoma haematobium* (Abb. 2.31-6) befällt das Harnsystem und die umgebenden Blutgefäße, eine weitere Art, *S. mansoni*, Darm, Leber und Pfortader. Die Infektion mit Wurm-Larven, deren Zwischenwirte kleine Arten von Wasserschnecken sind, erfolgt u. a. beim Baden in Gewässern und beim Arbeiten in Bewässerungsgräben. Die Eier werden von den befallenen Personen massenhaft mit dem Harn oder dem Kot ausgeschieden.

Der Infektionszyklus von Wurmerkrankungen kann durch Rückhaltung der Eier bei der mechanischen Abwasserbehandlung und der Nachklärung unterbrochen werden. Bei der Vorklärung reicht, mit Ausnahme der Bandwurmeier, eine Verweilzeit des Abwassers von 1,5 h aus, um 90 % der Wurmeier zu entfernen (HÄNEL 1986). Bandwurmeier sedimentieren langsamer (0,1 bis 0,2 m/h). Da sich die restlichen Wurmeier im Belebtschlamm anreichern, können sie bei einer gut funktionierenden Nachklärung praktisch zu 100 % entfernt werden. Die Anzahl der Wurmeier ist jedoch mit dem Schwebstoffgehalt im Ablauf

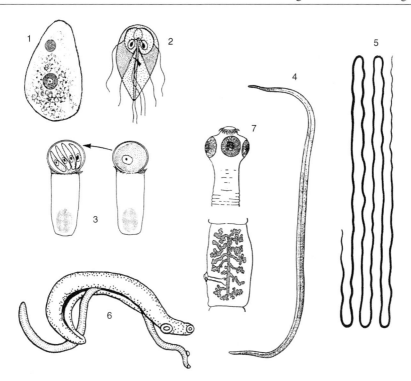

Abb. 2.31 Tierische Parasiten, die häufig durch Wasser oder Abwasser übertragen werden.
1 = Ruhramöbe, *Entamoeba histolytica*, mit gefressenem rotem Blutkörperchen (oben), 2 = Geißeltierchen *Giardia intestinalis*, 3 = Sporentierchen *Cryptosporidium parvum*, Oocysten auf Zellen der Darmschleimhaut, links mit Sporozoiten, 4 = Spulwurm *Ascaris lumbricoides*, Länge bis 40 cm, 5 = Fadenwurm (Medinawurm) *Dracunculus medinensis*, Länge bis 120 cm, 6 = Saugwurm (Pärchenegel) *Schistosoma haematobium*, Weibchen lebt in einer Bauchfalte des Männchens, jeweils 2 Saugnäpfe, 7 = Schweinebandwurm *Taenia solium*, Vorderende mit Hakenkranz und Saugnäpfen, Bandwurmglied mit reifen Eiern, Gesamtlänge bis 8 m, Nr. 1, 5, 6 spielen nur in warmen Klimaten eine wesentliche Rolle. Nach Vorlagen von FIEBIGER (1947), GARDINER et al. (1988), GRANZ, ZIEGLER (1976), ZIEGLER, BRESSLAU (1927).

und dadurch mit dem Schlamm-Abtrieb korreliert. Ein direktes Infektionsrisiko besteht in Europa nur beim Madenwurm und beim Spulwurm, wenn z. B. Klärschlamm in Gemüsekulturen eingesetzt wird.

2.4.4 Entkeimung von potenziell kontaminiertem Trinkwasser

2.4.4.1 Gebot ohne Ausnahme?

Auch bei sehr weitgehender Aufbereitung kann bei einer Trinkwassergewinnung aus Oberflächengewässern auf eine Desinfektion nicht verzichtet werden, es sei denn, die Entnahme erfolgt aus einem oligotrophen (nährstoff- und phytoplanktonarmen) Standgewässer mit anschließender Flockungs- und Kohlefiltration. Ebenso günstige Bedingungen bieten geschützte und tiefe Grundwasserleiter. Nur in solchen Fällen ist auch das Wachstums- und Wiederverkeimungs-Potenzial im Reinwassernetz ausreichend niedrig (PETERSOHN, GROHMANN 2001). In Ländern wie der Schweiz mit einem großen Anteil von gut geschützten Grundwasserleitern werden daraus 80 % des Trinkwasserbedarfs gedeckt (VON GUNTEN 2000). Davon können 48 % völlig ohne und 41 % mit einer einstufigen Aufbereitung (Desinfektion) genutzt werden. In Deutschland und den meisten anderen Ländern ist die Situation weitaus ungünstiger. Hier muss Trinkwasser fast immer desinfiziert werden, weil das Rohwasser den hohen Qualitätsanforderungen nicht genügt.

Die für die Trinkwassergewinnung genutzten Oberflächengewässer enthalten in der Regel Fäkalkeime. Bei unzureichender Beschaffenheit des Rohwassers oder mangelhafter Aufbereitung können Fäkalkeime bis in das Verteilungsnetz gelangen. Die Desinfektion des Trinkwassers hat

primär die Aufgabe, Krankheitserreger abzutöten und ein erneutes Wachstum im Rohrnetz (Wiederverkeimung) zu verhindern. Ein Wasserwerk muss stets auf einen Einbruch von Krankheitserregern vorbereitet sein, z. B. nach Starkregen und nach der Schneeschmelze. Dazu muss selbst bei günstigster Rohwasserbeschaffenheit ein Desinfektionsverfahren in Bereitschaft gehalten werden. Folgende Gründe sprechen dafür, dass Trinkwasser desinfiziert werden muss:
- Nach dem Anspringen von Regenüberläufen gelangt ein Gemisch aus Regenwasser und Abwasser und damit eine große Menge an Fäkalkeimen in die Gewässer.
- Nicht alle Grundwasserleiter sind ausreichend geschützt.
- Manche Keime und besonders Viren können auch in „sauberen" Gewässern sehr langlebig sein.
- Manche der in Leitungsnetzen wachsenden potenziell pathogenen Bakterien wirken nicht unter allen Umständen krankheitserregend, sondern befallen vor allem Personen mit Immunschwäche, Kleinstkinder sowie Personen im hohen Lebensalter.
- Hinsichtlich der Häufigkeit des Auftretens in Wasserverteilungssystemen, der erforderlichen Infektionsdosis, der Widerstandskraft gegenüber Desinfektionsmitteln und eines ausreichend schnellen, zuverlässigen Nachweises bestehen bei vielen potenziell krankheitserregenden Bakterien noch erhebliche Kenntnislücken (PERCIFAL, WALKER, HUNTER 2000).

Eine hygienisch sichere Trinkwasserversorgung ist in der Regel durch einen einzelnen Prozess allein nicht realisierbar. Die mikrobiologische Trinkwasserqualität beruht in der Regel auf dem Multibarrieren-Prinzip, dessen erste Stufe das Gewässer bzw. ein dort eingerichteter Reaktor (z. B. Vorsperre) ist.

2.4.4.2 Chemische Inaktivierung von Bakterien und Viren

Anforderungen aus der Sicht der Wasserhygiene. Aufbereitete Rohwässer sollten stets desinfiziert werden. Dadurch kann das Risiko einer Kontamination mit pathogenen Keimen auf ein noch tragbares Maß verringert werden. Die Resistenz gegenüber allen Desinfektionsmitteln erhöht sich in der Reihenfolge:

Fäkalbakterien < die meisten Viren < Cysten von tierischen Einzellern.

Bei **Fäkalbakterien** reichen normalerweise 0,3 mg/l freies Chlor (in Ausnahmefällen 0,6 mg/l) aus. Glücklicherweise sind die pathogenen Bakterien relativ empfindlich. Bei 0,1 mg/l Chlor wird *Escherichia coli* unter definierten Bedingungen (pH-Wert 6,5) in 0,4 min inaktiviert (BITTON 1994, PERCIFAL et al. 2000). Diese Chlorkonzentration reicht aus, um das Wachstum von *E. coli* zu verhindern, aber nicht für die Beseitigung eines einmal vorhandenen Biofilms. Der Restgehalt in den Endsträngen der Verteilungssysteme soll noch 0,1 bis 0,3 mg/l betragen und damit die Wirksamkeit der Desinfektion anzeigen.

Hinsichtlich der **Viren** kann ein Trinkwasser nach den Richtlinien der WHO auch hinsichtlich der Viren dann als ausreichend behandelt gelten, wenn die Wassertrübung vor der Desinfektion höchstens 1 NTU (Trübungseinheiten) beträgt und freies Cl_2 bei pH 8 über 30 min einwirkt (BOTZENHART 2000). Jedoch ist der für Bakterien genannte Restchlorgehalt unzureichend, um alle vorhandenen Mikroorganismen abzutöten. Selbst wenn er 1 mg/l beträgt, bewirkt er bei hoher Virusdichte offensichtlich keine ausreichende Inaktivierung Bei Poliovirus I benötigt man für einen den Bakterien vergleichbaren Effekt die 10fache Chlordosis und eine vierfach längere Einwirkungsdauer. Enteroviren wurden bei Untersuchungen in Indien noch bei einem Restchlorgehalt des Reinwassers bis 0,8 mg/l nachgewiesen (BOTZENHART 2000). Manche Viren sind gegenüber Chlor extrem widerstandsfähig. Um beispielsweise Norwalk-Viren sicher zu inaktivieren, wären 10–12 mg/l Cl_2 erforderlich (BOTZENHART 2000, PERCIFAL, WALKER, HUNTER 2000). Eine so hohe Konzentration ist aber nicht praktikabel.

Auch die Dauerstadien **parasitischer Einzeller** (Abb. 2.31) können bei den üblichen Chlor-Dosierungen nicht sicher eliminiert werden. Für einen Restgehalt von 1 mg/l Cl_2, also einer im Vergleich zu *E. coli* verzehnfachten Konzentration, beträgt die erforderliche Einwirkungszeit 50 min (BITTON 1994). Für die Elimination von *Cryptosporidium* und *Giardia* ist daher ein sehr hoher Wirkungsgrad der Flockungs- und Filterstufe besonders wichtig.

Die genannten Befunde zeigen, dass eine chemische Desinfektion **allein** bei Trinkwasser kein sicheres Verfahren zur „Hygienisierung" ist. Sie sollte immer nur als Ergänzung zu einer Flockungsfiltration oder Langsamsandfiltration eingesetzt werden.

Wiederverkeimung. Gelangen organische Substanzen bis in das Verteilungsnetz, was bei ungünstiger Beschaffenheit des Rohwassers sehr häufig der Fall ist, erhöht sich dort in Zeiten geringer Wasserentnahme die Zehrung des Desinfektionsmittels und damit das gesundheitliche Risiko (Überleben von Krankheitserregern) für die Verbraucher. Wenn also Leitungswasser über Nacht im Verteilungsnetz steht, geht in der Regel die Desinfektionsmittel-Konzentration auf Null zurück, und das Wachstum der Biofilme (auch der pathogenen Bakterien) wird begünstigt. Das entsprechende Risiko ist hoch, wenn der Gehalt an gelöstem organischen Kohlenstoff (DOC) mehr als 1,5 mg/l beträgt und die Wirkung der Desinfektionsstufe nicht bis in die Endstränge des Verteilungsnetzes reicht. Dabei ist es gleichgültig, woher dieser Kohlenstoff stammt (Algenwachstum, Huminstoffe, Abwässer). Biofilme können auch noch im aufbereiteten Trinkwasser auf Dauer als Nährboden für die Wiederverkeimung mit Fäkalbakterien (*Escherichia coli*) wirken. Sogar für Krankheitserreger wie *Salmonella typhosa* ist eine Vermehrung im Trinkwassernetz erwiesen (E. SCHULZE, persönl. Mitt.). Das Bakterienwachstum im Reinwassernetz wird nicht nur durch noch vorhandene gelöste organische Substanzen gefördert, sondern (bei Kunstoffrohren oder -Auskleidungen) auch durch Weichmacher (z.B. Phthalate) und Lösungsmittel (SCHOENEN 1990).

Auswahl der chemischen Entkeimungsmittel. Folgende Substanzen wirken als Oxidantien und eliminieren auf diese Weise auch gelöste organische Stoffe:
- Ozon,
- Chlor,
- Natriumhypochlorit (NaClO),
- Chlordioxid (ClO_2).

Weitere Oxidationsmittel sind Kaliumpermanganat, Wasserstoffperoxid, Chlorkalk, Chloramin.

Diese Stoffe zerstören Bakterienzellen, speziell Zellwände, Nukleinsäuren, Enzyme, und oxidieren auch die im Wasser noch vorhandenen gelösten organischen Verbindungen. Je höher deren Konzentration, desto größer ist der Bedarf an Entkeimungsmittel. Um Bakterien abzutöten, genügt bei Desinfektion mit Ozon und ausreichend niedrigem DOC-Gehalt schon die Einwirkung von 0,2 bis 0,4 mg/l O_3 über 4 min. Die Relation der Virus-Inaktivierung erhöht sich in der Reihenfolge: Chlor → Chlordioxid → Ozon etwa wie 1 : 10 : 30.

Gegenüber parasitischen Einzellern wirken Chlordioxid und Ozon schneller als Chlor, aber ebenfalls nicht 100%ig.

Wirksame Komponenten: Das Ozonmolekül (O_3) zerfällt in reaktive Sauerstoffatome, Chlor hydrolysiert zu Hypochlorsäure bzw. Hypochlorit:

$$Cl_2 + H_2O \rightarrow HOCl + H^+ + Cl^- \quad (2.23)$$

$$HOCL \rightarrow H^+ + OCl^- \quad (2.24)$$

Die jeweiligen Konzentrationen von $HOCl$ und OCl^- sind vor allem vom pH abhängig. Als besonders günstig für die Desinfektion gilt ein pH-Wert von 6,5.

Desinfektions-Nebenprodukte. Die chemische Desinfektion von Trinkwasser mit Chlor stellt hohe Anforderungen an die vorgeschaltete Eliminierung des organischen Kohlenstoffs. Andernfalls bilden sich bei einer Chlorung Geruchsstoffe („Apothekengeschmack"). Schon ein geringer Rest-C-Gehalt (vor allem Huminstoffe, Phytoplankton) führt zur Bildung von Chloroform bzw. Trihalogenmethan und anderen Organochlorverbindungen. Bei Einsatz von Chlordioxid oder Ozon ist die Trihalogenmethan-Bildung zwar geringer, aber es bilden sich Essigsäure und andere bakteriell gut abbaubare Verbindungen, welche das Bakterienwachstum auf der Reinwasserseite fördern. Die Ausgangsstoffe werden als „Precursoren" bezeichnet. Fast alle Organochlorverbindungen sind gesundheitlich nicht unbedenklich, Trihalogenmethan sogar krebserregend. Das toxikologische Gefährdungspotenzial verstärkt sich bei bestimmten Stoff-Kombinationen (z.B. Trichlormethan und Chlordibrommethan, WEBER, KLOSE, GAUDIG 1999). Trotzdem hat in der Regel die Desinfektion Vorrang, da das Erkrankungsrisiko durch Mikroorganismen höher ist als das durch chemische Schadstoffe. Zu den gesundheitlich bedenklichen Reaktionsprodukten gehört auch das aus Chlordioxid gebildete Chlorit (ClO_2^-). Wenn der DOC-Gehalt nicht ausreichend niedrig ist, entstehen auch beim Einsatz von Ozon für die Desinfektion Nebenprodukte, welche die Wiederverkeimung im Rohrnetz begünstigen. Sie sollten daher durch eine nachgeschaltete Aktivkohle-Filtration entfernt werden.

In manchen Ländern, insbesondere solchen mit trockenem Klima und Mehrfachnutzung der fließenden Welle, werden auch die Abläufe der Abwasserbehandlungsanlagen gechlort. Die Bildung von chlororganischen Verbindungen mit toxischen und krebserregenden Nebenwirkungen wird dabei im Vergleich zur erhöhten Sicherheit durch Ausschaltung der bakteriellen Krankheitserreger und der Viren bewusst in Kauf genommen.

2.4.4.3 Inaktivierung oder Rückhaltung von Keimen

Einsatz von ultraviolettem Licht (UV). Im Gegensatz zu allen chemischen Desinfektionsverfahren bestehen beim Einsatz von UV mit einer Wellenlänge von 240 bis 290 nm keinerlei Probleme mit gesundheitlich bedenklichen Reaktionsprodukten. Jedoch muss die Beschaffenheit des Wassers besonders hohen Anforderungen genügen. Nicht nur Schwebstoffe sollten weitgehend fehlen, sondern auch Gelbstoffe (die das UV besonders stark absorbieren). Dementsprechend darf der DOC-Gehalt nicht wesentlich höher als 2 mg/l sein. Andernfalls entstehen Produkte, welche die Wiederverkeimung im Rohrnetz fördern. In eutrophen Seen beträgt die DOC-Konzentration ca. 10 mg/l, in oligotrophen rund 2 bis 3 mg/l (STEINBERG 2000).

Wie Abb. 2.32 zeigt, wirkt die UV-Strahlung (im Gegensatz zu den chemischen Oxidantien) nicht nur von der Oberfläche her, sondern dringt ins Zentrum der Bakterienzelle ein. Dort wird die DNA angegriffen. Insbesondere die Moleküle der Uracil-Base werden dabei so stark verändert, dass die enzymatischen Reparaturmechanismen nicht mehr wirksam genug sind. Die Zelle kann sich infolgedessen nicht mehr teilen und stirbt ab. Die im Wasser vorhandenen Fäkalbakterien bzw. potenziellen Krankheitserreger müssen ausreichend lange der Strahlung ausgesetzt sein. Erforderlich ist eine Intensität von mindestens 400 J/m². Bei dieser Bemessung sind auch die im Vergleich zu Bakterien wesentlich resistenteren Viren berücksichtigt. Gefordert wird eine Abnahme des Keimgehaltes um vier Größenordnungen, d. h. von 100% auf 0,1%. Das Strömungsmuster, das sich im Bestrahlungsfeld einstellt, ist so kompliziert, dass die verfügbaren Modelle zwar für eine Bemessung des Reaktors ausreichen, der Nachweis der Zuverlässigkeit aber empirisch geführt werden muss. Für die Ermittlung der erforderlichen Mindestbestrahlungsstärke ist eine standardisierte dosimetrische Prüfung mit einer Kultur von *Escherichia coli* erforderlich.

Bei Cysten von parasitischen Einzellern ist eine Inaktivierung durch UV zwar wirksamer als der Einsatz von chemischen Desinfektionsmitteln, aber bei den bisher üblichen Dosierungen auch nicht immer ausreichend.

Membranfiltration. Durch Ultra- bzw. Mikrofiltration kann sowohl bei der Abwasserbehandlung (Kap. 3.3.3), als auch bei der Trinkwassergewinnung (z. B. aus Karstwässern) ein sehr hoher (praktisch 100%iger) Wirkungsgrad der Elimination von Krankheitserregern erreicht werden. Eine Membranfiltration ist auch im Hinblick auf die Rückhaltung der Cysten von parasitischen Einzellern sehr günstig. Es handelt sich um Sieb-Verfahren mit Porenweiten zwischen 0,01 bis 0,1 µm (Ultrafiltration) oder 0,1 bis 1,0 µm (Mikrofiltration). Dabei muss häufig rückgespült werden, je nach System mit Luft oder mit Filtrat. Der einzige wesentliche Nachteil des Verfahrens sind die noch zu hohen Kosten.

2.4.4.4 Vor- und Nachteile verschiedener Inaktivierungsverfahren

Die Vor- und Nachteile der verschiedenen Inaktivierungsverfahren werden aus Tab. 2.10 ersichtlich.

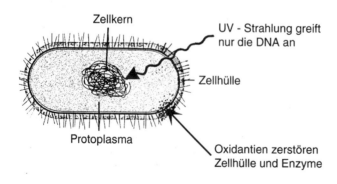

Abb. 2.32 Wirkungsmechanismen der chemischen und der UV-Desinfektion in einem Bakterium. Kombiniert und verändert nach HOYER (1996) und FRITSCHE (2002).

Tab. 2.10 Desinfektionsmöglichkeiten bei der Trinkwasseraufbereitung. Nach Bitton (1994), Percifal et al. (2000), verändert und ergänzt.

Methode	Vorteile	Nachteile
Chlor (Cl_2)	Breites Wirkungsspektrum. Auch in geringer Konzentration noch aktiv, nachhaltiger Effekt. Zerstört auch die Biofilm-Matrix.	Bildung toxischer Nebenprodukte. Geringe Eindringtiefe bei Biofilmen. Risiko der Entwicklung resistenter Bakterienstämme.
Chlordioxid	Aktivität weniger pH-abhängig als bei Cl_2. Auch in sehr niedriger Konzentration noch wirksam.	Explosives Gas. Sicherheitsprobleme. Toxische Nebenprodukte.
Ozon	Gegenüber Cysten höhere Wirksamkeit als Chlor. Zerfall zu Sauerstoff. Zerstört die Biofilm-Matrix.	Oxidiert Bromid zu Bromat. Kann zur Bildung von Epoxiden und mikrobiell leicht abbaubaren Substanzen führen (Gefahr der Wiederverkeimung). Sehr kurze Lebensdauer (< 1 h). Stark abnehmende Wirksamkeit bei höheren Temperaturen. Sehr toxisch, deshalb anschließende Beseitigung erforderlich.
Ultraviolette Strahlung	Sehr wirksame Inaktivierung aller Krankheitserreger (auch Viren). Keine Nebenprodukte. Kein Umgang mit toxischen Chemikalien erforderlich.	Hohe Dosis zur Inaktivierung von Cysten erforderlich. Höhere Betriebskosten im Vergleich zu Chlor. Sehr hohe Anforderungen an die Rohwasserbeschaffenheit bzw. Vorbehandlung (nur sehr geringe Trübung/Färbung).
Ultra- bzw. Mikrofiltration	Bei geeigneter Porengröße 100%ig wirksam, auch gegenüber Viren.	Hohe Kosten.

2.5 Anforderungen an Badegewässer und Badewasser

Beim Badewasser muss zwischen Beckenbädern und Gewässerbädern unterschieden werden.

Beckenbäder. Die hygienischen Anforderungen an Hallen- und Freibäder entsprechen weitgehend denen an das Trinkwasser. Das gilt sowohl für die mikrobiologischen als auch für die physikalischen und chemischen Eigenschaften. Das Wasser muss so beschaffen sein, dass die menschliche Gesundheit nicht durch Krankheitserreger oder chemische Stoffe geschädigt wird (Infektionsschutzgesetz 2000). Auf eine ständige Chlorung von Beckenbadewasser kann nicht verzichtet werden, da auch durch die Badegäste Krankheitserreger ins Wasser gelangen. Insbesondere sind die Grenzwerte für *Escherichia coli* und *Pseudomonas aeruginosa* einzuhalten (DIN 19643, Badewasserkommission 1997). Algenbeläge auf dem Beckenrand, auf Treppen und Sprungtürmen müssen beseitigt werden, weil sie zum Ausgleiten und zu Sturzverletzungen führen können.

Gewässerbäder. Auch für das Baden in natürlichen Gewässern muss das gesundheitliche Risiko so gering wie möglich gehalten werden (Lopez-Pila, Szewzyk 1998). In der entsprechenden Richtlinie 76/160/EWG (Rat der Europäischen Gemeinschaften 1976, überarbeitete Fassung 2000) liegt der Schwerpunkt auf der mikrobiologischen Qualität. Die insgesamt zu erwartenden Belastungen sind in Tab. 2.11 zusammengestellt.

Baden birgt Gefahren für den Menschen, die er durch seine Sinnesorgane nicht zu erkennen vermag. Dies gilt vor allem für die krankheitserregenden Mikroorganismen. Wiederholte Überschreitungen des Grenzwertes für das Indikatorbakterium *Escherichia coli* rechtfertigen das Aussprechen eines Badeverbotes. Die Quellen für die Belastung von Badegewässern sind die gleichen wie die bei Einrichtungen für die Trinkwassergewinnung. Zu den durch die Badegäste selbst eingetragenen Laststoffen gehören vor allem Mikroorganismen und Viren einschließlich Erregern

Tab. 2.11 Gewässerbelastungen und ihre Auswirkungen auf die Badewasserqualität (kombiniert nach UHLMANN, HORN (2001) sowie KLAPPER, persönl. Mitt.).

Belastung	Auswirkungen
Mikrobielle Verunreinigung	Infektionsgefahr durch Krankheitserreger.
Eintrag von Stoffen mit ästhetischer Auswirkung	Ablehnung des Gewässers durch Badegäste.
Phytoplankton-Massenentwicklung	Vegetationsfärbung und Trübung durch Planktonalgen. Als indirektes Maß einer gerade noch tolerierbaren Planktonentwicklung wird eine Sichttiefe (ST) von 1 m gefordert. Als ST gilt die Tiefe, bei der eine weiße Metallscheibe nicht mehr erkennbar ist. Als Leitwert gilt eine ST von 2 m. Badende sollen z. B. Glasscherben unter Wasser erkennen können, Ertrinkende müssen gesehen werden.
Wasserblüten	durch aufrahmende Cyanobakterien. Möglich sind auch schwefelgelbe Schwimmschichten von Kiefernpollen im Frühsommer, später auch von Dauereiern der Wasserflöhe, die wie eine Rußschicht wirken.
Toxinbildung	durch Cyanobakterien (Anatoxin-a, Microcystine), Gefahr direkter Giftwirkung und Hautreizung.
Aufschwimmen	von benthischen Mikroalgen durch Gasblasen bei starker O_2-Produktion („Krötenhäute") und Watten von fädigen Algen.
Sauerstoffhaushalt	extreme Tag-Nacht-Schwankungen.
Anstieg des pH-Werts	bis auf > 9, mit Gefahr von Fischsterben durch Ammoniakbildung.
Massenentwicklung unerwünschter Organismen	Hautreizung und Allergien durch Gabelschwanzlarven (Cercarien) von Saugwürmern oder durch Unterwasserpflanzen.

übertragbarer Krankheiten. In diesem Zusammenhang sind Ausscheidungen aus dem Nasen-Rachen-Raum, dem After, aber auch den Ohren, Schweiß und Hautschuppen zu erwähnen. Die Belastung mit Harn, insbesondere dem darin enthaltenen Phosphat, ist ebenfalls nicht unerheblich und nicht selten die Hauptursache der Eutrophierung von Gewässerbädern. Die Flächenbelastung durch die Badegäste darf nicht so hohe Werte wie in einem Beckenbad erreichen, da als Abbaufaktoren (Selbstreinigung) nur die natürlichen Prozesse wirken bzw. nur eine hohe Erneuerungsrate des Wassers die Belastung kompensieren könnte. In einem stehenden Gewässer darf von den Badenden stets nur ein Teil des Uferbereiches und der Gewässerfläche genutzt werden, der andere Sektor dient der Wasser-Regenerierung.

Eine weitere wesentliche Ursache für Gesundheitsbeeinträchtigungen bilden Massenentwicklungen von planktischen Algen und Cyanobakterien. Sinkt die Sichttiefe unter 1 m und dominieren hierbei Cyanobakterien, so ist ebenfalls die weitere Aufrechterhaltung der Badenutzung bedenklich. In der Regel sind solche Gewässer anhand von „Wasserblüten", d.h. aufrahmendem blaugrünen Schaum (Kap. 2.2.3) oder einer graugrünen Verfärbung leicht erkennbar. Man muss damit rechnen, dass Wasserblüten meistens toxisch sind. In Badegewässern betrifft dies vor allem Microcystine (Kap. 2.2.3.4). Diese Substanzen wirken stark allergen, verursachen Haut- oder Bindehautentzündungen, allergisches Fieber (Heufieber) oder Asthma (STEPÁNEK et al. 1963). Das Schlucken von solchem Wasser beim Baden kann u.a. Gastroenteritis mit Brechdurchfall, auch Leber- oder Lungenentzündung hervorrufen. Starke Hautreizungen und Bindehautentzündung, auch Gastroenteritis, werden außerdem durch *Anabaena* sowie von *Aphanizomenon* und *Planktothrix* (Abb. 2.14) gebildeten Neurotoxine verursacht (CHORUS 1995).

Die in dichten Beständen von Unterwasserpflanzen oftmals in großer Zahl lebenden kleinen Arten von Wasserschnecken sind Zwischenwirte für bestimmte Entwicklungsstadien von Saugwürmern der Gattung *Trichobilharzia*, aus denen die schnell beweglichen und nur etwa 1 mm langen Gabelschwanzlarven (Cercarien) hervorgehen. Diese warten in den Pflanzenbeständen auf einen Wirt, bohren sich dann bei empfindlichen Personen schnell in die Oberhaut ein und verursachen oftmals schon nach wenigen Minuten einen starken Juckreiz, der einige Tage anhält. Charakteristisch für diese **Bade-Dermatitis** ist ein vor allem an Armen und Beinen entstehender, bis drei Wochen anhaltender Ausschlag (Quaddelbildung). Beim Menschen treten aber keine weiteren Schäden auf, er ist für diese Parasiten ein „Fehlwirt" (LIEBMANN 1960). Endwirte der in Badegewässern der gemäßigten Klimate vorkommenden Saugwürmer sind Wasservögel, insbesondere Wildenten.

Sehr viel gefährlicher ist ein Körperkontakt in tropischen Gewässern, und entsprechend dringlich eine wirksame Bekämpfung der dort ebenfalls von Wasserschnecken übertragenen Bilharzia-Krankheit (Schistosomiasis) (Kap. 2.4.3). Eine Übersicht zur Cercarien-Problematik in den gemäßigten Breiten und in den Tropen gibt HOHORST (1983). Bei intensiver Berührung können auch die beidseits zugespitzten Kieselnadeln der Süßwasserschwämme *Spongilla* (Abb. 2.20) und *Ephydatia* in die menschliche Haut gelangen und dort Entzündungen hervorrufen. Ein Hautausschlag, der nur bei besonders empfindlichen Personen auftritt, wird durch die Unterwasserpflanze *Myriophyllum spicatum* (Ähriges Tausendblatt) verursacht (LIEBMANN 1960). Deutlich erkennbare Qualitätsmängel können bei Badegewässern nicht nur durch Plankton-Massenentwicklungen oder zu dichte Bestände an Unterwasserpflanzen verursacht werden, sondern auch durch Algenwatten, die durch Windwirkung bzw. Wellenschlag am Flachufer angetrieben werden und infolge Fäulnis zu Geruchsbelästigungen führen.

Kleinbadeteiche. In den letzten Jahren gibt es zunehmend Versuche, für Badeanlagen in der Dimension von Badebecken statt der seit langem gebräuchlichen Technologie der Wasseraufbereitung naturnahe Verfahren einzusetzen. Man verzichtet also auf Flockung, Filtration und anschließende Desinfektion. Solche ursprünglich für den privaten Bereich entwickelten Anlagen werden nun auch im öffentlichen Bäderbereich erprobt (HÄSSELBARTH 1999; HOFMANN 2000; MÜLLER 2001). Die Reinigung anstelle der sonst üblichen Aufbereitung soll u. a. durch Bodenfilter, Regenerationsteiche oder bepflanzte Uferbereiche erfolgen. Für diesen Bädertyp werden auch andere Bezeichnungen verwendet: Bioteiche, Biobadebecken, Ökobäder und weitere. Eine Gegenüberstellung wesentlicher Eigenschaften von, Gewässerbädern und Kleinbadeteichen zeigt Tab. 2.12.

In Kleinbadeteichen kann die Flächenbelastung durch die Badegäste nahezu die gleichen Werte wie in Beckenbädern erreichen.

Tab. 2.12 Faktoren und Prozesse, welche für die Wasserbeschaffenheit in Bädern maßgebend sind (aus HOFMANN 2000, verändert).

	Gewässerbäder	Kleinbadeteiche	Freibäder
Eintrag von Krankheitserregern	Badegäste, Abwässer, Wasservögel; Fischerei, Umland	Badegäste, evtl. Wasservögel, Umland	Badegäste
Eliminierung von Krankheitserregern	Verdünnung, Absterben, (UV)-Licht, Konkurrenzdruck durch Wasser-Bakterien	Verdünnung, Absterben, (UV)-Licht, Konkurrenzdruck, biologische Reinigungsanlagen	Aufbereitung, Desinfektion
Eintrag von Nährstoffen	Badegäste, Abwasser, Umland	Badegäste, Uferpflanzen, Umland	Badegäste
Eliminierung von Nährstoffen	Export, Sedimentation	Biofilter, Makrophyten, Sedimentabsaugung	Aufbereitung
Eintrag von organischen Stoffen	Abwässer, Bioproduktion, Umland, Badegäste, Fischerei	Bioproduktion, Umland, Badegäste	Badegäste
Eliminierung von organischen Stoffen	Mineralisation, Sedimentation	Biofilter, Sedimentabsaugung	Aufbereitung

3 Leistungen der Organismen in Abwasserbehandlungsanlagen

3.1 Biochemische Grundlagen

Die Inhaltstoffe kommunaler Abwässer stammen zum größten Teil aus Kot, Harn, Speise- und Getränkeresten, die im Wesentlichen leicht abbaubar sind, sowie aus Haushaltchemikalien. Zu den letzteren gehören u. a. Waschmittel und Toilettenreiniger. In den vergangenen Jahrzehnten wurden toxische, schwer abbaubare oder eutrophierend wirkende Inhaltstoffe von Haushaltchemikalien immer mehr durch solche ersetzt, die in biologischen Abwasserbehandlungsanlagen bzw. in mechanisch-chemischen Vorbehandlungsstufen weitestgehend eliminiert werden können.

3.1.1 Mikrobieller Umsatz der organischen Substrate

Insgesamt gesehen stellt häusliches bzw. kommunales Schmutzwasser ein Vielstoffgemisch dar. Neben dem Hauptbestandteil Wasser (99 % H_2O) enthält es eine Vielzahl organischer und anorganischer Verbindungen in gelöster und ungelöster Form.

Im Folgenden sollen wichtige im Abwasser vorhandene Stoffgruppen behandelt werden.

▶ **Kohlenhydrate (Saccharide)**
Kohlenhydrate sind weit verbreitete Naturstoffe. Sie bilden eine Grundlage der Ernährung (z. B. als Stärke) und sind als Biopolymere am Aufbau biologischer Strukturen, z. B. Cellulose, beteiligt. Je nach Zahl der verknüpften Grundbausteine werden Kohlenhydrate in
- Monosaccharide,
- Oligosaccharide (2 bis 10 Monosaccharidmoleküle),
- und Polysaccharide eingeteilt.

Alle Kohlenhydrate sind optisch aktiv, d.h. die Schwingungsebene des linear polarisierten Lichtes wird durch diese Stoffgruppe gedreht. Die Kennzeichnungen „+" und „–" geben die Richtung der Drehung nach rechts beziehungsweise nach links an.

Die **Monosaccharide** sind ihrer chemischen Natur nach Polyhydroxy-Aldehyde (Aldosen) oder Polyhydroxy-Ketone (Ketosen). Nach der Anzahl der Kohlenstoffatome werden Monosaccharide in
- Triosen (Dreifachzucker, C_3),
- Tetrosen (Vierfachzucker, C_4),
- Pentosen (Fünffachzucker, C_5),
- Hexosen (Sechsfachzucker, C_6) eingeteilt.

Die einzelnen Vertreter der Kohlenhydrate werden mit Trivialnamen oder davon abgeleiteten systematischen Namen bezeichnet, die die Endung -ose tragen, z. B. Glucose, Fructose. Das verbreitetste Monosaccharid ist die D-Glucose (Abb. 3.1), deren Phosphorsäureester eine zentrale Stelle im Kohlenhydratstoffwechsel der Zellen einnimmt. Monosaccharide liegen im Allgemeinen in der cyclischen Form vor. Es handelt sich um fünf- oder sechsgliedrige Ringe, die Aldosen, mit der Aldehydgruppe, -C(-H)(=O), im Molekül und die Ketosen mit der Oxogruppe, =C=O, im Molekül.

Glycerinaldyhd ist mit 3 C-Atomen eine von zwei Triosen und besitzt als Aldose ein asymmetrisches Kohlenstoffatom (C-2). Somit gibt es von diesem Monosaccharid zwei Stereoisomere, deren absolute Konfiguration durch Hinzufügen der Vorzeichen D oder L gekennzeichnet wird. Bei den meisten Kohlenhydraten mit mehr als einem Asymmetriezentrum ist für die Zugehörigkeit zur D- oder L-Reihe die Stellung der Hydroxylgruppe des am weitesten von der Aldehyd- bzw. Ketogruppe entfernten asymmetrischen Kohlenstoffatoms entscheidend.

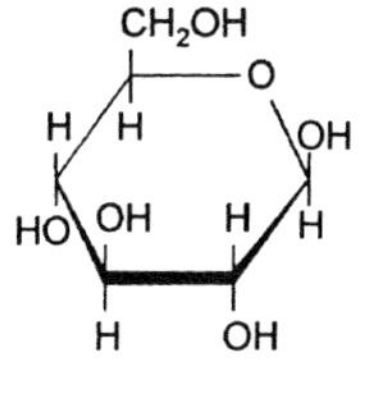

Abb. 3.1 Schreibweise der β-D-Glucose.

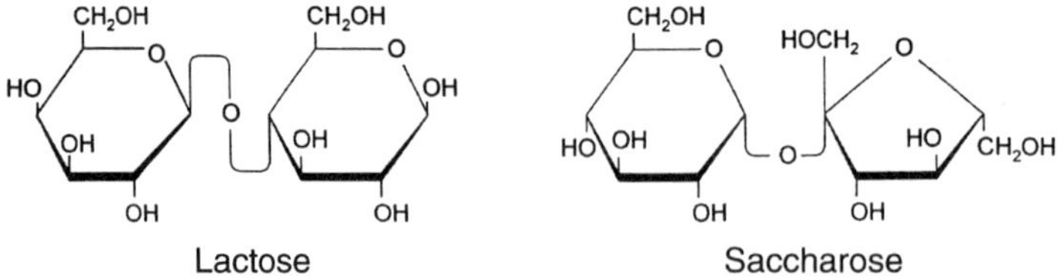

Abb. 3.2 Strukturformeln von häufig vorkommenden Disacchariden.

Lactose   Saccharose

Oligosaccharide werden nach der Anzahl der Monosaccharidmoleküle in Di-, Tri- und Tetrasaccharide unterschieden. Oligosaccharide sind im Tier- und Pflanzenreich weit verbreitet. Am bedeutendsten sind die Disaccharide Lactose (Milchzucker), Saccharose (Rohrzucker, Rübenzucker), Maltose (Malzzucker) und Cellobiose als Baustein der Cellulose (Abb. 3.2).

Polysaccharide sind aus mindestens 10 Monosaccharidmolekülen, insbesondere aus Pentosen und Hexosen aufgebaute polymere Verbindungen. Oftmals enthalten sie aber mehrere tausend Monomereinheiten, wobei diese wie bei den Oligosacchariden miteinander verbunden sind. Polysaccharide, die identische Zuckerbausteine (Monomere) enthalten, bezeichnet man als Homoglycane. Im Gegensatz dazu bestehen Heteroglycane aus unterschiedlichen Monomerbausteinen. Beispiele dieser hochmolekularen Verbindungen sind Stärke, Zellulose, Glycogen und Chitin.

Wasserwirtschaftliche Relevanz. Kohlenhydrate kommen in Gewässern und damit im Rohwasser von Trinkwasser-Gewinnungsanlagen vor allem in Form von Biomasse (Algen, höhere Wasserpflanzen) und (in niedrigen Konzentrationen) als gelöste Stoffwechselprodukte vor. Quellen für Kohlenhydrate in Abwässern sind im kommunalen Bereich u. a. menschliche Ausscheidungen, Toilettenpapier und Speisereste. Nach KOPPE, STOZEK (1999) beträgt der Anfall an gelösten und ungelösten Kohlenhydraten im kommunalen Bereich ca. 18 g/E d. Einleiter von Kohlenhydraten aus Industrie und Gewerbe sind insbesondere Lebensmittelbetriebe (z. B. Molkereien, Brauereien, Zuckergewinnung und -verarbeitung) sowie die Papier- und Zellstoffindustrie. Von den Lebensmitteln bestehen u. a. Haferflocken, Reis und Mehl vorwiegend aus Kohlenhydraten.

Aufgrund der relativ leichten mikrobiellen Angreifbarkeit der niedermolekularen Kohlenhydrate (Mono- und Oligosaccharide) ist bereits im Kanalnetz, insbesondere bei langen Fließstrecken, mit Abbauvorgängen zu rechnen, so dass im Kläranlagenzulauf vor allem die höhermolekularen Verbindungen wie Stärke und Cellulose enthalten sind.

Kohlenhydrate verursachen bei der kommunalen Abwasser- und Schlammbehandlung keine Probleme. In den Vorklärbecken kommunaler Kläranlagen werden ungelöste kohlenhydrathaltige Stoffe wie Papier und kohlenhydrathaltige Lebensmittelreste zurückgehalten. Darüber hinaus findet auch in diesem Bereich der Kläranlage bereits ein Abbau gelöster Kohlenhydrate statt.

Die im Klärschlamm enthaltene Cellulose wird vor allem anaerob (d. h. im Faulraum) abgebaut.

Abbau. Der aerobe enzymatische Abbau der echt gelösten bzw. kolloidalen Kohlenhydrate erfolgt im Rahmen der biologischen Abwasserreinigung (Belebungsverfahren, Tropfkörper, Biofilter) über mehrere Schritte.

Hochmolekulare Kohlenhydrate werden zunächst meistens zu Glucose umgesetzt (durch extrazelluläre Enzyme, z. B. Amylasen, Cellulasen etc.). Der Glucose-Abbauweg beginnt mit der schrittweisen enzymatischen Umwandlung dieses Zuckers in Brenztraubensäure (Pyruvat). Abb. 3.3 zeigt die Bilanz dieser Teilreaktionen, die in ihrer Summe auch als Glykolyse bezeichnet werden.

Im Anschluss daran wird Pyruvat in das für die Initialreaktion des **Zitronensäure-Zyklus**

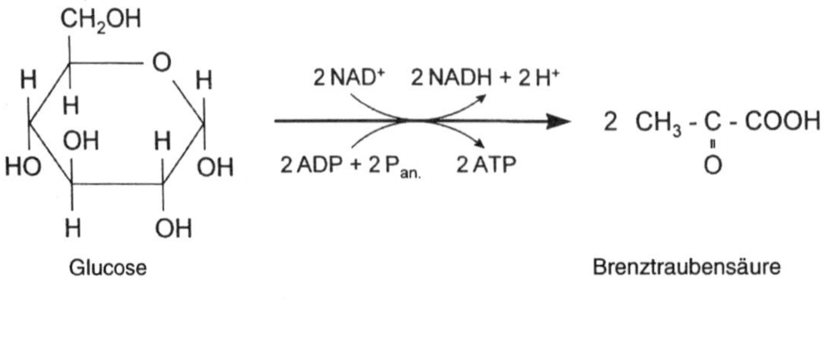

Glucose → 2 NAD^+, $2 \text{ NADH} + 2\text{H}^+$; $2 \text{ ADP} + 2\text{P}_{an.}$, 2 ATP → $2 \text{ CH}_3\text{-C-COOH}$ (Brenztraubensäure)

Abb. 3.3 Enzymatische Umwandlung von Glucose in Brenztraubensäure (Glykolyse).

(Citratcyclus) erforderliche Acetyl-CoA umgewandelt. Der aus dem Pyruvat entstehende Acetatrest ist im Acetyl-CoA über eine energiereiche Thioesterbindung mit Coenzym A verbunden. Die entsprechende Bilanzgleichung mit Abspaltung von CO_2, die als oxidative Decarboxylierung bezeichnet wird, und die Umwandlung von Pyruvat zu Acetyl-CoA kann wie folgt formuliert werden:

$$\text{Pyruvat} + \text{NAD} + \text{CoA-SH} \rightarrow \text{Acetyl-CoA} + \text{NADH}_2 + CO_2 \quad (3.1)$$

Das NAD (Nicotinamid-Adenin-Dinucleotid) ist ein Coenzym, das als Transportvehikel für den bei der Oxidation freiwerdenden Wasserstoff wirkt.

An dieser Reaktion sind insgesamt drei in einem Multienzymkomplex vereinte Enzyme und fünf Coenzyme beteiligt. Die Mineralisierung (Endoxidation) des Acetyl-CoA zu Kohlendioxid und Wasser im Rahmen des Citratcyclus ist Abb. 3.4 zu entnehmen.

▶ **Fette**
Fette, wie auch Öle, sind ihrer chemischen Natur nach Ester des dreiwertigen Alkohols Glycerin mit vorzugsweise längerkettigen Carbonsäuren (Fettsäuren). Je nachdem, ob eine, zwei oder alle drei Hydroxylgruppen des Alkohols verestert werden, entstehen Mono-, Di- oder Triacylglycerine (Abb. 3.5).

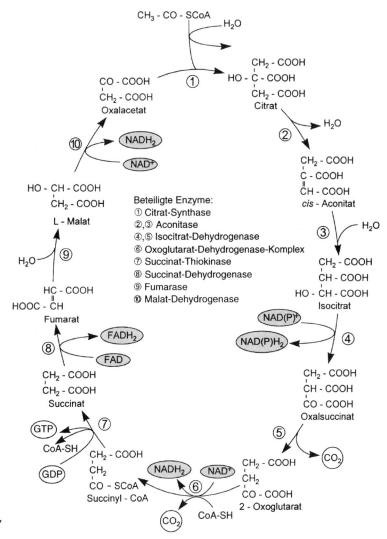

Abb. 3.4 Zitronensäure-Zyklus. Nach FRITSCHE (2002), verändert.

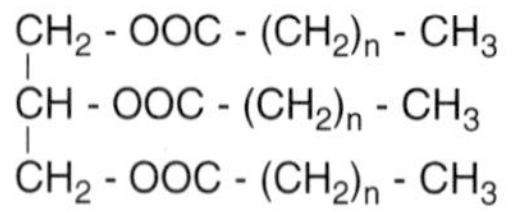

$$\begin{array}{l} CH_2 - OOC - (CH_2)_n - CH_3 \\ | \\ CH - OOC - (CH_2)_n - CH_3 \\ | \\ CH_2 - OOC - (CH_2)_n - CH_3 \end{array}$$

Triacylglycerin

Abb. 3.5 Triacylglycerin als Abbauprodukt von Fetten und Ölen.

Im Gegensatz zu den Fetten sind Öle bei Raumtemperatur im Regelfall flüssig. Die natürlich vorkommenden Fette und Öle bestehen zu etwa 98 % aus verschiedenen Triacylglycerinen. Diese Triacylglycerine tragen keine Ladung und werden deshalb auch als Neutralfette bezeichnet.

Die chemische Vielfalt der Fette ergibt sich aus der hohen Zahl der unterschiedlichen Carbonsäuren, die mit Glycerin reagieren können. Die veresterten Carbonsäuren zeichnen sich durch unterschiedliche Kettenlängen und Verzweigungen aus. Darüber hinaus können sie auch Doppel- bzw. Dreifachbindungen (ungesättigte Fettsäuren) und verschiedene Substituenten enthalten.

Nach ihrer Herkunft unterscheidet man zwischen tierischen und pflanzlichen Fetten. Die natürlich vorkommenden Fette enthalten außer den unterschiedlichen Glycerinsäureestern noch weitere chemische Stoffe in geringen Konzentrationen.

Wasserwirtschaftliche Relevanz. Nach KOPPE, STOZEK (1999) beträgt die Fettausscheidung des Menschen (im Wesentlichen mit dem Kot) etwa 5 g/E d, wobei Art und Menge der aufgenommenen Nahrung diesen Wert beeinflussen.

In kommunalen Abwässern sind noch die Fettanteile zu berücksichtigen, die aus den Speisen über Geschirrspülwässer (insbesondere Gaststätten, Hotels und Krankenhäuser), Waschflotten und aus der Industrie ins Abwasser eingeleitet werden, so dass mit etwa 20 g Fett/E d gerechnet werden muss.

Bedeutende Industrieeinleiter für Fette sind u. a. Schlachthöfe, Hersteller von Wurstwaren, von Wurst- und Fleischkonserven sowie von Fertiggerichten, Betriebe der Fischverarbeitung, Molkereien und Betriebe der Käseherstellung.

Fette sind im Wasser unlöslich; die Dichte beträgt 0,90 bis 0,95 g/cm^3. Liegen Fette feindispers im Abwasser vor, sind sie mikrobiell leicht abbaubar. Der Abbau erfolgt bereits teilweise in der Kanalisation, insbesondere bei langen Fließstrecken. Fette finden sich auch in den Sedimenten abwasserführender Kanäle und an den Kanalwandungen.

Fette und Öle aus gewerblichen und industriellen Abwässern sind am Anfallort durch Leichtflüssigkeits- bzw. Fettabscheider zurückzuhalten. In kommunalen Kläranlagen ist deshalb im Regelfall nicht mit Betriebsstörungen durch diese Abwasserinhaltsstoffe zu rechnen, jedoch besteht bei fetthaltigem Abwasser die Gefahr der Blähschlamm- bzw. Schwimmschlammbildung (z. B. verursacht durch *Microthrix* bzw. *nocardioforme Actinomyceten*).

In kommunalen Kläranlagen sind Fette Bestandteil des Rechengutes, des Vorklär- und des Belebtschlammes. Durch belüftete Sandfänge ist eine weitere Verminderung des Fettgehaltes der Abwässer möglich. Fette werden auch mit dem Schwimmschlamm von den Vorklärbecken abgezogen.

Kolloidal gelöste und emulgierte Fette werden in den biologischen Stufen der Kläranlage problemlos abgebaut bzw. von Belebtschlammflocken oder Biofilmen adsorptiv gebunden. Der mittlere Fettgehalt der Biomasse kommunaler Kläranlagen, bezogen auf den oTS-Anteil, wird von KOPPE, STOZEK (1999) zwischen 7 % und 9 % angegeben. Höhere Fettgehalte weisen auf Einleitungen ungenügend vorgereinigter industrieller Abwässer hin; sie können die Bildung von Schwimmschlamm in der Nachklärung auslösen und die Entwicklung von fädigen Organismen fördern.

Im Rahmen der mechanisch-biologischen Abwasserreinigung werden Fette weitestgehend aus dem Abwasser entfernt, so dass im Ablauf kommunaler Kläranlagen im Regelfall nur noch etwa 5 mg/l lipophile Stoffe gefunden werden. Die Gewässer sind in Deutschland deshalb, von Havarien in Gewerbe- bzw. Industriebetrieben und von Einträgen bei Starkniederschlägen über Regenüberläufe abgesehen, normalerweise kaum mit Fetten und Ölen belastet.

Abbau. Fette werden zunächst außerhalb der Zelle durch Anlagerung von Wasser (Hydrolyse, in diesem Fall durch Lipolyse) mit Hilfe spezieller Enzyme (Lipasen) in Fettsäuren und Glycerin zerlegt. Letzteres kann nach Phosphorylierung und Oxidation zu Dihydroxyacetonphosphat (als Monosaccharid, Triose) in den Fructose-1,6-bisphosphat-Weg (Glykolyse) eingeschleust werden.

Der Abbau der langkettigen Fettsäuremoleküle erfolgt vorzugsweise nach dem Mechanismus der so genannten β-Oxidation.

Aufgrund ihrer langen C-C-Ketten sind Fettsäuren relativ reaktionsträge Verbindungen. Es ist deshalb vor dem Eintritt der Fettsäuren in den Stoffwechsel der Mikroorganismen eine Aktivierung der Carboxylgruppe -COOH erforderlich. Dazu wird ATP benötigt. Die Aktivierung erfolgt durch die Bildung einer energiereichen Thioesterbindung zwischen Coenzym A und der Carboxylgruppe der Fettsäure.

Es entsteht „aktivierte Fettsäure" in Form von Acyl-CoA ($CH_3(CH_2)_nCO$-S CoA). In Abhängigkeit von der Kettenlänge des zu veresternden Fettsäuremoleküls sind hierfür unterschiedliche Enzyme erforderlich.

An den Aktivierungsschritt schließt sich der eigentliche Abbau der Fettsäuren durch so genannte β-Oxidation an, bei dem jeweils zwei Kohlenstoffeinheiten als Acetyl-CoA pro Reaktionszyklus abgespalten und die bei der Oxidation freiwerdenden Elektronen auf FAD bzw. NAD übertragen werden. Die C-C-Spaltung erfolgt jeweils zwischen dem 2. und 3. C-Atom (α- bzw. β-Atom). Um langkettige Fettsäuren vollständig abzubauen, muss dieser Zyklus mehrmals durchlaufen werden. Bei geradzahligen Fettsäuren ist das Endprodukt dieses Abbaus Acetyl-CoA, das zusätzlich in den Citratcyclus eingeschleust werden kann und damit zur ATP-Gewinnung beiträgt.

Die enzymatische Oxidation der Fettsäuren (Abb. 3.4) ist über die beiden Reaktionsschritte der Dehydrierung eng mit der Atmungskette verknüpft. Im ersten Dehydrierungs-Schritt (1) wird der Wasserstoff auf ein Protein übertragen, welches als prosthetische Gruppe FAD enthält. Dieses stellt die Verbindung zur Atmungskette her, also der letzten Stufe des biochemischen Verbrennungsprozesses, bei dem Wasser entsteht und Energie in Form von ATP gewonnen wird. Im zweiten Dehydrierungsschritt werden Reduktionsäquivalente (Elektronen) über das NAD^+ an die Atmungskette übertragen.

Ungeradzahlige Fettsäuren (z. B. Propionsäure, Valeriansäure) werden zunächst wie geradzahlige durch β-Oxidation zu Acetyl-CoA abgebaut. Im Gegensatz zum Abbau geradzahliger Fettsäuren bleibt hierbei pro Mol Fettsäure 1 Mol Propionyl-CoA übrig. Es wird durch das Enzym Propionyl-CoA-Carboxylase zu Methylmalonyl-CoA, einem sehr reaktionsfähigen Abkömmling der Malonsäure carboxyliert und anschließend durch Isomerisierung in Succinyl-CoA umgewandelt. Letzteres stellt ein Zwischenprodukt des Citratcyclus dar (Abb. 3.4).

Der Abbau ungesättigter Fettsäuren erfolgt ebenfalls nach dem Prinzip der β-Oxidation. Aufgrund der vorhandenen Doppelbindungen sind jedoch zusätzliche Reaktionsschritte erforderlich.

▶ **Proteine**

Proteine (Eiweißkörper) sind hochmolekulare organische Verbindungen, die ausschließlich oder überwiegend aus Aminosäuren aufgebaut sind. Die Proteine bilden den eigentlichen Träger der Lebensvorgänge, das lebende Eiweiß der Zelle (Protoplasma). Es kommen schätzungsweise in allen Arten der lebenden Organismen insgesamt etwa 10^{10}–10^{12} verschiedene Proteine vor.

Am Aufbau der Proteine sind 20 Aminosäuren beteiligt, z. B. Alanin, Arginin, Cystein, Histidin, Leucin, Lysin, Methionin (Abb. 3.6). Die Verknüpfung der einzelnen Aminosäuren untereinander erfolgt durch Peptidbindungen (-CO-NH-).

Proteine enthalten im Regelfall mehr als 100 Aminosäure-Moleküle in einer Polypeptidkette. Die Zahl der Kombinationsmöglichkeiten der 20

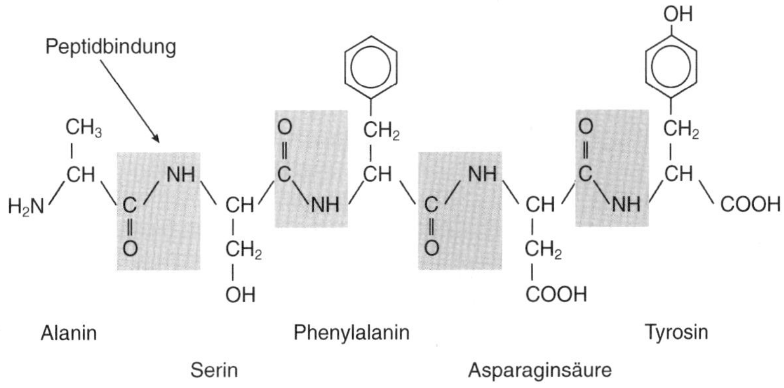

Abb. 3.6 Verknüpfung von Aminosäuren in einem Proteinmolekül.

Alanin – Serin – Phenylalanin – Asparaginsäure – Tyrosin

verschiedenen Aminosäuren in einem Protein-Molekül ist ähnlich groß wie die der Buchstaben unseres Alphabets.

Proteine werden insbesondere nach ihrer biologischen Funktion eingeteilt. Demnach gibt es Struktur-, Transport-, Speicher-, Schutz- und kontraktile Proteine. Letztere besitzen die Fähigkeit sich zusammenzuziehen; sie sind daher Hauptbestandteile der Muskelfasern. Zu den Proteinen zählen auch die Enzyme und Hormone.

Proteine können weiterhin nach ihrer Molekülstruktur und damit nach ihrer Löslichkeit klassifiziert werden. Faserproteine (Skleroproteine) sind unlöslich, globuläre Proteine (Sphäroproteine) wasserlöslich. Letztere sind u. a. in Fleisch, Fisch und Geflügel, in Milchprodukten und damit in den entsprechenden kommunalen und industriellen Abwässern enthalten. Des Weiteren sind in Abwässern pflanzliche Proteine, insbesondere aus Ölsamen, Nüssen sowie Getreide und Mehl, zu berücksichtigen. Nach KOPPE, STOZEK (1999) ist im häuslichen Abwasser mit einem Proteingehalt von etwa 23–45 g/E d zu rechnen.

Da der Stickstoffgehalt der Proteine (durchschnittlich 16%) sehr hoch ist, entstehen beim mikrobiellen Abbau eiweißreicher Abwässer große Mengen an Ammoniak bzw. Ammonium.

In kommunalen Abwässern sowie in den Abwässern der Tierhaltung ist unter den stickstoffhaltigen organischen Verbindungen das Hauptendprodukt des Eiweißstoffwechsels, der Harnstoff, am wichtigsten. Er wird im Kanalnetz, in der Kläranlage oder im Gewässer durch das Enzym Urease zu Ammoniumcarbonat bzw. -hydrogencarbonat umgesetzt.

$$OC(NH_2)_2 + 2H_2O \rightarrow (NH_4)_2CO_3 \quad (3.2)$$

Proteine sind ebenso wie Kohlenhydrate und Fette mikrobiell leicht abbaubar, so dass ebenfalls bereits im Kanalnetz eine Verringerung der Konzentration dieser Stoffgruppe möglich ist. Sofern molekularer und Nitrat-Sauerstoff erschöpft sind, führt dies bei erhöhtem Sulfat- und geringem Eisengehalt zur Bildung von freiem Schwefelwasserstoff und damit zu Geruchsbelästigungen und zur mikrobiellen Schwefelsäurekorrosion in Kanalnetzen.

Koagulierte Eiweiße sind in kommunalen Kläranlagen insbesondere im Rechengut und im Vorklärschlamm enthalten. Unter anaeroben Bedingungen (Faulung) können sie problemlos abgebaut werden. Der meist vollständige Abbau der vorwiegend kolloidal vorliegenden Eiweiße (Ablauf Vorklärbecken) findet in der biologischen Reinigungsstufe der Kläranlage statt.

Abbau. Der mikrobielle Abbau der Proteine zu Aminosäuren erfolgt mittels hydrolytischer Spaltung der Peptidbindung (Proteolyse, Abb. 3.7) durch proteinabbauende Enzyme. Der Abbau erfordert je nach dem Ort der Spaltung innerhalb der Proteinsequenz unterschiedliche Enzyme, die als Endopeptidasen (bzw. Proteinasen) und als Exopeptidasen bezeichnet werden. Endopeptidasen spalten spezifische Positionen der Peptidkette innerhalb des Substratmoleküls. Dabei entstehen zunächst Oligopeptide (bis zu 10 miteinander verknüpfte Aminosäurereste) und Polypeptide (bis etwa 100 miteinander verknüpfte Aminosäurereste), die durch die genannten Enzyme gespalten und bis zu Aminosäuren abgebaut werden.

Im Gegensatz zu den Proteinasen spalten die Exopeptidasen meist einzelne Aminosäurereste nacheinander vom Ende der Proteinsequenz ab. Es sind jedoch auch Exopeptidasen bekannt, die größere Bruchstücke, z. B. Tripeptide, freisetzen.

Freigesetzte Aminosäuren können zum Aufbau zelleigener Proteine genutzt werden. Einige Mikroorganismen sind wie der Mensch auf die Zufuhr bestimmter Aminosäuren angewiesen, da sie keine de-novo Synthese dieser für sie lebensnotwendigen Aminosäuren durchführen können.

Der Abbau der Aminosäuren erfolgt nach unterschiedlichen Reaktionsmechanismen, die nur für

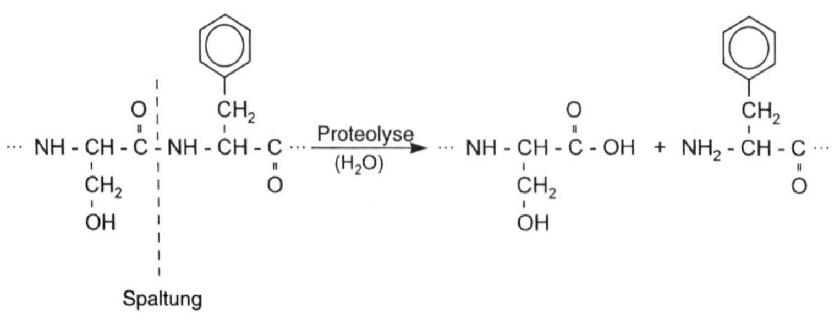

Abb. 3.7 Beispiel für die Bildung von Aminosäuren bei der hydrolytischen Spaltung von Eiweißkörpern (Proteolyse).

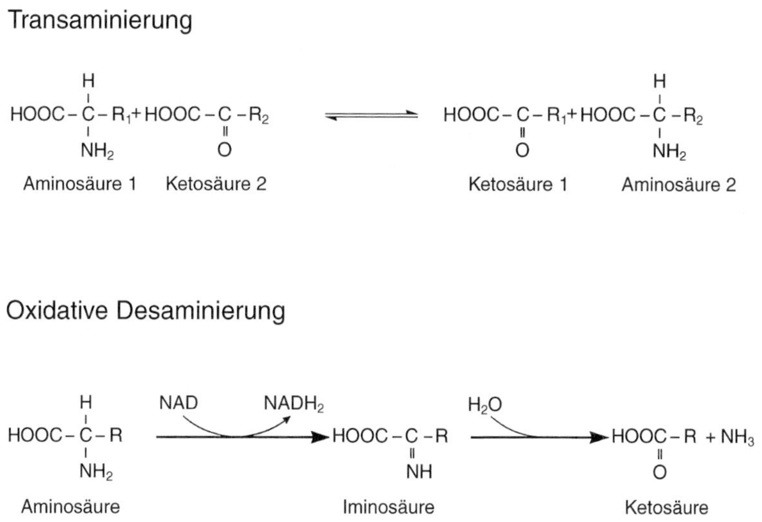

Abb. 3.8 Reaktionsschritte des Abbaus von Aminosäuren.

Transaminierung

$$\text{HOOC}-\underset{\underset{NH_2}{|}}{\overset{\overset{H}{|}}{C}}-R_1 + \text{HOOC}-\underset{\underset{O}{\|}}{C}-R_2 \rightleftharpoons \text{HOOC}-\underset{\underset{O}{\|}}{C}-R_1 + \text{HOOC}-\underset{\underset{NH_2}{|}}{\overset{\overset{H}{|}}{C}}-R_2$$

Aminosäure 1   Ketosäure 2   Ketosäure 1   Aminosäure 2

Oxidative Desaminierung

$$\text{HOOC}-\underset{\underset{NH_2}{|}}{\overset{\overset{H}{|}}{C}}-R \xrightarrow[\text{NAD} \quad \text{NADH}_2]{} \text{HOOC}-\underset{\underset{NH}{\|}}{C}-R \xrightarrow{H_2O} \text{HOOC}-\underset{\underset{O}{\|}}{C}-R + NH_3$$

Aminosäure   Iminosäure   Ketosäure

wenige Aminosäuren gleich sind. Wichtige gemeinsame Reaktionsschritte des Aminosäureabbaus sind die Transaminierung und die oxidative Desaminierung (Abb. 3.8).

Der allgemeinen Gleichung von Transaminierungsreaktionen ist zu entnehmen, dass die Aminogruppe einer Aminosäure auf eine α-Ketosäure übertragen wird, wobei eine neue Aminosäure und eine neue α-Ketosäure entstehen.

Durch diese Reaktion, die durch Aminotransferasen katalysiert wird, werden die Aminosäuren nicht abgebaut, sondern umgebaut. Die Übertragung der NH_2^--Gruppe wird dabei von dem enzymgebundenen Pyridoxalphosphat übernommen, einer vom Pyridoxin (Vitamin B_6) abgeleiteten Verbindung. Die umgebauten Aminosäuren können anderweitig verstoffwechselt werden, z. B. im Citratcyclus (Abb. 3.4).

Bei der oxidativen Desaminierung von Aminosäuren entstehen Ketosäuren und Ammoniak mit Hilfe von Flavinenzymen und Pyridinnucleotidenzymen.

Die α-Ketosäure kann in den Citratcyclus eingeschleust werden und zur ATP-Gewinnung der Zelle beitragen.

▶ **Aliphatische Kohlenwasserstoffe**
Entsprechend der Anordnung der C-Atome werden diese Verbindungen in acyclische (kettenförmige) und cyclische (ringförmige) aliphatische Kohlenwasserstoffe eingeteilt.

In Abhängigkeit von den Bindungsverhältnissen unterscheidet man gesättigte (nur Einfachbindungen) und ungesättigte (auch Zweifach- oder sogar Dreifachbindungen) aliphatische Kohlenwasserstoffe (Abb. 3.9).

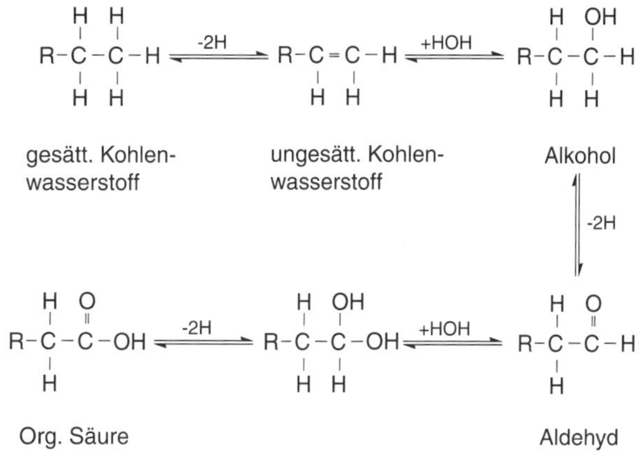

$$R-\underset{\underset{H}{|}}{\overset{\overset{H}{|}}{C}}-\underset{\underset{H}{|}}{\overset{\overset{H}{|}}{C}}-H \xrightleftharpoons{-2H} R-\underset{\underset{H}{|}}{\overset{\overset{H}{|}}{C}}=\underset{}{\overset{}{C}}-H \xrightleftharpoons{+HOH} R-\underset{\underset{H}{|}}{\overset{\overset{H}{|}}{C}}-\underset{\underset{H}{|}}{\overset{\overset{OH}{|}}{C}}-H$$

gesätt. Kohlen-   ungesätt. Kohlen-   Alkohol
wasserstoff   wasserstoff

$\Big\updownarrow$ -2H

$$R-\underset{\underset{H}{|}}{\overset{\overset{H}{|}}{C}}-\underset{}{\overset{\overset{O}{\|}}{C}}-OH \xrightleftharpoons{-2H} R-\underset{\underset{H}{|}}{\overset{\overset{H}{|}}{C}}-\underset{\underset{H}{|}}{\overset{\overset{OH}{|}}{C}}-OH \xrightleftharpoons{+HOH} R-\underset{\underset{H}{|}}{\overset{\overset{H}{|}}{C}}-\underset{}{\overset{\overset{O}{\|}}{C}}-H$$

Abb. 3.9 Mikrobielle Oxidation eines gesättigten aliphatischen Kohlenwasserstoffs (stark vereinfacht).

Org. Säure   Aldehyd

Wasserwirtschaftliche Relevanz. Zur Synthese von Kohlenwasserstoffen sind viele Mikroorganismen (einschl. Algen) und höhere Pflanzen in der Lage.

Natürliche Quellen dieser Stoffgruppe sind insbesondere die durch bio- und geochemische Prozesse entstandenen Vorkommen von Erdöl und Erdgas. Weiterhin werden bei der unvollständigen Verbrennung fossiler Brennstoffe Kohlenwasserstoffe in die Atmosphäre emittiert, die durch Niederschläge in die Gewässer bzw. in das Grundwasser gelangen können. Darüber hinaus sind bei der Aufstellung von Kohlenstoffbilanzen auch die Kohlenwasserstoffe zu berücksichtigen, die durch Biosynthese und durch bakterielle Umsetzungen entstehen, z. B. die Bildung von Oberflächenwachsschichten. Bei solchen Bilanzen muss vor allem auch Methan (CH_4) berücksichtigt werden. Es entsteht als ein Endprodukt der im Schlamm ablaufenden Faulung in Stand- und Fließgewässern, in natürlichen und künstlichen (Reisfeldern) Feuchtgebieten in großen Mengen, aber auch in wassergesättigten Böden und in Grundwasserleitern.

Aliphatische Kohlenwasserstoffe sind u. a. in Abwässern der chemischen und petrolchemischen Industrie, in Abwässern von Tankstellen, Autowaschanlagen, Autoreparaturbetrieben, chemischen Reinigungen sowie in Abwässern der Lack- und Farbenindustrie enthalten.

Das Verhalten aliphatischer Kohlenwasserstoffe im Kanalnetz bzw. in biologischen Kläranlagen ist in erster Linie von der Art der Kohlenwasserstoffe abhängig. Leichtflüchtige Kohlenwasserstoffe können sogar in die Atmosphäre gelangen, höhermolekulare werden an der Biomasse adsorbiert und zum großen Teil oxidativ abgebaut. Gelangen leichtflüchtige Kohlenwasserstoffe, z. B. Benzin, durch Havarien in die Kanalisation, ist mit der Bildung explosiver Benzin-Luft-Gemische zu rechnen.

Die größte Bedeutung für die Gewässergüte besitzen Kohlenwasserstoffe vom Typ C_nH_{2n+2} (Alkane bzw. Paraffine). Besonders problematisch sind chlorierte Derivate, vor allem Lösungsmittel. Sie sind in Fetten und fettähnlichen Substanzen gut löslich, reichern sich leicht in Organismen an und wirken meist toxisch.

Abbau. Methan ist mikrobiell sehr leicht abbaubar, hat dabei aber einen hohen Sauerstoffbedarf.

Während Methan nur von speziell angepassten, aber allgegenwärtigen Arten oxidiert werden kann, welche längerkettige Kohlenwasserstoffe nicht anzugreifen vermögen, besitzen zahlreiche andere Bakterien und Pilze die Fähigkeit, bestimmte Kohlenwasserstoffe (z. B. auch Bestandteile des Erdöls) zu verwerten. Derartige Mikroorganismen lassen sich aus allen Böden und erdölbelasteten Grundwasserleitern isolieren.

Die Alkane sind bis zu einer Kettenlänge von C_{30} mikrobiell abbaubar. Mit weiter zunehmender Kettenlänge nimmt die Abbaubarkeit auf Grund der abnehmenden Bioverfügbarkeit ab (z. B. sind Wachse relativ persistent).

Der Hauptweg des Abbaues der Alkane ist die terminale Oxidation. Durch das Enzym Alkan-Monooxygenase wird eine der endständigen Methylgruppen zum längerkettigen Alkohol oxidiert. Der Alkohol wird über den entsprechenden Aldehyd zur Fettsäure oxidiert. Fettsäuren werden durch die β-Oxidation schrittweise zu C_2-Einheiten abgebaut, die als Acetyl-CoA in den Intermediärstoffwechsel eingehen.

Die Fähigkeit zur terminalen Oxidation ist unter den Bakterien und Pilzen weit verbreitet. Ein anaerober n-Alkan-Abbau ist für sulfatreduzierende Konsortien und für denitrifizierende Pseudomonaden ebenfalls möglich.

Schwer abbaubar sind vor allem chlorierte Verbindungen. Mit der Zahl der Chloratome pro Molekül verringert sich im Allgemeinen die Abbaubarkeit, und die Toxizität nimmt zu.

▶ **Aromatische und heterocyclische Kohlenwasserstoffe sowie ihre Abkömmlinge**

Aromatische Kohlenwasserstoffe sind vom Benzol (C_6H_6) als Grundkörper abgeleitete Ringverbindungen.

Durch Einführung von Hydroxyl-Gruppen entstehen Phenole, z. B. C_6H_5OH, $C_6H_3(OH)_3$. Beispiele für andere wichtige Derivate des Benzols sind Toluol ($C_6H_5CH_3$), Anilin ($C_6H_5NH_2$) und Nitrobenzol ($C_6H_5NO_2$). Bei Chlorbenzolen und Chlorphenolen erhöht sich die Toxizität mit der Zahl der Chloratome, die Abbaubarkeit wird geringer, wobei außerdem die Stellung der Chloratome im Molekül eine Rolle spielt. Unter den Aromaten gibt es auch zahlreiche mehrkernige cyclisch konjugierte Verbindungen (Abb. 3.10).

Heterocyclische Kohlenwasserstoffe enthalten in ihrem Ringsystem außer Kohlenstoff ein oder mehrere Heteroatome, vorrangig Sauerstoff, Stickstoff und Schwefel.

Die biochemische Reaktionsfähigkeit der aromatischen und heterocyclischen Kohlenwasser-

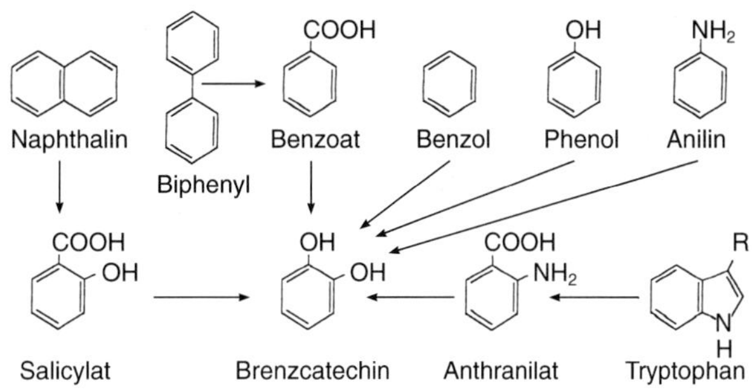

Abb. 3.10 Beispiele für Abbauwege aromatischer Verbindungen, die zum Brenzkatechin führen, kombiniert nach verschiedenen Autoren.

stoffe ist insbesondere von deren strukturellem Aufbau (Anzahl der Ringe, Art und Stellung der Substituenten) abhängig. Relativ leicht werden, mit Ausnahme des Lignins, natürlich vorkommende Verbindungen abgebaut. Schwieriger ist der Abbau synthetischer Aromaten.

Wasserwirtschaftliche Relevanz. Chlorierte aromatische Kohlenwasserstoffe sind u. a. in Abwässern der chemischen, pharmazeutischen und petrolchemischen Industrie, in Abwässern der Kohleveredelung (z. B. Kokereiabwässer), der Papier- und Zellstoffindustrie (Lignin, Chlorlignine, Ligninsulfonsäuren bzw. Sulfitablauge), der Farbstoffherstellung und in Abwässern der Textilveredelung enthalten. Des Weiteren sind chlorierte aromatische Kohlenwasserstoffe Bestandteile von Lösungsmitteln, Desinfektionsmitteln und Bioziden. Sie zeichnen sich in vielen Fällen dadurch aus, dass sie im Rahmen der biologischen Abwasserreinigung äußerst schwer angreifbar sind, z. B. Lignine, Chlorlignine, Farbstoffe der Textilveredelung.

In Abwasserbehandlungsanlagen werden diese Stoffe, soweit möglich, sowohl biochemisch abgebaut als auch durch Adsorption an die Biomasse eliminiert. Von Vorteil sind Reaktoren mit immobilisierter Biomasse, da aufgrund des höheren Schlammalters sich speziell angepasste Mikroorganismen, die oftmals durch geringe Wachstumsraten charakterisiert sind, anreichern können.

Bei der biologischen Reinigung der Abwässer der kohleveredelnden und erdölverarbeitenden Industrie werden auch stabile huminstoffähnliche Endprodukte gebildet. Diese verleihen bei Einleitung in ein Gewässer diesem eine braune Färbung, was in manchen Fällen dessen Nutzungsmöglichkeiten einschränkt.

Viele Schädlingsbekämpfungsmittel, die aromatische Ringe enthalten, sind gegenüber Mikroorganismen sehr widerstandsfähig und reichern sich deshalb im Boden und in Gewässern an. Als äußerst resistent ist in diesem Zusammenhang das in Deutschland verbotene Insektizid DDT (Dichlor-diphenyltrichlorethan) anzusehen.

Chlorphenole und substituierte Chlorphenole zählen zu den organischen Verbindungen, die selbst bei sehr niedrigen Konzentrationen noch am Geruch erkennbar sind, was auch bei der Aufbereitung derartiger Wässer zu Trinkwasser zu berücksichtigen ist.

Die Chlorung biologisch gereinigter Abwässer zur Desinfektion vor der Einleitung in ein Gewässer ist aufgrund der Bildung chlorierter organischer Stoffe umstritten.

Abbau. Die Fähigkeit zum Abbau aromatischer Verbindungen besitzen verschiedene aerobe Bakterien, Pilze und Hefen.

Aromatische Kohlenwasserstoffe werden schwerer als aliphatische Strukturen abgebaut. Es gibt nur wenige Spezialisten, die ein- und zweifach chlorierte Aromaten als Kohlenstoff- und Energiequelle nutzen können. Verbreiteter ist der cometabolische Umsatz zu hydroxylierten Metaboliten (Fritsche 1998).

Es ist ein vollständiger Abbau, eine Mineralisierung, möglich, wenn eine Dehalogenierung der Chloraromaten erfolgt. Die Abbaumechanismen sind unterschiedlich, wobei die Dechlorierung nach Ringspaltung der wichtigste Mechanismus ist (Abb. 3.11). Vor der Ringspaltung erfolgt eine Phenolbildung durch eine Monooxygenase. Eine Dioxygenase spaltet den Ring neben der Hydroxylgruppe.

Bei mehrfach chlorierten Phenolen werden, bevor eine Spaltung und ein weiterer Abbau des aromatischen Ringes erfolgt, zuerst Chlorsubstituenten durch hydrolytische, oxidative oder reduktive Mechanismen abgespalten. Die chlorierten Aromaten zählen zu den besonders persistenten Verbindungen (Schlömann 1992).

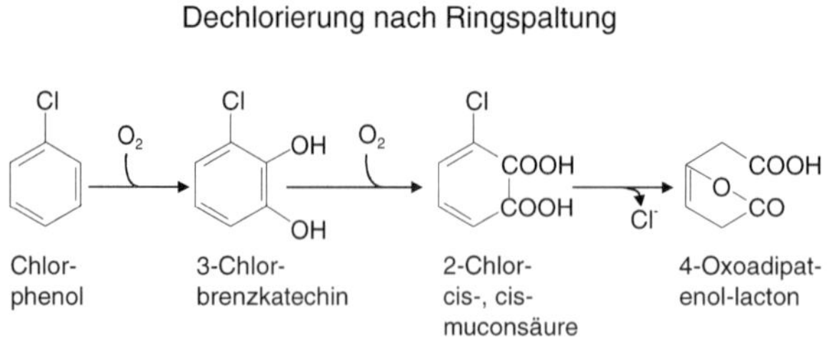

Dechlorierung nach Ringspaltung

Chlorphenol → 3-Chlorbrenzkatechin → 2-Chlor-cis-, cis-muconsäure → 4-Oxoadipatenol-lacton

Abb. 3.11 Beispiel für eine mikrobielle Dechlorierung durch Ringspaltung, kombiniert nach SCHLÖMANN (1994) und WOBUS (pers. Mitteilung).

3.1.2 Abbau der Abwasserinhaltsstoffe

Abwasserinhaltstoffe sollen abbaubar sein und sich in Organismen nicht akkumulieren.

Leider befinden sich viele Stoffe im täglichen Gebrauch, deren Endprodukte gesundheitlich nicht unbedenklich, die aber bei den für biologische Abwasserreinigungsanlagen gültigen Aufenthaltszeiten nicht weiter abbaubar sind. Für viele Chemikalien sind Abbauwege und eventuelle „subakute" Wirkungen noch gar nicht erforscht.

3.1.2.1 Elimination leicht abbaubarer Substrate

Die Verarbeitung eines definierten Substrats, z. B. Glucose oder Acetat, durch eine Bakterien-Reinkultur erfolgt gemäß einer Reaktion nullter Ordnung, also linear (bis zu einer bestimmten Konzentration).

Aber auch bei Mischpopulationen (Belebtschlamm) entspricht der zeitliche Verlauf der Elimination eines Rein-Substrates über einen weiten Konzentrationsbereich einer Geraden (Abb. 3.12a).

Hingegen kann der zeitliche Verlauf des BSB_5-Rückganges in einem belüfteten Standversuch mit Rohabwasser in erster Näherung durch eine exponentielle Abklingkurve, also eine Reaktion erster Ordnung, beschrieben werden (Abb. 3.12b):

$$\frac{dS}{dt} = -K_1 \cdot S \qquad (3.3)$$

Diese Kurve kann man sich aus einer Schar von Geraden zusammengesetzt denken, von denen jede für den Abbau einer bestimmten Komponente kennzeichnend ist. Von den einzelnen Inhaltsstoffen eines Vielkomponentensubstrats werden in der Regel die am leichtesten verwertbaren auch am schnellsten abgebaut (Abb. 3.12c). Allerdings sind Wachstum und Abbauverhalten in einem Gemisch von Substraten auch sehr stark durch deren Mengenverhältnis beeinflusst.

Im Standversuch bestreitet auch in einer Mischpopulation in einer bestimmten Phase jeweils ein Ensemble von Enzymen den Großteil des Umsatzes, unabhängig davon, welche der vorhandenen Arten von Mikroorganismen diesen Beitrag leistet (funktionelle Stabilität). Dadurch ist der zeitliche Verlauf oftmals ähnlich wie in der Reinkultur. Zuerst werden die für das am leichtesten abbaubare Substrat erforderlichen Enzyme aktiviert. Dabei bleibt in der Regel unbekannt, welche Art daran den größten Anteil hat. Die Mischpopulation der Belebtschlammflocke ist demnach als eine Sammlung von Abbauprogrammen bzw. Enzymen zu betrachten, deren Aktivierung vor allem durch die Zusammensetzung des Substratgemisches bedingt ist. Zunächst wird der Abbauweg für das so genannte Primärsubstrat induziert und gleichzeitig die Bildung anderer Enzyme unterdrückt.

Primärsubstrat ist das Substrat, das der jeweils schnellsten Art von Mikroorganismen die höchsten Werte für die spezifische Wachstumsrate μ_{max} bereits bei einem sehr niedrigen Wert für die Halbsättigungskonstante K_S ermöglicht (Gleichung 1.8). Die betreffende Art von Mikroorganismen nutzt das Substrat mit dem höchsten Wirkungsgrad Y aus (1.11), kann also mehr Biomasse produzieren als die konkurrierenden Arten.

Im Gegensatz zum Standversuch und zu einem Chemostaten (einem einfachen Durchlauf-System ohne Rückführung von Biomasse) schaffen der kontinuierliche Betrieb der Belebungsbecken und die ständige Einleitung von Rücklaufschlamm Bedingungen, unter denen sehr viele Arten von Mikroorganismen koexistieren können.

3.1.2.2 Beeinträchtigung des Umsatzes durch toxische Effekte

Die folgenden Ausführungen beziehen sich auf chemische Verbindungen, die bei den Mikroorganismen in Abwasserbehandlungsanlagen Störungen bzw. Schädigungen hervorrufen. Angriffspunkt sind dabei in der Regel die Enzymsysteme.

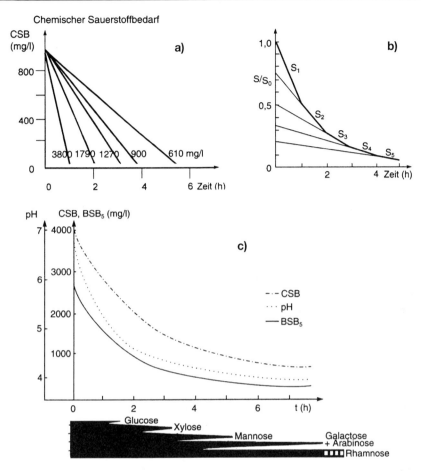

Abb. 3.12 Zeitlicher Verlauf des Abbaus von Reinsubstraten und Substratgemischen durch Mischkulturen (belebter Schlamm) im Standversuch. a) Elimination von Lactose bei unterschiedlichem Anfangsgehalt an Biomasse (Trockenmasse). Verändert nach CHUDOBA aus UHLMANN 1988. b) Schema zur Deutung des oft annähernd exponentiellen Verlaufs der Elimination eines Gemisches $S_1 + S_2 + S_3 + S_4 + S_5$ von Substraten. Verändert nach GRAU, DOHÁNYOS, CHUDOBA aus UHLMANN (1988). c) Abbau eines aus 6 Zuckern bestehenden Substratgemisches. Oben: Summenbestimmung als Chemischer bzw. Biochemischer Sauerstoffbedarf. Unten: Zeitliche Abstufung der Abnahme der einzelnen Substrate. Nach OTTO aus UHLMANN (1988).

Beeinträchtigungen der Reinigungsleistung können auch bereits ohne direkte Schadstoffeinwirkung entstehen. Bei einer starken Überbelastung der Bakterienbiomasse, d.h. bei einem Substratangebot, das die gegebene Kapazität der Enzyme wesentlich übersteigt, wird unter ungünstigen Bedingungen (z.B. pH-Wert-Abfall bei einem Überschuss an organischen Säuren) der Abbau zunächst gehemmt, und zwar um so länger, je größer die Überlastung ist. Eine solche **„Substratüberschusshemmung"** kommt dadurch zustande, dass sich infolge des Überangebots jeweils z.B. zwei Substratmoleküle mit einem Molekül des Enzyms verbinden. Damit ist das „Schlüssel-Schloss-Prinzip" (jeweils nur ein Substrat-Molekül passt in das aktive Zentrum des Enzym-Moleküls) gestört. Für den einfachsten Fall kann man dies folgendermaßen darstellen:

$$E_1 + 2\,S_1 \rightarrow S_1E_1S_1 \qquad (3.4)$$

Das betroffene Enzym-Molekül verliert dadurch seine normale Funktion.

Ein Enzym kann aber auch dadurch blockiert werden, dass ein gebildetes Zwischen- oder Endprodukt P eine bestimmte Konzentration überschreitet und dabei das Enzymmolekül festlegt. Man bezeichnet dies als **Produkthemmung**. Beispiele:

$$E + P \rightarrow EP \quad E_1 + 2P \rightarrow PE_1P \quad (3.5)$$

Werden z. B. beim Abbau gebildete organische Säuren schneller angehäuft, als die weitere Verarbeitung erfolgt, wird der weitere aerobe Abbau durch saure Gärung gehemmt, z. B. in nichtbelüfteten Abwasserteichen der Lebensmittelindustrie. Geschwindigkeitsbestimmend für den Gesamtprozess ist die langsamste Reaktion. Bei der anaeroben Fermentation, z. B. bei der anaeroben Schlammstabilisierung, ist das die Wachstumsgeschwindigkeit der Bakterien mit der niedrigsten Wachstumskonstante. So sind z. B. die Säurebildner raschwüchsig und mit vielen Arten vertreten. Die Methanbildner dagegen sind relativ langsamwüchsig und mit nur wenigen Arten vertreten. In einem Standversuch liegt oft zu Beginn Hemmung durch Substratüberschuss vor, dagegen am Ende Hemmung durch Substratmangel.

Wenn der mikrobielle Abbau in einer Abwasserbehandlungsanlage nach Beimpfung mit geeigneten Organismen wesentlich langsamer verläuft, als dies auf Grund des Angebotes an organischem Kohlenstoff bzw. an potenzieller (chemischer) Energie zu erwarten ist, so kommen dafür die folgenden Ursachen in Frage:

- eine Hemmung der verfügbaren Enzym-Moleküle durch ein Überangebot an Substratmolekülen oder Anhäufung eines Zwischenprodukts,
- eine dem Abbau schwer zugängliche chemische Struktur der betreffenden Verbindung (= Strukturhemmung),
- eine Blockierung von Enzymen oder Zerstörung von Zellstrukturen (z. B. Zellmembran) durch Giftstoffe (z. B. Quecksilberchlorid).

Substrathemmung und Giftwirkung sind oft nur schwer gegeneinander abzugrenzen. Wie Abb. 3.13 demonstriert, gibt es Substanzen, die in hoher Konzentration nicht abgebaut werden können und als Konservierungs- bzw. Desinfektionsmittel einsetzbar sind (wie z. B. Phenol oder Essigsäure), dagegen bei verringerter Konzentration von vielen Bakterien- oder Pilz-Arten relativ leicht abgebaut werden.

Die Gesamtwirkung eines Stoffgemisches lässt sich in der Regel nicht vorhersagen, erst recht nicht der Anteil der einzelnen Substanzen z. B. im Hinblick auf eine Verstärkung oder Abschwächung von Hemmwirkungen. Man muss sich vielmehr mit rein empirischen Ansätzen begnügen und unter Verwendung einer definierten Bezugssubstanz die jeweiligen Anteile von

Förderung – Hemmung – Indifferenz

erfassen. Dabei bedeutet Förderung eine Erhöhung, Hemmung eine Verringerung der Umsatzgeschwindigkeit im Vergleich zur Bezugssubstanz (Abb. 3.13).

Zusätzlich zu den bereits genannten Reaktionen (Gleichungen 3.4 und 3.5) müssen noch zwei weitere erwähnt werden:

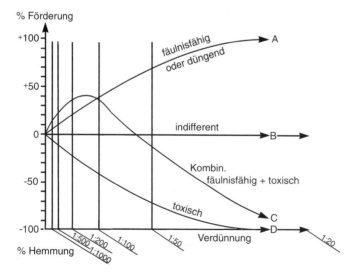

Abb. 3.13 Einfluss zunehmender Konzentration (= abnehmende Verdünnung) eines Abwassers auf dessen biochemische Wirkung. Alle im positiven Ordinatenbereich verlaufenden Kurven kennzeichnen Typ A, alle im negativen Ordinatenbereich verlaufenden Kurven den Typ D. Manche organischen Verbindungen (z. B. Essigsäure, Phenol) wirken gemäß Kurve C in hoher Konzentration toxisch, in niedriger Konzentration als Substrat. Nach KNÖPP aus UHLMANN (1988).

a) Kompetitive Hemmung (Konkurrenzhemmung)

Die kompetitive Hemmung (von latein. competitor = Mitbewerber) tritt ein, wenn zwei Agenzien gleichzeitig das gleiche dritte beanspruchen. Dabei wird ein Enzym dadurch gehemmt, dass sich eine dem normalen Substrat ähnliche Substanz an sein aktives Zentrum bindet und bei genügend hoher Konzentration das Substrat verdrängt.

Hierbei reagiert mit dem Enzym-Molekül E also nicht das Substrat S,

$$E + S \leftrightarrow ES \leftrightarrow E + P \quad (3.6)$$
Enzym + Substrat Enzym-Substrat-Komplex Enzym + Produkt

sondern der Hemmstoff H.

$$E + H \leftrightarrow EH \quad (3.7)$$
Enzym + Hemmstoff Enzym-Hemmstoff-Komplex

Das Produkt EH bedeutet Blockierung des Enzyms durch den Hemmstoff, der eine ähnliche Struktur besitzt wie das Substrat. Beispielsweise beruht die antibakterielle Wirkung von Sulfanilsäure (SS)-Derivaten darauf, dass sich die Zelle durch die Ähnlichkeit der SS mit der Aminobenzoesäure täuschen lässt. Dadurch wird der nicht funktionierende Enzym-„Substrat"-Komplex EH gebildet.

Wird das Masseverhältnis des Substrates gegenüber dem des Hemmstoffes vergrößert, stehen anteilmäßig weniger Enzymmoleküle für eine Reaktion mit dem Hemmstoff zur Verfügung. Die Giftwirkung wird verringert. Die Aufhebung der Hemmung durch Zudosierung des richtigen Substrats ist bei hochbelasteten Belebtschlämmen leichter möglich als bei schwachbelasteten (HÄNEL 1986).

b) Nichtkompetitive Hemmung

Hier kann sich der Hemmstoff mit dem freien Enzym und mit dem Enzymsubstratkomplex verbinden. Der Hemmstoff wird nicht an Stelle des Substrats gebunden und wirkt somit nicht über die Hemmung der Substratbindung (und die Hemmwirkung kann nicht durch Erhöhung der Substratkonzentration verringert oder aufgehoben werden). Hingegen wird durch die Bindung eines nichtkompetitiven Hemmstoffs die Umwandlung des gebundenen Substrats verlangsamt.

Umweltfaktoren wie pH-Wert und Karbonatpufferung können die Wirkung toxischer Substanzen wesentlich verstärken oder abschwächen. Beispielsweise ist freies undissoziiertes Ammoniak (NH_3), dessen Anteil sich bei steigenden pH-Werten wesentlich erhöht, sehr viel giftiger als das Ammonium-Ion (NH_4^+). Einem solchen Anstieg wirkt aber normalerweise die mikrobielle CO_2-Produktion infolge von Abbauprozessen entgegen.

In vielen Fällen werden Enzymreaktionen nicht durch Substrathemmung beeinträchtigt, sondern durch toxische Substanzen, die mit dem zufließenden Abwasser in den Reaktor gelangen. Es muss berücksichtigt werden, dass zwischen „Gift" und „Substrat" gleitende Übergänge bestehen können.

Im folgenden wird die bereits von KNÖPP (1961) vorgeschlagene Definition zugrunde gelegt: „Als Gift bezeichnen wir einen Stoff, der (…) in solchen Konzentrationen gelöst oder emulgiert ist, dass durch ihn die Lebensäußerungen der Wasserorganismen, insbesondere deren Stoffwechselreaktionen, in messbarer Weise gehemmt werden".

Als „sehr giftig" gelten in der biologischen Abwasserbehandlung Substanzen, die bereits bei Konzentrationen von wenigen mg/l toxisch auf Belebtschlamm-Bakterien wirken. Für toxische Substanzen gilt hier meistens eine eindeutige Dosis-Wirkungs-Beziehung.

Die Hemmung der Aktivität von Belebtschlamm durch Zugabe von Substanzen unterschiedlicher Giftigkeit ist in Abb. 3.14 dargestellt.

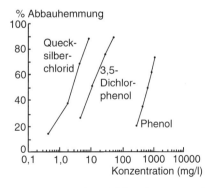

Abb. 3.14 Hemmung der Aktivität (Atmungsrate) des belebten Schlammes durch Zugabe toxischer Substanzen. Verändert nach KLECKA aus UHLMANN (1988).

Tab. 3.1 bietet einen Überblick zu wichtigen Stoffgruppen, deren Einleitung in das Kanalnetz zu Störungen bei der biologischen Abwasserbehandlung, zu Beeinträchtigungen der Gewässerökosysteme sowie der Trinkwassergewinnung und der Gesundheit des Menschen führen kann.

Toxische Wirkungen auf den belebten Schlamm erkennt man an folgenden Symptomen (HÄNEL 1986):
- Verminderung des Abbaus gelöster organischer Substanzen,
- Erhöhung der Trübung im gereinigten Abwasser (Schädigung der filtrierenden Protozoen),
- Verminderung der Nitratbildung (Schädigung der Nitrifikanten).

Der Mechanismus der Giftwirkung beruht sehr häufig auf einer direkten Blockierung (irreversible Hemmung) wichtiger Enzyme. Beispielsweise können SH-Gruppen (des Cysteins) durch Reaktion mit Schwermetallen und Bildung von Metallsulfiden blockiert und damit Enzyme irreversibel gehemmt werden. Aber auch Gifte mit starker Oxidationswirkung führen zur Schädigung bzw. Zerstörung von SH-Gruppen. Das in den Atmungsenzymen (der Cytochromoxidase) gebundene Eisen wird durch Bindung von Cyanid in eine für die Sauerstoffaufnahme unwirksame Form überführt. Die Giftwirkung kann aber auch z. B. durch Schädigung von Membranstrukturen hervorgerufen werden, die für den Stoffaustausch lebensnotwendig sind. Manche Substanzen, z.B. Phenol, führen zur Koagulation und damit zu einer irreparablen Strukturänderung von Proteinen. Auch dann, wenn nicht direkt lebenswichtige Strukturen geschädigt werden, kann eine Giftwirkung vorliegen, etwa durch Inaktivierung wichtiger Hilfsstoffe wie z. B. von Vitaminen. Theoretisch können alle so genannten Xenobiotica (nicht-natürliche Stoffe) jedoch auch durch mikrobiellen Abbau entgiftet werden, wenn geeignete Bedingungen für die

Tab. 3.1 Auswahl von Stoffen, die zu Störungen bei der biologischen Abwasserbehandlung führen können oder die in nur unzureichendem Maße eliminiert werden (Näh. s. RITTMANN, MCCARTY 2001, TERNES 2001). Die Anwendung von Hg, Cd, Furanen, PCB, HCB und Dioxinen ist in Deutschland seit Jahren verboten.

Schwermetalle	(vor allem Kupfer, Cadmium, Zink, Nickel, Chrom, Quecksilber, Blei)
Leichtmetalle	(z. B. Beryllium)
Halbmetalle	(z. B. Arsen, Antimon)
Nichtmetalle	(z. B. Chlor, Cyanid, Schwefelwasserstoff, Ammoniak)
Cyclische Kohlenwasserstoffe	(z. B. Benzen [Benzol], Ethylbenzen, Toluen, Furane)
Chlorierte Kohlenwasserstoffe (oftmals schwer abbaubar)	(z. B. Dichlormethan, Trichlormethan [Chloroform], Trichlorethan, Tetrachlormethan, Tetrachlorethen, Hexachlorbenzen (HCB) und andere Chlorbenzene, Chlorphenole, Vinylchlorid, polychlorierte Biphenyle (PCB), Dioxine
weitere Lösungsmittel und organische Halogenverbindungen	(z. B. Trichlorfluormethan)
Phenole	(z. B. Phenol, Kresol, Hydrochinon)
Nitroverbindungen	(z. B. Nitrobenzen, Nitrophenole, Dinitrotoluen)
Sulfonate	(z. B. Ligninsulfonsäuren)
Nitrile	(z. B. Acrylonitril)
Kondensierte Kohlenwasserstoffe	(z. B. Benzpyren, Benzanthracen, Naphthalin)
Arzneimittelrückstände	Verbindungen mit hormonähnlichen Wirkungen, z. B. Antibiotika, Betablocker, Psychopharmaka, Antiepileptika
Kosmetika	z. B. synthetische Moschus-Duftstoffe, Sonnenschutzcremes (UV-Filtersubstanzen)
Pflanzenschutz- u. Schädlingsbekämpfungsmittel	siehe Tab. 3.2

Anpassung und Auslese von Mikroorganismen existieren.

Viele abwasserrelevante Fremdstoffe, vor allem die Kohlenwasserstoffe, sind hydrophob (wasserabstoßend) bzw. lipidlöslich. Zum Beispiel beginnt der Abbau von Benzol durch Spezialisten damit, dass durch hydrolytische Enzyme (Dioxygenasen) zwei OH-Gruppen eingeführt und dadurch der C_6H_6-Ring gesprengt, d.h. in ein Phenol (z.B. $C_6H_4(OH)_2$, Brenzkatechin) umgewandelt wird.

Das Brenzkatechin ist einem weiteren mikrobiellen Abbau schon viel besser zugänglich. Für den gezielten Abbau von Problemstoffen kommen vorwiegend Gattungen, Arten oder bestimmte Stämme von Bakterien oder Hefen zum Einsatz, die bereits in anderen Anlagen ihre Fähigkeit zum Abbau von im Prinzip ähnlichen Fremdstoffen bewiesen haben oder die man aus Deponien anreichern konnte. In diesem Zusammenhang ist es sogar möglich, neue Stämme zu konstruieren, deren Leistungsspektrum breiter ist als das der bisher bekannten. Diese haben erfahrungsgemäss aber unter Praxisbedingungen wenig Überlebenschancen, da sie von der normalerweise anwesenden Mikroflora verdrängt und vernichtet werden.

Viele schwer abbaubare Verbindungen werden von den Mikroorganismen auf dem Wege des Cometabolismus eliminiert. Sie werden „mit verarbeitet". Gleichzeitig müssen leicht abbaubare Verbindungen als Substrate für das Wachstum (als Energie- und Kohlenstoffquelle) zur Verfügung stehen. Auf diesem Wege können z.B. manche chlorierten oder sulfonierten Kohlenwasserstoffe, die u.a. in Pflanzenschutz- und in manchen Waschmitteln enthalten sind, eliminiert werden.

Ebenso wie das Verschwinden mikrobiell angreifbarer Substanzen in einer Abwasserbehandlungsanlage nicht allein durch biochemischen Abbau bedingt sein muss, sondern auch auf Adsorption an den Schlamm beruhen kann, trifft letzteres auf manche toxischen Substanzen (z.B. viele Schwermetalle) zu. Schwermetalle werden vor allem durch die schleimartigen extrazellulären Substanzen im Bereich der Zellwandungen der Bakterien festgelegt oder in schwerlösliche Komplexe, z.B. mit NH_2- oder COOH-Gruppen, eingebaut (HÄNEL 1986). Auf diese Weise werden manche schwer oder nicht abbaubaren Komponenten im Überschussschlamm und in der Schlammbehandlung angereichert.

In diesem Zusammenhang ist auch zu beachten, dass metallisches Quecksilber unter anaeroben Bedingungen mikrobiell zu extrem toxischen (und fettlöslichen) Alkylverbindungen umgesetzt wird, vor allem zu Methylquecksilber (CH_3Hg^+). Solche Verbindungen können sich in hohem Maße im Fettkörper (u.a. der Fische) und damit in der Nahrungskette anreichern. Besonders gefährlich ist die Anreicherung dieser Verbindungen im fettreichen Zentralnervensystem.

3.1.2.3 Unzureichende Elimination gesundheitsschädigender Substanzen

Zur Zeit dürften ca. 5 Millionen chemische, vorwiegend organische Verbindungen bekannt sein. Jährlich kommen etwa 100 000 neu entwickelte Verbindungen hinzu. Von so genannten Abbauspezialisten verwertbare Verbindungen können unter den Bedingungen in kommunalen Kläranlagen, vor allem wegen der relativ kurzen Aufenthaltszeit des Abwassers, persistent, d.h. nicht abbaubar sein.

Die Aufenthaltszeit ist auf die mikrobiell leicht verwertbaren sowie die an Belebtschlammflocken adsorbierbaren Verbindungen zugeschnitten.

Zum weltweiten Inventar der organischen Verbindungen zählen jedoch nicht nur die zahlreichen Fremdstoffe, die von der chemischen Industrie produziert werden, sondern auch ein sehr breites Spektrum von Naturstoffen. Diese sind längst noch nicht umfassend erforscht, und ihre wirkliche Anzahl wird niemals bekannt werden, weil ein erheblicher Anteil der bis ca. 1900 vorhandenen Arten von Pflanzen, Tieren und Mikroorganismen infolge Verlustes ihrer Lebensräume ausgestorben sein wird, bevor eine Beschreibung der von ihnen gebildeten spezifischen Stoffe möglich war.

Von den bisher bekannten Fremdstoffen und synthetisch herstellbaren Naturstoffen wird nur ein sehr kleiner Anteil tatsächlich produziert und kann so in die Umwelt des Menschen gelangen. Man muss allerdings damit rechnen, dass es theoretisch möglich ist, in Proben aus abwasserbelasteten großen Flüssen weit mehr als 1000 verschiedene organische Verbindungen nachzuweisen. Ausgangsstoff ist dabei meistens das Erdöl, also ein Naturstoff. Mindestens 500 toxische Inhaltsstoffe wurden bisher auch in Abwässern gefunden. Von der Abwasserbehandlung muss prinzipiell gefordert werden, dass die Konzentration von Laststoffen auf ein Maß verringert wird, welches im Gewässer zu keiner Hemmung des Wachstums oder der Vermehrung von Wasserorganismen führt (No-observed-effect concentration, NOEC). Hinsichtlich der zu eliminierenden Laststoffe muss der Wirkungsgrad einer Anlage an folgenden Kriterien gemessen werden können:

- **Abbauverhalten**
  Die Lebensdauer toxischer organischer Substanzen in einer Abwasserbehandlungsanlage hängt vor allem von ihrer Abbaubarkeit ab. In Belebungs- und Festbettreaktoren reicht die Verweilzeit für die Entfernung schwer abbaubarer Verbindungen in der Regel nicht aus.
- **Anreicherung in Wasserorganismen und in Sedimenten**
  Der Biokonzentrationsfaktor BCF (*bio concentration factor*) gibt das Verhältnis der Schadstoffkonzentration im Organismus im Verhältnis zu der im Wasser an.
- **Gesundheitsgefährdung**
  Es bestehen kanzerogene (krebserregende), mutagene (Erbänderungen hervorrufende) oder teratogene (keimschädigende) Wirkungen auf Organismen.
- **Komplexbildung**
  Die komplexierenden Eigenschaften der Stoffe führen zur Freisetzung von partikel- oder sedimentgebundenen Problemstoffen (z. B. toxischen Schwermetallen).

Obwohl bei Waschmitteln und anderen Haushaltchemikalien (z. B. Toilettenreinigern) die Forderung nach besserer Umweltverträglichkeit weitgehend erfüllt werden konnte, befinden sich unter den Tausenden von ganz unterschiedlichen Wirkstoffen und Arzneimitteln, die mit den menschlichen Ausscheidungen ins Abwasser gelangen, viele schwer oder nicht abbaubare. Dies gilt auch für viele Inhaltsstoffe von Kosmetika. Rückstände von Hormonen lösen bei Fischen und anderen Wassertieren u. U. Entwicklungsstörungen aus.

Toxische Wirkungen können sich bei bestimmten Kombinationen von Schadstoffen, z. B. Cyanide und Schwermetalle, Phenole und Rhodanid, verstärken. Unter den Fremdstoffen (vor allem Pflanzenschutz- und Schädlingsbekämpfungsmittel, Arzneimittel, Anstrich- und Lösungsmittel, Industrie- und Haushaltchemikalien) gibt es auch zahlreiche toxische, die mikrobiell nicht abbaubar sind. Früher nahm man an, dass dies z. B. für alle chlororganischen Verbindungen zutreffen würde. Inzwischen hat man gelernt, dass es Mikroorganismen (auch Pflanzen und sogar Tiere) gibt, die über Enzyme zur Synthese und zum Abbau von bestimmten organischen Chlorverbindungen verfügen.

Sehr viele Fremdstoffe wirken gegenüber Belebtschlämmen erst in sehr hoher Konzentration toxisch, sofern es sich nicht um bakterientötende Mittel oder um Komponenten mit toxischem Schwermetallanteil als Wirkungszentrum handelt.

Da z. B. manche Schädlingsbekämpfungsmittel wie die synthetischen Pyrethroide bestimmten Naturstoffen (Wirkstoffe einer *Pyrethrum*-Art) nachempfunden sind, sind mitunter die Übergänge zwischen Fremdstoffen und Naturstoffen gleitend. Polyzyklische aromatische Kohlenwasserstoffe (PAK, z. B. 3,4-Benzpyren, 3,4-Benzfluoranthen) gehören an sich zu den „naturnahen" Stoffen, wirken aber teilweise stark krebserregend. Die Eliminationsrate in Belebungsanlagen beträgt ca. 85 % (HÄNEL 1986), was aber offenbar vor allem auf Adsorption beruht.

Bei manchen Verbindungen, vor allem den im folgenden genannten, sind berechtigterweise die Anforderungen an den Wirkungsgrad der Abwasserbehandlung (einschließlich der Behandlung von Mischwässern aus Regenüberläufen) außerordentlich hoch. Für toxische Industriechemikalien muss eine Vermeidung oder eine Entfernung aus dem Abwasser noch vor Einleitung in die Kanalisation gefordert werden.

Toxische Schwermetalle. Ihre Elimination in einer Anlage ist von einer Vielzahl von Randbedingungen abhängig. Beispielsweise wirkt ein hoher Hydrogenkarbonatgehalt des Abwassers stark puffernd. Zur Immobilisierung und damit Inaktivierung von Schwermetallen bei der Abwasserentsorgung tragen des Weiteren bei (HÄNEL 1986):

- Bildung von Hydroxiden, z. B. für Fe^{3+}, Al^{3+},
- Bildung von Schwermetallsulfiden,
- Bindung an eine organische Matrix, insbesondere an extrazelluläre polymere Substanzen (EPS, Kap. 2.3.1). Die Wirksamkeit nimmt erwartungsgemäß mit dem Massenverhältnis EPS/Schwermetalle zu.
- Einbindung in andere schwerlösliche oder auch lösliche (Chelat-Bildung) organische Komplexe.

Organische Fremdstoffe. Die von ihnen ausgehenden Gefahren für die Gesundheit des Menschen und der Gewässerökosysteme sind noch nicht völlig erforscht. Bis jetzt ist wenig darüber bekannt, welche dieser Verbindungen bei der Abwasserreinigung nicht mit ausreichend hohem Wirkungsgrad entfernt werden. Einer weitaus stärkeren Berücksichtigung als bisher bedarf vor allem der Nachweis langfristig wirkender chronischer Schäden, die durch Rückstände von Arzneimitteln, aber auch von bisher zu wenig berücksichtigten Industriechemikalien (z. B. organische Zinnverbindungen) entstehen können.

Pflanzenbehandlungs- und Schädlingsbekämpfungsmittel (PSM) gelangen nicht vorrangig aus Produktionsabwässern, sondern vor allem aus diffusen (nicht-punktförmigen) Quellen in die Gewässer und werden daher von der Abwasserreinigung nur in geringem Umfang erfasst.

Bei Produktionsabwässern sind die mit der Entfernung von Schädlingsbekämpfungs- und Pflanzenschutzmitteln verbundenen Anforderungen an den Wirkungsgrad der Abwasserbehandlungsanlage berechtigterweise sehr hoch. Manche von diesen „biologisch aktiven" Substanzen greifen im Gewässer noch in fast unvorstellbar niedrigen Konzentrationen in den Entwicklungszyklus von empfindlichen Wasserinsekten (Steinfliegen, bestimmte Eintagsfliegen) ein. Daher können „nicht-akute" Wirkungen (z. B. Verringerung der Vermehrungsrate; Störungen des Reaktionsvermögens, welche die Konkurrenzfähigkeit schwächen) allein schon ausreichen, um eine Art im Laufe längerer Zeiträume zum Verschwinden zu bringen. Besonders empfindlich sind in der Regel die Eier bzw. die Larvenstadien. Allein in einem so relativ kleinen Land wie der Schweiz gelangen alljährlich ca. 1500 Tonnen von Pflanzenbehandlungs- und Schädlingsbekämpfungsmittel in die Umwelt (VAN DER MEER 2000). Sie gelangen in Spuren teilweise bis in das Grundwasser, wo für ihren Abbau eine relativ lange Zeit zur Verfügung steht. Einige sind aber auch dort nur sehr schwer abbaubar, z. B. Atrazin und Hexachlorcyclohexan. Allerdings wurde, wenn sehr lange Zeiten zur Verfügung standen, auch bei diesen beiden Verbindungen eine Elimination beobachtet, nachdem sich spezialisierte Bakterien entwickelt hatten. Andere Pflanzenbehandlungs- und Schädlingsbekämpfungsmittel werden von bestimmten Bakterienarten relativ schnell verwertet. Beim Abbau des Herbizids 2,4 D (2,4-Dichlorphenoxyessigsäure) kann allerdings 2,4-Dichlorphenol entstehen, das nicht weiter abgebaut wird und außerdem toxisch ist. Andererseits ist häufig bei Bakterien, die nicht aktiv sind, eine bestimmte Konzentration des Schadstoffs bzw. ein minimaler Massenstrom im Bereich der Zellmembran erforderlich, damit überhaupt die Enzyme aktiviert werden können.

Die Tab. 3.2 vermittelt einen Überblick der wichtigsten gesundheitsrelevanten PSM.

Tab. 3.2 Pflanzenschutz- und Schädlingsbekämpfungsmittel sowie Industriechemikalien, die bei der Behandlung von Mischwässern anfallen können und sich auf die Gesundheit des Menschen sowie der Tiere in den Gewässern auswirken. Mit freundlicher Genehmigung nach DOTT (2000), verändert.

Herbizide	Fungizide	Insektizide	
Halogenierte Phenoxicarbonsäuren, z.B. 2,4-Dichlorphenoxiessigsäure (2,4 D) Heterocyclen mit 3 Hetero-Atomen: Triazine, z. B. Atrazin, Simazin Harnstoffherbizide (Phenylamide)	Benomyl Maneb Tributylzinn und weitere Organozinnverbindungen Thiram	Hexachlorcyclohexan (HCH, Lindan) Chlordan DDT/Metaboliten Endosulfan Heptachlor/H-epoxide Organophosphorverbindungen z.B. Malathion, Parathion	Methomyl Methoxychlor Mirex Oxychlordan Synth. Pyrethroide Toxaphen Trans-nona-chlor

Nematizide	Industriechemikalien		
Aldicarb	Cadmium Blei Methylquecksilber	Dioxine polychlorierte Biphenyle (PCB) Pentachlorphenol (PCP) Phthalate Styrene	

Insektizide, Fungizide, Nematizide: Mittel zur Bekämpfung von Insekten, Pilzen, Nematoden (Fadenwürmern). Herbizide: chemische Unkrautbekämpfungsmittel.

In Deutschland seit Jahren verboten sind die folgenden Pestizide: Aldrin, Atrazin, Chlordan, DDT, Dieldrin, Endrin, Heptachlor, Mirex, Toxaphen, Hexachlorbenzol (HCB). Das auch von den Vereinten Nationen geforderte Verbot ist allerdings noch längst nicht weltweit durchgesetzt.

Stoffe mit hormonähnlichen Wirkungen. In Bezug auf die menschliche Gesundheit ist nicht nur der Verbleib jener biologisch aktiven Substanzen von vorrangigem Interesse, die potenziell zu
- Krebserkrankungen,
- Erbänderungen oder
- Keimschädigungen

führen können, sondern auch von solchen, die das
- Immunsystem schädigen oder
- die sich durch hormonähnliche Wirkungen (Tab. 3.3) auszeichnen. Dazu gehören auch die Xenoöstrogene, also solche, bei denen die hormonelle Aktivität prinzipiell als unbeabsichtigte Nebenwirkung auftritt (z. B. Bisphenole, Nonylphenol).

Es handelt sich bei letzteren um Substanzen, welche bereits dadurch die Intaktheit des Gewässerökosystems beeinträchtigen, dass sie schon in äußerst niedrigen Konzentrationen schwerwiegende Entwicklungsstörungen bei bestimmten Fischen und wirbellosen Tieren hervorrufen.

Dies betrifft Wirkungen auf Verhalten, Wachstum, Fortpflanzung von tierischen Wasserorganismen. Es existiert eine lange Liste von Stoffen, welche im Tierversuch den Wirkungsmechanismus von Sexualhormonen stören können. Östrogene Verbindungen führen zu einer stärkeren Ausprägung weiblicher, androgene zu einer stärkeren Ausprägung männlicher Geschlechtsfunktionen, -organe, -merkmale. Es ist nicht auszuschließen, dass solche hormonähnlich wirkende Substanzen sogar bis ins Trinkwasser gelangen, z. B. auf dem Wege der Uferfiltration. Bei der Aufbereitung können allerdings viele von ihnen mit Aktivkohle entfernt werden.

Organische Zinnverbindungen wie Tributylzinn (TBT), die wegen ihrer Bakterien tötenden Wirkung u. a. in Schutzanstrichen für Schiffe und

Tab. 3.3 Substanzen mit relevanter endokriner Wirkung beim Menschen, die in Abläufen von Kläranlagen nachgewiesen wurden. Mit freundlicher Genehmigung nach Dott (2000), verändert.

Substanz	Verwendung	Belastung
17-α-Ethinylestradiol	Kontrazeptivum	Keine Angaben verfügbar
Alkylphenole	Herbizide	Keine Angaben verfügbar
Bis-phenol A	Herstellung von Polycarbonaten und Epoxydharzen	Keine Angaben verfügbar
Phthalate	Weichmacher	geschätzte tägliche Aufnahme 0,012–0,025 µg/kg Körpergewicht? (USA)
Butylhydroxyanisol	Antioxidans	geschätzte tägliche Aufnahme 0,13 mg/kg Körpergewicht (USA) Gehalt im Fettgewebe 0,01 mg/kg Körpergewicht (Kanada)
DDT	Insektizid. Extrem schwer abbaubar. Anreicherung in der Nahrungskette. In Deutschland seit 1972 verboten, aber noch immer weltweit verbreitet	Speicherung im Fettgewebe von Warmblütern, auch in der Muttermilch.
Polychlorierte Biphenyle (PCB)	Transformatorenflüssigkeit, Weichmacher, Imprägnier-, Kühl- und Schmiermittel. Extrem schwer abbaubar. Anreicherung in der Nahrungskette. In Deutschland seit 1987 verboten	Speicherung im Fettgewebe von Warmblütern, auch in der Muttermilch. Beeinträchtigung der Schilddrüsenfunktion

sogar in Textilien verwendet wurden oder werden, rufen Missbildungen der Vermehrungsorgane von Wasserschnecken hervor.

Arzneimittelrückstände. Der mikrobielle Abbau von Arzneimittelrückständen in kommunalen Abwasserbehandlungsanlagen ist oftmals problematisch. Teilweise liegt offenbar eine Strukturhemmung vor. Für eine Reihe von ausgewählten Arzneimitteln liegt der Nachweis vor, dass sie auch unter besonders günstigen Umweltbedingungen (Langsamsandfiltration, angepasste mikrobielle Konsortien) kaum eliminiert wurden (PREUß, WILLME, ZULLEI-SEIBERT 2001).

In einigen Kläranlagenabläufen wurden insgesamt 36 Arzneistoffe, darunter Antiepileptika und Diagnostika in einer Konzentration von mehr als 5 µg/l, nachgewiesen (TERNES 2001). Dadurch existieren solche Verbindungen offensichtlich auch noch in manchen Flüssen als Spurenstoffe in großer Zahl.

3.2 Belebungsverfahren

3.2.1 Elimination von organischen Kohlenstoffverbindungen

Bei diesem Verfahren werden Abwasser und belebter Schlamm dem Belebungsbecken zugeführt, in dem die biochemischen Abbauprozesse bei ständiger Sauerstoffzufuhr ablaufen. Vom Belebungsbecken gelangt das Abwasser-Schlamm-Gemisch in das Nachklärbecken, wo sich die Flocken durch Sedimentation absetzen und das überstehende gereinigte Abwasser aus der Anlage abläuft. Der belebte Schlamm wird als Rücklaufschlamm in das Belebungsbecken zurückgeführt und befindet sich dadurch in einem ständigen Kreislauf. Durch das Wachstum der Mikroorganismen vermehrt er sich ständig. Dieser Zuwachs wird als Überschussschlamm aus dem System entfernt. In der Regel wird das Abwasser vor dem Einleiten in das Belebungsbecken in einem Vorklärbecken weitgehend von absetzbaren Stoffen befreit. Der stetige Zuwachs der Biomasse im Belebungsbecken erfolgt – wie in einer kontinuierlichen Kultur – durch das Wachstum der Bakterien.

3.2.1.1 Wachstum der Biomasse in einer kontinuierlichen Kultur

Bei der **kontinuierlichen Kultur** in einem Durchflussfermenter wird die Entwicklung solcher Mikroorganismen gefördert, deren Wachstumsrate µ mit der Verweilzeit t* Schritt zu halten vermag (Kap. 1.1.2). Es gibt keine Rückführung von Biomasse. Beispielsweise entspricht einer mittleren Verweilzeit des Wassers t* von 2 h (= 0,083 d) eine Erneuerungsrate $D = 1/t^*$ von $12,0\ d^{-1}$. Das ist nur bei hoher Abwasserkonzentration möglich.

Für den Stationärzustand (dX/dt = 0) erhält man

$$\mu = D. \qquad (3.8)$$

Dieser Zustand bleibt dadurch erhalten, dass ständig frische Nährlösung (Abwasser) zufließt und die gleiche Menge an gereinigtem Abwasser aus dem Reaktor abläuft.

Die Biomasseproduktion ist bei einer sehr hohen Substratkonzentration S_0 im zufließenden Abwasser ebenfalls hoch. Bei S im Ablauf handelt es sich nicht allein um den nichtabgebauten Anteil von S_0, sondern auch um neugebildete Produkte. Wenn die Bedingung µ = D erfüllt wird, ist die Erneuerungsrate des Wasserkörpers gleichzeitig ein Maß für die Wachstumsrate und damit für das Leistungsvermögen der Anlage. Ein bekanntes Anwendungsbeispiel ist die aerobe Behandlung von hochkonzentrierten organischen Industrieabwässern.

Eine hohe Wachstumsrate setzt voraus, dass nicht nur die Substratkonzentration, sondern auch die Geschwindigkeit des Sauerstoffeintrags und die Durchmischung groß sind. Dadurch wird eine schnelle Verteilung der Substrate über das gesamte Beckenvolumen gewährleistet. Es ist möglich, mit Substratkonzentrationen bis 15 g/l und darüber zu arbeiten. Dank der hohen Wachstumsgeschwindigkeit der im Reaktor vorhandenen, gut angepassten Mikroorganismen, wird das Substrat sofort weitgehend von den Zellen aufgenommen. Andererseits ist bei einer 90%igen Substratelimination in diesem Beispiel die Ablaufkonzentration noch so hoch, dass bei Direkteinleitung mindestens eine weitere biologische Stufe nachgeschaltet werden muss.

Wie aus der Abhängigkeit der mikrobiellen Wachstumsrate µ von der Substratkonzentration S hervorgeht, sind µ und X bei niedrigen Werten von S klein (Abb. 3.15). Der Ablauf enthält kaum noch abbaubares Substrat, aber die daraus gebildete Biomasse. Bei einer Behandlung von ausgesprochen dünnem Abwasser werden aber die Bakterien schneller aus dem Reaktionsbecken ausgewaschen, als sie sich überhaupt vermehren können. Ist die Wachstumsrate nicht groß genug, so dass die Verluste an Biomasse kompen-

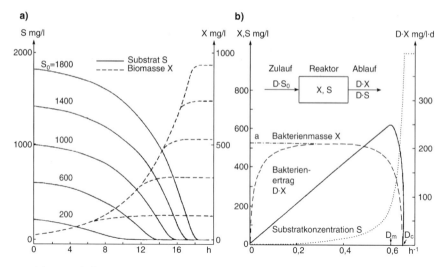

Abb. 3.15 Beziehung zwischen Bakterienmasse X und Substratkonzentration S.
a) Zeitliche Änderung von X im Standversuch (Reinkultur von *Escherichia coli*) bei unterschiedlicher Anfangskonzentration S_0. Berechnete Zeitverläufe nach KNORRE aus UHLMANN (1988). b) Änderung des Stationärzustandes im Mischreaktor bei zunehmender Verdünnungsrate D (= Erneuerungsrate des Wasserkörpers), kein Schlammrücklauf, Mischpopulation, häusliches Abwasser. In Reinkulturen entspricht der Verlauf der Bakterienmasse der Linie a (= kein Fraß durch tierische Einzeller, Ciliaten). D_m maximale, D_c kritische Erneuerungsrate. Nach CHIU aus UHLMANN (1988).

siert werden können, nähert sich die Ablaufkonzentration immer mehr der Konzentration im Zulauf. Ohne Rückführung von Biomasse in den Kreislauf kann die Bedingung $\mu = D$ nur durch sehr niedrige Werte von $D = 1/t^*$, d. h. eine mittlere Verweilzeit in der Größenordnung von vielen Stunden bzw. sogar einigen Tagen erfüllt werden, wie sie z. B. in vollständig durchmischten belüfteten Abwasserteichen gegeben ist.

3.2.1.2 Steuerung des Biomassegehaltes durch Rückführung in den Kreislauf

Soll das Reaktorvolumen und damit die erforderliche Verweilzeit klein gehalten und dennoch ein nur mäßig oder schwach konzentriertes kommunales Abwasser behandelt werden, lässt sich dieses Ziel nur durch eine Kreislaufführung der Biomasse, d. h. die Rückführung des belebten Schlammes erreichen (Abb. 3.16). Dabei wird die Biomasse aus dem Ablauf des Belebungsbeckens in einem nachgeschaltetem Nachklärbecken abgetrennt und als **Rücklaufschlamm** wieder in das Belebungsbecken zurückgeführt. Mit dieser Biomasserückführung wird eine Auslese jener Bakterien erzielt, die in Flocken wachsen. Diese Flocken müssen groß genug sein, dass sie sich durch Sedimentation im Nachklärbecken vom gereinigten Abwasser trennen lassen. Dadurch ist nicht mehr die Verweilzeit des Abwassers, sondern die Aufenthaltszeit der Biomasse ausschlaggebend für die Zusammensetzung der Mikroorganismen.

Im Nachklärbecken setzen sich die kompakten schweren Flocken ab. Die freisuspendierten Bakterien und kleinen Flocken gelangen jedoch, soweit sie nicht an größere Aggregate angelagert werden, in den Ablauf. Ein hoher Gehalt des gereinigten Abwassers an kleinen Belebtschlammflocken und an freisuspendierten Bakterien erhöht den Sauerstoffbedarf und verringert dadurch den Wirkungsgrad der Anlage trotz niedriger Konzentration an gelösten organischen Substanzen. Deshalb hat die Nachklärung auch die Aufgabe, die Mikroorganismen, die selbst energiereiche organische Substanz repräsentieren, nach „getaner Arbeit" von dem gereinigten Abwasser zu trennen. Der Wirkungsgrad hängt vor allem davon ab, inwieweit es gelingt, eine weitgehende Aggregation der Bakterienzellen und der gesamten suspendierten Biomasse zu absetzbaren Flocken zu erreichen. Erst dadurch wird ihre Trennung vom gereinigten Abwasser möglich.

Infolge der Rückführung des Schlammes ist die mittlere Verweilzeit der Biomasse im System, das

Schlammalter, wesentlich höher als die mittlere Verweilzeit des Abwassers t*. Das Schlammalter t_s ist der Quotient aus der Schlammmenge X* im Belebungsbecken und der pro Tag entnommenen Menge an Überschussschlamm X_e:

teil werden diese von anderen Bakterien als Substrat genutzt, es bleiben aber auch hochoxidierte und daher schwer abbaubare Produkte übrig (Rest-CSB), die in mancher Hinsicht den Huminstoffen ähneln.

$$t_s = \frac{\text{Schlammmenge im Belebungsbecken [kg TS}_{BB}\text{]}}{\text{tägliche Überschussschlammmenge [kg TS/d]}} \qquad (3.9)$$

$$t_s = \frac{X^*}{X_e} \, [d]$$

Ein Schlammalter $t_s < 1$ Tag ist nur bei sehr hoher Belastung (d.h. bei hohen Werten von S_0) möglich und demzufolge müssen auch hohe Ablaufkonzentrationen in Kauf genommen werden. Bei häuslichem Abwasser ermöglicht ein Schlammalter von 3 bis 7 Tagen normalerweise eine ausreichende Elimination der organischen Inhaltsstoffe. Im Gegensatz zur kontinuierlichen Kultur, bei der $\mu = D$ sein muss, damit das Fließgleichgewicht erhalten bleibt, ist bei Rückführung von Biomasse auch bei Werten von μ, die kleiner sind als D, noch ein Gleichgewicht möglich. Dadurch kann selbst mit der in dünnem kommunalem Abwasser niedrigen Wachstumsrate der Bakterien noch eine gute Reinigungsleistung erzielt werden. Dies bedeutet aber auch, dass die Belebtschlammkonzentration ausreichend hoch sein muss. Zweckmäßig ist ein Trockenmassegehalt von 2,5 bis 5 g/l.

3.2.1.3 Synthese und Abbau von Biomasse

Im Gegensatz zu Reaktoren der mikrobiologischen Industrie werden Anlagen der biologischen Abwasserbehandlung mit Mischkulturen betrieben. Dies bedeutet, dass viele, mitunter mehr als 100 Arten von Bakterien, gleichzeitig anwesend sind. Davon haben jeweils relativ wenige einen hohen Anteil am Gesamtumsatz und an der Prozessstabilität. Diese Proportionen werden weitestgehend durch die Prozessbedingungen bestimmt. Die mikrobielle Abbaubarkeit hängt nicht allein von der chemischen Konstitution eines Substrates ab, sondern auch von den hydrodynamischen, physikochemischen und biochemischen Bedingungen. Beispielsweise ist bei manchen chlororganischen Verbindungen ein Abbau nur bei gleichzeitiger Anwesenheit von leicht abbaubaren Substraten möglich (Cometabolismus). Viele Bakterien geben gelöste Stoffwechselprodukte an das umgebende Wasser ab. Zum Groß-

Bereits die Bemessung der jeweiligen Anlage entscheidet über die Zusammensetzung der Organismengemeinschaft, z.B. darüber, ob ammoniumoxidierende oder phosphorspeichernde Bakterien in der gewünschten Konzentration und Aktivität vorhanden sind oder nicht.

Raumbelastung und Schlammbelastung. Das Zellwachstum im Reaktor bezieht sich stets auf eine Mischpopulation. Es repräsentiert den Netto-Zuwachs, widerspiegelt daher nicht den gleichzeitig stattfindenden Zellabbau. Darunter versteht man:
- den Verlust von Biomasse infolge Selbstveratmung, so genannter **endogener Atmung** und
- den Fraß durch tierische Einzeller bzw. Wirbellose, z.B. Rädertierchen und Insektenlarven.

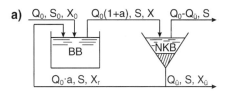

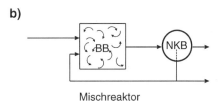

Mischreaktor

Abb. 3.16 Schema des Belebungsverfahrens. BB Belebungsbecken, NKB Nachklärbecken. a) Bilanzschema, S_0, S Substratkonzentration im Zulauf und im Ablauf. X_0, X, X_r Biomassekonzentration im Zufluss, Ablauf, Rücklauf, $X_ü$ Überschussschlamm, Q_0 Zufluss aus mechanischer Vorklärung, $Q_ü$ Abfluss des Überschussschlammes. a = Verhältnis $Q_{Rücklauf}/Q_{Zufluss}$. Nach RÖSKE (1978), verändert. b) Vollständig durchmischtes Becken (Mischreaktor), Draufsicht.

Während das Wachstum der Biomasse im Wesentlichen von der Substratbelastung abhängt, ist der **Zellabbau** der Biomassekonzentration proportional:

$$\frac{dX}{dt} = -k_x \cdot X \qquad (3.10)$$

Dabei ist k_x ein temperaturabhängiger Geschwindigkeitsbeiwert. Unter Zellabbau werden alle sauerstoffverbrauchenden Prozesse zusammengefasst, die nicht auf eine Versorgung mit gelösten organischen Substraten von außen zurückzuführen sind.

Als interne Energiequelle dienen den Bakterien zelleigene Speicherstoffe wie z. B. Poly-β-hydroxy-Buttersäure sowie Glykogen, ein hochpolymeres Kohlenhydrat, gegebenenfalls auch Proteine. Der mit dem Zellabbau einhergehende Sauerstoffverbrauch pro Einheit Biomasse und Zeiteinheit ist keine Konstante, sondern stark von der Vorgeschichte der Bakterienzellen abhängig. Beispielsweise ist er bei Zellen in der logarithmischen Wachstumsphase (Abb. 1.3) höher als in der stationären Phase. An dieser endogenen Atmung ist auch der O_2-Verbrauch bakterienfressender tierischer Organismen beteiligt. Großtechnisch genutzt wird die endogene Atmung bei der aeroben Schlammstabilisierung (Kap. 3.2.1.8). Im Normalfall ist beim Belebungsverfahren die Fracht der zufließenden Abwasserinhaltsstoffe die unabhängige Variable, auf die alle Prozessparameter zugeschnitten sein müssen. Für die Bemessung der Anlagen werden folgende Parameter verwendet:

- die **Raumbelastung** B_R. Das ist die organische Belastung bezogen auf das Reaktorvolumen V_{BB} in kg $BSB_5/(m^3 \cdot d)$. Die Raumbelastung bewegt sich in der Regel zwischen 0,2 und 10 kg $BSB_5/(m^3 \cdot d)$,

$$B_R = S_0/V_{BB}\, t^* \qquad (3.11)$$

- die **Schlammbelastung** B_{TS} bezogen auf die Trockenmasse TS des belebten Schlammes in kg $BSB_5/(kg\, TS \cdot d)$.

Für die Schlammbelastung B_{TS} gilt:

$$B_{TS} = \frac{S_0}{t^* \cdot X_{TS}} \qquad (3.12)$$

Dabei ist X_{TS} die mittlere Schlammkonzentration (Trockenmasse) im Belebungsbecken. B_{TS} kennzeichnet das tagesgemittelte Substrat-Angebot für

Tab. 3.4 Schlammalter t_S in Abhängigkeit vom Reinigungsziel und der Temperatur für Belebungsanlagen mit $>20\,000$ Einwohnerwerten. Nach ATV-DVWK A 131, (2000).

Reinigungsziel	Schlammalter in Tagen	
	10 °C	12 °C
Ohne Nitrifikation	5	5
Mit Nitrifikation	10	8,2
Mit Stickstoffelimininierung	14,3	11,7
Mit Stickstoffelimininierung und Schlammstabilisierung	25	25

die Bakterien. Insgesamt gesehen bewegt sich B_{TS} zwischen 0,05 kg $BSB_5/(kg\, TS\, d)$ (Kläranlage mit aerober Schlammstabilisierung) und Werten von mehr als 1,2 kg $BSB_5/(kg\, TS\, d)$ beim hochbelasteten Verfahren ohne Nitrifikation (Hochlastverfahren). Ein weiterer wichtiger Einflussparameter für die Bemessung ist das Schlammalter, t_S (Tab. 3.4). Je nach dem Reinigungsziel schwankt t_S zwischen 5 und 25 Tagen. Mit der Menge des pro Tag entfernten Überschussschlammes wird der Trockenmassegehalt im Belebungsbecken konstant gehalten.

Wesentlich besser vergleichbar wären die B_{TS}-Werte, wenn sie auf den Masseanteil der lebenden bzw. aktiven Bakterien bezogen werden könnten. Die Bestimmung dieser Parameter, z. B. als DNA oder als partikulärer organischer Stickstoff, ist jedoch für den Praxisbetrieb zu aufwendig. Auch die Verwendung der organischen Trockenmasse (oTS = Glühverlust) anstelle von TS bietet keine gute Lösung, weil ein sehr variabler und oftmals nur kleiner Anteil der oTS aus aktiven Bakterien besteht. In Tab. 3.5 ist die Schlammbelastung einigen weiteren Bemessungsgrößen für Belebungsanlagen gegenübergestellt.

Die Schlammbelastung entscheidet über das Verhältnis Abbau/Zellsubstanzsynthese (Abb. 3.17). Bei sehr schwacher Belastung kann die Struktur der Belebtschlammflocken in weiten Grenzen schwanken, und der Anteil aktiver Bakterienzellen ist erheblich verringert (ROSENBERGER, WITZIG, MANZ, SZEWZYK, KRAUME 2000). Die **spezifische Abbauleistung** $\Delta S/\Delta X$ ist ein Maß für die im Belebungsbecken entfernte Masse an organischen Substraten. Aus Abb. 3.17 ist ersichtlich, dass nur unterhalb von $B_{TS} = 1$ kg/kg d mehr

Tab. 3.5 Zusammenstellung von Bemessungswerten für Belebungsanlagen. In Anlehnung an MUDRACK, KUNST (2003) und IMHOFF (1999).

Verfahrensvariante	Biologische Reinigung		
	ohne Nitrifikation	mit Nitrifikation	mit aerober Schlammstabilisierung
BSB_5-Raumbelastung kg $BSB_5/(m^3\,d)$	1,0	0,5	0,25
Trockensubstanz im B.B. kg TS/m^3	3,3	3,3	5,0
Schlammbelastung kg $BSB_5/(kg\,TS \cdot d)$	0,3	0,15	0,05
Mittlerer Ablaufwert mg BSB_5/l	20	15	15

organische Substanz abgebaut als in die Bildung von Bakterien-Biomasse investiert wird. Dem eigentlichen Abbau unterliegt nur der Teil des von den Mikroorganismen aufgenommenen Substrats, der durch die Atmung der Organismen verbraucht und biochemisch verbrannt wird. Dabei entstehen mineralisierte Endprodukte wie H_2O, CO_2, NH_4^+, PO_4^{3-} sowie Wärmeenergie. Ein weiterer Anteil wird für die Zellsubstanzsynthese genutzt. Ein relativ kleiner Teil der von den Organismen aufgenommenen organischen Substanz wird nach Umwandlung in meistens hochoxidierte lösliche Stoffwechselprodukte wieder an das Wasser abgegeben. Eine Steigerung der organischen Belastung bewirkt einen höheren Anteil der Zellsubstanzsynthese am Gesamtumsatz. Infolge des schnellen Wachstums besteht dann der belebte Schlamm vorwiegend aus Biomasse und nur in geringem Maße aus inaktiver, z.T. mineralischer Substanz, z.B. $CaCO_3$, $Ca_3(PO_4)_2$. Dieses Material besitzt eine höhere Dichte als die Bakterienbiomasse. Mit einer Erhöhung von B_{TS} verändert sich auch die biologische Struktur des belebten Schlammes.

Es ist besser, den Anteil der Gesamtmasse an organischen Substanzen, der durch Mineralisierung und Zellsubstanzsynthese aus dem Abwasser entfernt wird, durch den Begriff **Elimination** (statt Abbau) zu kennzeichnen. Die Eliminationsleistung E wird entweder als Absolutwert angegeben

$$E = \frac{Q(S_0 - S)}{V} \text{ in kg/(m}^3\,d), \quad (3.13)$$

mit $Q(S_0 - S)$ in kg/d

wobei V = Volumen des Reaktors ist, oder als Abbaugrad η mit

$$\eta = \frac{S_0 - S}{S_0} \quad (3.14)$$

oder als Prozentsatz η

$$\eta = \frac{S_0 - S}{S_0} \cdot 100\% \quad (3.15)$$

Für den Abbaugrad η ergibt sich nach RÖSKE (1978):

$$\eta = \frac{1}{B_{TS}} \frac{\mu_m}{Y} \left(\frac{S}{K_S + S}\right) \quad (3.16)$$

Die Elimination ist dementsprechend die pro Zeit- und Masse-Einheit erzielte Abnahme der Substratkonzentration. Sie wird auch als **spezifische Abbauleistung** (r) bezeichnet:

$$r = \frac{S_0 - S}{\Delta t} \frac{1}{X} \quad (3.17)$$

oder in allgemeinerer Schreibweise:

$$r = \frac{\Delta S}{\Delta t} \frac{1}{X} \quad (\text{kg } BSB_5/\text{kg TS} \cdot d) \quad (3.18)$$

Zur Bestimmung von r wird eine definierte Menge an adaptiertem Belebtschlamm mit dem vorgesehenen Substrat zusammengebracht. Abb. 3.18 zeigt, dass bei Verwendung eines Reinsubstrates der zeitliche Verlauf des Abbaus einer Geraden entspricht (Reaktion nullter Ordnung).

Die relative Abbauleistung sinkt mit steigender Schlammbelastung gemäß einer Sättigungskurve. Einem B_{TS}-Wert von 0,5 kg/(kg d) entspricht eine Abbauleistung von mehr als 90% (MUDRACK, KUNST 2003). Um allerdings einen mittleren Ablauf- BSB_5 von 20 mg/l einigermaßen sicher einhalten zu können, sollte B_{TS} nicht wesentlich höher als 0,3 kg/(kg d) sein. Die meisten Substrate werden durch den belebten Schlamm außerordentlich rasch, unter Umständen binnen weniger Sekunden, aufgenommen. Ein Teil des zunächst sorbierten oder anders gespeicherten Substrats wird sehr schnell veratmet. In einem kontinuierlich betriebenen Labormodell

134 Leistungen der Organismen in Abwasserbehandlungsanlagen

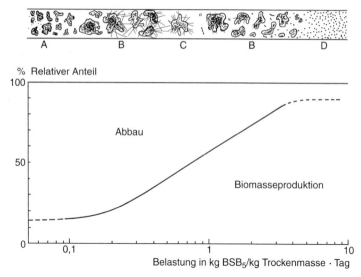

Abb. 3.17 Verhältnis zwischen Substrat-Abbau und Biomasseproduktion bei unterschiedlicher Schlammbelastung. Unten: Zunehmender Anteil der Zellsubstanzsynthese mit steigender organischer Belastung. Abbau des durch Atmungsprozesse eliminierten BSB$_5$-Anteil. Die ausgezogene Linie entspricht experimentellen Ergebnissen von Röske. Aus Uhlmann 1988. Oben: Änderung der Flockengröße und -beschaffenheit mit zunehmender Belastung. A: Mikroflocken, B: normale Flocken, leicht absetzbar, C: Gefahr des Überwiegens von Fadenbakterien: Bildung von Blähschlamm (schwer absetzbar und schwer zu entwässern), D: Zellsuspension (keine Abscheidung durch Sedimentation im Nachklärbecken möglich). Bei sehr schwacher Belastung kann die Struktur der Belebtschlammflocken in weiten Grenzen schwanken, und der Anteil aktiver Bakterienzellen ist erheblich verringert. Nach Uhlmann (1988).

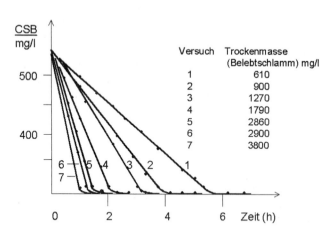

Abb. 3.18 Zeitlicher Verlauf der Elimination eines Reinsubstrates (Lactose) im Standversuch bei unterschiedlichem Anfangsgehalt an Biomasse. Nach Chudoba (1968) aus Uhlmann (1988).

lässt sich ein nahezu stufenförmiger Übergang von der Grundatmung zur Substratatmung nachweisen.

3.2.1.4 Struktur des belebten Schlammes

Die Struktur der Flocken hängt sehr stark von der Zusammensetzung des Abwassers, der Schlammbelastung und den Betriebsbedingungen in der Anlage ab. Die Form der Bakterienaggregate schwankt zwischen kompakten Gebilden von relativ großer Dichte bis zu sehr lockeren amorphen Strukturen, deren Dichte kaum größer ist als die des Wassers. Sehr kleine Flocken erreichen eine Größe von kaum mehr als 0,05 mm, sehr große besitzen einen Durchmesser von mehr als 1 mm (Hänel 1986) (Abb. 3.19).

Chemisch gesehen besteht belebter Schlamm aus folgenden Komponenten:
- Enzyme sowie ATP, ADP, DNA und RNA (bis etwa 20 % der Trockenmasse der Mikroorganismen),
- übrige Bestandteile der Biomasse,
- weitere Substanzen:
  - organische, z. B. Huminstoffe, Polysaccharide, vor allem als Bestandteile der extrazellulären polymeren Substanzen
  - anorganische, z. B. Eisenoxidhydrat, Calciumcarbonat, Calciumhydroxylapatit, Aluminiumoxidhydrat, Tonmineralien und weitere Mineralbestandteile.

Für die **Flockenbildung** sind teils biochemische, teils physikochemische Ursachen (Ladungsverhältnisse, Adsorptionsprozesse) verantwortlich:
- Ausflockung durch Unterschiede des elektrischen Potenzials: positive Ladung der Trägersubstanz (vor allem Eisen(III)oxidhydrat), negative Ladung der Bakterien,
- Produktion von Polyelektrolyten, z. B. Heteropolysacchariden, extrazellulären polymeren Substanzen, durch Bakterien und Protozoen,
- mikrobielle Produktion von huminstoffähnlichen Stoffwechselprodukten. Durch ihre Polymerisation bilden sich Makromoleküle, welche Brückenbindungen zwischen Bakterien ermöglichen,
- das Bakterienwachstum erfolgt bereits innerhalb einer Gallert- oder Schleimhülle.

Den größten Anteil an der Biomasse der Belebtschlammflocken stellen die Bakterien. Allerdings ist nur ein relativ geringer Anteil der in der Belebtschlammflocke vorhandenen Bakterien als aktiv anzusehen (HÄNEL 1986). Bei pH-Werten unter 6 und im Falle von speziellen gewerblichen Abwässern sind oftmals nicht mehr Bakterien die dominierenden Mikroorganismen, sondern Pilze. Bei einem pH-Wert < 5 bilden sie mitunter fast Reinkulturen. Häufig gefunden werden u. a. die Gattungen *Leptomitus*, *Oospora*, *Endomyces*, *Trichosporon*, einige davon sogar noch bei einem pH-Wert von 3 (HÄNEL 1986). In normal belasteten Anlagen sind zwar viele Arten von Pilzen vorhanden, sie können sich aber mengenmäßig gegenüber den Bakterien nicht durchsetzen.

Die Beantwortung der Frage, welche Bakterienart im konkreten Fall für welche Stoffwechselleistungen verantwortlich ist, erfordert in der Regel umfangreiche Untersuchungen. Es sind offenbar mehrere Arten gleichzeitig aktiv. Relativ einfach ist die Analyse einseitiger Massenentwicklungen (Blähschlamm, Schwimmschlamm, Schaumbildung), weil für die meisten der jeweils vorherrschenden Arten spezifische Gensonden verfügbar sind. Diese binden nur an die jeweiligen Zielarten und ermöglichen nach Markierung mit einem Fluoreszenzfarbstoff die direkte Erkennung unter dem Mikroskop. Dadurch wird auch eine Unterscheidung von anderen Bakterien möglich. Zu den quantitativ vorherrschenden Bakterien in normalen Belebtschlammflocken gehören die Vertreter der *Cytophaga-Flavobacterium*-Gruppe (MANZ, WAGNER, AMANN, SCHLEIFER 1994).

Es ist anzunehmen, dass in Belebungsanlagen mit hohem Schlammalter zahlreiche Arten von Bakterien nebeneinander existieren und sich wohl auch wechselseitig ersetzen können, besonders

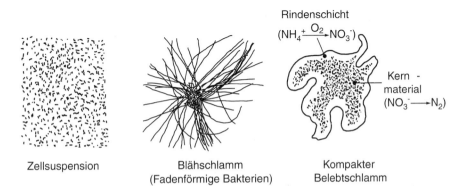

Abb. 3.19 Die wichtigsten Form-Typen des belebten Schlammes. Zellsuspensionen spielen nur bei der kontinuierlichen Kultur (Behandlung von konzentrierten Industrieabwässern) eine Rolle. Ammonium-Oxidierer leben vorwiegend in der Rindenschicht, Nitratreduzierer in der Kernschicht. Stark schematisiert.

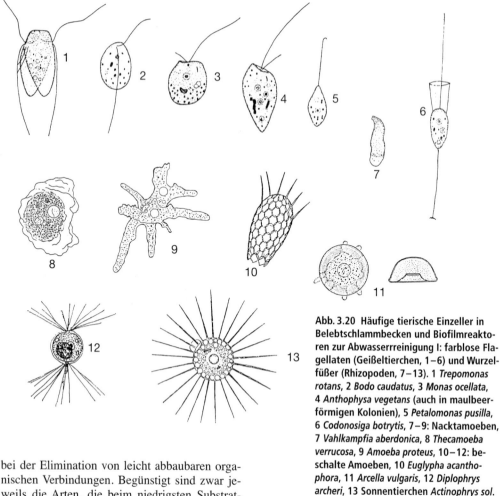

Abb. 3.20 Häufige tierische Einzeller in Belebtschlammbecken und Biofilmreaktoren zur Abwasserrreinigung I: farblose Flagellaten (Geißeltierchen, 1–6) und Wurzelfüßer (Rhizopoden, 7–13). 1 *Trepomonas rotans*, 2 *Bodo caudatus*, 3 *Monas ocellata*, 4 *Anthophysa vegetans* (auch in maulbeerförmigen Kolonien), 5 *Petalomonas pusilla*, 6 *Codonosiga botrytis*, 7–9: Nacktamoeben, 7 *Vahlkampfia aberdonica*, 8 *Thecamoeba verrucosa*, 9 *Amoeba proteus*, 10–12: beschalte Amoeben, 10 *Euglypha acanthophora*, 11 *Arcella vulgaris*, 12 *Diplophrys archeri*, 13 Sonnentierchen *Actinophrys sol*.

bei der Elimination von leicht abbaubaren organischen Verbindungen. Begünstigt sind zwar jeweils die Arten, die beim niedrigsten Substratangebot am schnellsten wachsen können, aber dies läuft im Belebungsbecken offensichtlich nicht auf eine Selektion weniger Arten hinaus, im Gegensatz zu einem Mischreaktor mit sehr kurzer Verweilzeit des Wassers (vgl. Abb. 3.15). Vielleicht sind die jeweils aktivsten Arten auch aufeinander angewiesen, beispielsweise bei der Verwertung von Zwischenprodukten (LEMMER, GRIEBE, FLEMMING 1996). Derartige Arbeitsteilungen sind zwar sehr wahrscheinlich, aber bis jetzt wenig untersucht. Ein großes Sortiment an Arten könnte auch an der Denitrifikation und der biologischen P-Elimination beteiligt sein. Wahrscheinlich unterliegt außerdem die Dominanzstruktur der Mikroorganismen erheblichen zeitlichen Schwankungen, ohne dass diese strukturelle Instabilität zu einer Leistungsminderung, also einer funktionellen Instabilität, führen muss. Ein solches System befindet sich in einem Fließgleichgewicht, und damit in einem dynamischen Endzustand, der weitgehend von den Anfangsbedingungen unabhängig ist. Zur Beurteilung des Leistungsvermögens wird eine möglichst quantitative Erfassung der jeweiligen Aktivitätspotenziale angestrebt, und zwar anhand der Erbanlagen (Gene), welche für bestimmte Schlüsselprozesse wie z. B. Ammoniumoxidation, Nitratreduktion, Polyphosphat-Speicherung verantwortlich sind. Solche funktionellen Gensonden erfassen die jeweils laufenden biochemischen Programme.

Schwach- und hochbelastete Verfahren unterscheiden sich durch die unterschiedliche biologische Struktur der Belebtschlammflocken. Beim letzteren findet man fast nur Bakterien, Pilze und

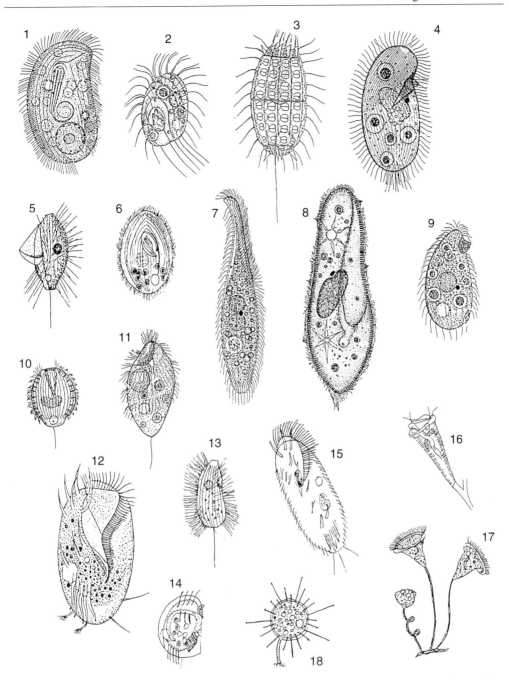

Abb. 3.21 Häufige tierische Einzeller in Belebtschlammbecken und Biofilmreaktoren zur Abwasserreinigung II: 1–17 Ciliaten (Wimpertierchen), 18: Sauginfusor (Suctorien). 1 *Chilodonella uncinata*, 2 *Cinetochilum margaritaceum*, 3 *Coleps hirtus*, 4 *Colpidium colpoda*, 5 *Cyclidium glaucoma*, 6 *Glaucoma scintillans*, 7 *Lionotus fasciola*, 8 *Paramecium caudatum* (Pantoffeltierchen), 9 *Tetrahymena pyriformis*, 10 *Urotricha armata* (in Abwasserteichen), 11 *Trimyema compressa* (Indikator für O_2-Mangel), 12 *Euplotes eurystomus*, 13 *Uronema marinum*, 14 *Aspidisca lynceus*, 15 *Stylonychia pustulata*, 16 *Epistylis plicatilis*, 17 *Vorticella* (Glockentierchen) *convallaria*, 18 *Podophrya maupasi*. In den meisten Gattungen existieren noch weitere, sehr ähnliche Arten. Nach Foissner, Berger, Blatterer, Kohmann (1991–95), Hänel (1986).

manche Geißeltierchen (Flagellaten, Abb. 3.20), beim schwachbelasteten dagegen auch bakterienfressende tierische Einzeller, vor allem Wimpertierchen (Ciliaten) wie z. B. *Vorticella, Opercularia, Amphileptus, Aspidisca* (Abb. 3.21). Überraschenderweise ist im belebten Schlamm der Biomasseanteil der tierischen Organismen (Einzeller, aber auch der Rädertierchen) (Abb. 3.50) nicht selten etwa gleich groß wie oder sogar größer als der Bakterienanteil (HÄNEL 1986). Da sie in kurzer Zeit eine Bakterienmasse fressen können, die ein Vielfaches ihres Körpergewichtes beträgt (FENCHEL 1987), ist ihr Beitrag zur Klärung des Abwassers (vor allem direkt, durch Entfernung der freisuspendierten Bakterien) beträchtlich (Abb. 3.22). Würden sich die Bakterien nicht dadurch schützen, dass sie in großen Aggregaten (Flocken) oder in Form von Fäden wachsen, könnten die Protozoen in kurzer Zeit ein Belebungsbecken leer fressen (H. GÜDE in LEMMER, GRIEBE, FLEMMING 1996).

Mit einem Stiel versehene Glockentierchen wie *Vorticella, Carchesium* und *Epistylis* sind Hochleistungsfilterer. Direkt an der Oberfläche der Belebtschlammflocken hingegen leben Weidegänger wie *Aspidisca* und *Euplotes*, welche die oberste Schicht des Bakterienfilmes abgrasen und dadurch dessen Erneuerung fördern.

Für den Stoffumsatz sind neben den Geißel- und Wimpertierchen auch die Wechseltierchen (Rhizopoden) von Bedeutung, d. h. nackte und beschalte Amöben, die große Mengen an Bakterien und anderen kleinen Partikeln fressen (Abb. 3.20). Unter den Einzellern der Belebtschlammflocke gibt es auch räuberische Flagellaten, Ciliaten, Rädertierchen sowie Sauginfusorien, die sich von anderen Einzellern ernähren. Die Gesamt-Artenzahl von tierischen Ein- und Mehrzellern kann in einer Belebungsanlage mehr als 50 betragen (KLIMOWICZ, zit. nach UHLMANN 1988). Insgesamt wurden in Belebungsanlagen bisher wesentlich mehr als 200 Arten von tierischen Einzellern nachgewiesen. Überlastung bzw. Sauerstoffmangel wird durch häufiges Auftreten bestimmter Wimpertierchen, vor allem von *Paramecium* (Pantoffeltierchen), *Colpidium* und *Glaucoma* angezeigt (HÄNEL 1986). Einige Arten von Wimpertierchen sind empfindlich gegen hohe Turbulenz, vor allem das Glockentierchen *Carchesium*. Der eigentliche Reinigungsprozess ist weitestgehend das Verdienst der Bakterien. Dazu leisten aber die Protozoen indirekt einen sehr wichtigen Beitrag, indem sich durch ihre Fresstätigkeit die Bakterienpopulation ständig verjüngt und deshalb deren Aktivität hoch gehalten wird. Dadurch, dass die Protozoen beim Filtrieren Mikroströmungen erzeugen (Grenzflächenerneuerung), wird auch der Stoffaustausch (gelöste Substrate, Sauerstoff, Stoffwechselprodukte) verbessert.

Die schon unter dem Mikroskop leicht erkennbare Besiedlung der Belebtschlammflocken mit Bakterien und Einzellern ist in Abhängigkeit von der Schlammbelastung in Tab. 3.6 dargestellt.

Die Struktur der Belebtschlammflocke ist zum einem durch die Aktivität der bakterienfressenden Einzeller bedingt. Zum anderen werden durch den starken Selektionsdruck (Entfernung der freisuspendierten Bakterien) Bakterientypen gefördert, die vorzugsweise in Form von Flocken oder

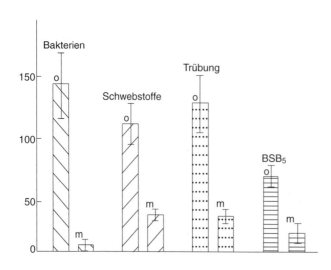

Abb. 3.22 Einfluss der Wimpertierchen (Ciliaten) auf die Leistung im Belebungsbecken. Versuche im halbtechnischen Maßstab m mit, o ohne Ciliaten. Bakt. = freisuspendierte Bakterienzellen (Mio/ml), Schwebstoffgehalt und BSB_5: in mg/l. Trübung als Extinktionskoeffizient (m^{-1}) bei 620 nm. Nach CURDS and PIKE aus UHLMANN (1988).

Tab. 3.6 Besiedlung von Belebtschlammflocken in Abhängigkeit von der Schlammbelastung B_{TS}. Nach Hänel (1986), verändert.

B_{TS} (kg/(kg·d)) (Größenordnung)	Schlammalter (d) (Größenordnung)	Freisuspendierte Bakterien pro ml	Bakterien	Geißeltierchen (Flagellaten)	Wurzelfüßer (Rhizopoden)	Wimpertierchen (Ciliaten)	Rädertierchen (Rotatorien)
> 2	< 1	10^7 bis 10^9	Streptococcus, Sarcina, Spirillum	Trepomonas			
1	1	10^7 bis 10^9	Sphaerotilus, Spirillum, Sarcina	Bodo caudatus, Monas, Helkesimastix	Hartmaniella, Vahlkampfia	Vorticella microstoma, Colpidium, Uronema	
0,6	2	10^7 bis 10^8	Sphaerotilus, Microthrix, 021N	Bodo, Monas termo, Petalomonas pusilla	Chlamydophrys, Diplophrys, Vanella	Opercularia, Podophrya, Vorticella putrina, Trachelophyllum	
0,3	4	10^6 bis 10^7	Microthrix, Haliscomenobacter, 021N	Bodo saltans, Monas guttula	Diplophrys, Chlamydophrys, Vanella	Vorticella convallaria, Aspidisca costata, Euplotes affinis	Rotaria
0,15	9	10^5 bis 10^7	Microthrix, Haliscomenobacter, 021N	Bodo saltans, Codonosiga	Chlamydophrys, Vanella	Vorticella convallaria, Aspidisca costata, Euplotes	Cephalodella, Lecane
0,05	25	10^5 bis 10^6	Haliscomenobacter, Peloploca	Bicoeca, Codonosiga	Arcella, Thecamoeba, Euglypha	Zoothamnion, Epistylis, Vorticella campanula, Euplotes	Lecane, Cephalodella

von Fäden wachsen. Am Abbau der Abwasserinhaltsstoffe sind in erster Linie die an der Oberfläche der Flocken sitzenden Bakterien beteiligt.

Das **Absetzverhalten** der Schlammflocke kann durch einen Schichtenaufbau erklärt werden (Abb. 3.19). Die Rindenschicht ist aktiv und von geringer Dichte, sie wird vom Sauerstoff gut erreicht. Die spezifische Oberfläche der Flocke, bezogen auf die Trockenmasse, kann mehr als 120 m^{2}g^{-1} betragen. Die innere Kernschicht dagegen ist infolge geringen Nachschubes von gelösten Substraten und Sauerstoff weniger aktiv und von erhöhter Dichte (wegen des höheren Gehaltes z. B. von $CaCO_3$). Hier finden anoxische und anaerobe Prozesse statt.

Die Absetzeigenschaften des Schlammes werden durch das Verhältnis von Schlammvolumen V_S zum Trockensubstanzgehalt im Belebungsbecken TS_{BB} bestimmt. Dieses Verhältnis nennt man Schlammindex ISV:

$$ISV = \frac{V_S}{TS_{BB}} \text{ in ml/g.}$$

Das Schlammvolumen wird nach 30 Minuten Absetzzeit bestimmt. Der Schlammindex eines gut absetzbaren Belebtschlammes liegt zwischen 50 und 100 ml/g. Steigt der Schlammindex über 150 ml/g an, dann verschlechtern sich die Absetzeigenschaften erheblich.

Die vorgegebene Kombination von hydraulischer und organischer Belastung führt automatisch zu einer Auslese von Mikroorganismen, deren Stoffwechsel- und Wachstumsaktivität den herrschenden Bedingungen weitgehend angepasst ist.

Kompakter Belebtschlamm. Kompakter Belebtschlamm (Abb. 3.19) besitzt einen Schlammvolumenindex von weniger als 100 ml/g TS und lässt sich in technischen Anlagen bis auf etwa 98 % Wassergehalt eindicken. Die Mikroorganismen (vor allem Kurzstäbchen und Kokken) sind dicht gepackt und von einer viele Zellen umschließenden Hülle aus extrazellulären polymeren Substanzen umgeben.

Blähschlamm. Blähschlamm ist ein Schlamm, in dem vermehrt fadenförmige Bakterien vorkommen. Er besitzt schlechte Absetz- und Eindick-Eigenschaften. Dies wirkt sich gravierend auf den Betrieb aus, denn die ordnungsgemäße Funktion des Verfahrens basiert auf dem Absetzen der Biomasse im Nachklärbecken. Das gelingt aber nur, wenn sich der Belebtschlamm nach der Sedimentation so weit eindickt, dass er als Rücklaufschlamm wieder in das Belebungsbecken zurückgeführt bzw. als Überschussschlamm abgezogen werden kann. Andernfalls bricht das Belebungsverfahren zusammen, weil es zum Schlammabtrieb aus dem Nachklärbecken kommt.

Betriebsprobleme, nicht nur durch Blähschlamm, sondern auch durch Schwimmschlamm und Schaum, entstehen meistens durch ein vermehrtes Wachstum fadenförmiger Bakterien (CHUDOBA, OTTOVA, MADERA 1973, KUNST, HELMER, KNOOP 2000, LEMMER, LIND 2000). Das Vorkommen von fadenförmigen Organismen ist im Belebtschlamm nichts außergewöhnliches. Normalerweise sind diese in die Belebtschlammflocken eingebunden. Sie erhöhen die mechanische Stabilität der Flocken bzw. dienen als Ansatzfläche für andere Bakterien. Sobald aber die Fäden überwiegen, bildet sich zwischen den Flocken ein fädiges Geflecht, so dass sich die Absetzeigenschaften des belebten Schlammes wesentlich verschlechtern. Diese Verschiebung der Biozönose des Belebtschlamms resultiert aus Wachstumsvorteilen für fädige Organismen gegenüber den flockig wachsenden. Maßgebend dafür ist die Prozessführung bzw. die Abwasserzusammensetzung.

Die Fäden sind durch ihr hohes Oberfläche:Volumen-Verhältnis im Vergleich zum kompakten belebten Schlamm relativ leicht, setzen sich daher im Nachklärbecken schlechter ab als kompakte Flocken. Daraus ergibt sich als ausschlaggebendes Kennzeichen für einen Blähschlamm, dass der Schlammindex (ISV) ansteigt. Man spricht von Blähschlamm, wenn der SVI mehr als 150 ml/g beträgt. Ein stark erhöhter Gehalt an Haftwasser führt dazu, dass sich Blähschlamm hinsichtlich seiner Dichte nur noch sehr wenig von der des umgebenden Wassers unterscheidet, und dass er sich, bei einem Schlammindex > 150 ml/g TS, nur bis auf etwa 1 bis 5 g/l TS eindicken lässt. Er reichert sich dadurch im Nachklärbecken so stark an, dass schließlich Schlammabtrieb einsetzt, sofern nicht rechtzeitig die Menge des abgezogenen Schlammes erhöht wurde.

Blähschlamm besteht überwiegend aus hochaktiven Mikroorganismen:
- fädige Bakterien, z. B. *Microthrix*, *Sphaerotilus* (seltener in Anlagen für kommunale Abwässer), *Haliscomenobacter*, Typ 021N nach EIKELBOOM (1975),
- farblose Cyanobakterien,
- farblose Schwefelbakterien: *Thiothrix*, selten *Beggiatoa*,

aber auch aus
- Bäumchenbakterien (*Zoogloea ramigera*),
- Pilzfäden.

Die fädige Struktur der Aggregate ist unter einem Mikroskop leicht erkennbar (EIKELBOOM, VAN BUIJSEN 1992). EIKELBOOM (1975) fand in 200 untersuchten Proben von belebten Schlämmen etwa 25 mikroskopisch unterscheidbare Formen von fädigen Mikroorganismen, deren systematische Einordnung teilweise erst in neuerer Zeit mit Hilfe von Gensonden möglich wurde. Bis jetzt sind ca. 30 Arten bzw. Formtypen von Mikroorganismen als Blähschlammbildner identifiziert worden (EIKELBOOM 1975, LEMMER 1992, KUNST, HELMER, KNOOP 2000).

Für den Großteil aller Blähschlammfälle sind aber nur ca. 10 Arten von Mikroorganismen verantwortlich (WAGNER 1982). Die große Aktivität der Blähschlamm-Organismen beruht darauf, dass die Einzelzellen der Fäden in einem besseren Kontakt mit den gelösten Substraten und dem Sauerstoff stehen als Zellen, die oberflächenfern in eine Matrix eingebettet sind. Bei begrenztem Nahrungsangebot und verringertem O_2-Gehalt haben daher die Fadenbildner Wachstumsvorteile gegenüber den in dichten Belebtschlammflocken wachsenden Arten. Für die Bildung von Blähschlamm sind hauptsächlich die folgenden chemischen und physikalischen Ursachen maßgebend:

- Zusammensetzung des Abwassers: Die Bildung von Blähschlamm wird durch einen hohen Gehalt des Abwassers an niedermolekularen Verbindungen, z. B. an kurzkettigen organischen Säuren, durch O_2-Konzentrationen < 2 mg/l und die Anwesenheit von Sulfid gefördert. Daher ist in angefaultem Abwasser die Blähschlammbildung begünstigt. Auch bei sehr niedrigem N/C-Verhältnis haben bestimmte Fadenbildner Konkurrenzvorteile. Es gibt bestimmte Industrieabwässer, in denen fast gesetzmäßig bestimmte fädige Formen vorherrschen: das Fadenbakterium *Sphaerotilus natans* in sauren Abwässern der holzveredelnden Industrie, der Pilz *Endomyces lactis* sowie das Fadenbakterium Typ 021N in Abwässern der Lebensmittel-, insbesondere der Getränke-Industrie (HÄNEL 1986).
- Prozesstechnische Ursachen: Maßgebend sind die Betriebsweise einschließlich der Belüftung, aber auch die Verweilzeit des Schlammes in den Vorklärbecken, vor allem aber in den Nachklärbecken.

Es gibt so viele mögliche Ursachen, so dass man oft leichter sagen kann, unter welchen Betriebsbedingungen eine Blähschlammbildung nicht oder nur selten zu erwarten ist (ATV-Handbuch 1997). Manche fädigen Bakterien gelangen in einem vollständig durchmischten Reaktor schon bei relativ niedriger Substratkonzentration S zu Massenentwicklungen. Hingegen fördern räumliche Gradienten (hoher Wert von S im ersten von mehreren hintereinander geschalteten Becken) die Bildung von kompaktem Belebtschlamm (CHUDOBA, CECH, FARKAC, GRAU (1985), CHIESA, IRVINE (1985). Dies bedeutet, dass bei einer Pfropfenströmung die Blähschlammbildung weniger wahrscheinlich ist.

Vielmehr wirkt das erste Segment, eine hochbelastete Kontaktzone, als aerober Selektor zugunsten von Flockenbildnern. Ein ähnlicher Effekt kann aber auch in Anlagen mit einem anaeroben Selektor erzielt werden, d. h. mit vorgeschalteter Denitrifikation (Kap. 3.2.2.3) oder anaerober P-Rücklösung (Kap. 3.2.2.5). Allerdings kann sich in einem solchen System besonders in der kalten Jahreszeit bei Abwassertemperaturen von 10 bis 15 °C *Microthrix parvicella* durchsetzen, ein Fadenbildner, der auch bei Fehlen von molekularem Sauerstoff wächst (LEMMER, GRIEBE, FLEMMING 1996). *M. parvicella* entwickelt sich nur bei einem Schlammalter von mehr als 6 Tagen. Diese Beispiele sollen zeigen, dass die speziellen Umweltansprüche der verschiedenen Blähschlammbildner eine maßgeschneiderte Bekämpfungsstrategie verlangen. Dies wiederum setzt aber eine Bestimmung der jeweiligen Arten voraus. Nicht für alle Arten liegen bereits verallgemeinerungsfähige Erfahrungen vor.

Das Entscheidende für die bevorzugte Ausbildung fadenförmiger Organismen in Kläranlagen ist ihr Wachstumsvorteil bei geringen Substratkonzentrationen (KUNST, HELMER, KNOOP 2000). Dies wird in Abb. 3.23 am Beispiel der Wachstumskurven für zwei typische Organismen, die flockig bzw. fädig wachsen, erläutert. Die fädige Art erreicht ihre halbmaximale Wachstumsgeschwindigkeit ($\mu_{max}/2$) bereits bei einer sehr geringen Substratkonzentration (K_{SI}). Die flockig wachsende benötigt eine höhere Substratkonzentration (K_{SII}), um die halbmaximale Geschwindigkeit ($\mu_{max}/2$) zu erreichen. Daraus folgt, dass bei niedrigen Substratkonzentrationen die fadenförmigen Organismen bevorzugt wachsen, während bei höheren Substratkonzentrationen die flockig wachsenden Arten einen Wachstumsvorteil haben.

Mögliche Gegenmaßnahmen:
- Verzicht auf die Vorklärung.
- Betrieb eines Selektors zur Stabilisierung der flockig wachsenden Organismen. Dazu wird dem Belebungsbecken ein hochbelastetes Becken mit niedriger Verweilzeit vorgeschaltet. In diesem (meist aeroben) Becken unterliegen der Rücklaufschlamm und das zufließende Abwasser einer intensiven Durchmischung. Dabei wird im Hochlastbecken ein bedeutender Anteil der leichtabbaubaren Stoffe sorptiv an die Belebtschlammflocken gebunden und steht damit den Fadenbildnern im Belebungsbecken nicht mehr zur Verfügung.
- Zugabe von Chemikalien.

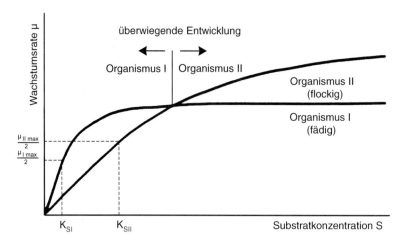

Abb. 3.23 Unterschiedliche Wachstumsraten zweier Organismen als Funktion der Substratkonzentration. Nach CHUDOBA u. a. (1973).

Die Dosierung von Zuschlagstoffen zielt auf drei Angriffspunkte, um die Fädigkeit zu minimieren:
- Schädigung der fädig wachsenden Arten. Die Zugabe von Oxidationsmitteln (Ozon, Peroxid) oder von Kalk führt zum Zerbrechen der Fäden, so dass sich das Absetzverhalten des Schlammes verbessert. Es ergibt sich eine stärkere Schädigung der freiliegenden Fäden im Vergleich zu den in der Flocke geschützt liegenden Bakterien.
- Beschwerung. Damit sich der Schlamm besser absetzt, werden Eisen- und/oder Aluminiumsalze, Braunkohlenkoksstaub, Zeolithe, Bentonite, Talkum oder Kalk zudosiert. Auf diese Weise wird die Dichte des Schlammes erhöht, aber es steigen auch die Kosten, da eine größere Menge Überschussschlamm durch die Beschwerungsmittel anfällt.
- Förderung der Flockenbildung. Zur Vergrößerung der Flocken werden Polymere eingesetzt, die über Ladungsneutralisation zur Bildung schwerer Flockenaggregate beitragen.

Die Wirkungen der genannten Maßnahmen sind vor dem geplanten Einsatz durch Labor- oder halbtechnische Versuche zu überprüfen.

Die Blähschlammbildung bleibt meistens auf den Belastungsbereich unter 0,5 kg BSB_5/(kg TS d) beschränkt. Bei darüber liegenden Belastungen nimmt der Schlammvolumenindex wieder stark ab, und es schließt sich noch ein weiter Spielraum der Belastbarkeit an. Die Tendenz zur Bildung von Blähschlamm ist außerdem temperaturabhängig.

Schwimmschlamm. Schwimmschlamm wird von wenigen fadenförmigen Organismenarten verursacht. Diese bilden grenzflächenaktive Substanzen oder besitzen hydrophobe Zelloberflächen und reichern sich dadurch an der Wasseroberfläche an. Sie können in einer zusammenhängenden Decke bis zu 0,30 m Schichtdicke wachsen. Dieses Problem betrifft etwa 90 % aller Störfälle durch fadenförmige Organismen auf kommunalen Anlagen. Dabei wird der Schwimmschlamm durch den Schlammabzug nicht mit entfernt und bildet eine teils viskose, teils feste Decke. Zusätzlich lagern sich an diese Fäden leicht Gasblasen aus der Belüftung an, wodurch sich ein flotierendes Bakterien-Gasblasen-Gemisch auf der Wasseroberfläche hält. Oberflächenaktive Stoffe, die bei der Bildung einer Schwimmschlammschicht vorliegen, befinden sich entweder im zulaufenden Abwasser oder die Bakterien des belebten Schlammes produzieren sie selbst (LEMMER, LIND, SCHADE, ZIEGELMAYR 1998).

Die Schwimmschlammschichten bestehen überwiegend aus nocardioformen Actinomyceten oder *Microthrix parvicella*.

Mögliche Gegenmaßnahmen zur Reduzierung der Schwimmschlammbildung sind:
- Konsequenter Schlammabzug von der Beckenoberfläche, um das Schlammalter der Fadenbakterien selektiv zu erniedrigen. Dabei ist darauf zu achten, dass der abgezogene Schwimmschlamm nicht wieder in den Schlammkreislauf gelangt.
- Da Actinomyceten und *Microthrix parvicella* Fette oder langkettige Kohlenwasserstoffe als Kohlenstoffquelle verwenden, muss der Zulauf dieser Stoffe in die Kläranlage durch Kontrolle der Fettabscheider bei den Indirekteinleitern unterbunden werden.

- Außerbetriebnahme des Bio-P-Beckens, da sich aus Untersuchungen von EIKELBOOM und ANDREASEN (1995) sowie EKAMA et al. (1996) ableiten lässt, dass der Wechsel zwischen anaeroben, anoxischen und aeroben Zonen bei Kläranlagen mit Nährstoffelimination ein ausschlaggebender Grund für die Entwicklung von *Microthrix parvicella* ist. Es wird angenommen, dass die in den vorgeschalteten anaeroben beziehungsweise anoxischen Zonen stattfindende Hydrolyse partikulärer Abwasserinhaltsstoffe die Verfügbarkeit längerkettiger Fettsäuren für *Microthrix parvicella* erhöht.
- Erhöhung der Schlammbelastung durch Absenkung des Trockensubstanzgehaltes im Belebungsbecken. Damit wird der Wachstumsvorteil von *Microthrix parvicella* gegenüber den flockigen Organismen eingeschränkt. Um die Auswaschung der Nitrifikanten bei höherer Schlammbelastung und damit geringerem Schlammalter zu verhindern, müssen die Positiv- und Negativeffekte dieser Maßnahme im Einzelfall abgewogen werden.
- Dosierung von Polyaluminiumchlorid. Obwohl der Wirkungsmechanismus nicht genau bekannt ist, besteht eine hemmende Wirkung von Aluminiumverbindungen auf *Microthrix parvicella* und nocardioforme Actinomyceten. Diese positive Wirkung von Aluminiumverbindungen auf die Verringerung des Schlammindexes ist durch zahlreiche Einsatzfälle jedoch bestätigt.

Schaumbildung. Schaumbildung im Belebungsbecken verursacht auf sehr vielen Kläranlagen Betriebsprobleme, insbesondere bei solchen mit einer Schlammbelastung $< 0,1$ kg BSB$_5$/kg TS d (LEMMER, LIND (2000), HERBST, RISSE, BRANDS, SCHÜRMANN 2001). Die Schaumbildung ist ebenso wie die Bildung von Schwimmschlamm in der Regel auf Massenentwicklungen von fädigen Bakterien zurückzuführen, die fett- bzw. wachsähnliche grenzflächenaktive Stoffe bilden und dadurch in der Lage sind, Gasblasen aus der feinblasigen Belüftung einzufangen. Der häufigste Schaumbildner ist *Microthrix parvicella*, aber auch Actinomyceten (Strahlenpilze) wie z. B. *Nocardia* und *Rhodococcus* können im Belebungsbecken Schaum erzeugen. Ihre Zelloberfläche ist wie die von *Microthrix* stark hydrophob (wasserabweisend), was eine ausgezeichnete Haftung von Gasblasen ermöglicht (LEMMER, GRIEBE, FLEMMING 1996). *Microthrix* verträgt auch sehr gut einen Wechsel von aeroben und anaeroben bzw. anoxischen Bedingungen, kann Polyphosphat speichern, und gelangt deshalb in Anlagen mit biologischer P-Elimination häufig zu Massenentwicklungen. Manchmal sind die für die Schaumbildung verantwortlichen grenzflächenaktiven Stoffe (z. B. langkettige Fettsäuren) auch bereits im Rohabwasser enthalten.

Organismen im Ablaufkanal. An der Beschaffenheit des Biofilms auf den Gerinnewänden kann man die durchschnittliche Ablaufqualität erkennen. Ist der Wirkungsgrad einer Anlage gut, wachsen bei Lichtzutritt im Wesentlichen Algen. In diesem Fall hat der Bewuchs im Frühjahr und Sommer eine grüne bzw. mittelbraune Färbung, für welche Grünalgen bzw. Kieselalgen verantwortlich sind. Eine dunkelgrüne bis schwärzliche Färbung weist auf fädige Cyanobakterien hin, diese haben aber nur dann einen Indikatorwert, wenn sie wenigstens bis zur Gattung bestimmt werden können. Ist der Gehalt an freisuspendierten Bakterien erhöht, können sich bläulichweiße Beläge von Glockentierchen ausbilden. Alle anderen Färbungen weisen auf Massenentwicklungen von Bakterien hin und damit in der Regel auf Defizite im Betrieb der Anlage.

3.2.1.5 Sauerstoffeintrag und Turbulenz

Die Leistung des Belebungsverfahrens wird nicht nur durch die Geschwindigkeit der Stoffumwandlungs-, sondern auch der Stofftransportprozesse bestimmt. Die Belüftung hat im Belebungsbecken vor allem folgende Aufgaben zu erfüllen:

- Eine ausreichende Versorgung der Organismen mit Sauerstoff.
- Eintrag von so viel kinetischer Energie, dass sämtlicher Belebtschlamm in der Schwebe gehalten wird, sich also nicht absetzt.
- Eine gute Durchmischung, um Nährstoffe an die Flocken heranzuführen und die Stoffwechselendprodukte abzuleiten.

Der Sauerstoff-Eintrag ist dem jeweiligen O$_2$-Defizit

$$D = (C_s - C_x) \qquad (3.19)$$

sowie dem Geschwindigkeitsbeiwert der turbulenten Durchmischung proportional:

$$dC/dt = K_2(C_s - C_x) = K_2 D, \qquad (3.20)$$

Dabei bedeuten:
K_2 = Geschwindigkeitsbeiwert des O_2-Eintrages (mg O_2/l h)
C_S = Sauerstoffsättigungskonzentration (mg/l)
C_x = Sauerstoffkonzentration im Belebungsbecken (mg/l)

Die Sauerstoffzufuhr in einen Wasserkörper wird somit gemäß dem Fick'schen Diffusionsgesetz vor allem durch das jeweilige Konzentrationsgefälle $C_s - C_x$ und die Größe der turbulenten Diffusion bestimmt. Die mit dem Eintrag von kinetischer Energie verbundene **Turbulenz** ist für die Erneuerung der Grenzschicht zwischen Belebtschlammflocke und Wasserkörper maßgebend, führt also dazu, dass der im Wasser gelöste Sauerstoff schnell an die Zelloberflächen der Mikroorganismen gelangt. Die O_2-Versorgung der Belebtschlammflocke wird durch folgende Faktoren bestimmt:
- den O_2-Gehalt im Abwasser-Belebtschlamm-Gemisch und damit an der Oberfläche der Flocken,
- die Stärke der Prandtlschen Grenzschicht, die jede Belebtschlammflocke umgibt,
- die Größe der Flocken, d.h. ihren mittleren Durchmesser.

Da der Anteil der Flocke, der von der O_2-Versorgung noch weitgehend erfasst werden kann (Rindenschicht), im Wesentlichen vom Sauerstoffgehalt abhängt, ist das Verhältnis von Rinden- zu Kernschicht je nach dem Durchmesser der Flocken sehr unterschiedlich. Hieraus erklärt sich die hohe spezifische Aktivität kleiner Flocken im Verhältnis zu großen und zum Biofilm (Abb. 3.24). Mit einer O_2-Konzentration von 1–2 mg/l können 400 µm große Flocken noch voll mit Sauerstoff versorgt werden. Eine Erhöhung der Leistung ist vor allem dadurch zu erreichen, dass ein größerer Anteil der in einer Flocke konzentrierten Mikroorganismen vom Versorgungsstrom mit Sauerstoff und Nährstoffen erfasst wird. Deshalb steigt die spezifische Leistung auch bei gleichbleibender O_2-Spannung, wenn große Flocken in kleine zerteilt werden.

Eine solche Leistungssteigerung ist allerdings nur bei ausreichend hoher Intensität aller anderen für die Aktivität maßgebenden Umweltfaktoren gewährleistet. Schwache Turbulenz bei hoher Sauerstoffspannung hat einen ähnlichen Effekt wie hohe Turbulenz bei niedriger O_2-Spannung. Es ist oft erforderlich, Turbulenz und O_2-Versorgung unabhängig voneinander durch den Einbau von Rührwerken regeln zu können, z.B. in sehr schwach belasteten Nitrifikationsanlagen.

Die pro Zeiteinheit zu transportierende Substratmenge wird durch das Konzentrationsgefälle zwischen dem Inneren der Belebtschlammflocke und der Außenlösung bestimmt. Dabei ist zu beachten, dass die in Gleichung 3.14 dargestellte Beziehung für die Eliminationsleistung/Substrat-

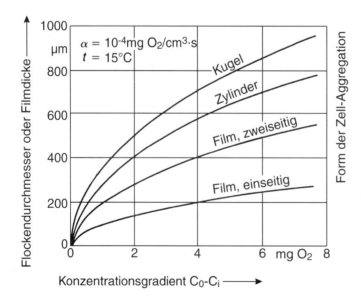

Abb. 3.24 Einfluss des Gradienten der Sauerstoffkonzentration C (mg/l) zwischen dem Inneren des Biofilms (Tropfkörperrasens) bzw. einer Belebtschlammflocke (als geometrischer Körper) einerseits (= C_i) und dem überstehenden bzw. umgebenden Abwasser andererseits (= C_0) auf die Stärke der aeroben Schicht. Nach WUHRMANN aus MUDRACK, KUNST (2003).

aufnahme streng genommen nur für Zellsuspensionen und für sehr kleine Flocken gilt. Bei großen Flocken (vgl. Abb. 3.24) ergeben sich erhebliche Abweichungen, die nur bei Kenntnis des Diffusionskoeffizienten und des Diffusionsweges in den Flocken berücksichtigt werden können. Mit einer Verkürzung des Diffusionsweges und der Erhöhung des Konzentrationsgefälles steigt die Diffusionsgeschwindigkeit. Es ist anzunehmen, dass bei einer sehr dichten Besiedlung der Belebtschlammflocke mit Ciliaten (Wimpertierchen) der Stoffaustausch innerhalb der Grenzschicht, der normalerweise auf reiner Diffusion beruht, wesentlich vergrößert wird. Diese Tiere erzeugen gerichtete Mikroströmungen, die dem Antransport der Nahrung (freisuspendierte Bakterien) dienen. Die Individuendichte kann z. B. bei dem Glockentierchen *Vorticella* 100 000 Individuen/ml bzw. 50 Einzeltiere pro Belebtschlammflocke erreichen (G. OTTO, persönl. Mitt.).

Im Allgemeinen wird für Belebungsbecken ein Mindestsauerstoffgehalt von 2 mg/l gefordert. Es hat sich aber gezeigt, dass bei starker Grenzflächenerneuerung, z. B. bei Belüftungskreiseln oder -walzen, auch ein O_2-Gehalt von 0,2–0,5 mg/l noch ausreicht (HÄNEL 1986). In Anlagen mit sehr geringer Schlammbelastung genügt ebenfalls ein O_2-Gehalt von etwa 0,5 mg/l. Durch kontinuierliche O_2-Messung kann die Belüftungskapazität der tageszeitlich stark schwankenden Abwasserlast angepasst und die Einhaltung von Mindest- bzw. Höchstwerten der O_2-Konzentration sicher gewährleistet werden. Extremer Sauerstoffmangel führt zu schwarzen Ablagerungen von Fe-Sulfid in den Belebtschlammflocken. Tierische Einzeller fehlen unter solchen Bedingungen ganz oder sind fast nur durch bestimmte Geißeltierchen (Flagellaten) vertreten. Andererseits werden eigenbewegliche Bakterien vor allem der Formtypen bzw. Gattungen *Spirillum* und *Pseudomonas* häufiger.

3.2.1.6 Variabilität der biochemischen Leistung

Wie in Kap. 3.2.1.1 und 3.2.1.2 dargestellt, kann die Leistung von Belebungsanlagen näherungsweise auf der Grundlage von Gleichungssystemen vorausberechnet werden, die auf der Annahme eines Stationärzustandes beruhen. Die Förderung von Mikroorganismen mit speziellen Leistungen ist in der Regel nur auf der Grundlage der bestmöglichen Selektionsbedingungen, d. h. einer angepassten Bemessung und Betriebsführung möglich. Bestehen in dieser Hinsicht Mängel, kann die gewünschte Leistung auch durch Zudosierung von Reinkulturen nicht erreicht werden. Impfmaterial steht in kommunalen Anlagen ohnehin ständig zur Verfügung. Ein Kanalisationsnetz wird von einer Vielzahl von Quellen gespeist. Dazu gehört u. a. die Erosion von Böden, die ihrerseits artenreiche Sammlungen von Mikroorganismen darstellen. Selbst bei speziellen Stoffumsetzungen sind offenbar häufig mehrere Arten von Bakterien beteiligt. Viele davon sind wahrscheinlich austauschbar. Dafür sorgt schon der Schlammrücklauf, durch den ständig Impfmaterial von mindestens 50 bis 100 Bakterienarten, also biochemische Information, in den Reaktor gelangt.

Für allgemeine Abbauleistungen wie z. B. die Elimination von organischen Säuren, Kohlenhydraten, Fetten und Proteinen sind jeweils dutzende von Organismen vorhanden. Dies kann auch als Erklärung dafür angesehen werden, dass sich mit sinkender Temperatur der Abbau der organischen C-Verbindungen bei weitem nicht so schnell verringert, wie das bei einzelnen biochemischen Reaktionen wie z. B. der Ammonium-Oxidation der Fall ist.

Die Stabilität des Leistungsvermögens einer biologischen Abwasserbehandlungsanlage kann nicht an den gleichen Maßstäben gemessen werden wie die Produktsynthese in der biotechnologischen Industrie. An der Zusammensetzung des Belebtschlamms in großtechnischen Anlagen sind sehr viele Bakterienarten beteiligt, von denen wahrscheinlich die meisten auch in der Natur allgegenwärtig sind. Die Situation ist also grundverschieden von der in der Industrie, die mit Reinkulturen einer bestimmten Art oder sogar nur eines bestimmten Stammes arbeitet. Es ist in Belebungsanlagen denkbar, dass bestimmte Arten mit speziellen erwünschten Leistungen von anderen verdrängt werden, weil sie genau so gut wie diese an die im Reaktor herrschenden Bedingungen angepasst sind. Diese strukturelle Unbestimmtheit gilt auch für Anlagen, bei denen die Prozessbedingungen konstant gehalten werden. Immerhin ist es möglich, den gewünschten Arten Vorteile für ihre Vermehrung zu bieten und weitgehend zu verhindern, dass sie aus dem System ausgewaschen werden. Je spezieller die gewünschte Leistung im Vergleich zum generellen Abbau gelöster organischer Substanzen ist, desto höhere Anforderungen sind an die Selektions- und Anreicherungs-Bedingungen zu stellen. Beim Belebungsverfahren ist die selektive Begünstigung von Flockenbildnern einschließlich Nitrifikanten, Denitrifikanten und polyphosphatspeichernden Bakterien entscheidend.

Alle rechnerischen Ansätze zur Erfassung des biochemischen Verhaltens gehen von der als einheitlich angenommenen Biomasse aus, obwohl es sich in Wirklichkeit um ein Gemisch vieler Arten mit unterschiedlichen Wachstumskonstanten handelt. Von einem solchen heterogenen System ist normalerweise kein stationäres Verhalten zu erwarten, sondern ein Schwingen der Häufigkeitswerte um die Zeitachse. Sind die entsprechenden Amplituden gering oder liegen sie im Bereich der durch zeitlich unterschiedliche Belastung hervorgerufenen Schwankungen, sind sie analytisch nicht erfassbar. Schwankungen der Populationsstruktur dürften selbst bei gleichbleibender Belastung, die ja in der Praxis nicht existiert, eher den Regel- als den Ausnahmefall darstellen. Sie fallen jedoch meistens nicht stark ins Gewicht, weil die Schwankungen der Abbauleistung stärker gedämpft sind als die der Biomasse oder die der Artenkomposition.

Reaktion auf Belastungsänderungen. Bei den erheblichen zeitlichen Schwankungen des Kläranlagenzulaufs, d.h. der hydraulischen und der organischen Belastung, kommt es darauf an, mit noch ausreichender Sicherheit eine bestimmte Ablaufqualität zu gewährleisten. Die entsprechende Zuverlässigkeit kann am besten durch Wahrscheinlichkeitsverteilungen der gemessenen Konzentrationswerte dokumentiert werden. Ein völliger Zusammenbruch des biologischen Ordnungsgefüges ist normalerweise nur zu erwarten bei
- toxischer Belastung,
- Ausschwemmung der Biomasse aus dem Nachklärbecken.

Durch die hohe Konzentration an Biomasse im Rücklaufschlamm ist auch das Pufferungsvermögen gegenüber einer stoßweisen Erhöhung der Belastung im Belebungsbecken beträchtlich. Beispielsweise verschlechterte sich in einer von WUHRMANN (1964) durchgeführten Versuchsreihe bei einer Erhöhung der Belastung um den Faktor 6 die Ablaufkonzentration nur um das 1,3fache. Umgekehrt verbesserte eine Steigerung der Schlammkonzentration um den Faktor 10 die Reinigungswirkung nur um das 1,5fache, weil nun das Substratangebot zum begrenzenden Faktor wurde. Dies zeigt, dass Schwankungen der Raumbelastung und Änderungen der Schlammrückführung innerhalb ziemlich weiter Grenzen abgefangen werden. Das Belebungsbecken arbeitet – wie viele Ökosysteme – in guter Näherung als selbstregulierendes stabiles System. Inwieweit eine havariebedingte Stoßbelastung durch Säuren oder Laugen den Abbauprozess stört oder gar zum Erliegen bringt, hängt vor allem von der chemischen Pufferung, d.h. dem Hydrogenkarbonatgehalt des Abwassers ab. In Versorgungsgebieten mit weichem Wasser ist die Pufferungskapazität des Abwassers in der Regel gering. Durch die Säurebildung bei der mikrobiellen Oxidation von Ammonium und durch saure Fällungsmittel zur P-Immobilisierung wird sie stark beansprucht.

Einarbeitung von Anlagen für spezielle Abwässer. Beim Abbau von Fremdstoffen arbeitet auch die Abwasserreinigung mit einer Auswahl von Spezialisten. Dies gilt auch für die Elimination schwer abbaubarer Naturstoffe oder ihrer Derivate, z.B. Ligninsulfonsäuren. Welche Gattungen und Arten im konkreten Fall zum Zuge kommen, hängt nicht allein von der Zusammensetzung des Abwassers, sondern auch von den Prozessbedingungen ab. Deren günstigste Konstellation kann bei bisher wenig untersuchten Substraten mit Hilfe von Pilotanlagen herausgefunden werden. Mit der Zeit bilden sich Konsortien von Bakterien heraus, die z.B. hochchlorierte Kohlenwasserstoffe abbauen können.

Während die Einarbeitung einer Belebungsanlage für kommunale Abwässer keine wesentlichen Probleme bietet, weil offenbar von vornherein in diesem Abwasser nicht nur viele leicht abbaubare Substrate, sondern auch sehr viele Arten von Mikroorganismen enthalten sind, trifft das für viele Industrieabwässer nicht zu. Sie enthalten z.T. gar kein Impfmaterial, und unter den vorherrschenden Substraten finden sich oft Substanzen, die toxisch wirken, so lange nicht die zu einem Abbau befähigten Mikroorganismen in genügend hoher Konzentration und Aktivität vorliegen. Dies gilt insbesondere für Verbindungen, die im Stoffwechsel der Mikroorganismen gar nicht vorkommen, wie z.B. Nitrophenole. Bei solchen Abwässern ergeben sich dann günstige Bedingungen für die Einarbeitung eines Belebungsbeckens, wenn aus einer Anlage mit vergleichbarer Abwasserbeschaffenheit eine ausreichende Menge an Impfschlamm zugesetzt werden kann. Sofern das nicht möglich ist, kann zunächst eine Versuchsanlage mit verdünntem Abwasser bzw. bei schwacher Belastung betrieben werden, bis sich die ersten Belebtschlammflocken bilden. Allmählich wird dann die Belastung bis auf das erforderliche Maß gesteigert.

Temperaturabhängigkeit. Die Temperaturabhängigkeit der biochemischen Reaktionen in Belebungsanlagen folgt im Prinzip einer Exponentialfunktion, wie sie in dem durch von van't Hoff und Arrhenius entwickelten Ansatz für die Geschwindigkeitsabhängigkeit chemischer Reaktionen zum Ausdruck kommt (Reaktions-Geschwindigkeits-Temperatur-Regel). Danach erhöht sich bei einer Steigerung der Temperatur um 10 K die Reaktionsgeschwindigkeit um das Zweifache:

$$k_2/k_1 = e^{c(T_2 - T_1)} \qquad (3.21)$$

Dabei bedeuten:
k_1 bzw. k_2 = Geschwindigkeitswert bei der Temperatur T_1 bzw. T_2
c = reaktionsspezifische Konstante [1/K]

Die reaktionsspezifische – wohl vor allem substratspezifische – Konstante c erreicht Werte zwischen 2,6% und 13,5% pro Grad Temperaturerhöhung (HÄNEL 1986). In der Abwassertechnik wird ein Mittelwert von 4,7% pro Kelvin verwendet. Die Temperaturabhängigkeit für den Abbau von Kohlenhydraten, Fetten und Eiweißen im Belebungsbecken ist relativ gering, daher ist die BSB-Elimination im Winter nicht wesentlich verringert. Voraussetzungen dafür, dass auch im Ablauf von kommunalen Anlagen der CSB im Winter kaum oder nur geringfügig ansteigt, sind eine ausreichende Biomassekonzentration sowie eine nicht zu hohe Schlammbelastung. Erwartungsgemäß ist die Temperaturabhängigkeit des biochemischen Umsatzes dann hoch, wenn es sich um Reaktionen handelt, die nur von spezialisierten Bakterienarten getragen werden können. Zum Beispiel ist der Abbau der in vielen Industrieabwässern enthaltenen Phenole bei niedrigen Temperaturen deutlich verlangsamt, weil daran offenbar nur relativ wenige Arten von Mikroorganismen beteiligt sind. Noch stärker ausgeprägt ist die Temperaturabhängigkeit beim Abbau von Fremdstoffen, die nur von sehr wenigen, speziell angepassten Arten abgebaut werden können.

3.2.1.7 Verfahrenstechnische Varianten

Die Abläufe großer Anlagen (mit einer Belastung von > 600 kg BSB_5/d bzw. mehr als 100000 angeschlossenen Einwohnern) müssen in Deutschland nach Anhang 1 der Abwasserverordnung (Stand vom 15.10.2002) folgenden Mindestanforderungen genügen:

- CSB: 90 mg/l,
- BSB_5: 20 mg/l,
- Ammoniumstickstoff (NH_4-N): 10 mg/l,
- Gesamt-N: 13 mg/l (bzw. Nachweis von mindestens 70% N-Elimination),
- Gesamt-P: 2 mg/l.

Diese Bedingungen sind in der Regel nur durch eine gute Abstimmung der verschiedenen Teilprozesse (aerob, anoxisch, anaerob) in mehrstufigen Reaktoren zu erfüllen. Im Prinzip stehen zwei Grundvarianten bzw. deren Kombinationen zur Verfügung (vgl. Abb. 3.25).

Tubularreaktor. Ein Tubularreaktor ist ein längsdurchströmtes Belebungsbecken (mit sog. Pfropfenströmung) mit dem Zufluss für Abwasser und Rücklaufschlamm auf der einen und dem Ablauf auf der anderen Schmalseite. Das Abwasser legt, vergleichbar einem Pfropfen, welcher ein Rohr passiert, eine bestimmte Wegstrecke zurück. In der Strömungsrichtung erfolgt nur eine geringe Längsdurchmischung, aber senkrecht dazu entwickeln sich kaum Konzentrationsgradienten. Ausgeprägt ist die longitudinale Abnahme der Substratkonzentration. Diese entspricht im Idealfall einer exponentiellen Abklingkurve. An der Stirnseite des Beckens besteht wegen der hohen Substratkonzentration ein erhöhter Sauerstoffbedarf. Diesem Konzentrationsgefälle muss durch eine in Längsrichtung abgestufte Belüftungskapazität oder Abwasserbelastung Rechnung getragen werden. Der größte Vorteil des Tubularreaktor besteht in der Längs-Separation von Prozessen, die sich andernfalls wechselseitig stören würden. Ein Nachteil ist die Störanfälligkeit gegenüber Belastungsstößen – auch bereits gegenüber den Tag-Nacht-Schwankungen der Belastung – infolge geringer hydraulischer Pufferung bzw. Durchmischung. Bei Substraten, die toxisch wirken, z.B. Phenol, Cyanid u.a., kommt es dadurch zur Schädigung der Mikroorganismen im Bereich des Zulaufs.

Mischreaktor (Rührkesselreaktor). Beim voll durchmischten Becken wird das zufließende Abwasser sehr schnell über das gesamte Volumen verteilt und mit eingearbeiteten Organismen beimpft. Die Vermischungszeit beträgt weniger als 10% der theoretischen Verweilzeit. Daher treten innerhalb des Beckens keine Konzentrationsgradienten auf, und Belastungsschwankungen werden gut kompensiert. Illustrieren lässt sich das nach GRASSMANN (1970) folgendermaßen: Wenn in einem Tubularreaktor Erbsen weichgekocht werden sollten, kämen sie im Ablauf alle mit der gleichen Beschaffenheit heraus. Im Mischreaktor dagegen besteht eine durch das sog. Verweilzeitspektrum bestimmte Wahrscheinlichkeit, dass ein Teil des soeben zugeflossenen Materials, d.h. einige der noch ganz harten Erbsen, sofort im Ablauf erscheinen, während andere sehr viel länger darin verbleiben, als der mittleren theoretischen Verweilzeit entspricht.

Im Mittel wird jedoch die Konzentration S_0 des Abwassers sofort auf die gleiche Konzentration S verringert, die auch den Ablauf kennzeichnet (Abb. 3.25), nur dass S nicht so niedrig ist wie im Tubularreaktor. Bei ausreichendem Belebtschlammgehalt (3–5 g/l) werden jedoch die abbaubaren Substrate in Analogie zu einem Adsorptionsprozess gebunden und damit eliminiert (HÄNEL 1986). Selbst Konservierungsmittel wie Phenol, Formaldehyd oder Essigsäure können auch noch bei recht hohen Werten für S_0 abgebaut werden, weil die toxische Konzentration im Becken durch die Kombination von starker Vermischung und hoher Sorptions- und Abbauintensität sofort auf ein für die Mikroorganismen unschädliches Maß abgesenkt wird, nämlich die gleiche Konzentration wie im Ablauf der Anlage. Dieser Verdünnungseffekt ist natürlich nur bis zu bestimmten Grenzwerten von S_0 wirksam. Dieser liegt aber relativ hoch. Ein Nachteil besteht jedoch darin, dass bei sehr niedrigem Substratangebot und guter O_2-Versorgung blähschlammbildende Fadenbakterien gefördert werden.

Alternierender intermittierender Betrieb (Sequencing Batch). Dieser bewirkt, dass ebenso wie im Tubularreaktor eine vorgegebene Reaktionszeit bzw. Verweilzeit auch tatsächlich eingehalten werden kann, demnach der Wirkungsgrad nicht durch Kurzschlussströmungen verringert ist. Der Zustrom von Abwasser erfolgt chargenweise. Dabei wird ein Becken mit mechanisch vorbehandeltem Abwasser gefüllt und nach weitgehendem Abbau der organischen Substanzen bzw. Nitrifikation/Denitrifikation und biologischer P-Elimination geleert (Abb. 3.26).

Dies hat folgende Vorteile (SCHÄFER 1997, TEICHGRÄBER 1998):
- Mengen- und Konzentrationsschwankungen des Zulaufs werden weitgehend abgepuffert,
- nahezu maximale Reaktionsgeschwindigkeiten,
- sehr wirksame Sedimentation und entsprechende Klärwirkung,
- Rücklaufschlamm-Förderung nicht erforderlich.

Abb. 3.25 Zeitliche Änderung von Substratkonzentration S und Biomassekonzentration X in Reaktoren unterschiedlichen Durchflussverhaltens. a) Gegenüberstellung von drei verschiedenen Reaktortypen mit gleichem Gesamtvolumen. Im Tubularreaktor Ausbildung von Längsgradienten (abnehmende Farbintensität), fehlen solcher Konzentrationsgradienten im Mischreaktor, Kombination beider Prinzipien in der Kaskade. t_1 bis t_5: aufeinanderfolgende Zeiten für die Passage einer bestimmten Wassermenge durch den Reaktor. b) Abnahme der Konzentration eines leicht abbaubaren Substrats innerhalb der Reaktoren.

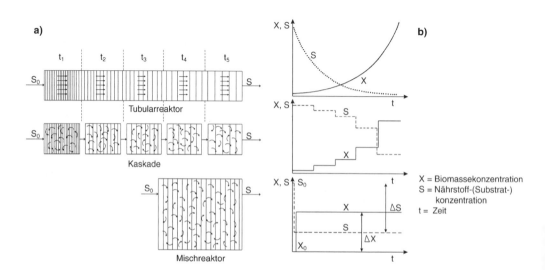

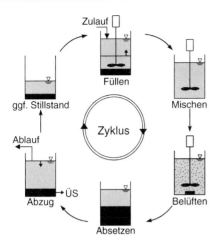

Abb. 3.26 Aufeinanderfolge von Prozesszuständen bei semikontinuierlichem Betrieb (SBR). Nach GÖRG, WILDERER (1987).

Der Sequencing Batch Reaktor (SBR) hat den Vorteil, dass jeweils nur ein einziger Reaktionsraum erforderlich ist, in dem die Abfolge anaerober, anoxischer und aerober Prozessphasen nach Bedarf geregelt werden kann. In der Regel werden jedoch zwei Becken alternativ betrieben. In Europa werden SBR-Anlagen mit künstlicher Belüftung für Anschlusswerte bis ca. 20 000 EW gebaut. Weitere Verfahrensvarianten sind z. B. Aufstau-Belebungsanlagen und Aufstau-Oxidationsgräben, die bereits seit 40 Jahren betrieben werden.

Membranbelebungsverfahren. Die Schwachstelle des konventionellen Belebungsverfahrens ist die Nachklärung. Beim Membranbelebungsverfahren wird die Trennung des Belebtschlammes vom gereinigten Abwasser durch eine Mikrofiltration (bzw. Ultrafiltration) ersetzt. Dadurch kann die Ablaufqualität entscheidend verbessert werden. Die Absetzeigenschaften des Schlammes sind nicht mehr relevant. Allein durch den Feststoffabtrieb werden beim konventionellen Belebungsverfahren oftmals die Überwachungswerte für den Phosphor überschritten.

Im Vergleich zum Belebungsverfahren kann der Trockenmassegehalt von 3–5 g/l auf 10 bis 15(20) g/l erhöht werden. Der Anfall von Überschussschlamm verringert sich. Es kann Beckenvolumen eingespart werden. Bei Belastungsspitzen (erhöhtes Substratangebot) steigt der Stoffumsatz, ohne dass sich die Ablaufqualität verschlechtert. Allerdings verändern sich nicht nur das Schlammalter, sondern auch andere Schlammeigenschaften. Der Schlamm wird dickflüssiger, und der Anteil typischer Belebtschlammflocken geht zurück.

Bei erhöhten Anforderungen an die Ablaufqualität kommt auch der Vorteil der durch die Struktur der Membranen bedingten Bakterienfiltration zum Tragen. Dabei kann die hygienische Qualität des Ablaufs wesentlich verbessert werden, jedoch nicht bis zur Trinkwasserqualität. Bei längerem Betrieb bleibt das Permeat nicht völlig keimfrei.

Allerdings begrenzt nicht allein der Membranwiderstand, sondern vor allem der Deckschichtwiderstand die Leistungsfähigkeit des Prozesses. Je dicker die Deckschicht, desto geringer ist die Filtrations- und damit die Gesamtleistung. Eine chemisch-physikalische Reinigung der Membranen ist aller drei bis zwölf Monate erforderlich (GÜNDER 1999). Zur Deckschichtentfernung ist auch ein ständiger Lufteintrag notwendig. Es muss verhindert werden, dass dadurch zuviel Sauerstoff in die Denitrifikationszone gelangt. Die Nutzung des gesamten leicht abbaubaren CSB für die Denitrifikation kann am ehesten durch eine stoßweise Beschickung bzw. bei einem SBR-Betrieb erreicht werden (KRAMPE 2001).

Die Membran-Technologie besitzt die in Tab. 3.7 dargestellten Vor- und Nachteile.

3.2.1.8 Aerobe Schlammstabilisierung

Eine bewährte Methode zur Behandlung des Überschussschlammes in Großanlagen ist die anaerobe Schlammfaulung. Als Alternative dazu kann der Überschussschlamm auch mit Hilfe aerober Abbauprozesse „biochemisch verbrannt" werden. Hierbei wird belüftet, bis der Schlamm seine Fäulnisfähigkeit verloren hat und ohne starke Geruchsbelästigung weiter verarbeitet werden kann. Die aerobe Stabilisierung wird bei schwachbelasteten Verfahren (Oxidationsgräben, Kleinbelebungsanlagen) seit Jahrzehnten praktiziert. Hier kann bei der niedrigen Schlammbelastung die aerobe Schlammstabilisierung integriert werden. Es ist also nur noch erforderlich, den Überschussschlamm zu entsorgen.

Auch der Schlamm aus Großanlagen kann so lange belüftet werden (allerdings in separaten Becken), bis die Bakterien die fäulnisfähigen organischen Substanzen einschließlich der intrazellulären Speicherstoffe durch endogene Atmung eliminiert haben. Dazu ist eine intensive Belüftung erforderlich; der Bedarf an Elektroenergie kann dabei genau so hoch wie der für die biologi-

Tab. 3.7 Vor- und Nachteile der Membranbiotechnologie. Nach Angaben in Schilling, Grömping, Kollbach (1998).

Vorteile	Nachteile/Einschränkungen
Ablauf in der Regel weitgehend frei von Partikeln einschl. Bakterien und Viren	Relativ hohe, aber in der Tendenz fallende Kosten für die Membranen
Erhöhung der Raumbelastung im Vergleich zum konventionellen Belebungsverfahren um einen Faktor 4 bis 8	
Möglichkeit der Wiederverwendung des Wassers auch für relativ anspruchsvolle Nutzungen (für Trinkwassergewinnung aber nur in Kombination mit Desinfektion)	Zur Rückhaltung von Viren reicht die Porengröße von Mikrofiltern (ca. 0,2 μm) nicht aus. Hierfür müssen Ultrafilter (Porengröße ca. 0,01 μm) eingesetzt werden
Verringerung der Überschussschlamm-Produktion um 50 bis 80 %	
Betrieb auch bei sehr hohen Biomassekonzentrationen (bis 25 g/l) möglich, dadurch Einsparung von Reaktionsraum	Wegen der ohnehin hohen Energiekosten sollten 15 g/l nicht überschritten werden Eine sehr hohe Schlammkonzentration erschwert den O_2-Eintrag und erhöht die Energiekosten
Geringe Empfindlichkeit gegenüber Belastungsschwankungen	
Relativ freie Wahl des Schlammalters	

sche Abwasserbehandlung sein. Trotzdem werden bestimmte Krankheitserreger im Vergleich zur mesophilen Faulung nur in ganz unbefriedigendem Maße abgetötet. Erst bei Temperaturen um 50 °C wird ein ausreichender Wirkungsgrad der Keimabtötung erzielt (Böhnke, Bischofsberger, Seyfried, Dauber 1993).

So hohe Temperaturen sind nur zu erwarten, wenn z. B. durch eine vorgeschaltete maschinelle Entwässerung des Rohschlammes die für eine starke Selbsterhitzung erforderliche hohe Konzentration an leicht abbaubaren organischen Substanzen erreicht wird. Entscheidend ist, ob die Wärmeproduktion auch noch im Winter auf dem erforderlichen Niveau gehalten werden kann.

3.2.2 Phosphor- und Stickstoffelimination

Bei der konventionellen biologischen Abwasserbehandlung (Belebungsverfahren) werden bis 25 % des Stickstoffs und bis 40 % des Phosphors in die Bakterienbiomasse inkorporiert. Dies reicht für den Schutz der Gewässer vor Nährstoffen in der Regel nicht aus. Deshalb wurden Verfahren zur weitergehenden Behandlung entwickelt.

3.2.2.1 Stickstoff in den Gewässern und im Abwasser

Zustandsformen und Herkunft des Stickstoffs sind in Tab. 3.8 dargestellt. Der Hauptanteil am N-Gehalt der Atmosphäre und an den im Wasser gelösten Gasen entfällt auf den molekularen Stickstoff. Er ist zwar chemisch nicht reaktionsfähig, kann aber durch Vertreter von mehr als 60 Bakterien-Gattungen reduziert werden (Rheinheimer, Hegemann, Raff, Sekoulov 1988). Dieser Prozess (Hydrierung von N_2) wird durch ein extrem O_2-empfindliches Enzym, die Nitrogenase, katalysiert. Dabei wird biochemische Energie (ATP) verbraucht und Ammonium gebildet, das zum Aufbau von Aminosäuren genutzt wird.

Stickstoff ist als wesentlicher Bestandteil der Aminosäuren, Proteine, Amide und organischen N-Basen ein wichtiger Baustein der Biomasse. Mit dem Überschussschlamm werden dementsprechend bei kommunalem Abwasser etwa 25–30 % des Stickstoffs aus dem Abwasser entfernt (Mudrack, Kunst 2003). Im Wasser gelöstes Ammonium ist stets ein Indikator für noch nicht beendete mikrobielle Umsetzungen bzw. für Sauerstoffmangel. Es stammt großenteils aus dem Abbau von organischen N-Verbindungen, beim

Tab. 3.8 Vorkommen von Ammonium, Nitrit und Nitrat in Gewässern. Nach RÖSKE, UHLMANN (2000).

Ammonium (NH_4^+)	Aus Abbauprozessen, als Pflanzennährstoff geeignet, normalerweise nur in sehr niedrigen Konzentrationen vorhanden
Nitrit (NO_2^-)	Aus mikrobiellen Stoffwandlungsprozessen, nur in sehr niedrigen Konzentrationen vorhanden
Nitrat (NO_3^-)	Vorherrschende Zustandsform, daher auch wichtigste N-Quelle für das Phytoplanktonwachstum. In Horizonten mit O_2-Mangel (Sediment und Sediment/Wasser-Kontaktzone) wichtiger H-Akzeptor für Bakterien, auch für die mikrobielle Oxidation von FeS_2

Abwasser vor allem von Harnstoff, einem Abfallprodukt des Eiweißstoffwechsels. Diese NH_4^+-Freisetzung wird als **Ammonifikation** bezeichnet. Dazu sind fast alle in Gewässern vorkommenden Bakterien befähigt (RHEINHEIMER et al. 1988). Sie verwenden aber dieses Ammonium selbst für ihr Zellwachstum, solange ihnen auch eine geeignete organische C-Quelle zur Verfügung steht. In organisch belasteten Gewässern reichert sich Ammonium jedoch an, da dort das C:N-Verhältnis in der Regel relativ niedrig ist.

Ammonium im Abwasser. Für die Abläufe von Kläranlagen mit mehr als 100 000 angeschlossenen Einwohnern werden nach Anhang 1 der Abwasserverordnung (Stand 15. 10. 2002) gefordert: NH_4-N < 10 mg/l, Gesamt-N < 13 mg/l.

In häuslichem Abwasser durchschnittlicher Zusammensetzung sind bis etwa 60 mg/l Gesamt-Stickstoff enthalten. Der mikrobielle Abbau (Hydrolyse) des Harnstoffs ($CO(NH_2)_2$) findet besonders bei erhöhter Temperatur und längerer Fließzeit bereits im Kanalnetz statt.

stabilen organischen Substanzen enthalten ebenfalls gebundenen Stickstoff. Dieser organische N-Anteil im Ablauf beträgt etwa 1–2 mg/l. Ammonium kann in Gewässern auch durch mikrobielle Reduktion von Nitrat gebildet werden (**assimilatorische Nitratreduktion**). Die Nutzung von Nitrat als Wasserstoffakzeptor für die Energiegewinnung durch Atmung bei Fehlen von molekularem Sauerstoff hingegen wird als **dissimilatorische Nitratreduktion** (Nitratatmung) bezeichnet. Dieser Prozess verläuft über Nitrit und Distickstoffoxid bis zum molekularen Stickstoff (Gleichung 3.28, Abb. 3.27). Im Unterschied dazu reichert sich bei der **Nitratammonifikation** Ammonium im Wasser an. Sie findet statt, wenn sowohl molekularer Sauerstoff als auch leicht verwertbare gelöste C-Quellen knapp sind bzw. fehlen. Dies ist vor allem in Grundwässern und zum Teil in Sedimenten der Fall. Normalerweise verläuft die Nitratatmung bis zum Nitrit und weiter bis zum N_2. Der nicht benötigte Stickstoff wird abgegast. Dies ist auch bei Belebungsanlagen der Fall.

$$CO(NH_2)_2 + H_2O \rightarrow 2\,NH_3 + CO_2 \qquad NH_3 + H_2O + CO_2 \rightarrow NH_4^+ + HCO_3^- \qquad (3.22)$$

Harnstoffspaltende Mikroorganismen sind allgegenwärtig. In allgemeiner Form kann man schreiben:

$$\text{org. N} + H_2O \rightarrow NH_4^+ + OH^- \qquad (3.23)$$

Im Gegensatz zur nachfolgenden Nitrifikation ist die Ammonifikation mit einem Verbrauch von Protonen (H^+), also einer Alkalisierung verbunden. Pro Einwohner fallen täglich etwa 13 g Stickstoff an. In manchen Abwässern der Lebensmittelindustrie sowie in Gülle ist der N-Gehalt bedeutend höher als in kommunalem Abwasser. Die beim Belebungsverfahren entstehenden huminstoffartigen

Nitrit kommt in der Natur meistens nur als kurzlebiges Zwischenprodukt vor, ist aber ein wichtiger Redoxindikator. Es kann sowohl durch mikrobielle Oxidation von Ammonium, also **Nitrifikation**, entstehen, als auch infolge Nitratreduktion, vor allem durch Denitrifikation. Das wichtigste Endprodukt der Denitrifikation ist molekularer Stickstoff. Sowohl nitrifizierende als auch denitrifizierende Bakterien sind in der Natur allgegenwärtig. Manche Arten können allerdings Nitrat nur zum Nitrit reduzieren. Über die quantitativen Proportionen zwischen Nitrifikations- und Denitrifikations-Bakterien entscheidet das

Angebot an Ammonium und Sauerstoff, bzw. das an verwertbaren organischen Substanzen (bei gleichzeitigem O_2-Mangel). Es gibt allerdings auch Bakterien, die in der Lage sind, organische N-Verbindungen als Energiequellen zu nutzen und dabei zu Nitrit und/oder Nitrat zu oxidieren (RHEINHEIMER et al. 1988). Über die quantitative Rolle dieser heterotrophen Nitrifikanten in Gewässern und wasserwirtschaftlichen Anlagen ist bisher erst wenig bekannt.

Gelöste **organische N-Verbindungen** sind zwar (vor allem als Harnstoff) wesentliche und leicht abbaubare Inhaltsstoffe des kommunalen Rohabwassers, kommen aber in der Natur in nennenswerter Konzentration vor allem in Kombination mit oder als Bestandteil von Huminstoffen vor. Das sind hochoxidierte und mikrobiell relativ schwer angreifbare Verbindungen. Sie sind überall dort zu erwarten, wo der Gehalt an schwer abbaubarem DOC (gelöstem organischem Kohlenstoff) erhöht ist. Dies gilt auch für Kläranlagenabläufe. In Gewässern sind zwar auch Aminosäuren gelöst, kommen dort aber nur in sehr niedriger Konzentration vor und unterliegen im Gegensatz zum Großteil der anderen organischen N-Verbindungen einem schnellen Umsatz.

3.2.2.2 Nitrifikation

Unter Nitrifikation versteht man die schrittweise mikrobielle Oxidation von Ammoniak bzw. Ammonium über Hydroxylamin zum Nitrit und Nitrat. Die Nitrifikation läuft in zwei Stufen durch spezialisierte Bakterien unter Nutzung der in den folgenden Reaktionsgleichungen angegebenen Enzyme ab.

Mol Sauerstoff benötigt (Gleichung 3.24). Bei einem Ammoniumgehalt im biologisch behandelten Abwasser von oftmals mehr als 30 mg/l NH_4-N bedeutet dies, dass selbst in einem Gewässer mit durchaus nennenswerter atmosphärischer Belüftung der O_2-Gehalt bis auf sehr kritische Niedrigwerte absinken kann.
- Ammonium wird bei erhöhtem pH-Wert, wie er durch den CO_2-Entzug bei der Photosynthese im Gewässer leicht zustandekommen kann, teilweise in das stark fischtoxische Ammoniak (NH_3) umgewandelt. Der pH-Anstieg kann durchaus dazu führen, dass 50 % des NH_4-N als Ammoniak-Stickstoff vorliegt. Schädigungen der Fische und generell der Gewässerfauna sind aber bereits bei einem NH_3-N-Gehalt von 0,02 mg/l und darunter zu erwarten!
- Findet die Nitrifikation erst im Gewässer statt, kann dies bei geringer Karbonatpufferung (Weichwässer) zu einer starken Versauerung infolge der Bildung von Salpetersäure führen. Die damit verbundene pH-Abnahme wiederum hemmt im weiteren die mikrobielle Ammoniumoxidation.
- Durch Nitrifikation im Gewässer kann sich Nitrit anreichern, das (im Gegensatz zu Nitrat) ebenso wie Ammoniak stark toxisch gegenüber Fischen und wirbellosen Tieren wirkt.

Nitrifikanten sind anders als normale Abwasserbakterien. Im Gegensatz zu den heterotrophen Bakterien verwerten die meisten Nitrifikanten keine gelösten organischen Substanzen. Im Gegenteil, sie benötigen anstelle des organischen Kohlenstoffs Kohlendioxid bzw.

$$NH_3 + \tfrac{1}{2} O_2 \xrightarrow{\text{Monooxygenase}} NH_2OH$$
$$NH_2OH + H_2O \xrightarrow{\text{Hydroxylamin-Oxidoreduktase}} HNO_2 + 4\,H^+ + 4\,e^- \qquad (3.24)$$
$$NO_2^- + H_2O \xrightarrow{\text{Nitritoxidase}} NO_3^- + 2\,H^+ + 2\,e^-$$

Eine Nitrifikationsstufe ist bei der biologischen Abwasserbehandlung aus mehreren Gründen erforderlich. Werden dem kommunalem Abwasser nur die absetzbaren Stoffe und die fäulnisfähigen organischen Substanzen entzogen, repräsentiert das dann noch verbleibende Ammonium eine starke Gewässerbelastung. Dies hat folgende Ursachen:
- Für die mikrobielle Oxidation von einem Mol Ammonium-Stickstoff zu Nitrat werden drei

Hydrogenkarbonat. Diese Verbindungen bilden ihre alleinige Kohlenstoffquelle. Als Energiequellen dienen ihnen Ammonium und Nitrit. Die durch deren Oxidation gewonnene biochemische Energie wird vor allem in das Zellwachstum investiert. Die Nitrifikanten produzieren also Biomasse auf anorganischer Grundlage, aber im Gegensatz zu den grünen Pflanzen verwerten sie dafür Oxidationsenergie (des Ammoniums). Solche Mikroorganismen nennt man litho-autotroph

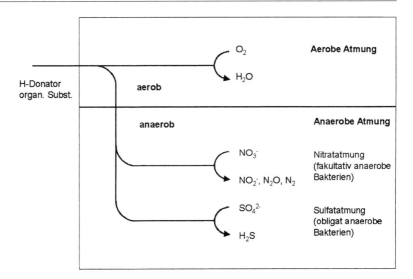

Abb. 3.27 Aerobe und anaerobe Wege der Atmung. Nach SCHLEGEL (1992).

bzw. chemo-litho-autotroph. Nitrifikanten kommen in allen Typen von Gewässern und Böden vor, sogar auf porösem Gestein. Ein kleiner Anteil des Ammoniums wird von den Bakterien als Stickstoffquelle für das Wachstum benötigt. Der N-Gehalt in der Trockenmasse beträgt generell etwa 11%.

Die Ammoniumoxidation erfolgt gemäß Gleichung 3.24. Die Reaktion wird von Bakterien der Gattung *Nitrosococcus* sowie von den miteinander verwandten Gattungen *Nitrosospira, Nitrosolobus, Nitrosovibrio, Nitrosomonas* getragen (KOOPS et al. 1996). Das Zwischenprodukt Nitrit wird von anderen Bakterien weiter verarbeitet (Gleichung 3.24). Nitrit kann sich aber auch infolge von Nichtverarbeitung anreichern, z.B. dann, wenn die Nitratbildner durch eine noch zu hohe NH_4^+-Konzentration gehemmt sind. Dass die Nitrifikation auf der Nitrit-Stufe stehen bleibt, ist z.B. bei zu starker Fäkalienzugabe bzw. bei gewerblichen Abwässern mit sehr hohem N-Gehalt (z.B. Tierkörperverwertung) zu erwarten. Verantwortlich für die Nitratbildung sind Bakterien aus ganz unterschiedlichen, nicht miteinander verwandten Gruppen (*Nitrospira, Nitrobacter, Nitrococcus, Nitrospina*). Insgesamt ergibt sich:

$$NH_4^+ + 2\,O_2 \rightarrow NO_3^- + 2\,H^+ + H_2O + \text{Energie} \tag{3.25}$$

Im Gegensatz zur Ammonifikation werden hier Protonen freigesetzt. Es wird also Salpetersäure produziert. Manche Nitratbildner sind unter bestimmten Bedingungen in der Lage, den Stickstoff auch organischer Verbindungen, vor allem solcher mit Aminogruppen, zu Nitrat zu oxidieren. Sie gewinnen jedoch in diesem Falle keine Energie (SCHMIDT, GRIES, WILLUWEIT 1999). Auch eine Reihe von weit verbreiteten Schimmelpilzen ist zu dieser Reaktion befähigt. Diese so genannte **heterotrophe Nitrifikation** gilt als energetisch nicht attraktiv, ihr wird daher in der Natur und in technischen Anlagen eine nur geringe Bedeutung beigemessen. Jedoch ist der heterotrophe Nitrifizierer *Paracoccus denitrificans* offenbar in der Lage, durch eine Kopplung von Nitrifikation und Denitrifikation nennenswerte Mengen von Ammonium in molekularen Stickstoff umzuwandeln (KOOPS et al. 1996).

Wachstumsraten der nitrifizierenden Bakterien. Die Wachstumsraten der nitrifizierenden Bakterien sind im Verhältnis zu denen der heterotrophen Mikroorganismen, die für den Abbau der organischen C-Verbindungen verantwortlich sind, gering (und bei den Ammoniumoxidieren noch kleiner als bei den Nitratbildnern). Ihre Generationszeiten t_G liegen im Bereich von 7–14 h (RHEINHEIMER et al. 1988). Das ist in Anbetracht der Tatsache, dass t_G bei schnellwüchsigen heterotrophen Bakterien bei optimalen Bedingungen unter 1 h liegen kann, sehr wenig. Die bei der Oxidation von Ammonium bzw. Nitrit erzielbare Energieausbeute ist gering im Vergleich zu der Menge an biochemischer Energie, die z.B. bei der Oxidation einer vergleichbaren Masseeinheit an Glucose anfällt. Der Zellertrag beläuft sich nur auf ca. 0,17 g Trockenmasse pro g NH_4-N (BEVER, STEIN, TEICHMANN 1993). Um 1 g Zellmasse zu bilden, muss *Escherichia coli* nur 2 g Glukose oxidieren, das autotrophe Bakterium *Nitrosomonas* hingegen 30 g NH_3 (MUDRACK, KUNST 2003). Unter Konkurrenzbedingungen mit heterotrophen Bakterien reichert sich daher die Biomasse der Nitrifikanten nicht stark genug in den Belebtschlammflocken an. Sie sind also auf eine noch höhere Verweilzeit der suspendierten Biomasse im System angewiesen als die normalen Abwasserbakterien. Diese Verweilzeit der Nitrifikanten ist beim Belebungsverfahren durch das Schlammalter festgelegt. Praktisch findet eine sichere Nitrifikation dann statt, wenn das Schlammalter etwa das 3fache der Generationszeit der Nitrifikanten beträgt. Die Nitrifikanten sind durch die Bildung von extrazellulären polymeren Substanzen (EPS) und von vielzelligen kugelähnlichen Aggregaten zur Bildung von ziemlich kompakten Belebtschlammflocken prädestiniert. Solche Kolonien bestehen jeweils aus hunderten bis tausenden von Einzelzellen (Abb. 3.28). Auf Grund ihrer Langsamwüchsigkeit werden sie aber leicht von den Heterotrophen überwuchert und so vom O_2-Nachschub abgeschnitten. Allerdings sind bei den Nitrifikanten die Umsatzraten, d.h. die spezifische Leistung pro Zelle, sehr hoch. Es muss also für einen vergleichbaren Umsatz nicht so viel Biomasse vorhanden sein wie bei den Heterotrophen. Die mittlere Aufenthaltszeit des nitrifizierenden Belebtschlamms im aeroben Teil einer Anlage wird als „aerobes Schlammalter" bezeichnet (Berechnung siehe BEVER, STEIN, TEICHMANN 1993).

Anforderungen an den Sauerstoffgehalt. Aus Gleichung 3.25 ist ersichtlich, dass für die Oxidation von 1 g NH_4-N 4,6 g Sauerstoff benötigt und 0,14 g Protonen, d.h. Säure, gebildet werden. Für die Ammoniumoxidation wird demnach sehr viel Sauerstoff verbraucht. Die O_2-Konzentration sollte nicht unter 2 mg/l absinken. Die von den Nitrifikanten bevorzugten O_2-Spannungen sind höher als die der heterotrophen Bakterien. Unter Konkurrenzbedingungen leiden die Nitrifikanten unter O_2-Mangel. Ursache der relativ hohen Anforderungen an die Sauerstoffspannung bzw. an die Grenzflächenerneuerung bzw. Turbulenz sind die mit der erheblichen Größe der Flocken/Kolonien verbundenen langen Diffusionswege. Bis zu

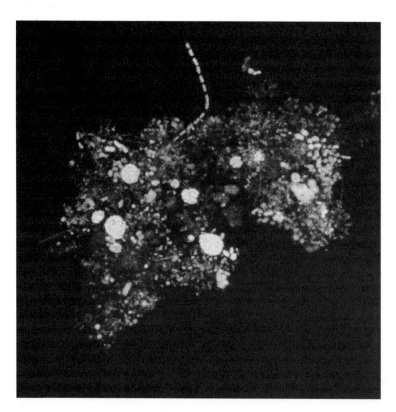

Abb. 3.28 Aggregate („Cluster") von nitrifizierenden Bakterien in einer Belebtschlammflocke. Die Erkennbarkeit (anhand eines optischen Schnitts mittels Scanning-Laser-Mikroskopie) beruht auf der Bindung an eine spezifische und mit einem Fluoreszenzfarbstoff markierte Gensonde. Aufn.: M. Eschenhagen.

einem gewissen Grad kann allerdings ein niedriger O_2-Gehalt durch erhöhte Turbulenz bzw. intensivere Grenzflächenerneuerung kompensiert werden. Entsprechend den unterschiedlichen Ansprüchen ist eine räumliche Separation der Prozesse, d. h. die Hintereinanderschaltung von Becken für den Abbau der organischen C-Verbindungen und für die Ammoniumoxidation, oftmals besser als ein nur einstufiger Reaktor. Bei sehr niedrigem O_2-Gehalt reduzieren manche Ammoniumoxidierer einen Teil des von ihnen gebildeten Nitrits. Dadurch werden Distickstoffoxid (N_2O, Lachgas), Stickstoffmonoxid (NO) sowie N_2 freigesetzt (SCHMIDT, GRIES, WILLUWEIT 1999). Von praktischer Bedeutung ist der Prozess dann, wenn aus dem Ammonium mit Hilfe von Nitrit nur molekularer Stickstoff gebildet wird, siehe Anammox-Verfahren.

Anforderungen an die Pufferungskapazität und den pH-Wert. Das pH-Optimum liegt im schwach alkalischen Bereich (pH-Wert 7,0 bis 8,0). In Wässern mit niedriger Karbonatpufferung führt die Säureproduktion bei der Nitrifikation zu einem Absinken des pH-Wertes bis auf 6,5 und darunter. Dabei wird Kohlendioxid gebildet:

$$H^+ + HCO_3^- \rightarrow CO_2 + H_2O \qquad (3.26)$$

Durch die Belüftung im Belebungsbecken wird dieses CO_2 normalerweise ausgetrieben. Aus den Gleichungen 3.25 und 3.26 geht hervor, dass durch die mikrobielle Oxidation von 1 mmol NH_4-N 1 mmol HCO_3^- verbraucht wird. Beträgt also der Gehalt an NH_4-N nur 14 mg/l und die Karbonatpufferung (= m-Wert) 1 mmol/l, reicht das aus, um die Pufferung auf Null zu verringern. Bei dem nun schnellen weiteren Absinken des pH-Wertes erliegt die Nitrifikation der Selbsthemmung. In solchen Fällen ist die Kopplung Nitrifikation/Denitrifikation auch deshalb hilfreich, weil letztere OH^--Ionen produziert (Gleichung 3.28). Die Säurebindungskapazität SBK im Zulauf zur Kläranlage ergibt sich aus der Karbonathärte KH des Leitungswassers und dem Ammoniumgehalt des Rohabwassers wie folgt (BEVER, STEIN, TEICHMANN 1993):

allgemeine Abbauprozesse einschließlich der Denitrifikation. Für die meisten Nitrifikanten liegt das Temperaturoptimum zwischen 20 und 30 °C. Der Leistungsabfall bei niedrigen Temperaturen ist bei diesen Arten noch stärker ausgeprägt als bei den Heterotrophen.

Bei einer Temperaturerniedrigung von 20 auf 10 °C verringert sich die spezifische Wachstumsrate der Nitritbildner auf etwa 40 %, die der Nitratbildner auf etwa 55 % (BEVER et al. 1993). Dies bedeutet, dass in Frostperioden der NH_4^+-Gehalt der Kläranlagenabläufe zu hoch ist. Um einen Grenzwert für Ammoniumstickstoff von 10 mg/l nicht zu überschreiten, kann versucht werden, das Leistungsdefizit durch eine erhöhte Biomasse- bzw. Belebtschlammkonzentration auszugleichen. Es gibt allerdings auch Arten von Nitrifikanten, die noch bei Temperaturen unter 5 °C wachsen. Über die Möglichkeit ihrer Anreicherung in Abwasserbehandlungsanlagen ist wenig bekannt.

Empfindlichkeit gegenüber Laststößen. Die Nitrifikanten sind empfindlich gegen einen erhöhten Gehalt an Ammonium. Mit steigendem pH-Wert erhöht sich der Gehalt an Ammoniak (NH_3), von dem die eigentliche Giftwirkung ausgeht. Ist der Ammoniumgehalt hoch bzw. wird es nicht schnell genug verarbeitet, muss bereits ein noch im Bereich der Nitrifikation liegender pH-Wert um 8,5 als ungünstig betrachtet werden. Der NH_4^+-Gehalt schwankt in den Zuläufen vieler Kläranlagen innerhalb eines Tages sehr stark. Da die Konzentration an nitrifizierendem Belebtschlamm kaum an diese Schwankungen angepasst werden kann, ist im Ablauf der Nitrifikationsstufe zeitweise ein erhöhter Ammoniumgehalt zu erwarten, sofern kein Ausgleichs- bzw. Pufferbecken zwischengeschaltet werden kann. Die Empfindlichkeit gegenüber einem erhöhten Gehalt an leicht abbaubaren organischen Substanzen ist meistens ein indirekter Effekt der selektiven Benachteiligung gegenüber heterotrophen Bakterien. Dagegen werden durch eine zu hohe NH_4^+-Konzentration im Vergleich zur vorhandenen Nitrifikantenbiomasse Nitrit- und Nitratbildung gehemmt, durch eine zu hohe Ni-

$$\text{SBK (mmol/l)} = \text{KH (mmol/l)} + \tfrac{1}{14}\, NH_4\text{-N (mmol/l)} \qquad (3.27)$$

Anforderungen an die Temperatur. Die Nitrifikation ist stärker von der Temperatur abhängig als

tritkonzentration vor allem die Nitratbildung. Die große Empfindlichkeit ergibt sich aus dem bereits erwähnten geringen Anteil der Nitrifikanten an der Masse des Belebtschlamms.

Nitrifikanten sind gegen toxische Substanzen im Abwasser empfindlicher als normale Belebtschlammbakterien. Viele Arten sind empfindlich gegen Fe(II)-Ionen, die z. B. bei der Simultanfällung von Phosphor ins Belebungsbecken gelangen. Sehr toxisch wirken auch Cyanid und Sulfid. Ammonium-Oxidierer sind sehr empfindlich gegenüber kurzwelligem Licht, ihre Aktivität ist daher in der obersten Schicht des Wasserkörpers verringert. Die unterschiedlichen Abstufungen des Salzgehaltes in Anlagen und Gewässern werden jeweils von unterschiedlichen Arten der Nitrifikanten bevorzugt. Das Einfahren einer Anlage zur Reinigung von N-reichen Abwässern mit hohem Salzgehalt kann daher, sofern keine Beimpfung aus einer bereits existierenden Anlage erfolgt, eine längere Zeit beanspruchen. Auf Grund der niedrigen Wachstumsraten ist bei den Nitrifikanten damit zu rechnen, dass sie einen Bestandsverlust infolge eines Laststoßes nur relativ langsam ausgleichen können. Es gibt sogar Fälle, in denen eine Anlage neu angefahren werden musste (SCHMIDT, GRIES, WILLUWEIT 1999).

3.2.2.3 Denitrifikation

Hierunter versteht man die mikrobielle Reduktion von Nitrat und anderen oxidierten N-Verbindungen wie Nitrit und Stickstoffoxiden zu elementarem Stickstoff. Dabei wird der gebundene Sauerstoff anstelle von atmosphärischem Sauerstoff als Oxidationsmittel, d. h. als Wasserstoffakzeptor, genutzt. Dies ist nur unter anoxischen Bedingungen möglich, d. h. bei weitgehender Abwesenheit von molekularem Sauerstoff. Andernfalls wird dieser von den Bakterien bevorzugt. Mindestens 40 Arten von Bakterien sind zur Denitrifikation befähigt (WANNER 1997). Dazu gehören Vertreter der Gattungen *Achromobacter*, *Alcaligenes*, *Arthrobacter*, *Bacillus*, *Flavobacterium*, *Hyphomicrobium*, *Moraxella* und *Pseudomonas*. Bei einer normal bzw. vollständig verlaufenden Denitrifikation liegt das Endprodukt gasförmig als N_2 vor:

die OH^--Ionen kann die Hälfte der durch die Nitrifikation entstandenen Säure neutralisiert werden. Die für die Reduktion benötigten Elektronen können aber auch, und zwar bei *Thiobacillus denitrificans* ausschließlich, aus Sulfid bzw. Bisulfid (H_2S, FeS, FeS_2) stammen. Nitrit wird auch allein als Ausgangsstoff genutzt. Als unerwünschte Nebenprodukte entstehen bei der Nitrat- bzw. Nitritreduktion Stickstoffoxide, aber in einem normalerweise geringen Prozentsatz. Es handelt sich dabei vor allem um das Treibhaus-Gas N_2O (Distickstoffoxid, Lachgas). Sein Treibhauspotenzial (pro Mol) ist ca. 200-mal größer als das von Kohlendioxid. In einer Denitrifikationsstufe ist nur die Reaktion (3.28) erwünscht. Unter bestimmten Bedingungen verläuft die Denitrifikation sogar bis zum Ammonium (**Nitratammonifikation**), was in Abwasserbehandlungsanlagen ausgeschlossen werden muss. Die Nitratammonifikation ist an die Voraussetzungen gebunden, dass ein hohes Angebot an abbaubarem organischen Material und ein niedriges Redoxpotenzial vorliegen (SÜMER et al. in LEMMER, GRIEBE, FLEMMING 1996). Diese Form der Nitratatmung läuft aus der Sicht der Bakterien offenbar auf die Erhaltung der N-Quelle für die Zellsubstanzsynthese hinaus.

Bei der normalen Nitratatmung kann infolge Nutzung von Nitratsauerstoff für den Abbau organischer Stoffe ein erheblicher Anteil (mehr als 60%) des für die Nitrifikation verbrauchten Sauerstoffs zurückgewonnen werden. Zur Denitrifikation sind sehr viele Arten von Bakterien befähigt, in den Anlagen werden keine Spezialisten benötigt. Ein hoher Wirkungsgrad der Denitrifikation ist an folgende Voraussetzungen gebunden:

- Verfügbarkeit einer ausreichenden Kohlenstoffquelle,
- Vorliegen anoxischer Verhältnisse. Es darf kein molekularer Sauerstoff im Wasser vorhanden sein, d. h. Sauerstoff steht nur als chemisch gebundener Nitrat-Sauerstoff zur Verfügung,
- ausreichend hohe Konzentration an Denitrifikantenbiomasse.

$$10\,[H] + 2\,H_2O + 2\,NO_3^- \rightarrow N_2 + 6\,H_2O + 2\,OH^- \qquad (3.28)$$

Dabei kennzeichnet [H] die Reduktionskraft in Form von enzymgebundenem Wasserstoff, also leicht abbaubaren organischen Substanzen. Verantwortlich ist das Enzym Nitratreduktase. Durch

Warum ist eine Denitrifikation erforderlich?
Eine weitgehende Beseitigung des bei der Nitrifikation gebildeten Nitrats ist in folgenden Fällen notwendig:

- Verhinderung des Auftreibens von Belebtschlamm im Nachklärbecken.
Ist noch zu viel Nitrat vorhanden, werden die Bakterien im Inneren der Belebtschlammflocke, die dort unter anoxischen Bedingungen leben, wirksam, und viele von ihnen bilden molekularen Stickstoff. Die entstehenden N_2-Gasbläschen treiben die Belebtschlammflocke durch Flotation nach oben.
- Erhaltung eines ausreichenden Säurebindungsvermögens.
Bei der Ammonifikation wird ein Mol Protonen (H^+) verbraucht. Für die Kopplung von Nitrifikation und Denitrifikation ist wesentlich, dass pro Mol gebildetem NO_3^- zwei Mol Protonen (H^+) freigesetzt werden. Auch der NH_4^+-Verbrauch bei der Zellsubstanzsynthese (Schlammwachstum) führt zur Abgabe von Protonen. Umgekehrt werden durch die Denitrifikation pro Masseeinheit organischer Substanz (10[H]) zwei Hydroxidionen (OH^-) gebildet.
- Eine solche **Regenerierung von Alkalinität** ist in folgenden Situationen wichtig:
  – bei einer geringen Karbonathärte des Leitungs-, daher auch des Abwassers und
  – bei einem hohen N/C-Verhältnis im Rohabwasser, z. B. infolge Mitbehandlung von Fäkalien aus Sammelgruben, von Faulwasser oder Prozesswässern aus der Schlammeindickung und -entwässerung. Andernfalls besteht die Gefahr, dass der pH-Wert in der Nitrifikation zu weit abfällt (Selbsthemmung durch Protonen).
- Vermeidung einer Grenzwertüberschreitung bei Nitrat im Rahmen der Gewinnung von Rohwasser für die Trinkwasserversorgung.
- Verhinderung einer Bildung von Nitrit durch Reduktionsprozesse im Porenraum (Interstitial) unter dem Bett von Bächen und Flüssen, d. h. bei einem Untergrund von Schotter, Kies oder Grobsand. Dieses Lückensystem ist ein wichtiger Lebensraum, in dem sich die Eier von Lachsfischen, von empfindlichen Wasserinsekten und Großmuscheln zu Larven entwickeln. Nitrit wirkt im Gegensatz zum Nitrat stark toxisch.
- Ausschaltung von Nitrat als Pflanzennährstoff. Dazu die folgenden Ausführungen:

Ausschaltung von Nitrat als Pflanzennährstoff. In Seen mit langer Verweilzeit des Wassers (hohes Denitrifikationspotenzial) und einer ausreichenden Phosphorversorgung auch aus gewässerinternen Quellen (Sediment) kann anorganischer Stickstoff zum primär wachstumsbegrenzenden Faktor des Phytoplanktons werden. Bei hohem Phosphorangebot setzen sich oftmals Phytoplankter (Cyanobakterien) durch, die in der Lage sind, sich selbst mit dem benötigten Stickstoff zu versorgen: sie reduzieren Luftstickstoff zu Ammonium, dieses wird zur Bildung von Aminosäuren genutzt. In besiedelten Gebieten sind die Gewässer stets reich an Nitrat (oder sogar Ammonium), so dass der Stickstoff nicht zum Minimumfaktor wird.

Ansonsten verhindert im Gewässer das Nitrat die mikrobielle Rücklösung von Phosphat aus dem Bodensediment. Dies gilt auch für die flachen Mündungsbereiche großer Flüsse in das Meer wie z. B. die Deutsche Bucht. Die Konzentration von Nitrat und generell von anorganischen N-Verbindungen in Gewässern muss stets im Zusammenhang mit dem P-Angebot betrachtet werden. Dabei ist das atomare Massverhältnis N/P die wichtigste Beurteilungsgrundlage. Als Stickstoffquellen für die Synthese von Biomasse werden von Algen und höheren Wasserpflanzen sowohl Ammonium als auch Nitrat genutzt. Im Durchschnitt hat diese Biomasse die folgende (molare) Elementarzusammensetzung (erweiterte Redfield-Ratio)

$$C:H:O:N:P = 106:180:45:16:1 \quad (3.29)$$

Während das C/N-Verhältnis vor allem durch den in der Regel recht hohen Eiweißanteil der Zellmasse bestimmt wird und dadurch einigermaßen konstant ist, weichen das C/H- und das C/O-Verhältnis je nach Gehalt an organischen Reservestoffen (z. B. Lipide, Glykogen, Stärke, bei Bakterien auch polymerisierte Fettsäuren) mitunter sehr stark von dieser mittleren Zusammensetzung ab. Sehr großen Schwankungen unterliegt auch der P-Anteil. Viele Algen, Cyanobakterien, Bakterien und Pilze sind in der Lage, in ihren Zellen große Mengen an Polyphosphaten zu speichern. Dadurch kann das N/P-Verhältnis erheblich unter den Wert von 16:1 absinken, d. h. jetzt ist, relativ zum Stickstoff, der P-Gehalt erhöht. Ein atomares Massenverhältnis von N/P = 16:1 entspricht ungefähr der mittleren Zusammensetzung des nährstoffreichen Tiefenwassers im Weltmeer. Diese „Lamelle" ist im Mittel 4000 m dick. In den Binnengewässern kann das N/P-Verhältnis in weiten Grenzen schwanken (vgl. Tab. 3.9).

In nicht abwasserbelasteten Böden und Oberflächengewässern wird Phosphat sehr stark durch metallische Kationen, vor allem Eisen und Aluminium, aber auch durch Calcium, gebunden. Dadurch ist der natürliche Gehalt der Binnengewässer an gelöstem Phosphat in der Regel gering. Zum anderen ist in Mitteleuropa der Gehalt an Nitrat in der Regel anthropogen erhöht. Ursachen sind u. a. Düngung, Kläranlagenabläufe, Emissionen von Großtier- und Geflügelmastanlagen sowie von Kraftfahrzeugen. Das Überangebot an Stickstoff gegenüber dem Phosphor, bezogen auf den Bedarf (16:1), beträgt sehr oft mehr als eine Zehnerpotenz.

Umweltansprüche der Denitrifikanten. Die denitrifizierenden Bakterien können nur in Erscheinung treten, wenn der Gehalt an Gelöstsauerstoff sehr gering ist. Für die Denitrifikation sind im Belebungsprozess großenteils die gleichen Arten von heterotrophen Bakterien verantwortlich, die im Gewässer für den Abbau der organischen Kohlenstoffverbindungen sorgen. Als C-Quellen dienen bei der Nitratatmung Speicherstoffe (z. B. Glykogen, polymerisierte Fettsäuren) in den Zellen der Bakterien, denn der Großteil der leicht abbaubaren organischen Abwasserinhaltsstoffe ist im Belebungsbecken bereits vor der Denitrifikation verbraucht. Erforderlichenfalls muss zusätzlich ein Teilstrom an Rohabwasser zugesetzt werden. Um das Angebot an organischem Kohlenstoff zu vergrößern, kommt daher Abwasser in Frage, das nur grob-mechanisch vorbehandelt ist. Bei kommunalem Abwasser durchschnittlicher Zusammensetzung funktioniert die Kopplung von BSB_5-Abbau, Nitrifikation und Denitrifikation meistens zufriedenstellend, auch bei Abwässern der Lebensmittelindustrie, sofern im Zulauf der Anlage das Verhältnis $N/BSB_5 < 0{,}2$ ist. Als Stickstoffquelle für die Bildung von Zellmasse wird von den meisten Bakterien Ammonium bevorzugt, denn Nitrat muss für die Synthese von Aminosäuren erst reduziert werden. Die Denitrifikation ist zwar nicht ganz so stark temperaturabhängig wie die Nitrifikation, dennoch muss bei Temperaturen unter 10 °C mit einer erheblichen Leistungsminderung gerechnet werden. Die Denitrifikation ist in einem großen pH-Bereich (5,8 bis 9,2) möglich, das Optimum liegt zwischen 7 und 8. Allerdings kann schon bei einem pH-Wert $>7{,}3$ der Anteil des Treibhausgases N_2O deutlich ansteigen (RHEINHEIMER, HEGEMANN, RAFF, SEKOULOV 1988).

Probleme können sich bei einer starken Zudosierung von Fäkalien und bei stickstoffreichen Industrieabwässern ergeben. Bei einem Verhältnis $N/BSB_5 > 0{,}3$ ist u. U. sogar die Zugabe einer externen C-Quelle (z. B. als Methanol) nicht zu umgehen. Eine andere Möglichkeit besteht darin, durch anaerobe Fermentation von Klärschlamm leicht abbaubare Verbindungen, insbesondere Fettsäuren, zu gewinnen, die sich als [H]-Donatoren für die Denitrifikation sehr gut eignen. Die Attraktivität dieser verschiedenen C-Quellen nimmt in der Rangfolge Speicherstoffe – Rohabwasser – Methanol sehr stark zu (RHEINHEIMER, HEGEMANN, RAFF, SEKULOV 1988). Bei der Behandlung von Industrieabwässern mit hohem N-Gehalt beansprucht die Anreicherung der dafür richtigen Nitrifikanten oftmals einen längeren Zeitraum. Andererseits werden bei einem zu hohen C:N-Verhältnis ($>10:1$) die Nitrifikanten von den Heterotrophen verdrängt, weil letztere über leistungsfähigere Aufnahmesysteme für das zum Zellwachstum benötigte Ammonium verfügen (SCHMIDT, GRIES, WILLUWEIT 1999).

Tab. 3.9 Nährstoff-Zusammensetzung von Gewässern, bezogen auf die Redfield Ratio (s. S. 13) und das potenzielle Phytoplankton-Wachstum. Aus RÖSKE, UHLMANN (2000).

$N/P > 16:1$	• N ist im Überschuss vorhanden • P wirkt wachstumsbegrenzend
$N/P = 16:1$	• Der Wasserkörper stellt eine für das Phytoplanktonwachstum sehr geeignete „Nährlösung" dar
$N/P < 16:1$	• N kann das Phytoplanktonwachstum begrenzen, wenn auch absolut sehr wenig P vorhanden ist • Selektionsdruck für N_2 bindende Mikroorganismen, z. B. Cyanobakterien (Blaualgen) • N (als Nitrat) wird auch mikrobiell verbraucht • Das Nitrat ist weitgehend mikrobiell aufgebraucht, und es kommt zu einer verstärkten PO_4^{3-}-Rücklösung aus dem Bodensediment

Möglichkeiten der Prozessgestaltung. In schwachbelasteten bzw. kleinen Anlagen verlaufen die Prozesse Ammonifikation, Abbau der organischen Kohlenstoffverbindungen, Nitrifikation und Denitrifikation nebeneinander. Dabei spielt die Mikrozonierung innerhalb der Belebtschlammflocke eine Rolle. Nitrifikanten können nur in der Nähe der Oberfläche wachsen, Denitrifikanten hingegen im Inneren. Bereits dadurch kann in schwachbelasteten Anlagen, z. B. Oxidationsgräben, eine N-Elimination von ca. 50 % erzielt werden. Obwohl also trotz unterschiedlicher Umweltansprüche eine Koexistenz verschiedenster Bakterien und Prozesse auf engstem Raum möglich ist, bietet sich bei großen Massenströmen bzw. hohen Anschlusswerten schon im Interesse eines hohen Wirkungsgrades und einer besseren Steuerung die räumliche Separierung der Prozesse an. Dafür werden im folgenden Beispiele vorgestellt. Die Nitrifikation/Denitrifikation ist sehr genau berechenbar, wobei für erstere die Wachstumsrate bzw. das Schlammalter maßgebend ist und vor allem zwischen autotropher (chemolithotropher) und heterotropher Biomasse unterschieden werden muss (LÜTZNER 1998). Das gilt auch für die dynamische Simulation der Prozesse. Die Darstellung der Bemessung von Anlagen würde den Rahmen dieses Buches sprengen. Hingewiesen sei jedoch auf einige wesentliche Verfahrensvarianten.

- **Nachgeschaltete Denitrifikation**
  Hier folgt dem Belebungsbecken mit der Nitrifikationsstufe ein separates Denitrifikationsbecken, in dem das gebildete Nitrat zu N_2 reduziert wird (Abb. 3.29). Der im Ablauf der Nitrifikationsstufe noch vorhandene BSB_5 reicht oft für die Versorgung der Denitrifikanten nicht mehr aus. Meistens gilt das auch für die noch verfügbaren, in den Bakterienzellen gespeicherten Reservestoffe. Wird zur Kompensation ein Teilstrom des Rohabwassers hier eingeleitet, kann dessen N-Anteil nicht nitrifiziert, daher auch nicht denitrifiziert werden. Um den Wirkungsgrad der N-Elimination bei dieser Verfahrensvariante hoch zu halten, werden solche Anlagen meistens mit Zugabe einer externen Kohlenstoffquelle, üblicherweise Methanol, betrieben. Dies verursacht aber erhebliche Mehrkosten. Der Gesamtprozess kann am besten durch die Einrichtung von zwei getrennten Schlammkreisläufen (Nitrifikation, Denitrifikation) beherrscht werden (LÜTZNER 1998). Dieses Verfahren kommt am ehesten für eine Nachrüstung bereits bestehender Anlagen in Frage.
- **Vorgeschaltete Denitrifikation**
  Der Rohabwasserstrom mit seinem hohen Gehalt an leicht abbaubarem organischem Material wird mit dem nitratreichen Rücklaufschlamm/Abwasser-Gemisch aus dem für die Nitrifikation bemessenen Belebungsbecken zusammengeführt (Abb. 3.30). Grenzen dieser Verfahrensführung sind vor allem durch das Rücklaufverhältnis gesetzt. Ist es zu hoch, wird die Kontaktzeit zu kurz und der O_2-Eintrag in das Denitrifikationsbecken zu groß.
- **Kaskaden-Denitrifikation**
  Bei einer solchen Anordnung sind mehrere Denitrifikations- und Nitrifikations-Becken hintereinander geschaltet (Abb. 3.31). Die Vorteile

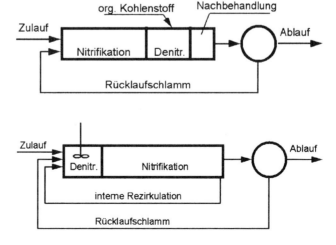

Abb. 3.29 Verfahrensprinzip der nachgeschalteten Denitrifikation.

Abb. 3.30 Verfahrensprinzip der vorgeschalteten Denitrifikation.

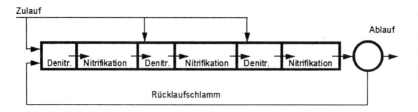

Abb. 3.31 Mehrfache Hintereinanderschaltung von Nitrifikation und Denitrifikation in Form einer Kaskade. Nach S. SCHLEGEL aus BEVER, STEIN, TEICHMANN (1993).

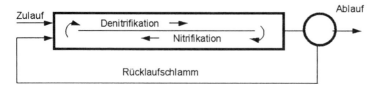

Abb. 3.32 Simultane Nitrifikation/Denitrifikation in einem Umlaufbecken. Nach LÜTZNER (1998).

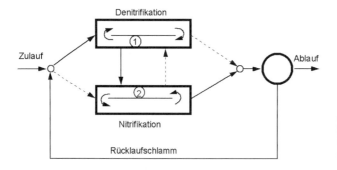

Abb. 3.33 Gekoppelte Nitrifikation und Denitrifikation im diskontinuierlichen Betrieb. Nach HENZE und BUNDGAARD aus BEVER et al. (1993).

der vorgeschalteten Denitrifikation bleiben erhalten. Der Aufwand für die Rezirkulation und der ungewollte O_2-Eintrag in die Denitrifikationsbecken halten sich in vertretbaren Grenzen. Eine ähnliche Wirkung kann mit einem langgestreckten Umlaufbecken erzielt werden, das durch Walzen belüftet wird, so dass nitrifizierende und denitrifizierende Zonen in Fließrichtung aufeinander folgen (Abb. 3.32).

- **Zeitliche Separierung: alternierende Denitrifikation**

In kontinuierlich betriebenen Anlagen erreicht man eine alternierende Nitrifikation/Denitrifikation durch die räumliche Aufeinanderfolge oxischer und anoxischer Zonen, die nacheinander vom Abwasser durchströmt werden.

Bei diskontinuierlicher Beschickung einer Anlage mit Rohabwasser finden Nitrifikation und Denitrifikation in zeitlicher Abfolge statt. Durch Ein- und Abschaltung der Belüftung, d. h. intermittierenden Betrieb (Sequencing Batch, SBR) laufen Nitrifikation und Denitrifikation nacheinander im gleichen Becken ab (Abb. 3.33). Es müssen mindestens zwei Reaktoren bzw. ein Speicherbecken vorhanden sein, da das Abwasser kontinuierlich anfällt. Die Reaktoren werden wechselweise als Nitrifikations- und Denitrifikationsbecken betrieben. Um ganzjährig die Nitrifikation gewährleisten zu können, ist ein Schlammalter von mindestens 10 Tagen erforderlich.

- **Gleich vom Nitrit zum molekularen Stickstoff**

In den letzten Jahren wurden Verfahren der N-Elimination entwickelt, die nur noch in verringertem Umfang oder gar nicht mehr auf organische Kohlenstoffquellen angewiesen sind.

ABELING, SEYFRIED (zit. nach BEIER et al. 1998) haben als Erste vorgeschlagen, den Nitrifikationsprozess nur bis zum Nitrit ablaufen zu lassen und dieses anstelle von Nitrat zu molekularem Stickstoff zu reduzieren. Dadurch können etwa 25 % an Sauerstoff und etwa 40 % an organischen [H]$^+$ Donatoren eingespart werden. Zur N-Elimination aus Faulwasser (sehr reich an Ammonium, arm an

abbaubaren organischen Substanzen) schlugen KOCH, SIEGRIST (1998) folgendes Verfahren vor:
- Aerob-Stufe: Die Hälfte des Ammoniums wird unter aeroben Bedingungen bis zum Nitrit oxidiert.
- Anaerob-Stufe: Nitrit und Ammonium werden zu molekularem Stickstoff umgesetzt:

$$NH_4^+ + NO_2^- \rightarrow N_2 + 2\,H_2O \qquad (3.30)$$

Dieser sog. **Anamox-Prozess** (Anoxische Ammoniumoxidation) ist attraktiv für die Behandlung von Abwässern mit niedrigem Gehalt an verwertbarem organischem Kohlenstoff, aber hohem Ammoniumgehalt. Dies trifft u. a. für Faulwasser und viele Deponiesickerwässer zu. Es gibt noch einen zweiten nutzbaren Reaktionsweg, bei dem ein Teil des Ammoniums gleich zu N_2 reduziert, ein weiterer mit Hilfe von molekularem Sauerstoff zu Nitrit oxidiert wird. (BINSWANGER, SIEGRIST, LAIS 1997):

$$NH_4^+ + O_2 \rightarrow 0{,}33\,N_2 + 0{,}33\,NO_2^- + 1{,}33\,H_2O + 1{,}33\,H^+ \qquad (3.31)$$

Man nennt diesen Prozess „aerobe Deammonifikation". Ebenso wie bei der normalen Ammoniumoxidation wird hierbei biochemische Energie gewonnen und Säure gebildet. Der Prozess könnte auch für die Behandlung von sehr N-reichen Industrieabwässern interessant werden. Für die simultane Nitrifikation/Denitrifikation ohne organische C-Quellen (bei der Behandlung von Deponiesickerwasser) haben sich u. a. die Bakterienfilme von rotierenden Scheibentauchkörpern als geeignet erwiesen (BINSWANGER, SIEGRIST, LAIS 1997). Dabei wird die unterschiedliche O_2-Versorgung der obersten und der untersten (anoxischen) Biofilmschicht ausgenutzt. In der oberen Schicht wird Ammonium zu Nitrit und Nitrat oxidiert, die nach unten diffundieren. In der unteren Schicht findet die Umwandlung zu molekularem Stickstoff statt. Für eine breite Anwendung kommen auch noch andere verfahrenstechnische Lösungen in Frage.

Möglichkeiten der Prozessregelung. In Anlagen mit räumlicher oder zeitlicher Separierung ist eine Regelung unerlässlich, um eine bedarfsgerechte Belüftung (Nitrifikation) bzw. Umwälzung (Denitrifikation) zu gewährleisten, bzw. eine Unterbelastung zu vermeiden. Eine Regelung kann sich auf die kontinuierliche Erfassung bzw. Berechnung folgender Messgrößen, oder einer Auswahl davon, stützen

- Durchfluss- und Rücklaufmengen, die für die Berechnung von Massenströmen und des Schlammalters benötigt werden,
- Ammonium-Konzentration,
- Nitrat-Konzentration,
- Sauerstoff-Gehalt,
- Redoxpotenzial,
- Feststoffkonzentration.

Kleinere Anlagen mit einem Schlammalter > 20 Tagen können auf der Grundlage von je 2 Messungen des Ammonium- und Nitratgehaltes pro Tag mit einer Ablaufsteuerung betrieben werden, in der die Intervalle zwischen Belüftungs- und Rühr-Perioden dem jeweiligen Bedarf angepasst werden. Der hohe Schlammgehalt ermöglicht auch unter Winterbedingungen eine weitgehende Nitrifikation und Denitrifikation (BEVER, STEIN, TEICHMANN 1993). In Großanlagen mit simultaner Denitrifikation erfolgt die Steuerung oftmals über den O_2-Verbrauch. Diesem wird die Belüftung angepasst. Besteht das Ziel darin, einen möglichst niedrigen Nitratgehalt zu erreichen, bilden die NO_3^--Messwerte die Grundlage für die Regelung der O_2-Zufuhr. Eine im Effekt vergleichbare Information kann auch mit einer Sonde zur Messung des Redoxpotenzials erreicht werden. Um zu vermeiden, dass eine Nitrifikationsstufe nicht überbelüftet wird, ist im Interesse der Energieeinsparung eine kontinuierliche Ammoniummessung günstig.

3.2.2.4 Phosphorelimination
Chemisch-physikalische Verfahren. Phosphor ist der in erster Linie für die Gewässer-Eutrophierung maßgebende Pflanzennährstoff. Sofern P-freie Waschmittel verwendet werden, kann man mit einem Phosphoreintrag von 2 g P pro Einwohner und Tag rechnen. Für Abwasserreinigungsanlagen mit Anschlusswerten über 10 000 Einwohner werden in Deutschland nach der Abwasserverordnung (Stand vom 15. 10. 2002) Ablaufwerte < 2 mg/l Gesamt-P gefordert.

Schon in den sechziger Jahren wiesen Limnologen in der Schweiz, in Deutschland und in den USA auf die Notwendigkeit hin, die biologische

Stufe der Abwasserbehandlung durch eine simultane (THOMAS 1955) oder eine nachgeschaltete P-Fällung (WUHRMANN 1957) mit Eisen- oder Aluminiumsalzen zu ergänzen. Seitdem gehört die Fällmittelzugabe in vielen europäischen Ländern zum Stand der Technik. Durch eine Zugabe von sauer (z.B. Eisen(III)-Salzen) oder alkalisch (z.B. Natrium-Aluminat) reagierenden Fällmitteln kann die Einhaltung vorgegebener Grenzwerte ganzjährig zuverlässig gewährleistet werden (BEVER, STEIN, TEICHMANN 1993). Nachteilig sind die Erhöhung des Schlammanfalls und eine Zunahme des Salzgehaltes im gereinigten Abwasser. In diesem Zusammenhang ist eine Erhöhung des Sulfatgehaltes ungünstig, und zwar nicht nur wegen der Aggressivität gegenüber Beton. Im Porenwasser der Sedimente von Standgewässern wirkt Sulfat als Eutrophierungsfaktor: das durch mikrobielle Reduktion gebildete Sulfid verdrängt das Phosphat aus seiner Bindung an Eisen und erhöht dadurch ganz wesentlich die P-Rücklösung (OHLE 1954, CARACO, COLE, LIKENS 1993).

Biologische Verfahren. Im Hinblick auf eine sinnvolle Nutzung der Ressourcen verdient die vermehrte biologische P-Elimination (BPE) zunehmende Beachtung. Zumindestens kann sie die chemische Fällung entlasten bzw. die mit ihr verbundenen Nachteile deutlich verringern. Dies betrifft die Kosten für die Entsorgung des Fällmittelschlammes, aber vor allem die Aufsalzung der Gewässer. Im Gegensatz zur Verwendung saurer Metallsalze muss die für die N-Elimination wichtige Säurebindungskapazität nicht zusätzlich in Anspruch genommen werden.

Bei der **konventionellen biologischen Abwasserbehandlung** wird Phosphor mit dem Überschussschlamm entfernt. Normalerweise werden aber nur 20–30%, im günstigsten Falle 40% des Abwasser-Phosphors aus dem Zulauf-Abwasser in die Bakterienbiomasse inkorporiert. Dann liegt aber der Gesamt-P-Gehalt im Kläranlagenablauf noch weit über dem vorgegebenen Grenzwert von 2 mg/l.

Bei der **vermehrten biologischen P-Elimination** (BPE) können bis 90% des Phosphors im Belebtschlamm gebunden werden. Genutzt wird dabei die Fähigkeit bestimmter Arten von Bakterien, in ihren Zellen Phosphor in Form von energiereichem Polyphosphat (PP) zu speichern, und zwar in einer Konzentration, die weit über den unmittelbaren Bedarf für das Wachstum hinausgeht.

Während normalerweise die Trockenzellmasse von Bakterien etwa 1–2% Phosphor enthält, kann der Gehalt bei P-speichernden Bakterien auf 3% bis maximal 8% ansteigen. Induziert wird die Fähigkeit zur Poly-P-Speicherung durch ständigen Wechsel zwischen anaeroben und aeroben Bedingungen. Gerade dies führt zur Auslese von Bakterien mit der Fähigkeit zur Poly-P-Speicherung. Die dabei maßgebenden Stoffwechselprozesse sind in Abb. 3.34 dargestellt.

Als Energiequelle für die Stoffaufnahme- und Syntheseschritte dienen diesen Bakterien unter anaeroben Bedingungen die gespeicherten Polyphosphate. Durch ihre Hydrolyse kann in ganz

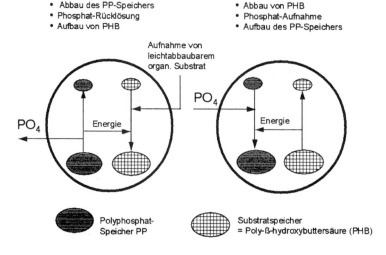

Abb. 3.34 Vereinfachte Darstellung der bei der erhöhten biologischen P-Elimination ablaufenden Stoffwechselprozesse. Nach SCHÖNBORN (1998).

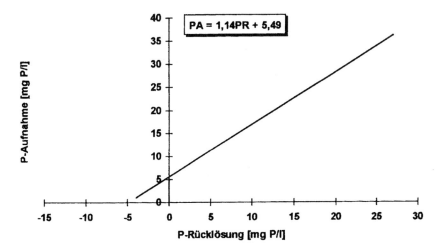

Abb. 3.35 Zusammenhang zwischen Phosphatrücklösung und Phosphataufnahme in einer Versuchsanlage, gemittelt aus 402 Messwerten, $R^2 = 0{,}915$ (aus SCHÖNBORN 1998).

ähnlicher Weise biochemische Energie bereitgestellt werden wie bei der Nutzung von ATP (Adenosintriphosphat, Kap. 1.1). Gleichzeitig erfolgt eine Freisetzung (Rücklösung) von Orthophosphat. Die Höhe der P-Aufnahme A und damit der möglichen P-Entfernung ist vom Ausmaß der P-Freisetzung (Rücklösung, R) abhängig. Der Zusammenhang zwischen A und R lässt sich durch eine Gleichung der Form

$$A = b \cdot R + a \tag{3.32}$$

beschreiben (Abb. 3.35). Dabei kennzeichnet b den Anstieg der Geraden und a den Schnittpunkt mit der Ordinate.

Im großtechnischen Maßstab wurde die BPE zuerst in den USA beobachtet. Am Ablauf von sehr langgestreckten Belebungsbecken mit vorgeschalteter Zugabe von Abwasser und Rücklaufschlamm war der Phosphatgehalt unerwartet gering. LEVIN, SHAPIRO (1965) erkannten den dafür maßgebenden biologischen Mechanismus.

Großtechnisch eingesetzt wurde die BPE zuerst in Südafrika (BARNARD 1974), weil dort in Trockenzeiten die für die Trinkwasserentnahme genutzten Flüsse vor allem durch Kläranlagenabläufe gespeist werden und die BPE-Prozesse bei hohen Temperaturen sehr gut funktionieren. In Deutschland bzw. in Mitteleuropa wurde die BPE im großtechnischen Maßstab zuerst in Berlin praktiziert, und zwar auf der Kläranlage Münchehofe (RÖSKE 1987) sowie in Ruhleben und Marienfelde (SARFERT, BOLL, KAYSER, PETER 1989).

Grundvoraussetzung für das Funktionieren der BPE ist die Hintereinanderschaltung einer anaeroben und einer aeroben Prozessstufe bzw. ein räumlicher Wechsel zwischen anaeroben und aeroben Bedingungen. Im einfachsten Fall genügt dafür die Unterteilung eines klassischen Belebungsbeckens in ein anaerobes und ein belüftetes Segment. An diesem Beispiel kann das Grundprinzip der BPE veranschaulicht werden (Abb. 3.36)

Anaerob-Stufe. Die Aufenthaltszeit des Gemisches aus Rohabwasser und Rücklaufschlamm im Anaerobbecken kann im Bereich von 0,3 bis 1,5 h liegen (ATV-Handbuch 1997), sollte aber möglichst nicht weniger als 1h betragen. Unter anaeroben Bedingungen werden im Rohabwasser vorhandene organische Polymere wie Eiweißkörper und Stärke durch fermentierende bzw. fakultativ anaerobe Bakterien in organische Säuren und andere mikrobiell gut verwertbare Substanzen umgewandelt. Gleichzeitig wird hier der Rücklaufschlamm zugegeben. Die darin enthaltenen BPE-Bakterien nehmen die organischen Säuren, vor allem Essig- und Propionsäure auf und wandeln sie in zelleigene Polymere, vor allem Poly-β-hydroxy-Buttersäure (PHB) und andere polymere Hydroxyalkansäuren um. Für diesen Prozess werden große Mengen an biochemischer Energie in Form von ATP bzw. Polyphosphaten von den Bakterien verbraucht. Dadurch steigt im Anaerobreaktor die Konzentration an gelöstem Phosphat stark an. Es ist wichtig, dass wirklich anaerobe und nicht nur anoxische Bedingungen herrschen. Letzteres würde bedeuten, dass noch Nitrat vorhanden ist und die Denitrifikanten einen Teil der

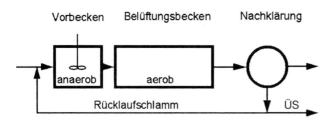

Abb. 3.36 Das Aerob/Anaerob-Verfahren (AO, Anaerobic/Oxic) als einfaches Beispiel für ein Hauptstromverfahren (ÜS Überschussschlamm).

von den Poly-P-Bakterien benötigten organischen Substrate abschöpfen. Das Redoxpotenzial darf jedoch auch nicht unter −0,2 V absinken, da in diesem Bereich schon toxisch wirkender Schwefelwasserstoff entstehen kann.

Aerob-Stufe. In der Belebungsstufe können die Poly-P-Bakterien sofort auf ihre energiereichen Speicherstoffe zurückgreifen, wachsen dadurch schneller als die anderen Bakterien, die auf gelöste Substrate angewiesen sind. Sie reichern sich im Belebtschlamm an, nehmen gelöstes Phosphat auf und füllen damit ihren in der Anaerobstufe weitgehend geleerten Poly-P-Speicher. Durch diese den P-Bedarf für die Zellvermehrung um Größenordnungen übersteigende „Luxusaufnahme" steigt der P-Gehalt in der Trockenmasse im Vergleich zu normalem Belebtschlamm um etwa eine Größenordnung oder mehr an. Er erreicht oftmals Werte über 3 %, mitunter sogar bis 8 % der Trockenmasse. Mit dem Überschussschlamm wird auch intrazellulär gespeichertes Polyphosphat aus dem System entfernt, während im gereinigten Abwasser der PO_4^{3-}-Gehalt im Vergleich zum Rohabwasser um mehr als 90 % verringert ist. Die P-Aufnahme unter aeroben Bedingungen ist größer als die P-Rücklösung im Anaerobbecken. Daraus resultiert als Nettoeffekt eine P-Elimination. In der Aerob-Phase findet auch die Nitrifikation statt.

Die technische Realisierung der BPE kann auf zwei grundsätzlich verschiedenen Wegen erfolgen, wobei beiden gemeinsam ist, dass der belebte Schlamm einem ständigen Wechsel von anaeroben und aeroben Zuständen ausgesetzt ist.

Abb. 3.37 Aus dem Phostrip-Reaktor für den Rücklaufschlamm wird P-reiches Schlammwasser in einem Teilstrom weiterbehandelt: Die Ca(OH)$_2$-Zugabe erfolgt in ein Fällmittelbecken, Anschließend erfolgt die Abtrennung und Trocknung des P-reichen Fällschlammes.

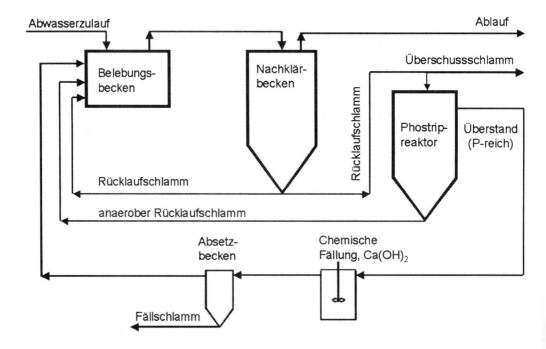

Beim **Hauptstromverfahren** (Abb. 3.36) wird Phosphat mit dem Überschussschlamm aus dem Reinigungsprozess entfernt. Durch die Rückführung des Rücklaufschlammes in das Phosphatrücklösebecken (anaerobe Zone) wird gewährleistet, dass der belebte Schlamm abwechselnd anaeroben und aeroben Bedingungen ausgesetzt ist.

Zum anderen wird bei den **Nebenstromverfahren** ein Teilstrom des Rücklaufschlammes in einen Rücklösebehälter, Phostrip-Reaktor, geführt (Abb. 3.37). In diesem Phostrip-Reaktor wird ein Teil des zuvor gespeicherten Phosphats aus dem belebten Schlamm zurückgelöst, so dass die Phosphatkonzentration im Überstand stark ansteigt. Der nun phosphatarme Belebtschlamm wird in das Belebungsbecken zurückgeführt. Das phosphatreiche Überstandswasser wird mit Kalk versetzt. Das Phosphat fällt als Kalziumphosphat aus. Dieses so genannte Phostrip-Verfahren (Abb. 3.37) wurde bereits von LEVIN, TOPOL, TARNAY SAMWORTH (1972) beschrieben.

Im Weiteren werden wichtige Prozesse und Randbedingungen der biologischen P-Elimination mehr im Detail dargestellt.

Rücklösung des Phosphors. Die BPE funktioniert auf der Grundlage des ständigen Aerob/Anaerob-Wechsels und nur dann, wenn im Anaerobbecken nicht nur molekularer, sondern auch Nitratsauerstoff fehlt. Andernfalls wird nicht genug Orthophosphat rückgelöst. Im günstigsten Falle gehen bereits innerhalb einer Stunde mehr als 50 % des Zellphosphats in Lösung. Allerdings wird in großtechnischen Anlagen eine Freisetzung von 30 % wohl kaum überschritten. Die zur BPE befähigten Bakterien haben hier gegenüber anderen Mikroorganismen Konkurrenzvorteile, weil sie auf den Poly-P-Speicher zurückgreifen können. Die Kontaktzeit im Anaerobbecken sollte mindestens eine Stunde betragen. Es wird aber nicht das gesamte Speicher-Poly-P rückgelöst, sondern im Wesentlichen nur dessen niedermolekularer Anteil. Die für die P-Rücklösung maßgebenden Bedingungen sind:

- Eine ausreichende Konzentration von leicht abbaubaren organischen Substanzen, insbesondere organischen Säuren wie Essigsäure. Deshalb muss der BSB_5 im Rohabwasser stets hoch genug sein. Das BSB_5/Ges.-P-Verhältnis sollte mindestens 7 bis 10 betragen. Einleitungen von Abwässern aus der Nahrungsmittelproduktion und von Brauereien in die Kanalisation erhöhen das C_{org}:P-Verhältnis und sind daher in diesem Fall erwünscht.
- Eine genügend lange Aufenthaltszeit des Abwasser-Belebtschlamm-Gemischs im Anaerobbecken.
- Nichtüberschreitung einer kritischen Nitratkonzentration im Rücklaufschlamm. Die BSB_5-Belastung im Anaerobbecken muss groß genug sein, damit das mit dem Rücklaufschlamm eingebrachte Nitrat vollständig verbraucht wird. Aus dem gleichen Grund darf nur wenig Fremdwasser in das Kanalnetz einsickern, denn Grundwasser ist oftmals stark nitrathaltig. Wenn im Nachklärbecken noch so viel Nitrat vorhanden ist, dass Belebtschlamm infolge N_2-Flotation abtreibt, kann dies zu einer wesentlichen Erhöhung des Ges.-P-Gehaltes im Ablauf führen. Beträgt im Endablauf der Schwebstoffgehalt 20 mg/l, so entspricht dies bei 4 % P in der Trockenmasse bereits einem P-Gehalt von 0,8 mg/l.

Nitrat verringert die P-Rücklösung aus folgenden Gründen (nach KORTSTEE et al. 1994 aus SCHÖNBORN 1998):

- Denitrifikanten und Poly-P-Bakterien konkurrieren um die gleichen Substrate.
- Denitrifikanten erhöhen das Redoxpotenzial auf ein Niveau, auf dem die P-Rücklösung nicht mehr möglich ist.
- Denitrifikanten hemmen Enzyme, die von den Poly-P-Bakterien für die P-Rücklösung benötigt werden.
- Manche Denitrifikanten können jedoch unter Verbrauch von Nitrat Poly-P speichern, was ebenfalls den Wirkungsgrad der Anaerob-Stufe verringert.

Eine weitgehende Denitrifikation liegt demnach sowohl im Interesse der N- als auch der P-Elimination. Als Bausteine der Poly-P-Moleküle bzw. als Bestandteile der Phosphatgruppen spielen die Kationen Mg^{2+} und K^+ eine wichtige Rolle (Abb. 3.38). Mit der Freisetzung von Phosphat unter anaeroben Bedingungen werden auch Mg^{2+}- und K^+-Ionen freigesetzt. Unter den anschließenden aeroben Bedingungen werden die Mg^{2+}- und K^+-Ionen von den Bakterien wieder inkorporiert.

Pro Mol P sind normalerweise 0,3 mol Mg bzw. 0,28 mol K gebunden (WILD 1997).

Im Gegensatz zum Magnesium und Kalium spielt das in den Poly-P-Granula oft enthaltene Calcium offenbar keine wesentliche Rolle bei der P-Festlegung (Abb. 3.39).

$$^-O-\overset{\overset{O}{\|}}{\underset{\underset{K^+}{\underset{|}{O^-}}}{P}}-O-\overset{\overset{O}{\|}}{\underset{\underset{Mg^{2+}}{\underset{\cdot\,\cdot}{O^-}}}{P}}-O-\overset{\overset{O}{\|}}{\underset{\underset{K^+}{\underset{|}{O^-}}}{P}}-O-\overset{\overset{O}{\|}}{\underset{\underset{\;}{\underset{|}{O^-}}}{P}}-O-\overset{\overset{O}{\|}}{\underset{\underset{Mg^{2+}}{\underset{\cdot\,\cdot}{O^-}}}{P}}-O-\overset{\overset{O}{\|}}{\underset{\underset{\;}{\underset{|}{O^-}}}{P}}-O-\overset{\overset{O}{\|}}{\underset{\underset{K^+}{\underset{|}{O^-}}}{P}}-O^-$$

Abb. 3.38 Ausschnitt aus einem linearen Poly-P-Molekül mit assoziierten Mg^{2+} und K$^+$-Ionen (nach SCHÖNBORN 1998).

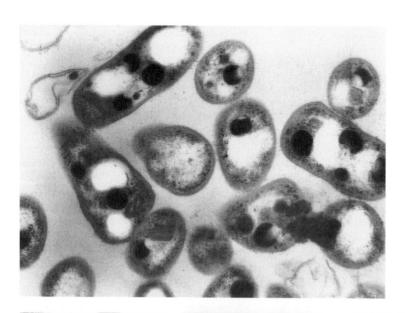

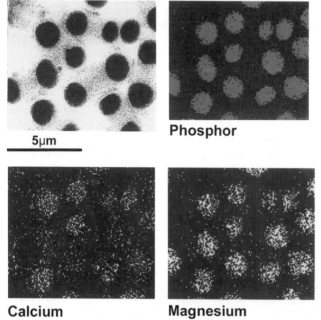

Abb. 3.39 Mikroskopisches Erscheinungsbild von Polyphosphat-Granula (PPG) im Belebtschlamm. Oben: Ultra-Dünnschnitte durch Zellen aus dem aeroben Becken einer Belebungsanlage. Elektronenmikroskopische Aufnahme Hoheisel, Endvergrößerung 43 400 : 1. Aus RÖSKE (1987). Unten: Verteilung der Elemente P, Ca und Mg in Bakterienzellen mit sehr großen PPG. Zellgrenzen hier nicht sichtbar. Raster-Transmissions-(STEM)-Aufnahme in Verbindung mit Röntgenspektrometrie (EDX). Aufn. Dr. H.-D. Bauer. Aus SCHÖNBORN (1989).

Weitere Bedingungen für einen stabilen Betrieb der vermehrten biologischen P-Elimination (BPE). Offenbar sind viele Bakterienarten in der Lage, den auf die P-Eliminierer zugeschnittenen Anaerob/Aerob-Wechsel zu tolerieren. Das sehr reichliche Angebot an gelöstem organischem Material im vorgeschalteten Anaerobbecken wird aber auch von Denitrifikanten genutzt, im ungünstigsten Falle sogar von H_2S-Bildnern (Sulfatreduzierern).

Bei der BPE kann man sich nicht im gleichen Maße wie beim Belebungsverfahren mit Nitrifikation und Denitrifikation darauf verlassen, dass bei Einhaltung der Prozessbedingungen stets die richtigen Bakterien vorhanden sind. Mitunter setzen sich anstelle der BPE-Bakterien andere Mikroorganismen durch, die in ihren Zellen nicht Polyphosphate (PP), sondern das Polysaccharid Glykogen speichern. Dieses kann im Anaerobbecken anstelle der PP als Energiequelle für die Synthese von Poly-hydroxy-fettsäuren, also Speicherlipiden, genutzt werden. Das aber führt zum Zusammenbruch der BPE (STRASKRABOVÁ 1991, CECH, HARTMANN 1993, SCHÖN, GEYWITZ-HETZ, VALTA 1993). Als Ursache kommt vor allem ein erhöhter Gehalt an Glucose im Zulauf zum Anaerobbecken in Frage. Diese Möglichkeit kann ausgeschlossen werden, wenn ein vorgeschaltetes anaerobes Becken zur Gewinnung von organischen Säuren aus Primärschlamm und Rücklaufschlamm vorhanden ist (Vorversäuerung), in dem auch die im Rohabwasser enthaltene Glucose in organische Säuren umgewandelt wird.

Nicht immer führt ein grundlegender Wechsel in der Zusammensetzung der Bakteriengemeinschaft zum Zusammenbruch der BPE. HELMER (1994) stellte fest, dass ungünstige äußere Bedingungen (Laststöße, Temperaturen unter $10\,°C$) zwar zu einer Reduzierung der P-Rücklösung sowie der PHB-Speicherung im Anaerobbecken führten, aber trotzdem die P-Aufnahme im Aerobbecken noch ziemlich hoch blieb. Während man früher annahm, dass für die BPE im Wesentlichen nur Bakterien der Gattung *Acinetobacter* verantwortlich sind, haben molekulargenetische Untersuchungen gezeigt, dass offensichtlich verschiedene Bakterien aus ganz anderen systematischen Gruppen wesentlich bedeutsamer sind (WAGNER et al. 1994).

Da die Prozessstabilität der BPE auf der selektiven Begünstigung einer bestimmten Bakteriengruppe gegenüber einem zeitweise starken Potenzial an konkurrierenden Mikroorganismen beruht, müssen außer dem O_2-Gehalt bzw. dem notwendigerweise niedrigen Nitratgehalt/Redoxniveau auch weitere Randbedingungen zuverlässig eingehalten werden. Dazu gehören:

- Ausschaltung von sulfatreduzierenden Bakterien. Diese verbrauchen die von den Poly-P-Bakterien benötigten organischen Säuren, fördern aber durch ihre H_2S-Produktion auch die P-Rücklösung (wahrscheinlich vor allem aus $Fe(III)/PO_4^{3-}$-Komplexen, möglicherweise auch durch toxische Wirkung auf die Poly-P-Bakterien). Das Risiko eines Überhandnehmens von Sulfatreduzierern steigt mit dem Sulfatgehalt des Wassers (auch dem aus Fällmitteln). Sehr günstig für die Bindung von Sulfid ist u.a. die Verwendung von Eisenhydroxidschlamm, einem Abfallprodukt der Grundwasserwerke (HÄFELE et al. 1999).
- Bereithalten von Fällmitteln, um einem Leistungsabfall begegnen zu können und stets den geforderten Ablaufwert einhalten zu können. Dabei sollten Metallchloride bevorzugt werden.

Fällmittelzugabe. Die Fällmittelzugabe kann auch erforderlich werden bei:
- einer Einleitung in oligo- oder mesotrophe Standgewässer, hier ist u.U. eine Nachfällung erforderlich,
- zu niedrigen Temperaturen,
- zu hohem Nitratgehalt im Rücklaufschlamm infolge einer Mitverarbeitung von Fäkalien,
- zu stark schwankendem P-Gehalt im Rohabwasser bzw. schwankendem P/BSB_5-Verhältnis,
- Blähschlammbildung, Schlammauftrieb oder zu starke P-Rücklösung im Nachklärbecken,
- Überwiegen von „Nicht-BPE-Bakterien".

Wiederverwendung des Phosphors. In Anbetracht der weltweiten Verknappung von Phosphormineralien mit niedrigem Cadmiumgehalt kommen Schlämme aus BPE-Anlagen wegen ihres geringen Schwermetallgehaltes für eine P-Rückgewinnung des Phosphors zur Düngemittelproduktion in Frage. Die Gesamtvorräte an hochwertigen, das heißt Cadmium-armen P-Mineralien sind bereits sehr begrenzt, andererseits steigt weltweit der P-Düngerbedarf. Besonders attraktiv sind die Anteile der BPE-Schlämme an Magnesium-Ammonium-Phosphat (Struvit) und Calciumphosphat. Für die Gewinnung von Struvit muss zwar Magnesiumhydroxid zugesetzt werden, dennoch erscheint, langfristig gesehen, dieses Verfahren als aussichtsreich.

Übergänge zwischen biologischer und chemischer P-Elimination. Bei harten Wässern wird in vielen BPE-Anlagen natürlicherweise die mikrobielle P-Speicherung durch eine biologisch induzierte chemische Fällung bzw. sorptive Bindung von Phosphat an Ca-Komplexe unterstützt. Fällungsprodukte sind Calciumcarbonat und Apatit. Die chemische Fällung spielt jedoch bei Ca^{2+}-Konzentrationen $<$ 100 mg/l meistens noch keine wesentliche Rolle. Bei hohem Ca^{2+}-Gehalt und sofern ein pH-Wert um 8 erreicht wird, können dadurch bis zu 30 % des im Abwasser-Belebtschlamm-Gemischs vorhandenen Phosphors ausgefällt werden. Die Kalkfällung mit Bindung von Phosphor findet vor allem unter anoxischen Bedingungen im Inneren der Belebtschlammflocken statt. Der dadurch entfernte P-Anteil kann in seltenen Fällen sogar Werte von mehr als 50 % erreichen (SCHÖNBORN 1998). Polyelektrolyte wirken generell störend. Die biologisch induzierte chemische Fällung hat folgende Ursachen:

- Im Anaerobreaktor steigt die Orthophosphatkonzentration so stark an, dass infolge Übersättigung Ca-Phosphate ausfallen. Dies ist allerdings nur dann möglich, wenn der pH-Wert über 7 liegt.
- Im vorgeschalteten Denitrifikationsbecken werden OH^--Ionen gebildet, die günstige Bedingungen für die Ausfällung von Ca-Phosphat-Komplexen schaffen.
- Intensive Belüftung im Belebungsbecken erhöht durch Austreiben von CO_2 den pH-Wert und begünstigt damit die Bildung der Ca-P-Komplexe.

Meistens ist es kaum möglich, den Anteil der chemischen bzw. physikochemischen P-Entfernung am Gesamtwirkungsgrad einer BPE-Anlage genau abzuschätzen.

Die biologisch induzierte chemische Fällung kann auch durch Trockendosierung von Kalkhydrat ins Belebungsbecken praktiziert werden (ZEISEL, V. WEBER, WIECKL, PLEYER, MÜLLER 2001), was positive Auswirkungen auf die Prozessstabilität (auch der C- und N-Elimination) hat.

Einfluss der vermehrten biologischen P-Elimination (BPE) auf die Schlammbehandlung. Auf Grund der physiologischen Eigenschaften der phosphorspeichernden Bakterien ist postuliert worden, dass es im Verlauf der Schlammbehandlung, besonders bei der Schlammfaulung, zu einer weitgehenden Hydrolyse und Rücklösung des biologisch gebundenen Phosphors kommt (SCHÖNBERGER 1990). Daher wurde zur Vermeidung einer erhöhten P-Rückbelastung empfohlen, die Schlammwässer zusammenzufassen und einer Fällungsbehandlung zu unterziehen (MATSCHÉ 1993). Großtechnische Erfahrungen auf verschiedenen BPE-Anlagen zeigen aber, dass die tatsächliche P-Rückbelastung im Bereich von konventionellen Anlagen liegt und demnach keine weitergehende Schlammwasserbehandlung notwendig ist (SEYFRIED, HARTWIG 1991).

Nach Untersuchungen von JARDIN, PÖPEL (1995) tritt bei der Stabilisierung von Überschussschlamm aus einer BPE-Anlage unabhängig von den Verfahrensbedingungen der Stabilisation eine vollständige Hydrolyse der Polyphosphate auf. Ein Teil der hierbei zurückgelösten Phosphatfracht wird wieder immobilisiert. Dafür sind unterschiedliche Mechanismen verantwortlich:

- Bildung von Magnesium-Ammonium-Phosphat ($MgNH_4PO_4$, Struvit),
- Bildung von Calciumphosphaten mit Carbonateinschlüssen bzw. Hydroxy-Apatiten ($Ca_5(PO_4)_3OH$),
- Bildung von Aluminiumphosphat,
- Bildung von Eisen(II)phosphat ($Fe_3(PO_4)_2$, Vivianit),
- Adsorption an Schlammpartikel.

Das Magnesium stammt unter anderem aus der Hydrolyse von Polyphosphaten. Vivianit kann nur gebildet werden, solange nicht alles verfügbare Eisen als Sulfid gebunden wird. Für die Bereitstellung von Calcium- und Aluminiumionen bilden die aus Haushaltswaschmitteln stammenden Ca-beladenen Zeolithe (Natrium-Aluminium-Silikate, Enthärter) eine sehr wichtige Quelle. Sie repräsentieren bis zu 7 % der Trockenmasse des Frischschlammes.

Bei durchschnittlichen BPE-Verhältnissen, bei denen der Phosphorgehalt im Überschussschlamm etwa 25–35 mg/g TS beträgt, ist bei üblichem Überschussschlamm:Primärschlamm-Verhältnis von 0,6:1,3 mit P-Rückbelastungen von 5–13 % zu rechnen, JARDIN, PÖPEL (1995).

In der Regel ist aber keine Beeinträchtigung der Prozessstabilität der BPE durch die P-Rückbelastung zu erwarten.

Kombination von Nitrifikation, Denitrifikation und biologischer P-Elimination. Bei Ver-

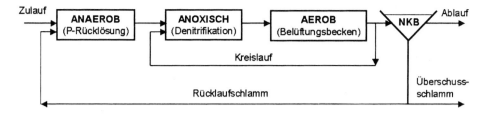

Abb. 3.40 Fließschema des Phoredox-Verfahrens.

fahren mit Stickstoffelimination durch Nitrifikation und Denitrifikation, welche die BPE beinhalten, wird in vielen Fällen das Phoredox-Verfahren angewendet (Abb. 3.40) (auch als modifiziertes Bardenpho-Verfahren bezeichnet). Bei diesem Verfahren gelangen das Abwasser und der Rücklaufschlamm zuerst in eine anaerobe Fermentationszone, wodurch die Versorgung der Mikroorganismen mit leicht abbaubaren C-Quellen sichergestellt wird. Das anoxische Becken soll für eine fast vollständige Denitrifikation bemessen werden, so dass die Nitratkonzentration im Rücklaufschlamm, der in den vorgeschalteten anaeroben Reaktor geführt wird, sehr gering ist. In der anschließenden aeroben Zone finden die vermehrte P-Aufnahme und die Nitrifikation statt. Für die Restdenitrifikation kann auch eine weitere anoxische Zone vorgesehen werden. Bei dieser Verfahrenskombination wird das gereinigte Abwasser über eine aerobe Zone der Nachklärung zugeleitet.

3.3 Biofilme in der Abwasserreinigung

3.3.1 Festbettreaktoren

Wie generell bei der Ansiedlung von Mikroorganismen auf einem Trägermaterial (Kap. 2.3) erfolgt bei Festbettreaktoren zur Abwasserbehandlung eine Immobilisierung von Bakterien und Pilzen in Form eines Biofilms.

Eine Übersicht praktisch angewandter Biofilmverfahren zeigen die Abb. 3.41 und 3.42.

Als Unterlagen kommen neben Lavasteinen vor allem Kunststoff-Elemente zum Einsatz, die einerseits eine große Oberfläche besitzen, aber andererseits eine starke Grenzflächenerneuerung ermöglichen. Diese ist entscheidend für den Nachschub von Sauerstoff und Nährstoffen in den Biofilm, aber auch für den Abtransport von gelösten Stoffwechselprodukten, vor allem CO_2. Durch die Trägerfixierung wird die Ansiedlung der Mikroorganismen weitgehend unabhängig von den hydraulischen Verhältnissen im Reaktor, insbesondere der mittleren theoretischen Verweilzeit des Abwassers.

Stationäre Festbettreaktoren zur Abwasserbehandlung bedürfen einer gut funktionierenden Vorklärung, da sie leicht verstopfen. Das mechanisch vorbehandelte Abwasser darf keine Grob- und Faserstoffe, emulgierten Fette und mineralischen Partikel in erhöhter Konzentration enthalten.

Auch bei der Reinigung von Industrieabwässern sind biologische Festbettreaktoren bedeutsam. Die meisten Bakterienarten, welche Fremdstoffe abbauen können, wachsen langsamer als solche, die sich von leicht abbaubaren Substraten ernähren, und werden daher leicht verdrängt. Aber auch viele chemolithotrophe Mikroorganismen, also solche, die energiereiche anorganische Verbindungen nutzen, sind durch geringe Vermehrungsraten gekennzeichnet, so dass erst die Anreicherung im Biofilm die Voraussetzung für hohe Stoffumsätze schafft. Dazu gehören u. a. die Nitrifikanten. Die Wachstumsrate von Biofilmen wird auch bei der Abwasserreinigung durch die Nährstoffkonzentration, die Fließgeschwindigkeit (Grenzflächenerneuerung, Verluste durch Wirkung von Scherkräften) und die Temperatur bestimmt. Die Biofilme können sich gelegentlich in großen Fetzen ablösen. Ursache ist wahrscheinlich die Bildung von Methanblasen in der anaeroben Basis-Schicht. Dass auch die Fress- und Wühltätigkeit der Makrofauna zum Ablösen von Biofilmen führen kann, wurde in Membranreaktoren nachgewiesen, deren Biofilme von der Basis her belüftet wurden (WOBUS, persönl. Mitt.). Solche Reaktoren werden vor allem für den Abbau von toxischen Substanzen eingesetzt. In der Regel muss dabei zunächst das Wachstum von geeigneten Spezialisten auf den gaspermeablen Membranen durch Beimpfung in Gang gebracht werden.

170 Leistungen der Organismen in Abwasserbehandlungsanlagen

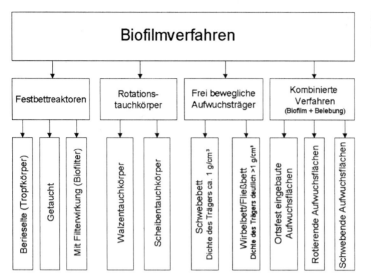

Abb. 3.41 Gliederung der Biofilmverfahren nach ATV-Arbeitsbericht (2004).

3.3.2 Tropfkörper

3.3.2.1 Funktionsweise des Tropfkörperrasens

Im Tropfkörper (Abb. 3.43) werden die Abbauvorgänge nachgebildet, wie sie sich z. B. im Bewuchs auf Steinen in abwasserbelasteten Fließgewässern sowie bei der Versickerung bzw. Bodenbehandlung von Abwässern abspielen. Die im folgenden beschriebenen Wirkprinzipien gelten großenteils auch für die anderen Typen von Biofilmreaktoren zur Abwasserbehandlung.

Mit seinen Tausenden von lufterfüllten Hohlräumen, deren jeder von einem dünnen Biofilm (= biologischer Rasen, Tropfkörperrasen) ausgekleidet ist, gleicht der klassische Tropfkörper einem großen Schwamm. Wie Abb. 3.44 und Abb. 3.45 zeigen, ist eine ordnungsgemäße Funktion an die Voraussetzung gebunden, dass der Biofilm nur einen kleinen Teil des Hohlraumvolumens einnimmt. Anderenfalls besteht die Gefahr der Verstopfung und damit des Sauerstoffmangels. Dies bedeutet, dass sich die Biomasse X in einem stationären Gleichgewicht befinden sollte. Analog zu Gleichung 1.15 gilt:

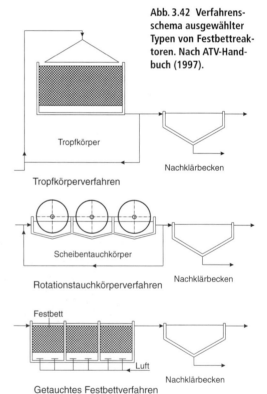

Abb. 3.42 Verfahrensschema ausgewählter Typen von Festbettreaktoren. Nach ATV-Handbuch (1997).

$$\frac{dX}{dt} = \mu X - kX \qquad (3.33)$$

Änderung der Biomassekonzentration = Zuwachs − Verluste

Im stationären Zustand gilt:

$$\frac{dX}{dt} = 0 \qquad (3.34)$$

In einem ordnungsgemäß betriebenen Tropfkörper ist daher:

$$\mu X = kX \qquad (3.35)$$

Ist die Wachstumsrate μ der Bakterien größer als der Geschwindigkeitsbeiwert k der Verluste, wird mehr Biomasse gebildet, als durch Abschwemmung, Abbau und andere Faktoren verschwindet.

Der Beiwert k ist eine zusammengesetzte Größe:

$$k = f(Q\,E + R + G) \qquad (3.36)$$

Dabei sind:
Q = die hydraulische Beschickung in m^3/(m^2 h),
E = Auflockerung bzw. starke Ablösung (Detachment = Loslösung) des Biofilms durch die Grabtätigkeit von Tieren sowie durch Gasblasen, vor allem Methan und Stickstoff in der vom Sauerstoffnachschub abgeschnittenen Basisschicht,
R = die Selbstveratmung der Bakterien- bzw. Pilz-Biomasse,
G = Verluste infolge Fraß durch Tiere.

Bei plötzlich eintretendem Substratmangel ist die Wachstumsgeschwindigkeit zu gering, dann ist:

$$\mu < k \qquad (3.37)$$

Bei häuslichem Abwasser mit einem BSB[5] von etwa 250 mg/l beträgt die Schichtdicke des Biofilms etwa 3 mm. Wenn ein solches konzentriertes Abwasser in einem herkömmlichen Tropfkörper behandelt werden soll, muss der Zulauf durch Rückpumpen des gereinigten Abwassers so weit verdünnt werden, dass eine Verstopfung durch zu große Schichtdicke nicht mehr möglich ist. Durch das Rückpumpen wird die Wassermenge im Tropfkörper erhöht und damit auch k vergrößert.

Bei bereits eingetretener Verstopfung kommen folgende Gegenmaßnahmen in Frage:
(a) Beschickung nur mit gereinigtem Abwasser.
(b) Beschickung nur mit Reinwasser.
(c) zeitweilige Unterbindung jeglichen Zuflusses.
(d) Kombination von (a) + (b).
(e) Kombination von (a) oder (b) mit Chlorung.

Das Rücklaufverhältnis R ist gekennzeichnet durch

$$R = \frac{Q_R}{Q}. \qquad (3.38)$$

Dabei ist Q_R (in m^3/m^2 h) die hydraulische Belastung durch den Rücklauf des gereinigten Abwassers. Der Tropfkörper entspricht im Idealfall einem Tubularreaktor.

3.3.2.2 Belastung, Schichtdicke und Abbauleistung

Mit zunehmender Schichtdicke h des Biofilms nimmt auch die Abbauleistung nur bis zu einem Grenzwert zu. Diese Schichtdicke liegt in der Größenordnung von etwa 0,3 mm. Bei einer weiteren Steigerung der Belastung, die eine Zunahme

Abb. 3.43 Ansicht eines Tropfkörpers. Aufn. I. Röske.

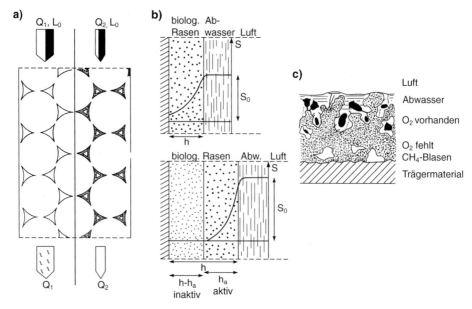

Abb. 3.44 Der Biofilm („biologischer Rasen") des Tropfkörpers, stark schematisiert. a) Unterschiedliche Stärke (und damit Verstopfungsgefahr) bei gleicher organischer (L_0), aber unterschiedlicher hydraulischer Belastung (Q_1, Q_2). Q = Breite der Pfeile, L_0 = schwarzer Anteil der Pfeile. Es wird eine 100%ige Elimination von L_0 angenommen. Wellenlinien im Ablauf: hoher Gehalt an abgespültem Biofilm. b) Verteilung der Substratkonzentration S innerhalb des Biofilms bei vollständigem (oben) und bei unvollständigem Eindringen (unten) bzw. bei unterschiedlicher Schichtdicke h des Biofilms. h_a = aktive Schicht, $h-h_a$ inaktive Schicht. c) Längsschnitt durch einen Biofilm mit Unterteilung in „aktive" und „inaktive" (nicht mehr von der Oberfläche her mit Sauerstoff und Substrat versorgte) Schicht. Besiedlung mit tierischen Einzellern nur in der aktiven, Gasbildung (Methan) in der inaktiven Schicht. Nach UHLMANN (1988).

von h zur Folge hat, bleibt die Abbauleistung konstant.

Die Biofilm-Masse X_g in einem Festbettreaktor kann durch folgende Gleichung beschrieben werden:

$$X_g = A \cdot h \cdot \rho \qquad (3.39)$$

Dabei ist:
X_g = Biofilm-Masse,
A = Oberfläche des Aufwuchsträgers d.h. des Füllmaterials,
h = Gesamtstärke des Biofilms,
ρ = Dichte des Biofilms.

Bei der erstmaligen Beschickung eines Festbettreaktors mit Abwasser ist die Schichtdicke h des Biofilms zunächst gleich null. Mit der Zunahme von h steigt auch die Abbauleistung. Ist jedoch ein bestimmter Grenzwert von h überschritten, nimmt die Abbauleistung nicht weiter zu (Abb. 3.44). Dieser Grenzwert soll als Schichtdicke des aktiven biologischen Rasens h_a bezeichnet werden (Tab. 3.10).

Für den Bestand an aktiver Biomasse X_a gilt analog:

$$X_a = A \cdot h_a \cdot \rho \qquad (3.40)$$

Für die Abbaugeschwindigkeit r der organischen Substanzen des Abwassers ist Folgendes maßgebend:

$$r = A \, h_a \, K_v \; (\text{mol s}^{-1}) \qquad (3.41)$$

Dabei ist K_v eine Konstante für den Substratverbrauch der aktiven Biomasse (mol · s^{-1} cm^{-3}). Die Abbauleistung des Biofilms ist daher vor allem von der Eindringtiefe des Substrats und des Sauerstoffs abhängig, hingegen spielt die Gesamt-Biomasse eine viel geringere Rolle.

Die obere Leistungsgrenze des Tropfkörpers wird durch beginnende Verstopfung infolge zu großer Schichtdicke des Biofilms bestimmt. Je größer h, desto geringer wird der relative Anteil

Tab. 3.10 Zeitliche Entwicklung von Biofilmen und mikrobielle Abbauleistung bei der Einarbeitung eines Festbett-Biofilmreaktors zur Abwasserreinigung. Nach FRITSCHE aus UHLMANN (1988).

Zeit	Schichtdicke	Substrat	Biomasse	Entwicklungsphase
t_1	$h < h_a$	$\frac{dS}{dt} < 0$	$\frac{dX}{dt} > 0$	Substrat wird hauptsächlich zum Aufbau der im Tropfkörper verbleibenden Biomasse verwendet. Die Schichtdicke h entspricht noch nicht dem möglichen Höchstwert der aktiven Schicht.
t_2	$h = h_a$	$\frac{dS}{dt} = 0$	$\frac{dX}{dt} > 0$	Fließgleichgewicht der Abbauleistung. Der gesamte Biofilm besteht nur aus aktivem Material. Höchstwert der Schichtdicke noch nicht erreicht.
t_3	$h > h_a$	$\frac{dS}{dt} = 0$	$\frac{dX}{dt} = 0$	Fließgleichgewicht der Abbauleistung und der Biomasse. Der Biofilm besteht aus einer aktiven (h_a) und einer darunter liegenden inaktiven Schicht ($h - h_a$). Überschüssige Biomasse gelangt in den Ablauf.

t_1 bis t_3 zeitlich aufeinanderfolgende Entwicklungsphasen, h Schichtdicke des Biofilms, h_a aktive Schicht des Biofilms, S Substratkonzentration, X Biomassekonzentration.

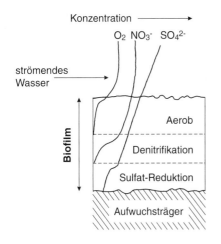

Abb. 3.45 Vertikale Abstufung mikrobieller Prozesse auf unterschiedlichem Redoxpotenzial innerhalb eines Biofilms. Nach CHARACKLIS (1990).

der aktiven Schicht ha. Demnach ist die Differenz h – ha ein Maß für den Anteil der unteren, weniger aktiven, oft anaeroben Schicht, die nicht mehr direkt mit dem Abwasser in Kontakt steht. Als Substrate dienen den Mikroorganismen hier vor allem Bakterienbiomasse bzw. deren Abbau- und Autolyseprodukte. Der Abbau der Biomasse geht langsamer vor sich als ihre Bildung und als der Abbau gut verwertbarer gelöster Substrate.

Die Gefahr einer Verstopfung ist verringert, wenn klassische Füllmaterialien wie z. B. Lavafilterschlacke mit einer spezifischen Oberfläche von etwa 90 m²/m³ und mit einem Hohlraumanteil von nur etwa 50 % des Gesamtvolumens durch Füllmaterialien aus Kunststoffelementen ersetzt wurden. Jedoch besteht auch hier die Gefahr einer ungleichmäßigen Durchströmung, wenn die Flächenbeschickung nicht feinverteilt und kontinuierlich erfolgt. Es werden Kunststoffelemente von unterschiedlicher Geometrie verwendet. Sie alle haben größere spezifische Oberflächen (> 200 m²/m³) und Hohlraumanteile bis etwa 95 %. Auf Grund der nicht aufgerauten Oberfläche wird die Ablösung überschüssigen biologischen Rasens begünstigt. So können durch diese Materialien auch höher konzentrierte Abwässer bis etwa 1000 mg/l BSB$_5$ im Festbett-Biofilmreaktor gereinigt werden.

Über die gesamte Höhe des Tropfkörpers betrachtet, nimmt die Substratkonzentration und damit die absolute Leistung der Bakterien, die für den biochemischen Abbau der organischen Substanzen verantwortlich sind, von oben nach unten ab (Abb. 3.46).

Einfluss der Temperatur. In der kalten Jahreszeit ist der Biofilm in der Regel dicker. Dadurch wird die jetzt geringere Abbaugeschwindigkeit weitgehend kompensiert (GSCHLÖSSL, GEBERT 2002). Nach dem Temperaturanstieg im Frühjahr werden hingegen regelmäßig große Mengen an Biofilm abgestoßen. Ein Nachteil der Tropfkörper ist ihre Frostempfindlichkeit (Gefahr des Einfrierens).

174 Leistungen der Organismen in Abwasserbehandlungsanlagen

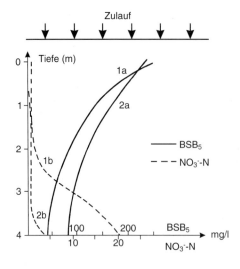

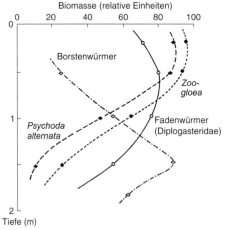

Abb. 3.46 Vertikale Abstufung von Leistung und Organismenbestand im Tropfkörper. Oben: Gradient der Substratkonzentration (als BSB_5) sowie des Nitrat-Stickstoffs innerhalb eines Tropfkörpers (1a, b: 0,5 kg BSB_5/m^3 d; 2a, b: 1,1 kg BSB_5/m^3 d). Nach UHLMANN (1988), MUDRACK, KUNST (2003). Unten: Vertikale Verteilung der tierischen Makroorganismen sowie der als Nahrung besonders wichtigen *Zoogloea*-Bakterien. Nach BORBOV aus UHLMANN (1988).

3.3.2.3 Sauerstoffversorgung und Abbauleistung – Nitrifikation

Im Gegensatz zur Belebtschlammflocke ist der Biofilm nur von einem dünnen Abwasserfilm umgeben. Da unter vergleichbaren Temperaturbedingungen der prozentuale Sauerstoffgehalt der Luft annähernd 30-mal so groß ist wie der des Wassers und außerdem in der Gasphase der Stofftransport weitaus rascher erfolgt als in der flüssigen Phase, entspricht der O_2-Gehalt an der Grenzfläche Abwasser-Luft im günstigsten Falle einer 100%igen Sättigung, sofern im Tropfkörper ein ausreichender Luftstrom gewährleistet ist.

Dieser wird beim Rotationstauchkörper durch den allseitigen Kontakt mit der Atmosphäre, beim ummantelten Tropfkörper durch Kaminwirkung ermöglicht. Innerhalb des Abwasserfilms erfolgt der Sauerstofftransport jedoch nur durch Diffu-

sion bzw. durch laminare Strömung an der Oberfläche. Selbst bei dem höchstmöglichen Sauerstoff-Konzentrationsgradienten zwischen dem Inneren des Biofilms und dem Abwasserfilm, der in Abhängigkeit von der Wassertemperatur bis zu 9 mg/l beträgt, kann nur ein geringer Anteil der Biofilm-Schicht noch voll mit Sauerstoff versorgt werden (Abb. 3.45). Meistens ist der Sauerstoffgradient geringer. Dieser große Nachteil kann nur beseitigt werden, wenn die O_2-Versorgung vorzugsweise von der Basis des Biofilms her erfolgt (Kap. 3.3.3).

Bei einer Belebtschlammflocke hingegen, die allseitig dem Zutritt des Sauerstoffs ausgesetzt ist, beträgt unter vergleichbaren Bedingungen die entsprechende voll mit Sauerstoff versorgte Schichtdicke immerhin 1 mm.

Eine weitgehende Verstopfung der Hohlräume des Füllmaterials infolge zu starken Bakterienwachstums kann im Tropfkörper einen völligen Sauerstoffschwund zur Folge haben.

Nitrifikation. Nach der abwärts gerichteten Passage des Abwassers durch die oberen, abbauintensiven Horizonte mit vorrangiger Elimination der organischen Verbindungen ist deren Konzentration im letzten Kompartiment an der Grenzfläche Rasen/Abwasser schon so niedrig, dass sich Nitrifikanten entwickeln können, da diese dann nicht mehr von schnell wachsenden heterotrophen Bakterien überwuchert werden (Abb. 3.46a).

Werden Tropfkörper in Reihe geschaltet, kann je nach dem in der ersten hochbelasteten Stufe erzielten Abbaugrad die zweite Stufe für die Nitrifikation eingesetzt werden. Eine gezielte Denitrifikation bis zu 60 % ist in vorgeschalteten hochbelasteten Tropfkörpern bei Kreislaufführung nitratreicher Abläufe möglich (BEVER, STEIN, TEICHMANN 1993).

3.3.2.4 Verweilzeit und Abbauleistung

Die Verweilzeit des Abwassers besitzt bei der für Tropfkörper möglichen hydraulischen Belastung ein extrem breites Spektrum. Dieses reicht von weniger als einer Stunde bis zu einigen Tagen. Eine sehr kurze Verweilzeit für den Hauptanteil des Massenstroms bedeutet, dass nur solche Substanzen aus dem Abwasser entfernt werden können, die vom Biofilm zunächst adsorbiert bzw. mit sehr hoher Geschwindigkeit durch die Zellmembran der Mikroorganismen aufgenommen werden können. Letzteres ist bei leicht abbaubaren Substraten wie z. B. Acetat oder Glucose der Fall. Deshalb eignet sich der Tropfkörper besonders gut für die Behandlung von Abwässern mit einem hohen Anteil an leicht assimilierbaren Abwasserinhaltsstoffen, wie sie vor allem in kommunalen Abwässern enthalten sind.

Ausbildung des Biofilms bei schwacher hydraulischer Belastung. Bei schwacher hydraulischer Belastung ist der Wasserdurchsatz so gering, dass die Spülwirkung nicht ausreicht, um den überschüssigen Biofilm weitgehend zu entfernen. Dieser wird vielmehr an Ort und Stelle durch die in Gleichung 3.36 genannten Mechanismen abgebaut und abgestoßen. Letzteres erfolgt teils kontinuierlich, teils während der bereits erwähnten Häutungsperioden.

Der Sauerstoff, der in dem über den Biofilm laminar hinwegfließenden Abwasser gelöst ist, erfasst nur die aktive Schicht ha. Deren Dicke beträgt oft weniger als 10% der Gesamtschichtdicke. Dank dem in den unteren Schichten stattfindenden meistens anaeroben Abbau ist der überschüssige Biofilm von krümeliger, z.T. sogar humusartiger Beschaffenheit und nur noch wenig fäulnisfähig. Entsprechend der geringen hydraulischen Belastung bildet sich hinsichtlich vertikaler Abstufung der Biomasse- und Substratkonzentration ein deutliches Gefälle aus. Der biochemische Abbau kann so weit gehen, dass im untersten Stockwerk eines Tropfkörpers die Beschaffenheitsklasse II erreicht wird, also die gleiche wie am Ende von Selbstreinigungsstrecken in Fließgewässern.

Ausbildung des Biofilms bei starker hydraulischer Belastung (mindestens 0,8 m/h): Unter diesen Bedingungen ist der Rasen dünn, schleimig und besitzt einen hohen aktiven Anteil. Die Besiedlung mit tierischen Organismen ist artenärmer, das ganze System stoßempfindlicher als ein nur schwach belastetes, da die mittlere Durchflusszeit meistens weit weniger als 15 min beträgt (s. RINCKE 1964). Die Substratkonzentration zeigt keinen so starken Längsgradienten wie bei schwacher Belastung d. h., der Anteil der unteren Horizonte an der Gesamt-Abbauleistung ist höher.

Infolge der kurzen Verweilzeit des Wassers ist das Pufferungsvermögen gegenüber toxischen Belastungsstößen geringer als bei einem schwachbelasteten System. Allerdings bedingt der Schwamm-Charakter des mit Biofilm bewachsenen Füllmaterials noch immer ein breites Verweilzeitspektrum des durchfließenden Abwassers. Daher ist nach kurzfristigen Belastungsstößen eine von nicht geschädigten Nischen ausgehende Regenerierung relativ leicht möglich. Mit Ausnahme von starken toxischen Laststößen ist das Regulationsvermögen eines gut arbeitenden Tropfkörpers beachtlich. Selbst eine zeitweilige Verdopplung der Abwasserfracht führt unter Umständen kaum zu einer Änderung der prozentualen Abbauleistung.

In der Regel gelangt durch Kanalbildung bzw. Kurzschlussströmung ein Teilstrom des Abwassers zu schnell in die unteren Zonen und so verlässt außer Nitrat auch vor allem Ammonium den Ablauf. Dies wird auch bei Füllmaterial aus Kunststoff häufig beobachtet (GSCHLÖSSL, GEBERT 2002). Wird dieses Ablaufwasser wieder über den Tropfkörper geleitet, dann wird in der oberen Schicht des Biofilms der Großteil des Ammoniums bis zu Nitrat oxidiert und andererseits ein Teil des Nitrats mikrobiell zum molekularem Stickstoff umgesetzt, da die unteren Schichten des Biofilms anoxisch sind und damit günstige Bedingungen für eine Denitrifikation bestehen.

Die Beziehungen zwischen den im Tropfkörper stattfinden Prozessen und den für sie maßgebenden Steuergrößen sind in Abb. 3.47 zusammengefasst.

3.3.2.5 Besiedlung des Tropfkörpers

Insgesamt gesehen bietet ein aerober Festbettreaktor auf Grund der Vielzahl von ökologischen Nischen, der langen Verweilzeit des Biofilms und dem Fehlen von anaeroben bzw. anoxischen Betriebsphasen einer relativ großen Zahl von Einzellern und wirbellosen Tieren günstige Lebensbedingungen.

Von der Algenbesiedlung belichteter Partien abgesehen, ist der Tropfkörper normalerweise ein System, das vor allem durch das Angebot an verwertbarem organischem Material und von Ammonium gesteuert wird. Die Organismen wachsen oftmals schon im obersten Horizont so stark und inhomogen, dass die gleichmäßige Verteilung des Abwassers über den Querschnitt nicht mehr gewährleistet ist. Ebenso ungünstig ist hier eine Massen-Entwicklung von mattenbildenden Pilzen, Cyanobakterien oder Grünalgen. Bereits die

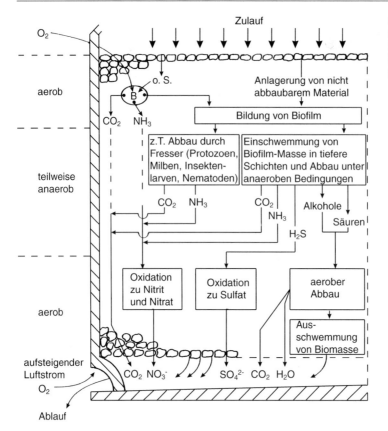

Abb. 3.47 Die Reinigungsvorgänge in einem mit Steinbrocken gefüllten Tropfkörper. Kombiniert nach verschiedenen Autoren.

o. S.: organische Substanz
B: Bakterien

Farbe der Tropfkörper-Oberfläche lässt bestimmte Schlussfolgerungen auf die Besiedlung und die Funktionstüchtigkeit des Tropfkörpers zu (HÄNEL, pers. Mitt.):
- rot: rote Schwefelbakterien, d. h. O_2-Mangel,
- milchweiß: weiße Schwefelbakterien, O_2-Mangel,
- gelborange: Hinweis auf Massenentwicklung des Pilzes *Fusarium* (Abb. 3.48), Verstopfungsgefahr.

Entsprechende Hinweise liefert auch das Aussehen des Biofilms in oberflächenfernen Partien des Tropfkörpers.
- Schwarz, grauweißlich: Eisensulfid; ungenügende O_2-Versorgung, Ablagerung von Schlamm,
- gleichmäßig braun: gut arbeitender Biofilm,
- grüne Fäden und Beläge: Grünalgen, Beschaffenheit für die Einleitung in Fließgewässer geeignet,
- kakaobraune Flecken inmitten grüner Flächen: Kieselalgen, Beschaffenheit kommt der in Fließgewässern nahe.

Für den Stoffumsatz sind maßgebend:

a) Bakterien und Pilze (Abb. 3.48, 3.49)
Quantitativ herrschen oft Bäumchenbakterien (*Zoogloea*), Fadenbakterien (vor allem *Sphaerotilus*) sowie Pilze (z. B. *Fusarium*, *Penicillium*, *Aspergillus*) vor. Pilze sind überwiegend in Form von Fadengeflechten vorhanden. Die Besiedlungsdichte der Bakterien und Pilze im obersten Stockwerk ist stark von der Substratkonzentration und der hydraulischen Beschickung abhängig. Gemäß Gleichung 1.8 erhöhen sich Wachstumsrate und Biomasse mit der Substratkonzentration. Auch bei geringer Spülwirkung, d. h. zu niedriger hydraulischer Beschickung, kommt es durch das Wachstum der Biomasse zu Verstopfungen, weil

die Verluste an Biomasse durch die Wirkung von Scherkräften zu gering sind (Gleichung 3.36).

b) Tierische Einzeller (Abb. 3.20, 3.21)
Hierzu zählen vor allem:
- farblose Geißeltierchen (Flagellaten), wie *Bodo*, *Monas*, *Trepomonas*,
- Wurzelfüßer (Rhizopoden), vor allen *Amoeba*, *Arcella*,
- Wimpertierchen (Ciliaten), wie *Aspidisca*, *Colpidium*, *Epistylis*, *Vorticella*.

Diese Organismen fressen Bakterien, und zwar entweder freisuspendierte (Flagellaten, Ciliaten) oder ganze Aggregate (Rhizopoden, manche Ciliaten). Freisuspendierte Bakterien werden mit Hilfe einer Geißel oder von Wimpern herbeigestrudelt, dazu wird eine Wasserbewegung erzeugt. Viele Arten von Geißeltierchen sind eher imstande, O_2-Konzentrationen $<0{,}5$ mg/l zu ertragen, als die meisten Wimpertierchen. Andererseits ist jedoch *Aspidisca cicada* ein Anzeiger für eine gute O_2-Versorgung. Unter den Wimpertierchen gibt es allerdings einige leicht erkennbare Arten, die nicht nur bei O_2-Schwund, sondern sogar bei Anwesenheit von Schwefelwasserstoff leben können. Die oftmals in großer Individuenzahl vorkommenden Einzeller sind wahrscheinlich für den Transport von Sauerstoff und Substrat innerhalb der winzigen Porenräume des Biofilms von größter Bedeutung (Abb. 3.44c). Durch die von ihnen erzeugten Mikroströmungen und ihre Fortbewegung bis in die entlegensten Nischen erhöht sich die Diffusionsrate. Sie fressen Bakterien

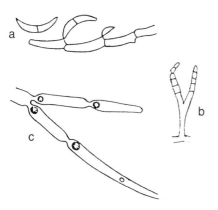

Abb. 3.48 Einige in Biofilmen, Abwässern und Belebtschlammflocken häufig vorkommende Pilze. a) *Fusarium aquaeductuum*, b) *Endomyces lactis*, c) *Leptomitus lacteus*. Nach HÄNEL (1986) und UHLMANN (1988).

und setzen die dabei gewonnene – letztlich aus dem Abwasser stammende – Energie in Bewegungsenergie um (Herbeistrudeln von Bakterien, Fortbewegung des Körpers im Dienste des Nahrungserwerbes). Auch die Geschwindigkeit des Abtransportes von Stoffwechselprodukten wie Kohlendioxid und Ammonium wird erhöht.

Erst die Turbulenz-Erregung durch die tierischen Einzeller führt wahrscheinlich dazu, dass die innere Oberfläche des Biofilms, d.h. das Porensystem, wirksam am Stoffumsatz beteiligt wird. Hinzu kommt, dass dank der ständigen Beseitigung von Bakterien durch Gefressenwerden deren Zuwachsrate und damit die Abbauaktivität auf einem hohen Niveau gehalten wird. Durch den Fraßdruck der tierischen Einzeller verändert sich auch die Zusammensetzung der Bakteriengemeinschaft: Kleine, gut fressbare Stäbchen und Kokken werden zurückgedrängt, hingegen große, schlechter fressbare oder fädige Formtypen begünstigt (GÜDE 1996). Die filtrierenden oder als „Weidegänger" wirksamen tierischen Einzeller sind ihrerseits dem Fraßdruck räuberischer Formen, u.a. der Suctorien (Sauginfusorien) ausgesetzt. Ein Beispiel ist *Podophrya* (Abb. 3.21). Auch manche Geißeltierchen und Ciliaten betätigen sich als Räuber.

c) Rädertierchen und tierische Makroorganismen (Abb. 3.50)
Im Gegensatz zum Belebungsbecken sind im Tropfkörper auch größere wirbellose Tiere sehr häufig anzutreffen, weil sie hier keinen nennenswerten Auswaschungsverlusten unterliegen. Bereits mit bloßem Auge erkennbar sind Gehäuseschnecken der Gattung *Physa*, Wenigborstenwürmer wie *Nais elinguis*, Fadenwürmer, wie *Diplogaster* und bestimmte Insektenlarven, wie z.B. der Zuckmücke *Chironomus thummi*. Sie finden im Biofilm von Festbettreaktoren günstigere Lebensbedingungen als in Systemen mit suspendierter Biomasse, sind daher in den letzteren nur selten in großer Individuendichte vertreten. Ihr Einfluss auf das Leistungsvermögen des Biofilms ist ebenso wie bei den Einzellern ein indirekter. Sie fressen große Mengen an Bakterienbiomasse und verhindern dadurch, dass die Umsatzrate des Biofilms infolge Transport-Limitierung für Sauerstoff und Substrat, d.h. infolge zu großer Schichtdicke, abnimmt. Sie erleichtern also ähnlich den Einzellern die Stoffübergänge im Bereich der Grenzschicht Biofilm/Abwasser. Besonders häufig ist die Larve der Tropfkörperfliege *Psy-*

178 Leistungen der Organismen in Abwasserbehandlungsanlagen

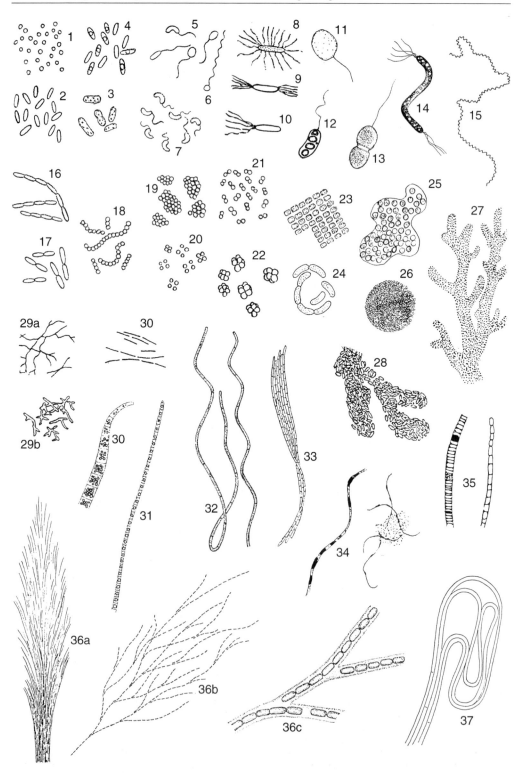

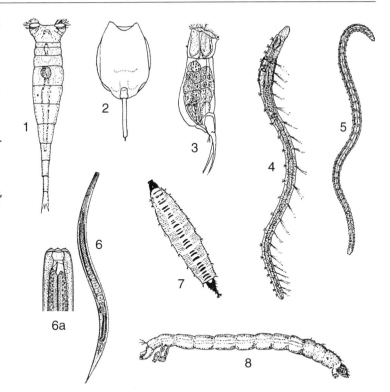

Abb. 3.50 Häufige Metazoen (Rädertierchen und tierische Makroorganismen) in Biofilmreaktoren zur Abwasserreinigung. 1–3: Rädertierchen (Rotatorien, wesentlich stärker vergrößert als die folgenden Organismen): 1 *Rotaria rotatoria*, 2 *Lecane (Monostyla) lunaris*, 3 *Cephalodella gibba*, 4–5: Gliederwürmer (Wenigborstenwürmer, Oligochaeten): 4 *Nais elinguis*, 5 *Enchytraeus albidus*, 6 *Diplogaster rivalis*, Vertreter der Fadenwürmer (Nematoden), 6a: Vorderteil stärker vergrößert, 7–8: Insekten: 7 *Psychoda alternata* (Tropfkörperfliege), 8 *Chironomus thummi*, Vertreter der Zuckmücken. Nach Vorlagen von STREBLE-KRAUTER (1988), HÄNEL (1986), UHLMANN (1988).

choda (gehört zur Familie der Schmetterlingsmücken, Abb. 3.50). Die Larven erreichen eine Länge von 10 mm, die kakaobraunen, einer kleinen Motte ähnlichen, erwachsenen Tiere nur 5 mm. Ihr Ausschwärmen wird bei intermittierender Beschickung des Tropfkörpers begünstigt. Da der Entwicklungszyklus von *Psychoda* stark temperaturabhängig ist, tritt eine Massenentwicklung besonders im Sommer auf. Bei richtigem Betrieb werden die Larven dadurch nützlich, dass sie den Rasen auflockern, überschüssige Biomasse fressen bzw. Biofilm vom Trägermaterial loslösen.

Es kann allerdings auch vorkommen, dass Makroorganismen zeitweise in unerwünscht großen Massen auftreten, denn es fehlen ihre natürlichen Feinde. Sie fressen dann die Bakterien so weitgehend weg, dass nur noch ein dünner Biofilm übrigbleibt. Dies kann dann negative Auswirkungen haben, wenn es sich nicht um „allgemeine Abbauleistungen" handelt, die auch durch sehr dünne Biofilme erbracht werden können, sondern um spezielle Abbauleistungen wie die mikrobielle Ammonium- und die Nitrit-Oxidation. Die dafür verantwortlichen Bakterien wachsen relativ langsam, können daher zu große Verluste durch Gefressenwerden nicht ausgleichen. Entsprechendes gilt offenbar auch für manche Bakterienarten, die in der Lage sind, Problemstoffe wie z. B. Phenolkörper mit vielen Chloratomen abzubauen (WOBUS, RÖSKE 1994, 2000).

◀ Abb. 3.49 Wachstumsformen von Bakterien in Biofilmen, Abwässern und Belebtschlammflocken. 1–4: freisuspendierte Kokken und Stäbchen (4 „*Bacillus*"-Typ mit Spore), 5–14: freibewegliche Bakterien mit unterschiedlicher Anzahl und Position von Geißeln, 11, 13 „*Pseudomonas*"-Typ, 12 *Macromonas*, 14 *Spirillum*-Typ, 15 *Spirochaeta*-Typ, 16–18: kurze Ketten von Stäbchen oder Kokken (begeißelte Formen nicht mir dargestellt), 19–27: Aggregate bzw. „Cluster", 22 Paketkokken (Sarcina-Typ), 23 „*Lampropedia*"-Typ, 24 *Pseudoromeria*-Typ, 25 häufiger Formtyp von kugelförmigen Poly-P-speichernden Bakterien in einer Polymer-Hülle, 26 konzentrisches Wachstum (z. B. bei Nitrifikanten), 27 u. 28 fingerförmiges Wachstum bei Bäumchenbakterien („*Zoogloea*"-Typ), 29a, b Actinomyceten („Strahlenpilze"), 30–38: fädige Wuchsformen, 31 u. 32 *Beggiatoa* (Schwefeloxidierer), 32 „*Achroonema*"-Typ, 33 „*Peloploca*"-Typ, 34 „*Microthrix parvicella*"-Typ, 35 „*Leucothrix*"-Typ, 36a, b, c *Sphaerotilus*, 37 „*Microscilla*"-Typ. Nach Vorlagen von SLÁDEČEK (1956), HÄNEL (1986) und eigenen Unterlagen.

Bei *Psychoda* tritt eine unerwünschte Massenentwicklung, d. h. > 100 Individuen pro dm³, dann auf, wenn der Tropfkörper zu viel Biomasse von Bakterien oder Pilzen enthält. Da die Beseitigung von überschüssiger Bakterienbiomasse durch Fresstätigkeit bei Temperaturen über 15 °C eine wesentlich größere Rolle als bei niedrigen Temperaturen spielt (Abb. 3.51), nimmt in biologischen Festbettreaktoren die Gefahr einer Verschlammung in der kalten Jahreszeit bedeutend zu. Überhaupt ist die Wirksamkeit der den Verlust von Biomasse regulierenden Prozesse offensichtlich stärker von der Temperatur abhängig als der Abbau gelöster Substrate.

Das Massenauftreten von *Psychoda* ist in der Regel ein Symptom dafür, dass die Fresskapazität der Tiere nicht mehr ausreicht, eine Verschlammung zu verhindern. Demnach ist das Gleichgewicht von Bildung und Verlust des Biofilms gestört. Es sollte daher mehr gereinigtes Abwasser in den Zulauf geführt werden, um die Spülwirkung zu erhöhen und die Wachstumsrate des Biofilms, die ja stark von der Substratkonzentration abhängt, zu verringern. Biologisch bekämpft werden kann das Ausschwärmen von *Psychoda* durch zeitweiliges Offenhalten eines Loches im Abschlussdeckel eines der Drehsprenger-Arme. Die erwachsenen, d. h. ausschwärmenden Tropfkörperfliegen werden ständig durch den gegen die Innenwand des Tropfkörpers gerichteten Abwasserstrahl in das Innere des Tropfkörpers zurückgespült und so am Abfluss gehindert.

Unter den mit bloßem Auge kaum erkennbaren Rädertierchen befinden sich auch räuberische Arten wie z. B. *Cephalodella*, deren „Fraßdruck" bewirkt, dass sich unter den bakterienfressenden Einzellern die schnellstwüchsigsten, d. h. leistungsfähigsten, Arten durchsetzen.

Vertikale Zonierung der Besiedlung des Tropfkörpers. In zylindrischen bzw. turmförmigen Festbett-Biofilmreaktoren und bei schwacher hydraulischer Belastung zeigt die Besiedlung einen ausgeprägten Längsgradienten (Abb. 3.46). Im oberen Stockwerk dominieren Mikroorganismen (vor allem Bakterien und Pilze), die sich von gelösten organischen Substanzen ernähren. Im mittleren Stockwerk herrschen bakterienfressende tierische Einzeller, vor allem Wimpertierchen vor. Im untersten Stockwerk sind besonders Arten vertreten, die an die Sauerstoffversorgung relativ hohe Ansprüche stellen. Hier findet man u. a. bestimmte Ciliaten, darunter auch räuberische, des Weiteren Wurzelfüßler (Rhizopoden) wie z. B. *Amoeba* und *Arcella*, sowie Rädertierchen, Borstenwürmer, Fadenwürmer und andere tierische Makroorganismen. Die Larve der Tropfkörperfliege *Psychoda* hingegen ist oftmals im obersten Stockwerk am häufigsten (Abb. 3.46).

3.3.3 Membran-Biofilmreaktoren

Wird gereinigtes Abwasser vom Belebtschlamm mittels Membranfiltration (und nicht durch eine Nachklärung) getrennt, spricht man von Membranbelebungsverfahren. Durch die vollständige Rückhaltung aller Partikel einschließlich der Fä-

Abb. 3.51 Jahreszeitlicher Wechsel in der Bestandsdichte von A Tropfkörper-Biofilm und B bewuchsfressenden Tieren. In der kalten Jahreszeit verringerte Aktivität der Tiere, dadurch stärkerer Biofilm. Nach HAWKES, SHEPHERD aus UHLMANN (1988).

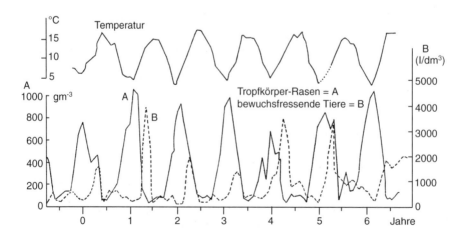

kalkeime kann dabei eine außerordentlich hohe Ablaufqualität erzielt werden.

Ganz andersartige Möglichkeiten bieten gasdurchlässige Folienmembranen, z. B. in Form von Silikonschläuchen, die als Aufwuchsträger für Mikroorganismen mit spezifischen Leistungen dienen. In diesem Falle entwickelt sich ein Biofilm, der für die Reinigung von speziellen Industrieabwässern genutzt werden kann. Die meisten Bakterienarten, welche organische Fremdstoffe abbauen können, wachsen nur sehr langsam. Es ist deshalb erforderlich, die Biomasse im Reaktor zurückzuhalten und vor einer Ausschwemmung zu schützen.

Membran-Biofilmreaktoren können auf Grund der Gasdurchlässigkeit der Membranen von der Basis her belüftet werden In der Regel wird dabei zunächst das Wachstum von geeigneten „Spezialisten" durch Beimpfung in Gang gebracht. Zu den dabei am häufigsten eingesetzten Mikroorganismen gehören verschiedenen Stämme von *Alcaligenes eutrophus*.

Die Sauerstoff aufnehmende Oberfläche des Bakterienfilms befindet sich, ganz anders als beim Tropfkörper, an der Basis, also der Oberfläche des O_2-transportierenden Silikonmembranschlauches. Dadurch kann ein steiler Konzentrationsgradient entstehen, ohne dass der Stofftransport durch eine Grenzschicht mit nur laminarer Strömung beeinträchtigt wird. Das Abwasser hingegen fließt wie bei anderen Festbettreaktoren über den Biofilm hinweg (WILDERER, KABALLO 1996).

Wenn gebündelte und in einem sehr langgestreckten Reaktor angeordnete gasdurchlässige Silikonmembranschläuche jeweils blind enden, lässt sich die O_2-Versorgung so einstellen, dass am Ende des Reaktors die O_2-Konzentration nur noch gering ist, der angebotene Sauerstoff also sehr weitgehend ausgenutzt wird. Er kann auch nicht an die Atmosphäre verloren gehen. Aus diesem Grunde kann u. U. sogar der Einsatz von Rein-Sauerstoff zweckmäßig sein.

Im Membran-Biofilmreaktor ist der Biofilm, auch was seinen aktiven Anteil betrifft, oftmals dicker als bei einem nur einseitig versorgten Biofilmsystem. Derartige Reaktoren kommen vor allem für die Reinigung von gewerblichen Abwässern mit einem hohen Anteil an toxischen organischen Verbindungen in Frage. Sie bieten im Vergleich zu den anderen Verfahren der Abwasserbehandlung die folgenden Vorteile (WOBUS, RÖSKE 1994, 2000):

- Mikroorganismen mit speziellen Leistungen (mit bestimmten Genen und Enzymkomplexen für den Abbau von mehrfach chlorierten Phenolen) finden günstige Wachstumsbedingungen und können, schon in Anbetracht der geringen Fließgeschwindigkeit, kaum durch Auswaschung verloren gehen.
- Membran-Biofilmreaktoren können auf Grund ihrer Geometrie als Reaktoren mit einer Verdrängungsströmung betrieben werden. Infolge der nur sehr geringen Längs-Durchmischung und infolge Fehlens von hydraulischem Kurzschluss entspricht die tatsächliche Kontaktzeit des Abwassers, die für die mikrobielle Elimination schwer abbaubarer Verbindungen zur Verfügung steht, weitgehend der theoretischen Verweilzeit.
- Der Betrieb ist je nach Anforderungen an den Wirkungsgrad im kontinuierlichem Durchfluss oder auch semikontinuierlich (SBR, Sequencing Batch Reactor) möglich. Im SBR ist das Pufferungsvermögen gegenüber Laststößen höher als bei kontinuierlichem Durchfluss. Die verfügbare Verweilzeit bzw. Zyklusdauer beträgt bei Problemstoffen in der Regel mehrere Stunden.
- Die Zusammensetzung der Bakteriengemeinschaft und ihre Enzym-Ausstattung sind im Längsverlauf sehr deutlich abgestuft. Dadurch ist eine Hintereinanderschaltung von Prozessschritten, die sich ansonsten gegenseitig beeinträchtigen würden, ohne weiteres möglich, z. B. ein Abbau von 2,4,5-Trichlorphenol im ersten und Ammonium-Oxidation (Nitrifikation) im letzten Abschnitt der Fließstrecke.
- Die O_2-Versorgung kann ebenso wie beim Tropfkörper durch Rezirkulation verbessert werden.
- Die relativ teuren Membran-Biofilmreaktoren kommen vor allem für eine Behandlung von gewerblichen Abwässern in Frage, die flüchtige umweltrelevante Schadstoffe enthalten, welche nicht in die Atmosphäre ausgetrieben werden dürfen.

Derartige Systeme ermöglichen einen sehr weitgehenden Abbau von toxischen Verbindungen wie z. B. Chlorphenolen, sofern den Bakterien keine alternativen Energie- und Kohlenstoffquellen zur Verfügung stehen (WOBUS, RÖSKE 1994, 2000):

Nach einer Einarbeitungsphase von nur 9 bis 13 Tagen wurde bei der Chlorphenol-Elimination ein hoher und konstanter Wirkungsgrad erzielt. Die gebildete Bakterien-Biomasse wurde in mehrgliedrige Nahrungsketten eingeschleust. Die einem gereinigten kommunalen Abwasser in Konzentrationen bis 80 mg/l zudosierten Chlorphenole wurden in der Regel zu mehr als 95 % aus dem Abwasser eliminiert. Deutliche Vorteile der longitudinalen Separation der mikrobiellen Abbauprozesse wurden bei der Nitrifikation beobachtet: Der Nitratgehalt des Ablaufs war beim kontinuierlichen Durchfluss-Betrieb mit 28 mg/l N mehr als doppelt so hoch wie im SBR. Die biologische Mannigfaltigkeit war weitaus höher als erwartet. Die tierischen Einzeller erreichten ihr Maximum in einem Bereich mit noch starkem Bakterienwachstum aber schon erhöhtem O_2-Gehalt.

Im kontinuierlich betriebenen System waren 41 Arten von Wimpertierchen (Ciliaten) nachweisbar, im SBR ein Drittel weniger. Der Anteil der wirbellosen Tiere (Metazoen) an der Besiedlung erhöhte sich in Fließrichtung, d.h. mit abnehmender Chorphenol-Konzentration und zunehmendem O_2-Gehalt (infolge abnehmenden Verbrauchs). Zeitweise vermehrte sich der Gliederwurm *Nais elinguis* sehr stark. Durch seine Fressaktivität und seine Wühltätigkeit an der sauerstoffreichen Basis des Biofilms ging so viel Bakterienbiomasse verloren, dass sich der Wirkungsgrad des Reaktors deutlich verringerte. Zur Bekämpfung erwies sich die Unterbrechung des Sauerstoff-Nachschubs, kombiniert mit einer Kohlendioxid-Stoßbelastung als sehr wirksam.

3.3.4 Rotierende Tauchkörper

Rotationstauchkörper oder Scheibentauchkörper sind Festbettreaktoren, bei denen sich der auf Walzen oder Scheiben wachsende Biofilm während einer Drehung nacheinander im Abwasser und in der Luft befindet (Abb. 3.42). Rotationstauchkörper tauchen als Walzen oder Scheiben teilweise in eine vom Abwasser durchflossene Wanne. Bei jeder Umdrehung folgt auf den Kontakt mit dem Abwasser eine Belüftungsphase oberhalb des Wasserspiegels. Weil die Oberfläche des Bewuchses sehr groß und dem vollen Partialdruck der Luft ausgesetzt ist, erreicht man dort sofort Sauerstoffsättigung. Beim nachfolgenden Wiedereintauchen des weitgehend sauerstoffgesättigten biologischen Rasens in das Abwasser geht ein Teil des aufgenommenen Sauerstoffes wegen des jetzt umgekehrten Konzentrationsgefälles in das Abwasser und versorgt damit auch den dort suspendierten Schlamm mit Sauerstoff. Der in der Belüftungsphase aufgenommene Sauerstoff muss zur Aufrechterhaltung aerober Verhältnisse in der Wanne ausreichen. Aus dieser Bedingung folgt die Mindestumdrehungszahl der Walzen bzw. Scheiben. Bei zu hoher Drehzahl findet ein übermäßiges Abwaschen der aktiven Biomasse vom Drehkörper statt. In der Regel ist der Sauerstoffeintrag groß genug, dass trotz des ständigen Verbrauchs durch den Bewuchs des Drehkörpers und den Schlamm in der Wanne im Mittel 2–3 mg/l Sauerstoff vorhanden sind. Der Sauerstoffeintrag passt sich selbsttätig an, weil mit abnehmendem O_2-Gehalt im Abwasser und im Tauchkörperbewuchs wegen des dann größeren Konzentrationsgefälles eine entsprechend größere O_2-Diffusion resultiert. Für eine voll wirksame Sauerstoffversorgung ist es erforderlich, dass der Sauerstoff immer aus einem freien Luftraum mit normalem Sauerstoffgehalt entnommen werden kann. Der abgehende Schlamm muss durch Sedimentation oder andere Trennverfahren in einer Nachbehandlungsstufe vom Wasser getrennt werden.

Scheibentauchkörper werden aus glatten kreisrunden Polystyrolscheiben, die auf einer Welle angeordnet sind, aufgebaut. Der Abstand zwischen den Scheiben sollte in den Grenzen von 8–16 mm liegen. Es ist möglich, Scheibentauchkörper auf einer freitragenden Welle bis 7 m Länge anzuordnen. Die Scheiben tauchen maximal bis zur Hälfte in das Abwasser ein. Scheibentauchkörper werden in der Regel kaskadenförmig angeordnet, so dass abgestufte Belastungen möglich sind. Sie weisen dementsprechend einen unterschiedlichen Bewuchs auf.

Walzentauchkörper bestehen aus einem wasserdurchlässigen Walzenkörper, der zwischen 50–80 % eingetaucht ist. Im Walzenkörper befinden sich fest oder beweglich angeordnete Füllkörper, auf denen die Biomasse wächst. Je nach Konstruktion wird der O_2-Eintrag durch Diffusion aber auch zusätzlich durch Eintragen von Luftsauerstoff beim Wiedereintreten in das Abwasser erreicht.

Neben zahlreichen Sonderkonstruktionen sind insbesondere die Tauchkörper zu erwähnen, die durch Lufteintrag in Rotation versetzt werden. Solche Anlagen können hochbelastet mit Schlammrückführung aus dem Nachklärbecken betrieben werden und stellen damit eine Übergangsform zum Belebungsverfahren dar.

Je nach Bemessung sind bei rotierenden Tauchkörpern folgende Betriebsweisen möglich:
- Mit oder ohne Nitrifikation.
- Vorgeschaltete Denitrifikation mit
  - vollständig überstautem Rotationstauchkörper oder
  - luftdicht abgedecktem Scheibentauchkörper.
- Phosphorelimination durch Simultanfällung mit Eisensalzen.

3.3.5 Getauchte Festbetten

Bei diesem Biofilmverfahren werden paket- oder röhrenförmige, seitlich durchbrochene und dennoch mechanisch stabile Packungen aus Kunststoff von unten belüftet (SCHLEGEL 2002). Sie sind in einer Wanne angeordnet und besitzen eine große spezifische Oberfläche. Die Belüftung soll eine Walzenströmung erzeugen und auch einer Verstopfung entgegenwirken. Überschüssige Biomasse muss laufend entfernt werden. Bei erhöhter Konzentration an gelösten organischen Substanzen und zur Gewährleistung der Nitrifikation ist eine Anordnung in Kaskaden zweckmäßig.

Getauchte Festbetten werden vor allem in kleinen Kläranlagen eingesetzt. Das Verfahren eignet sich auch als zwischengeschaltete Stufe bei Teichanlagen ohne ausreichende Nitrifikation. Es ist bedienungsarm, kann in einem breiten Belastungsbereich sicher betrieben und auch nach längeren Stillstandszeiten schnell wieder auf den erforderlichen Leistungsstand gebracht werden. Die Denitrifikationsleistung erreicht im Winter nur 20–30%. Eine weitergehende Denitrifikation setzt daher den Einsatz einer externen Kohlenstoffquelle voraus.

3.3.6 Biofilmreaktoren mit suspendiertem Trägermaterial

Grundprinzip. Die Diffusion von Sauerstoff und gelösten organischen Verbindungen in die Bakterienzellen hinein ist bei der biologischen Abwasserreinigung der für den Wirkungsgrad entscheidende Prozess. Am günstigsten sind dafür sehr kleine Belebtschlammflocken. Die Erneuerung an den Phasengrenzflächen ist daher in einem ideal durchmischten Belebungsbecken größer als beim Festbettreaktor. Allerdings ist die Abtrennung kleiner bzw. sehr leichter Belebtschlammflocken vom gereinigten Abwasser störanfällig. Um den Schlammabtrieb auszuschalten, kann anstelle von Flocken Trägermaterial mit darauf wachsendem Biofilm eingesetzt werden, dessen Korngröße bzw. Dichte für eine problemlose Separation in der Nachklärstufe ausreicht. Der so entstehende Raumfilter wird auch als **Biofilter** bezeichnet. Die Bezeichnung Filter bezieht sich auf die Fähigkeit solcher Systeme, auf Grund ihres Organismenbestandes neben gelösten auch feinsuspendierte Substanzen eliminieren zu können, also ähnlich dem in der Abwassertechnik schon längst nicht mehr gebräuchlichen Bodenfilter. Bei guter Belüftung und bereits verringertem Gehalt an leicht abbaubaren gelösten Substraten entwickeln sich Nitrifikanten sowie Bakterien fressende tierische Einzeller wie z. B. Glockentierchen.

Der Biofilter ist dementsprechend definiert als ein Reaktor mit körnigem Material als Füllstoff, bei dem mikrobielle Umsetzungen von gelösten Stoffen mit mechanischer und biologischer Filtration kombiniert sind.

Aufbau und Betrieb. Ein Biofilter ähnelt dem vor allem in der Wassertechnologie eingesetzten Flockungsfilter. Dies betrifft u. a. die Rückspültechnik und den Düsenboden, aus dem aber im Interesse eines aeroben Abbaus und einer starken Grenzflächenerneuerung in der Regel ständig Luft eingetragen wird. Es gibt auch Biofilter, die im Abstrom betrieben werden.

Als Trägermaterialien werden u. a. verwendet
- poröser Blähton,
- Polystyrol,
- Hydroanthrazit und
- Sand.

Die Körnung liegt im Bereich von 2–8 mm Durchmesser (ATV-Handbuch 1997). Die Höhe des Filterbetts liegt meistens zwischen 2 und 4 m, ausnahmsweise auch darüber. Eine Grundvoraussetzung für den Betrieb von Biofiltern ist eine wirksame mechanische Vorbehandlung des Abwassers. Eine Rückspülung ist erforderlich, sobald entsprechend dem mittlerweile eingetretenen Druckverlust die Überschuss-Biomasse entfernt und ein Verklumpen des Trägermaterials durch zu dicke Biofilme bzw. die Ausbildung von Kanälen verhindert werden muss. Während der Spülung ist normalerweise die Abwasserzufuhr unterbrochen, daher sind stets mehrere Filterzellen vorhanden. Für die Rückspülung wird ein Teil des gereinigten Abwassers gespeichert.

Die maximal mögliche Filtergeschwindigkeit wird vor allem durch die Abbaukapazität der Biofilme begrenzt. Sie liegt im Normalbetrieb im Bereich von 2–8 m^3/(m^2 h).

Einsatzmöglichkeiten. Biofilter werden vorzugsweise für die Behandlung von kommunalem Abwasser sowie von Industrieabwässern eingesetzt, soweit diese nicht extrem konzentriert sind und überwiegend leicht abbaubare Stoffe enthalten. Es sind zahlreiche Varianten für die Rezirkulation, die Strömungsrichtung für Abwasser und Luft (Abstrom, Aufstrom, Gleichstrom, Gegenstrom) sowie den Filteraufbau erprobt, z. B. auch Zweischichtfilter. Biofilter eignen sich für die Nitrifikation bzw. Rest-Nitrifikation, als biologische Nachreinigungsstufe zur Rückhaltung von feinsuspendiertem organischem Material, andererseits auch für eine vorgeschaltete Denitrifikation und für eine nachgeschaltete Denitrifikation. Für die nachgeschaltete Denitrifikation können diese Biofilter in Anbetracht der kurzen hydraulischen Aufenthaltszeit in der Regel dann eingesetzt werden, wenn eine leicht abbaubare externe Kohlenstoffquelle, z. B. Methanol, zudosiert wird. Der durch die Bakterien gebildete molekulare Stickstoff muss bei abwärts durchströmten Sandfiltern durch kurze Zwischenspülungen entfernt werden. Im Hinblick auf die Betriebskosten ist in solchen Fällen eine dreistufige Anlage mit vor- und nachgeschalteter Denitrifikation günstig. Für eine integrierte biologische P-Elimination eignen sich Biofilter nicht besonders gut, wohl aber für eine Rest-Elimination von partikelgebundenem Phosphat (ATV-Handbuch 1997).

3.4 Naturnahe Verfahren

3.4.1 Abwasserteiche

Schon seit Jahrtausenden werden Teiche als Kläranlagen genutzt. Auch die Wallgräben mittelalterlicher Wehranlagen dienten nebenbei diesem Zweck. Ein besonders breites Einsatzfeld haben die Teichanlagen in tropischen und subtropischen Ländern, weil es dort keine Frostperioden gibt und die für die photosynthetische Belüftung maßgebende Sonnenenergie ganzjährig zur Verfügung steht.

In Europa existieren ca. 4000 Abwasserteichanlagen, davon der Großteil in ländlichen Gebieten Deutschlands (LORCH 1996).

3.4.1.1 Unbelüftete Abwasserteiche
Grundprinzip. Die Funktion dieses Typs von Kläranlagen beruht vollständig auf den natürlichen Wirkprinzipien der biologischen Selbstreinigung in Gewässern. Für den Betrieb des Reaktors werden weder Elektroenergie noch Chemikalien benötigt, allerdings wird die Entfernung von N- und P-Verbindungen nicht den in Europa gestellten Anforderungen gerecht. Da die Prozesse ohne Zutun des Menschen stattfinden, ist der Wartungsaufwand gering. Es muss lediglich der Reaktionsraum bzw. die dafür erforderliche Fläche bereitgestellt werden. Allerdings darf die Instandhaltung der Böschungen und Außenanlagen nicht vernachlässigt werden.

Bereits eingestaute Teiche bedürfen kaum einer Einarbeitung und eignen sich daher auch besonders gut zur Behandlung von nur saisonweise anfallenden Abwässern. Anlagen dieses Typs werden in klimatisch dafür geeigneten Gebieten weltweit eingesetzt. Abwasserteiche eignen sich besonders gut für die Behandlung von kommunalen Abwässern im ländlichen Raum sowie von bestimmten gewerblichen Abwässern. In Ländern, in denen die Anforderungen an die Beschaffenheit der Kläranlagenabläufe nicht so hoch sind wie in Mitteleuropa, werden Teiche auch für die Behandlung von Industrieabwässern eingesetzt, z. B. in Cuba für die Abwässer der Rohrzuckerproduktion.

In Anlagen für die Behandlung von kommunalem Abwasser durchfließt dieses im Regelfall mehrere hintereinander geschaltete Teiche und wird dabei weitgehend gereinigt.

Der für einen aeroben und damit geruchlosen Abbau erforderliche Sauerstoff wird entweder durch Eintrag aus der Atmosphäre oder durch die Photosynthese des Phytoplanktons geliefert, in der Regel durch eine Kombination beider Prozesse.

Vorreinigung. Zur Vergleichmäßigung von Belastungsstößen und zur mechanischen Vorbehandlung dient meistens ein flacher Absetzteich oder ein anaerobes Vorbecken (Abb. 3.52) mit einer Trockenwetter-Aufenthaltszeit von 1 Tag. Bei gut gepuffertem Wasser ist oftmals ein geruchsloser Betrieb möglich, jedoch besteht bei zu schwacher Pufferung beziehungsweise bei sinkendem pH-Wert das Risiko von Geruchsbelästigungen.

Dieser erste Teich sollte langgestreckt sein, die Böschungen müssen befestigt und die Flächen daneben zur Beräumung des Schlammes befahrbar sein. In einem solchen Vorbecken fault der abgelagerte Schlamm aus (Methanfermentation) und der BSB_5-Rückgang kann im Sommer bis zu

60% erreichen. Bei wechselweisem Betrieb von zwei parallel angeordneten Becken kann das jeweils entwässerte Becken als Schlammtrockenbeet genutzt werden (Abb. 3.52). Als Alternative, besonders bei zusätzlicher Behandlung von Regenwasser, kommen größer bemessene Absetzteiche in Frage, die in längeren Abständen als die Vorbecken entschlammt werden müssen (ATV 1989). Sie sollen ein Volumen von mindestens 0,5 m^3/E besitzen und ebenfalls möglichst langgestreckt sein. Auch hier fault der Schlamm an Ort und Stelle aus und wird bis auf 10–12% Trockenmasse eingedickt (ATV-Handbuch 1997). Pro Einwohner und Jahr ist bei einer Beräumung die Schlamm-Menge von ca. 0,1 m^3 zu veranschlagen. Die bauliche Gestaltung muss entweder auf das Abpumpen beziehungsweise Absaugen des Schlammes oder den Einsatz von Räumfahrzeugen ausgerichtet sein. Dafür sollte eine Rampe vorgesehen werden. Unbelüftete Abwasserteiche können nicht in der unmittelbaren Nachbarschaft von Wohnsiedlungen errichtet werden.

Biologische Struktur. Während in Festbett- und Belebungsanlagen vorrangig Bakterien, Pilze sowie tierische Einzeller und nur wenige Arten von kleinen Mehrzellern die Abwasserreinigung bewirken, ähnelt die biologische Ausstattung von Abwasserteichen speziell wegen der Plankton-Algen und Zooplankter schon viel mehr dem natürlichen Gewässer (Abb. 3.52).

Die leicht abbaubaren Inhaltsstoffe des Abwassers werden vor allem durch Bakterien eliminiert, die etwa 20% der gewonnenen biochemischen Energie für die Bildung von Zellmasse nutzen. Die mineralisierten Endprodukte des Abbaus, d.h. Wasser, Kohlendioxid, Ammonium, Phosphat werden nach Bedarf von Phytoplanktern wie *Chlorella*, *Scenedesmus*, *Chlamydomonas* und *Euglena* genutzt.

Die Phytoplankter ihrerseits produzieren in der Regel viel mehr Sauerstoff, als von den Bakterien und den tierischen Organismen genutzt werden können. Ein erheblicher Anteil der überschüssigen Bakterien- und Algen-Biomasse kann von den Zooplanktern, vor allem dem Wasserfloh *Daphnia*, auch verschiedenen Arten von Rädertierchen, gefressen werden. Die Fresstätigkeit dichter Bestände von Wasserflöhen und Rädertierchen führt durch Biofiltration zu einem stark ausgeprägten Kläreffekt (Abb. 3.53). Aus dem Wasser können Bakterien und Phytoplankter in so starkem Maße entfernt werden, dass die Sichttiefe von etwa 0,25 m bei starker Phytoplankton-Entwicklung auf mehr als 1,5 m steigt. Bezogen auf die Gesamtzahl im zufließenden, nur mecha-

Abb. 3.52 Änderungen der biologischen Struktur (oben) sowie Beziehung zwischen BSB$_5$-Abbau, Verweilzeit und Dominanzstruktur (unten) in hintereinandergeschalteten Abwasserteichen, stark schematisiert.

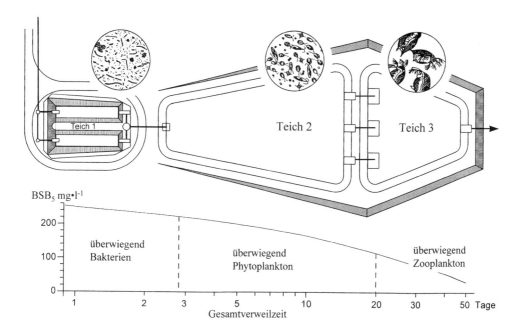

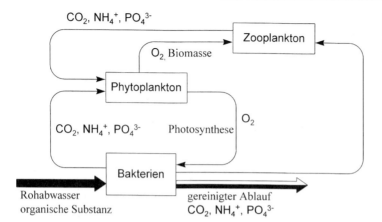

Abb. 3.53 Schema der intrabiozönotischen Wechselbeziehungen in unbelüfteten Abwasserteichen.

nisch geklärten Abwasser, können durch Daphnien bis 99 % der Bakterienzellen eliminiert werden (vgl. Abb. 3.56).

Die organischen Bestandteile des Bodensediments werden durch die Fresstätigkeit von Tubifiziden (Röhrenwürmern) und Chironomidenlarven (Zuckmücken, keine Stechmücken) im Sinne einer aeroben Schlammstabilisierung verarbeitet. Es sind schwachbelastete Teiche bekannt, die aus diesem Grunde nur in Abständen von mehreren Jahrzehnten entschlammt werden mussten. Die Verschlammung wird durch eine zu hohe Algenproduktion gefördert.

Bemessung. Abwasserteiche sollen flach genug sein, um das Aufkommen einer stabilen thermischen Schichtung zu verhindern. Diese führt, wegen der sich ausbildenden Dichteunterschiede, zur Behinderung des O_2-Transports in die unterste Wasserschicht und damit dort zur Ausbildung einer chemischen Schichtung mit Anreicherung von Bikarbonat und Schwefelwasserstoff im unteren Stockwerk des Wasserkörpers. Dies bedeutet, dass bei kleinen Teichen eine mittlere Tiefe von 1,2 m und bei sehr großen eine solche von 2 m nicht überschritten werden sollte. Das ist erforderlich, um Geruchsbelästigungen zu vermeiden. Wenn sich bei anhaltend windstillem Wetter und starker Sonneneinstrahlung dennoch eine thermische Schichtung ausbildet, ist nach einer anschließenden Voll-Durchmischung des Wasserkörpers in der Regel wieder genügend Sauerstoff vorhanden. Da Fische nicht vorgesehen sind, kann der O_2-Gehalt bei Sonnenaufgang durchaus im Bereich unter 0,5 mg/l liegen, ohne dass die Funktion der Teiche beeinträchtigt wird. Der Sauerstoffeintrag aus der Atmosphäre liegt, wenn der O_2-Gehalt im Wasserkörper 3 mg/l beträgt, in einem Teich von 2000 m² Oberfläche bei Sommertemperaturen ungefähr bei 5 g $O_2/(m^2\,d)$.

Bei noch höherem O_2-Defizit oder größerer Fläche ist der Wert höher. Da jedoch bei windstillem Wetter der Eintrag noch geringer ist, sollte man nur 4 g $O_2/(m^2\,d)$ veranschlagen. Bei intensivem Phytoplanktonwachstum unterliegt der O_2-Gehalt oftmals enormen Tag-Nacht-Schwankungen mit starker Übersättigung am Nachmittag und sehr geringem Gehalt vor Sonnenaufgang (Abb. 3.54)

Bei Massenentwicklung von Zooplankton fällt die photosynthetische Belüftung weg, wenn die Algen weitestgehend weggefressen werden. Allerdings erhöhen große Zooplankter (*Daphnia*) in beachtlichem Umfang die turbulente Durchmischung des Wasserkörpers und führen so zu einem beachtlichen Sauerstoffeintrag. Außerdem beseitigen sie auch große Mengen an Schwebstoffen (Phytoplankter) sowie Bakterien.

In trockenen Klimaten mit starkem Wind und nächtlicher Abkühlung sind auch Teichtiefen von mehr als 3 m noch akzeptabel.

Bei mittleren Tiefen von weniger als 1 m kann zeitweise Licht bis zum Grunde vordringen, was zur Ausbreitung von höheren Wasserpflanzen führt. Diese sind im Gegensatz zu einem Pflanzenbeet in Teichen unerwünscht. In besonders hohem Maße gilt das für die Tropen, denn Unterwasserpflanzen beherbergen dort im Regelfall Tausende von kleinen Wasserschnecken, die als Zwischenwirte die Bilharzia-Krankheit (Schistosomiasis) des Menschen übertragen, einer gefährlichen Saugwurm-Infektion des Harnsystems, des Darmes und der umgebenden Blutgefäße (Kap. 2.4.3).

Abwasserteiche sollten, obwohl nicht für einen Fischbesatz vorgesehen, nach den Prinzipien des

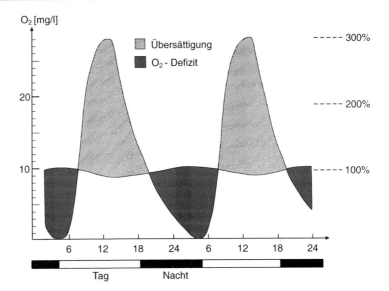

Abb. 3.54 Tag-Nacht-Verlauf des Sauerstoffgehaltes in einem Abwasserteich (nach RÖSKE 1973, leicht schematisiert).

fischereilichen Teichbaus und nicht des Talsperren-Baues errichtet werden. Das gilt auch für die Gestaltung der Auslaufbauwerke. Besonders bewährt haben sich Doppelfalzmönche mit Staubohlen und Tauchwand, die nicht nur eine gute Regulierung des Wasserstandes ermöglichen, sondern auch die Möglichkeit bieten, das Wasser von der Oberfläche abfließen zu lassen. Dadurch können u. a. Massenentwicklungen von Wasserlinsen verhindert werden, sofern nicht die Lage zur Hauptwindrichtung ganz ungünstig ist. Angaben über die Kosten sind dem ATV-Handbuch (1997) zu entnehmen.

Die Böschungsneigung soll 1:2 bis 1:3 betragen. Eine Befestigung der Böschungen ist nur bei großen Flächen bzw. starker Windexposition erforderlich. In Gebieten mit Malaria tropica oder anderen schweren Krankheiten, die durch Stechmücken übertragen werden, ist es allerdings ratsam, die Ufer im Bereich des Wasserspiegels zu befestigen, z. B. mit vorgefertigten Betonplatten, um keine höheren Pflanzen aufkommen zu lassen. Ein kostengünstigere Variante für die warmen Klimate ist der dort mögliche Besatz mit Fischen, welche die Mückenlarven vertilgen.

Der Untergrund von Teichen darf nicht durchlässig sein, obwohl mit einer allmählichen Selbst-Dichtung gerechnet werden kann.

Im Ablauf von Teichen ist oftmals Phytoplankton-Biomasse enthalten. Bei der Bestimmung des BSB_5 (5 Tage Exposition bei 20 °C im Dunklen) können die Algen nur Sauerstoff verbrauchen, aber keinen produzieren. Bei einer Exposition mit Tag-Nacht-Wechsel hingegen wird normalerweise mehr Sauerstoff produziert als verbraucht. Dies bedeutet, dass der BSB_5 des Teich-Ablaufs überbewertet wird. Einer behördlichen Überwachung der Teichabläufe werden daher in der Regel phytoplanktonfreie Proben zugrundegelegt. Die Mindestanforderungen an das gereinigte Abwasser liegen in Deutschland bei einem BSB_5 von 40 mg/l und einem CSB von 150 mg/l bei maximal 1000 angeschlossenen Einwohnern.

Die wohl wichtigste Bemessungsgröße ist die theoretische Verweilzeit des Wassers t^*, als der Quotient aus dem Volumen V des Teiches (m³) und der pro Tag zugeführten Wassermenge Q (m³/d):

$$t^* = \frac{V}{Q} \qquad (3.42)$$

So beträgt beispielsweise bei einem Teichvolumen von 1000 m³ und einer täglichen Abwassermenge von 50 m³ die theoretische Verweilzeit 20 Tage. Die Größe t^* wird für die Berechnung des Wirkungsgrades von Abwasserteichen benötigt. Sie muss groß genug sein, um eine den gesetzlichen Anforderungen entsprechende Ablaufbeschaffenheit zu gewährleisten.

Wenn S die Substratkonzentration (= BSB_5) im Ablauf ist, so gilt:

$$S = S_0/(1 + (K_1 * t^*/n))^n \qquad (3.43)$$

Dabei ist S_0 der BSB_5 des zufließenden Abwassers, n die Anzahl der hintereinander geschalteten

Teiche (normalerweise 3), K_1 der Geschwindigkeitsbeiwert für den biochemischen Abbau. Dieser ist seinerseits eine Funktion der Wassertemperatur T, der BSB_5-Raumbelastung B_R (g BSB_5/(m³ d)) und der Verweilzeit t*. Er kann für jede gegebene Kombination von T, B_R und t* nach einer Modellgleichung berechnet (UHLMANN, RECKNAGEL, SANDRING, SCHWARZ, ECKELMANN 1983) oder aus Nomogrammen (Abb. 3.55) abgelesen werden.

Für die Ermittlung der Temperatur T im Monat i ist der jeweilige Durchschnittswert der Lufttemperatur über einen Zeitraum von 3 Monaten (i−1, i, i+1) ausreichend. Für S_0 = 240 mg/l, eine noch tolerierbare Raumbelastung von 5 g/(m³ d) und T = 20 °C erhält man eine mittlere Verweilzeit t* von 48 d:

$$t^* = S_0/L = 240/5 = 48 \text{ d}. \quad (3.44)$$

Dies ergibt nach Abb. 3.55: $K_1 = 0{,}064$ d⁻¹

Setzt man die genannten Werte in die Gleichung 3.43 ein, so erhält man für den BSB_5 im Ablauf einer aus zwei Teichen (n = 2) bestehenden Anlage S = 37 mg/l. In diesem Wert ist die Atmung der Phytoplankter innerhalb von 5 Tagen Dauerdunkelheit bei der Bestimmung im Labor enthalten. Er ist daher in Wirklichkeit niedriger. Bei Hintereinanderschaltung von 2 bzw. 3 Teichen kann man durch Teilberechnung jeweils für die Einzelbecken ausrechnen, dass S deutlich niedriger ist als bei einem Teich mit dem gleichen Gesamtvolumen. Bei n = 3 ist S = 29 mg/l.

Die Gültigkeit dieses Bemessungsansatzes wurde durch Vergleich mit einem sehr umfangreichen Datenmaterial von bestehenden Anlagen getestet und für gut befunden (UHLMANN, SCHWARZ 1985); dies gilt auch für Abwasserteiche in den Tropen und Subtropen. Die Abbauleistung ist im Winter verringert. Eine Berechnung nach Gleichung 3.43 ergibt für das dreistufige Teichsystem bei T = 4 °C und t* = 48 d:

$$K_1 = 0{,}0325 \text{ d}^{-1} \text{ und } S = 68 \text{ mg/l}. \quad (3.45)$$

Bei Trockenwetterzufluss beträgt die Verweilzeit des Wassers oftmals mehr als 50 Tage. Wenn die pro Einwohner verfügbare Fläche groß ist, d. h. mehr als 8 bis 10 m² beträgt, ist die Ablaufbeschaffenheit selbst im Winter noch befriedigend, sofern es sich nicht um außergewöhnlich lange Frostperioden handelt. Die Auswertung der Messergebnisse von 62 Teichanlagen (ATV-Handbuch 1997) weist eine kritische Teichfläche von 5 m²/E aus, die keinesfalls unterschritten werden sollte.

Die Teiche sind auch für eine Mischwasserbehandlung gut geeignet.

Die Gleichung 3.43 bezieht sich auf gleichgroße Teiche; der durch ungleich große Flächen entstehende Fehler für die Bestimmung des K_1-Wertes für das Gesamtsystem ist aber unbedeutend.

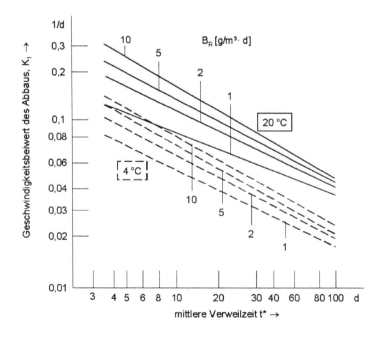

Abb. 3.55 Der Geschwindigkeitsbeiwert K_1 für den BSB_5-Abbau in unbelüfteten Abwasserteichen in Abhängigkeit von der mittleren Verweilzeit t* für die Temperaturbereiche 20 °C und 4 °C.

Bei Trennentwässerung wird für den Teich 1 nicht $^1/_3$ des Gesamtvolumens, sondern nur ca. 20% vorgesehen.

Die erste Teich-Stufe, d.h. entweder ein Absetzteich oder zwei parallelgeschaltete Vorbecken, müssen ausreichend groß dimensioniert werden. Flache anaerobe Vorbecken eignen sich wegen fehlenden Reserve-Stauraumes besser für die Trennkanalisation. Bei Einleitung von Mischwasser muss mindestens der erste Teich für einen Aufstaubetrieb mit gedrosseltem Ablauf bemessen werden. Obwohl sich die Sedimentation der besonders nach Starkregen in hoher Konzentration anfallenden Feststoffe auf den ersten Teich beschränken soll, können auch die folgenden Teiche mit einer Aufstau-Lamelle versehen werden. Alle Teiche müssen zusätzlich einen Kronenüberlauf zur Notentlastung besitzen, damit bei Extremdurchfluss nicht die Deiche zerstört werden. Im Zulauf zum Absetzteich sollten geeignete Verteilereinrichtungen wie z.B. Prallwände vorhanden sein.

Wegen des hohen spezifischen Flächenbedarfs und der Ausrichtung der Bemessung auf Winterbedingungen sind Teiche in Mitteleuropa auf Ausbaugrößen bis zu wenigen tausend Einwohnergleichwerten beschränkt. Sie lassen sich gut in das Gelände und auch in das Landschaftsbild einpassen (keine Hochbauten). Es sollte jedoch darauf geachtet werden, dass die Windwirkung nicht beeinträchtigt wird, daher soll eine Umpflanzung mit Hecken oder Gehölzstreifen vermieden werden. Dies ist erforderlich, um

- den O_2-Eintrag aus der Atmosphäre nicht zu verringern,
- das Aufkommen von Wasserlinsen-Decken zu verhindern, die sowohl die photosynthetische als auch die atmosphärische Belüftung unmöglich machen können,
- eine zusätzliche organische Belastung durch Laubeinwehung zu verhindern.

Ökologie hintereinander geschalteter Teiche. Schon aus hydraulischen Gründen empfiehlt sich eine Unterteilung der zur Verfügung stehenden Gesamtfläche in mindestens drei Teiche. Da sich in Teichen sehr schnell eine thermische oder sogar chemische Schichtung ausbildet, entstehen erhebliche vertikale Dichtedifferenzen. Sie führen dazu, dass das Wasser im Sommer bei Windstille nur in einer seiner eigenen Temperatur bzw. Dichte entsprechenden dünnen Schicht durch den Teich strömt und dadurch die tatsächliche Verweilzeit des Wassers u.U. weniger als 10% der theoretischen Verweilzeit entspricht. Dieser Schichtung können nur eine nennenswerte nächtliche Abkühlung oder eine gute Windexposition entgegenwirken. Glücklicherweise spielen beide Faktoren normalerweise eine wesentliche Rolle. Ein hydraulischer Oberflächenkurzschluss bildet sich hingegen bei fehlender Durchmischung im Winter aus, wenn die Temperatur des zufließenden Wasser um 3 bis 4°C höher ist als die des Teichwassers.

Bei einer Unterteilung der Gesamtfläche in mindestens drei Teiche verbessern sich die hydraulischen Bedingungen wesentlich, d.h. der verfügbare Reaktionsraum wird besser genutzt; dies entspricht mehr den Bedingungen einer Kaskade von Rührkesseln.

Aber auch für die Nutzung der Selbstreinigungsprozesse ist eine Unterteilung des Reaktionsraumes im Längsverlauf sehr wichtig. Wirklich effektiv sind die photosynthetische Belüftung einerseits und die Biofiltration andererseits, wenn sich das Klarwasserstadium auf die letzte Stufe einer Kaskade von hintereinander geschalteten Teichen beschränkt. Durch Aufteilung der verfügbaren Gesamtfläche in 2 bis 3 Teiche lassen sich die in Abb. 3.53 dargestellten Prozesse separieren (Abb. 3.52); andernfalls würden sie sich gegenseitig stören. So hat man z.B. in den USA eine zeitlang sogar Insektizide gegen die Daphnien eingesetzt, um die O_2-produzierenden Phytoplankter zu schützen. Diese im Längsverlauf einer Teichkaskade erkennbare Sukzession von unterschiedlichen Ernährungstypen resultiert daraus, dass sich von Stufe zu Stufe die BSB_5-Raumbelastung verringert, und die unempfindlichsten Organismen in der Stufe der höchsten Belastung, d.h. im anaeroben Vorbecken, dominieren. Andererseits weist der Ablauf der letzten Stufe normalerweise schon fast Gewässerqualität auf, was man u.a. am Auftreten von Unterwasserpflanzen im letzten Teich erkennt. Die jeweils letzten Teiche einer Kaskade zeichnen sich oftmals durch einen erhöhten Artenreichtum aus. Man erkennt dies am Vorkommen relativ anspruchsvoller Organismen, z.B. Larven der Eintagsfliege *Cloëon* und des Schwimmkäfers *Acilius*, manchmal auch Frösche. In noch größerem Maße trifft das für Teichanlagen zu, die völlig für eine Endreinigung von Kläranlagenabflüssen konzipiert sind (siehe Kap. 3.4.1.4 Schönungsteiche).

Da oftmals das Auftreten und damit die Filterleistung des Zooplanktons jahreszeitlichen

Schwankungen unterliegen, bietet die Einrichtung eines nachgeschalteten Pflanzenbeckens zur Entfernung von Phytoplankton die Möglichkeit einer konstanten Ablauf-Verbesserung.

Fische sind normalerweise nur in tropischen Teichen vorhanden. Für den Reinigungsprozess werden sie nicht benötigt, und die bei uns dafür in Frage kommenden Arten sind so empfindlich gegen erhöhten Ammoniakgehalt infolge starker Photosynthese mit pH-Wert-Erhöhung infolge CO_2-Entzug, dass von einem Fischbesatz dringend abgeraten werden muss.

Eliminierung von Fäkalkeimen und Cysten. Hinsichtlich der Eliminierung von Fäkalbakterien, Wurmeiern, Viren und wahrscheinlich auch Protozoen-Cysten sind Teichanlagen den meisten anderen Systemen der mechanisch-biologischen Abwasserbehandlung überlegen. Nur Belebungssysteme mit integrierter Membranfiltration (Kap. 3.2.1.7) oder nachgeschalteten (Kies oder Sand) Filtrationsstufe sind noch leistungsfähiger.

Der in den Tropen und Subtropen vielfach nachgewiesene hohe Wirkungsgrad der Rückhaltung auch von bakteriellen Krankheitserregern, bei Coliformen nicht selten mehr als 99,9 %, beruht wahrscheinlich vor allem auf biochemischen Effekten des Phytoplanktons (z. B. pH-Wert-Anstieg infolge CO_2-Verbrauchs, Bildung von reaktivem Sauerstoff). In Abb. 3.56 ist die Elimination von Fäkalkeimen in einer zweistufigen Teichanlage bei Bhopal (Indien) dargestellt. Dank den ständig hohen Temperaturen ist die Zuverlässigkeit der Anlage sehr hoch. Dies ermöglicht in derart günstigen Fällen sogar eine Eignung von Teich-Abläufen für die Bewässerung von Obst- und Gemüsekulturen.

Der Rückgang der Keimzahl folgt einer Funktion, die dem Verlauf des BSB_5-Abbaus (Gleichung 3.43) sehr ähnlich ist:

$$N = N_0/(1 + (K_b \cdot t^*/n))^n \qquad (3.46)$$

Dabei ist N_0 die Zahl der coliformen Keime im Zulauf, N die im Ablauf eines mehrstufigen Teichsystems, K_b der Geschwindigkeitsbeiwert der Keim-Elimination. Dieser hängt vor allem von der Wassertemperatur ab (MARA 1976):

$$K_b = 0{,}08 \cdot e^{0{,}17 \cdot T} \qquad (3.47)$$

Dementsprechend steigt der Wirkungsgrad mit der Temperatur exponentiell. Er ist im Winter nicht im entferntesten so hoch wie bei Temperaturen über 20 °C, aber immer noch befriedigend, solange der Reaktionsraum voll genutzt wird, d. h. nicht durch hydraulischen Kurzschluss des durchfließenden Abwassers vermindert ist. In den Tropen ist der gemessene Wirkungsgrad wegen der ständig hohen Temperaturen oftmals sogar noch wesentlich höher als der nach Gleichung 3.46 und 3.47 berechnete. Für T wird die mittlere Lufttemperatur für den in Betracht stehenden Monat eingesetzt. Die entsprechenden Werte sind

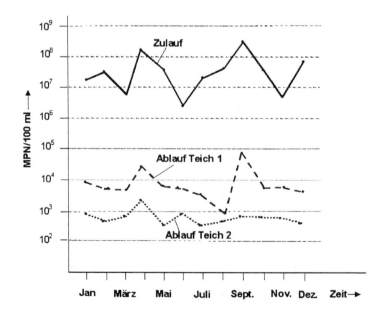

Abb. 3.56 Elimination von Coliformen und Enterokokken in einer tropischen Teichanlage. Nach RAO (1983).

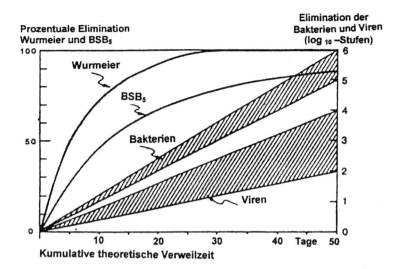

Abb. 3.57 Verallgemeinerte Eliminationskurven für BSB$_5$ und Krankheitserreger in Abhängigkeit von der Verweilzeit des Wassers in natürlich belüfteten Abwasserteichen, bezogen auf eine Temperatur von 20 °C. Nach Shuval, Fattal (1999).

aus den Klimadiagrammen für die betreffende Region ersichtlich.

Für eine Entfernung von Wurmeiern reicht bereits eine Verweilzeit von einigen Stunden aus (Abb. 3.57). In Anbetracht des zum Teil starken Befalls der Bevölkerung ist das in tropischen Klimaten besonders wichtig, nicht nur bei Spulwürmern, deren Eier besonders langlebig sind. Bei Wiederverwendung von Abwasser für die Bewässerung gilt dies u. a. auch für die Eier der *Schistosomum*-Würmer, die in vielen tropischen Ländern sehr stark verbreitet sind. Sie verursachen die Bilharzia-Krankheit (Schistosomiasis, Kap. 2.4.3).

Die Elimination von Viren ist bei weitem nicht so hoch wie die von Fäkalbakterien, erfüllt aber doch oftmals die in warmen Ländern an Bewässerungswasser gestellten Anforderungen (Abb. 3.57).

Die möglichen Eliminationsraten von Krankheitserregern müssen immer im Zusammenhang mit deren Überlebensdauer gesehen werden. Wie Abb. 3.57 zeigt, ist diese bei fehlender oder ungenügender Abwasserbehandlung in vielen Fällen lang genug, dass die Keime bis auf die Felder und sogar bis zum Konsumenten gelangen können. Ein markantes Beispiel bieten die Cholera-Epidemien, die vor einigen Jahren in Peru durch die Verwendung von nur mechanisch behandeltem Abwasser für die Bewässerung von Gemüse ausgelöst wurden.

In Klimaten mit winterlichen Wassertemperaturen unter 4 °C sinkt die Keim-Elimination in der kalten Jahreszeit deutlich ab. Die Elimination von pathogenen Keimen kann durch Hintereinanderschaltung von jeweils mehreren Teichen, durch Maßnahmen gegen Kurzschlussströmungen sowie durch die Nachschaltung eines Sandfilters (Böning, Lohse, Hartmann 2001) deutlich erhöht werden.

Eliminierung oder Wiederverwendung von Pflanzennährstoffen. Es ist unter gemäßigten Klimabedingungen nicht möglich, in Abwasserteichen ganzjährig eine Phosphor- und Stickstoffeliminierung von 90 % zu erreichen. Vielmehr liegt in Teichen mit einer verfügbaren Fläche von mehr als 5 m^2/E die Elimination des Ammoniums und organischen Stickstoffs im Sommer bei ca. 60 %, beim Phosphor noch etwas höher. Bei einer Einleitung in Fließgewässer ist das zum Teil vertretbar, im Einzugsgebiet von sehr empfindlichen Standgewässern, beispielsweise geschichteten Seen mit einer langen Verweilzeit des Wassers, ist zusätzlich die Entfernung des Phosphors durch Fällmittel notwendig.

Bei starkem CO$_2$-Entzug durch die Photosynthese des Phytoplanktons kann in Teichen der pH-Wert des Wassers über 10, manchmal bis 11 ansteigen. Es kommt zur biogenen Ausfällung von Calciumcarbonat, die meistens auch eine Mitfällung von Phosphat bewirkt. Dadurch kann die P-Elimination auf Werte bis ca. 90 % ansteigen. Schon bei einem pH-Wert > 9 liegt mehr als ein Drittel des Ammoniums als Ammoniak vor.

Bei dem zeitweise sehr hohen Sauerstoffgehalt ist in Teichen auch an der Sediment-Oberfläche, dem Wirkungszentrum der Bakterien, eine mikrobielle Nitrit- und Nitratbildung möglich. Diese schließt, wie man erstmals bei Messungen zur Nitrat-Düngung von Karpfenteichen feststellte, eine gleichzeitige Denitrifikation im Sediment, wo stets ein niedrigeres Redoxpotenzial herrscht, nicht aus. Der Nitratgehalt im Ablauf von Teichen ist in der Regel sehr gering. Bei Wintertemperaturen spielt die Nitrifikation kaum eine Rolle.

Unter tropischen Bedingungen ist in Teichen ganzjährig eine P-Elimination bis zu etwa 90 % und eine N-Elimination von wesentlich mehr als 50 % möglich. Das ist sehr erwünscht, wenn es sich um Anlagen im Einzugsgebiet von Trinkwassertalsperren oder um Seen mit Vorrang der Erholungsnutzung handelt. Bei einer Verwendung als Bewässerungswasser hingegen sind alle Nährstoffverluste, speziell auch die der Stickstoffverbindungen, von Nachteil. Am Stadtrand von Melbourne werden mit den Abläufen einer Teichanlage für kommunales Abwasser 100 km² Weideland bewässert. Auf diesem Areal weiden 50 000 Schafe und 20 000 Rinder (SHUVAL, FATTAL 1999).

Betrieb. Da Teiche bei geeigneten Geländebedingungen ohne Pumpen bzw. Stromanschluss betrieben werden können, ist der Wartungsaufwand gering. Die Funktion der Ein- und Auslaufbauwerke sollte jedoch in möglichst wöchentlichen Abständen kontrolliert werden. Vor der Tauchwand im Ablauf des Absetzteiches aufschwimmende Grobstoffe sind von Hand zu beräumen. Sehr wichtig ist die Pflege der Böschungen, da hohe Pflanzenbestände den Windeinfluss und damit den Sauerstoffeintrag verringern und die Entwicklung von Stechmücken-Larven begünstigen. Eine Beweidung durch Schafe hat sich am besten bewährt. Sehr wesentlich ist es, eine schnelle Verschlammung der Teiche zu verhindern. Diese hängt vor allem von einer ausreichenden Bemessung und Instandhaltung der mechanischen Vorreinigung ab.

Eine Beräumung des Absetzteiches bzw. der anaeroben Vorbecken sollte nur in ein bis mehrjährigen Abständen erforderlich sein. Sofern keine schadstoffhaltigen Abwässer eingeleitet wurden, kann der Schlamm als Dünger bzw. Bodenverbesserungsmittel genutzt werden, vorzugsweise im Herbst. Wenn sich im Winter auf den Teichen eine Eisdecke bildet, die von Schnee bedeckt ist, sollte durch Aufbringen von Wasser die Lichtdurchlässigkeit erhöht werden. Die photosynthetische Belüftung funktioniert in der Regel auch unter einer Eisdecke gut. Ist allerdings eine dicke Schneedecke vorhanden, bildet sich in der Regel Schwefelwasserstoff. Er kann mikrobiell vollständig zu Sulfat oxidiert werden, wenn vor der Eisschmelze eine dem Sauerstoffbedarf entsprechende Menge an Natriumnitrat aufgebracht wird. In schlecht gewarteten bzw. stark verschlammten Teichen kann gelegentlich bei bestimmten Witterungslagen, d. h. hohe Temperatur, Windstille, niedriger Luftdruck, ein Sauerstoffschwund auftreten. Er wird vor allem durch das Aufsteigen von Faulgasen verursacht. Sofern sich außerdem Schwefelwasserstoff bildet, ist eine einmalige Zugabe von Natriumnitrat (3,5 g/g H_2S) angebracht.

Ein besonderer Vorteil der Abwasserteiche besteht in ihrem Reaktionsvermögen. Sie passen sich in kürzester Zeit an Belastungsschwankungen an. Das gilt nicht nur für ihr Puffer- und Ausgleichsvermögen gegenüber Konzentrationsstößen, sondern auch ihre Unempfindlichkeit gegenüber einer Verringerung der Substratkonzentration und einer Verkürzung der Verweilzeit infolge von Starkregenereignissen. Bei ausreichender Dimensionierung erfüllen sie nebenbei die Funktion eines Regenwasserbeckens mit integrierter biologischer Behandlungsstufe.

Da Teiche in der Lage sind, Schwebstoffe, z. B. abdriftenden Belebtschlamm oder Biofilm von Tropfkörpern, wirkungsvoll zurückzuhalten bzw. zu eliminieren und auch andere Rest-Belastungen abzubauen, eignen sie sich sehr gut als Endreinigungs-Stufe für die Abläufe größerer Kläranlagen. In niederschlagsarmen Klimaten können ihre Abläufe, sofern sie die jeweiligen Qualitäts-Anforderungen erfüllen, auch für eine Versickerung bzw. künstliche Grundwasseranreicherung genutzt werden Sie besitzen nicht selten auch einen Wert für die Erholung und passen sich gut in das Landschaftsbild ein.

Teiche zur Behandlung von Gewerbe- bzw. Industrieabwässern. Sie werden weltweit in der chemischen, der Zellstoff- und Papier-, der Mineralöl- und der Lebensmittelindustrie eingesetzt. Wenn die Teiche im Durchfluss (d. h. nicht als Stapelteiche) betrieben werden, ist nur eine mechanisch-biologische Teilreinigung und keine nennenswerte Nährstoffelimination möglich. Besonderer Wert muss auf ausreichend groß bemessene vorgeschaltete Absetzbecken gelegt werden. Teiche können aber auch als Nachreinigungsstufe eingesetzt werden. Durch Einbau von Belüftungsanlagen kann die Leistungsfähigkeit erhöht werden, auch das Pufferungsvermögen gegenüber starken Zulaufschwankungen bei chargenweiser Einleitung. Bei gut abbaubaren Abwässern aus Kampagne-Produktionen, beispielsweise Zucker, Stärke, ist, sofern die erforderlichen Speicherräume zur Verfügung stehen, ein diskontinuierlicher Betrieb angebracht. In solchen Stapelteichen vollziehen sich die Prozesse, die in Kaskaden hintereinander geschaltet sind, in zeitlicher Reihenfolge. Die Anfangskonzentrationen liegen oftmals um mehr als eine Größenordnung höher als in den anaeroben Vorbecken der kommunalen Anlagen. Dadurch sind zu Beginn Gärungsprozesse mit Bildung großer Mengen an organischen Säuren und unangenehmem Geruch kaum vermeidbar.

Erst nach fortgeschrittener Verarbeitung dieser Substrate durch Bakterien und Hefen kommt die Neutralisierung in Gang. Sie beruht vor allem auf der mit der mikrobiellen Sulfatreduktion verbundenen Bildung von Hydroxyl(-OH)-Ionen. Sobald die Lichtdurchlässigkeit des Wassers nicht mehr durch eine hohe Konzentration an suspendierten Eisensulfiden extrem niedrig ist, können sich Massenentwicklungen von schwefeloxidierenden Mikroorganismen ausbilden. Diese verursachen teilweise eine weiße, verursacht durch Schwefeltröpfchen in den Bakterienzellen, teilweise eine rosarote Färbung des Wasserkörpers. Letztere beruht auf Massenentwicklungen von photosynthetisch aktiven Schwefelpurpurbakterien. Es schließen sich Massenentwicklungen von Phytoplanktern und am Ende, bei nicht allzu niedrigen Temperaturen, von Zooplankton an.

3.4.1.2 Belüftete Abwasserteiche

Die Sauerstoffversorgung und damit Belastbarkeit von Teichen kann durch Einsatz technischer Belüfter wesentlich erhöht werden. Die gleichzeitig erfolgende Umwälzung hält Schlammpartikel in der Schwebe und wirkt der Ausbildung einer chemischen Schichtung entgegen. Auch die O_2-Versorgung der für die Schlammstabilisierung mitverantwortlichen Makroorganismen des Gewässergrundes verbessert sich. Da der Wirkungsgrad des biochemischen Abbaus dem Produkt aus Gehalt an aktiver Biomasse und mittlerer Verweilzeit proportional ist, erfordern belüftete Abwasserteiche, bei denen eine Rückführung des Schlammes nicht möglich und daher die Biomassekonzentration viel geringer ist als in Belebungsanlagen, eine wesentlich längere Verweilzeit im Vergleich zu kleinräumigen Anlagen (bei Trockenwetter mindestens 5 Tage). Der Bemessung ist eine BSB_5-Raumbelastung von 25 g/(m³ d) zugrunde zu legen. Gefordert wird dementsprechend ein Behandlungsraum von ca. 3 m³ und eine Fläche von ca. 2 m² pro Einwohner (LORCH 1996). Dies wiederum bedeutet ein großes Pufferungsvermögen gegenüber Belastungsschwankungen einschließlich der Mitbehandlung von Regenwasser. Belüftete Teiche sind in der Lage, saisonale Belastungsschwankungen, z. B. infolge Fremdenverkehr, Gewerbe mit chargenweisem oder kampagnenmäßigem Abwasseranfall, gut zu kompensieren.

Die mittlere Tiefe der Teiche liegt zwischen 1,5 und 3,5 m. Die Mindestanforderungen an die Ablaufbeschaffenheit (40 bzw. 25 mg BSB_5/l bei Anschlusswerten bis 1000 bzw. bis 5000 EW) werden dank der hohen Prozessstabilität in der Regel eingehalten. Die mechanische Vorbehandlung beschränkt sich meistens auf einen Rechen, dem auch noch ein Sandfang nachgeschaltet sein kann. Meistens werden 3 Teiche hintereinander geschaltet. Der letzte Teich ist unbelüftet und dient der Nachklärung. Eine Mitbehandlung von Regenwasser wird durch zusätzlichen Aufstau ermöglicht. Eine Schlammräumung ist in Abständen von vier bis 10 Jahren erforderlich, man rechnet pro Einwohner und Jahr mit 0,11 m³ Schlamm. Der Schlamm ist in der Regel ausreichend stabilisiert (an der Sediment-Wasser-Kontaktzone aerob, darunter anaerob), daher geruchlos und als Bodenverbesserungsmittel geeignet.

Die aerobe Schlammstabilisierung funktioniert offenbar nur bei nahezu idealer Durchmischung. Andernfalls geht Schlamm in Fäulnis über, treibt auf und verringert in zunehmendem Umfang den Wirkungsgrad der Anlage (K. HÄNEL, persönl. Mitteilung).

Durch die Notwendigkeit des Stromanschlusses und den erhöhten Aufwand für die Wartung geht einer der spezifischen Vorteile der Teichanlagen (Selbstregulation) teilweise verloren. Man wird einen solchen Weg beispielsweise dort wählen, wo eine Erhöhung der Anschlusswerte zu erwarten ist, ohne dass Flächen für die extensive Erweiterung eines unbelüfteten Teichsystems zur Verfügung stehen. Für die Mindest-Umwälzung ist ein Energiebedarf von 1–3 W/m³ zu veranschlagen. Bei Oberflächenbelüftung muss in langanhaltenden Frostperioden mit einer Leistungsminderung durch Ausfall von Belüftungseinrichtungen gerechnet werden. Infolge der intensiven Durchmischung werden auch Phytoplankton-Bakterien-Flocken in der Schwebe gehalten (LORCH 1996).

Eine gekoppelte Nitrifikation/Denitrifikation ist hier leichter möglich als in einem natürlich belüfteten Abwasserteich. Für eine vollständige Nitrifikation reicht aber die Belüftung bei weitem nicht aus. Im Winter spielt die Nitrifikation kaum eine Rolle.

3.4.1.3 Stauseen zur Speicherung von Abwasser

Bis vor etwa 40 Jahren existierte in München ein Speichersee für Abwasser. Er besaß eine Fläche von 6,7 km^2 und wurde im Zusammenhang mit Abwasser-Fischteichen errichtet. Diese Teiche wurden mit mechanisch geklärtem kommunalem Abwasser in starker Verdünnung mit Isarwasser (bis 35 m^3/s) betrieben (LIEBMANN 1960). Sie dienten gleichzeitig der biologischen Abwasserbehandlung und der Produktion von Karpfen, Schleien und Regenbogenforellen (Ertrag ca. 500 kg/ha).

Die mittlere Verweilzeit des Wassers in den Teichen betrug ca. 1 d. Da die Teiche im Herbst abgefischt und anschließend trockengelegt wurden, musste das Abwasser im Winter gespeichert werden. Die Gesamt-Anlage war für 500 000 EW ausgelegt. Über die möglichen Speicherung von toxischen Schwermetallen und Fremdstoffen in Speisefischen lagen damals kaum Kenntnisse vor. Heute existieren in den gemäßigten Breiten kaum noch derartige Anlagen.

Speicherseen in warmen Ländern. Angesichts der weltweiten Verknappung der Wasservorräte in trockenen Klimaten erlangt die Gütebewirtschaftung und Wiederverwendung des gereinigten Abwassers eine immer größere Bedeutung.

In den warmen Ländern umfasst die Bewässerungs-Saison z.T. nur wenige Monate, aber Abwasser fällt ganzjährig an. Nach ausreichender Behandlung kann es als Bewässerungswasser gespeichert werden. Die Speicherseen dienen gleichzeitig der ganzjährigen Endreinigung von Abwässern. Die erforderlichen Flächen stehen in der Regel zur Verfügung. Dadurch wird auch eine Wiederverwendung der Pflanzennährstoffe möglich. Da der jährliche Bedarf an Bewässerungswasser z.B. in Israel ca. 1,3 Mrd. m^3 beträgt (JUANICO, DOR 2000), ist es in solchen Ländern theoretisch möglich, das gesamte kommunale Abwasser in der Landwirtschaft unterzubringen.

Im Gegensatz zu unbelüfteten Abwasserteichen beträgt in den Abwasserseen die mittlere Tiefe 6–8 m, die maximale Tiefe bis 20 m. Eine große Tiefe ist erwünscht, um Wasserverluste durch Verdunstung und die damit verbundene Aufsalzung so niedrig wie möglich zu halten. Manche Speicherseen besitzen ein Volumen von mehreren Mio. m^3 (Kishon Reservoir, Israel: 12,5 Mio. m^3). Das Schichtungs- und Durchmischungsverhalten von Speicherseen in trockenen Klimaten ist unterschiedlich:

- Typ 1: Bei sehr geringer Luftfeuchtigkeit ist die nächtliche Abkühlung der oberen Wasserschichten ausreichend, um eine (durch Konvektion bedingte) Vertikaldurchmischung zu bewirken. Dadurch bildet sich keine ausdauernde chemische Schichtung aus. Diese Gewässer sind in der Regel groß sowie stark windexponiert.

- Typ 2: In der Trockenperiode mit hoher Strahlungsintensität bildet sich eine relativ stabile Dichteschichtung aus. Die obere, durchlichtete Schicht mit photosynthetischer O$_2$-Produktion wirkt dabei als Geruchsverschluss. In dieser Schicht wird Hydrogenkarbonat verbraucht, dagegen in der unteren, lichtlosen Schicht in so starkem Maße durch mikrobielle Abbauprozesse angereichert, dass eine Umwälzung des gesamten Wasserkörpers durch Windwirkung nicht mehr möglich ist. Diese chemische Stabilität ist weitaus höher als die durch den vertikalen Temperaturgradienten bedingte thermische Stabilität. Bei fortgesetzter Wasserentnahme aus der Oberflächenschicht, kombiniert mit einem Zusammentreffen von starker Abkühlung und Windwirkung ist die Gesamt-Stabilität nicht groß genug, um eine volle Durchmischung zu verhindern, was in der Regel vorübergehend zu Geruchsproblemen führen kann. Um diese zu vermeiden, sollte die BSB$_5$-Flächenbelastung einen Wert von 6 g m^{-2} d^{-1} nicht überschreiten. Dies entspricht dem atmosphärischen O$_2$-Eintrag in Abwasserteichen. In Zukunft wird man wahrscheinlich auch auf die künstliche Tiefenwasserbelüftung zurückgreifen.

In Israel beispielsweise existieren mehr als 200 Abwasser-Speicherseen. Viele von ihnen werden auch fischereilich bewirtschaftet.

In der Regel werden der Anlage eine mechanische Grobreinigung sowie Kaskaden (anaerob, aerob) von konventionellen, unbelüfteten, Abwasserteichen als biologische Stufe vorgeschaltet. Aber auch Abläufe von Belebungsanlagen werden gespeichert. Ebenso wie in Teichen weist das Wasser auf Grund des extrem hohen Nährstoffgehaltes entweder eine Vegetationsfärbung, vor allem planktische Grünalgen, auf oder es befindet sich in einem Klarwasserstadium mit Massenentwicklung von *Daphnia* oder anderen filtrierenden Zooplanktern.

Die Abläufe weisen in der Regel eine gute Wasserqualität auf. Die N-Elimination erreicht in hintereinandergeschalteten Speicherseen oft 70 %, die P-Elimination 60 % (JUANICO, DOR 1999). Der noch hohe Nährstoffgehalt ist in diesem Falle ein Positivum, da sich dadurch der Mineraldüngerbedarf verringert. Die Eliminierung von Fäkalbakterien und anderen Krankheitserregern ist ebenso wie in Abwasserteichen der Tropen und Subtropen beachtlich hoch. Die hohe Absterberate von Fäkalkeimen wird mit der photosynthetischen Produktion von Sauerstoffradikalen, Singlet-Sauerstoff, bei gleichzeitig hohem pH-Wert in Verbindung gebracht, aber es spielen noch weitere Mechanismen eine Rolle. Auf Grund der langen Verweilzeit werden auch viele schwer abbaubare Abwasser-Inhaltsstoffe bzw. Fremdstoffe eliminiert, woran auch Photolyse infolge UV-Wirkung beteiligt ist.

Solche Gewässer können nicht nur der Bevorratung von gereinigtem Abwasser für die Bewässerungs-Saison, sondern auch noch weiteren Nutzungen dienen:
- Niedrigwasseraufhöhung von Fließgewässern,
- Speicherung und Behandlung des Abwassers von Touristenzentren, Entleerung erst nach Ende der Saison, um die Eutrophierung von Badestränden auszuschließen,
- Fischproduktion, trotz der teilweise noch sehr hohen Ammoniumgehalte.

Probleme ergeben sich vor allem in folgender Hinsicht:
- Ein hoher Gehalt des Wassers an großen Phytoplanktern, z. B. „Blaualge" *Spirulina*, sowie mittelgroßen Zooplanktern (vor allem Hüpferling *Mesocyclops*) führt leicht zur Verstopfung der Poren von Leitungen zur Tröpfchenbewässerung. Diese Organismen können durch Zwischenschaltung eines Filters entfernt werden, teilweise allerdings nur in Kombination mit Flockungsmitteln. Als kostensparend wird der Besatz mit Silberkarpfen (*Hypophthalmichthys molitrix*) angesehen, der als Nahrung die genannten „Korngrößen" bevorzugt. Allerdings setzt dies, im Hinblick auf die NH_3-Toxizität, die Einhaltung bestimmter Obergrenzen für NH_4^+-Konzentration und pH-Wert voraus.
- Der Wirkungsgrad lässt zu wünschen übrig, wenn ein Speichersee so weitgehend geleert ist, dass das für die Endreinigung geforderte Volumen nicht mehr zur Verfügung steht. Das Problem kann durch eine Verbund-Bewirtschaftung (Hintereinanderschaltung von diskontinuierlich betriebenen Speicherseen) gelöst werden. Dafür stehen bewährte Mengen-Güte-Modelle zur Verfügung.
- Bei starker Absenkung, Entnahme von Oberflächenwasser, Temperaturabfall und tiefreichender windbedingter Durchmischung können Geruchs-Emissionen auftreten.

3.4.1.4 Schönungsteiche

Bei einer Einleitung von Kläranlagenabläufen in empfindliche Gewässer haben sich nachgeschaltete natürlich belüftete Teiche als ökologische Feinreinigungsstufe und als Alternative zu einer Flockungsfiltration bewährt, besonders für hochbelastete Tropfkörper- und Belebungsanlagen. Der Ausdruck „Schönungsteich" für derartige Anlagen ist insofern unzutreffend, als sie keinesfalls nur eine Kosmetik von Kläranlagenabläufen darstellen, sondern als Prozessbecken wirken. Sie tragen allein auf Grund biologischer Selbstreinigungsmechanismen, also ohne besonderen Wartungsaufwand, zur Verbesserung von Kläranlagenabläufen bei. In Bayern waren 1992 insgesamt 40 Schönungsteiche in Betrieb, vorzugsweise im Ausbaubereich zwischen 5000 und 100000 EW (SCHLEYPEN 1992). Schönungsteiche sind als biozönotisches Bindeglied die „Schnittstelle zwischen Kläranlage und Gewässer" (NUSCH 1992)

Reinigungswirkung. Schönungsteiche sind technischen Anlagen nachgeschaltet und in der Lage, den Rest-BSB_5 und CSB noch weiter zu verringern und Belastungsstöße wirkungsvoll zu kompensieren. Sie verbessern auch die hygienische Beschaffenheit von Kläranlagenabläufen (ATV-Handbuch 1997) bei Keimzahl und Coliformen um mindestens eine und maximal vier Zehnerpotenzen. Das Puffer- und Retentionsvermögen solcher Anlagen wird auch durch die oftmals erheblichen Schlammablagerungen dokumentiert.

Bemessung. Die theoretische Verweilzeit des Wassers sollte mindestens zwei und nicht mehr als drei Tage betragen. Ist sie länger, sind Massenentwicklungen von Phytoplankton zu erwarten. In warmen, sonnigen Klimaten kann das Phytoplanktonwachstum ein extrem starkes Ausmaß erreichen und sollte deshalb dort vor allem durch

Förderung filtrierender Zooplankter unter Kontrolle gebracht werden. Eine solche Biofiltration funktioniert auch, wenn nur Bakterien als Nahrung zur Verfügung stehen. Der Gefahr des hydraulischen Kurzschlusses, der z. B. die Keim-Elimination stark beeinträchtigt, sollte durch eine langgestreckte Form, Einbau von Leitwänden und am besten durch Hintereinanderschaltung mehrerer Teiche begegnet werden. Letzteres erleichtert auch die Entschlammung. Diese sollte nicht häufiger als aller 5 Jahre erforderlich sein. Schönungsteiche in Deutschland besitzen meistens ein Gesamtvolumen $< 10\,000$ m^3. Im Ausland existieren z. T. weit größere Anlagen, z. B. in Jordanien ein System $> 900\,000$ m^3. Offensichtlich bestehen gleitende Übergänge zu Reaktionsbecken und Speicherseen für gereinigtes Abwasser.

Funktion als Biotop und weitere Nutzungen. Ähnlich wie in den letzten Stufen von schwachbelasteten Teichanlagen findet sich hier ein erhöhter Artenreichtum an Wasserorganismen. Dies betrifft z. B. Wasserkäfer, Wasserwanzen, Eintagsfliegen und andere Insekten, Unterwasserpflanzen und sogar Amphibien. Ein Fischbesatz ist nicht erstrebenswert. Anlagen dieser Art können durchaus einen Beitrag zum Landschafts- und Naturschutz leisten, auch eine nichtlineare Ufergestaltung einschließlich Flachwasserzonen ist (unter Beachtung der hydraulischen Bedingungen) möglich. In ausgesprochenen Wassermangelgebieten wird der Ablauf von Schönungsteichen für die Bewässerung und sogar für die künstliche Grundwasseranreicherung genutzt.

3.4.2 Pflanzenkläranlagen

3.4.2.1 Definition

Pflanzenkläranlagen sind bepflanzte Bodenfilter, in denen während der Bodenpassage Abwasser-Inhaltsstoffe abgebaut werden. Entscheidend ist dabei der mikrobielle Abbau. Die Pflanzen tragen wesentlich zur Sauerstoffversorgung der Bakterien bei (MÜNCH 2003). Verbreitete Synonyme von Pflanzenkläranlagen sind „Bewachsene Bodenfilter", „Pflanzenbeete" sowie „Wurzelraumreaktoren".

3.4.2.2 Wirkungsweise

Pflanzenkläranlagen arbeiten nach vergleichbaren Prinzipien und ebenso selbsttätig wie unbelüftete Abwasserteiche. Ihre biologische Struktur wird aber nicht durch Phytoplankton bestimmt, sondern durch Überwasserpflanzen (Sumpfpflanzen, Helophyten) (Abb. 3.58). Durch die Bepflanzung

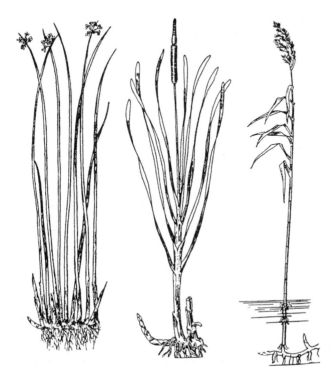

Abb. 3.58 Wichtige Arten von Überwasserpflanzen. Links *Scirpus lacustris* (Seesimse, Flechtbinse), Mitte *Typha latifolia* (Breitblättriger Rohrkolben), rechts *Phragmites communis* (Gewöhnliches Schilf). Nach Vorlagen von BURSCHE aus UHLMANN (1988).

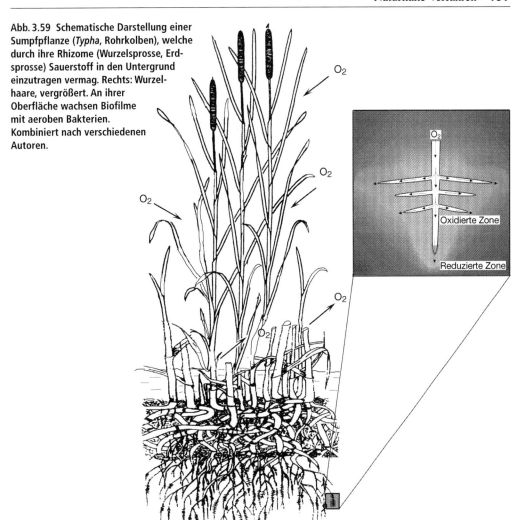

Abb. 3.59 Schematische Darstellung einer Sumpfpflanze (*Typha*, Rohrkolben), welche durch ihre Rhizome (Wurzelsprosse, Erdsprosse) Sauerstoff in den Untergrund einzutragen vermag. Rechts: Wurzelhaare, vergrößert. An ihrer Oberfläche wachsen Biofilme mit aeroben Bakterien. Kombiniert nach verschiedenen Autoren.

unterscheiden sich Pflanzenkläranlagen in ihrer Wirkungsweise stark von den früher verbreiteten Anlagen zur Abwasserversickerung (Abb. 3.59).

Gegenüber den im Abwasser enthaltenen Partikeln wirken Pflanzenkläranlagen als Filter bzw. Siebe. Ein Nachteil besteht darin, dass der eigentliche Reaktionsraum, der Bodenkörper, unzugänglich ist. Eine Verschlammung und damit Verstopfung (Kolmation) der Porenräume führt zu Kurzschlussströmungen bzw. überwiegend oberflächigem Abfluss und damit zu einer erheblichen Verringerung des Reinigungseffektes.

Bedeutung der Bakterien. Sie sind für die Elimination der abbaubaren organischen Substanzen maßgebend. Die Bakterien wachsen in Form von Biofilmen auf dem Füllmaterial sowie in besonders großer Zahl im Umfeld der Wurzelhaare, in der sog. Rhizosphäre (Abb. 3.60). Die Stickstoffelimination in Pflanzenbecken ist an eine ausreichende O_2-Versorgung gebunden. Eine nennenswerte Nitrifikation ist dort gewährleistet, wo die organische Belastung bereits verringert ist und die Nitrifikanten nicht mehr von heterotrophen Bakterien überwuchert werden. Die verfügbare Beckenfläche muss mehr als $5\ m^2/E$ betragen. Nitrat kann durch Denitrifikation nur eliminiert werden, wenn auch O_2-arme Horizonte oder Segmente bzw. Arbeitsphasen zur Verfügung stehen. Anaerobe Abbauprozesse mit Bildung von Methan können in den Porenräumen der unteren Horizonte ebenfalls eine Rolle spielen, überwiegen muss jedoch in jedem Falle der aerobe Abbau.

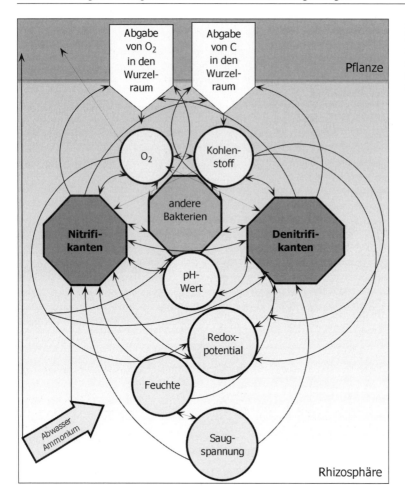

Abb. 3.60 Wechselbeziehungen zwischen Pflanze und Bakterien im Umfeld der Wurzelhaare (Rhizosphäre). Nach MÜNCH (2002).

Biologische Filter-Regenerierung. Der erforderliche Gleichgewichtszustand zwischen Bildung und Beseitigung von partikulärem Material (Schlammpartikel) kann nur erreicht werden, wenn die Porenräume nicht durch
- zu starkes Bakterienwachstum oder
- Ausfällung von Calciumcarbonat, Eisenocker sowie Eisensulfid

verstopft werden.

Die genannten Metallverbindungen werden durch den Einfluss der Pflanzen auf O_2-Gehalt, Redoxpotenzial und pH-Wert indirekt mobilisiert oder lokal angereichert. Eine selbsttätige Filter-Regenerierung ist an die Verfügbarkeit von Sauerstoff gebunden. Maßgebend dafür ist die Fresstätigkeit von Borstenwürmern (Verwandte des Regenwurms), Fadenwürmern und anderen „Schlammfressern". Die Belastung mit abbaubarem organischem Material darf keinesfalls höher sein als diese Abbaukapazität, da andernfalls das Lückensystem durch „Überschuss-Schlamm", d. h. Bakterien-Biomasse, verstopft.

Es besteht eine Analogie zur Funktion der tierischen Organismen im Tropfkörperrasen, in Langsamsandfiltern und in Böden. Ebenso wie bei der Kompostierung fressen die Tiere einen erheblichen Anteil der organischen Partikel einschließlich Pflanzenreste, lockern durch ihre Bewegungstätigkeit das Füllmaterial auf, fördern so die Belüftung und wirken einer Verdichtung entgegen. Ein ungenügender Sauerstoffnachschub in die Porenräume wird aber zum kritischen Punkt. Das als Kot abgegebene krümelige Material zeichnet sich durch eine stark verringerte Fäulnisfähigkeit aus. Neben den Makroorganismen sind auch tierische Einzeller, Rädertierchen, Milben und andere Kleinorganismen vorhanden.

Funktion der Pflanzen. Durch das Vorhandensein eines Durchlüftungsgewebes in Spross und Wurzel sind sie in einer wassergesättigten Umgebung nicht auf deren O_2-Gehalt angewiesen. In einem ständig anaeroben Milieu können sie nur dank ihrem hochentwickelten O_2-Tranportsystem leben. Helophyten sind in der Lage, den durch die Spaltöffnungen aus der Atmosphäre aufgenommenen Sauerstoff bis in die Wurzeln zu pumpen. Durch Einstellung eines erhöhten Gasdrucks in den Blättern entsteht ein gerichteter Gasfluss durch den Spross bis in die Wurzelspitzen. Die Atmung der Wurzeln trägt ihrerseits dazu bei, dieses Gefälle aufrecht zu erhalten.

Die Wurzeln lockern den Untergrund auf und halten Porenkanäle offen. Besonders tiefreichende und weitverzweigte Wurzeln besitzt das Schilf (*Phragmites australis*). Diese sind winterfest, werden auch als Erdsprosse (= Rhizome) bezeichnet und reichen bis in 1,5 m Tiefe. Sie füllen damit im Idealfall das gesamte Filterbett aus. Andere Helophyten wurzeln nur bis in ca. 0,3 m Tiefe. Die Rhizosphäre unterscheidet sich in ihren Eigenschaften deutlich von einem nicht durchwurzelten Bodenkörper.

Durch ihre Fähigkeit zum O_2-Transport bis in die Tiefe sind die Pflanzen weit mehr als nur Aufwuchsträger. Die O_2-Abgabe aus den Wurzeln dient der Oxidation und damit der Entgiftung von Verbindungen, die andernfalls toxisch wirken würden (HS^-, H_2S, Mn^{2+}, Fe^{2+}). Dadurch versorgen die Pflanzen die Bakterien der Rhizosphäre mit Sauerstoff. Dank dieser O_2-Pumpe ist die Nitrifikation in bepflanzten Becken deutlich höher als in unbepflanzten (MÜNCH 2003). Die Pflanzen beeinflussen dementsprechend auch das Redoxpotenzial, den pH-Wert, sowie, über die Abgabe durch die Wurzeln, das Angebot an bestimmten Kohlenstoffverbindungen. Die Pflanze schafft also neue Reaktionsräume, welche auf Grund sehr kleinräumiger Unterschiede in der O_2-Versorgung sogar ein Nebeneinander von gegensätzlich verlaufenden Prozessen (Nitrifikation/Denitrifikation) ermöglichen.

Die Pumpleistung der Helophyten ist an die Vegetationsperiode gebunden. Durch die Auflagerung von Pflanzenmaterial auf dem Filtermaterial bildet sich auf der Filteroberfläche ein Sekundärfilter, bei dem mit einer Zunahme von ca. 0,5 cm/a gerechnet werden muss (LÖFFLER, GELLER 2000).

3.4.2.3 Aufbau, Betriebsweisen, Bemessung, Wirkungsgrad

Füllmaterial. Ebenso wie bei Sandfiltern der Wasseraufbereitung muss das Füllmaterial eine gleichmäßige Körnung besitzen. Bindiges oder anderes undurchlässiges Material ist ungeeignet. Da hier eine Rückspülung nicht möglich ist, darf der Tonanteil höchstens 5 % betragen. Dessen Partikel fördern in sehr hohem Maße die Kolmation (Verstopfung) von Porenräumen und dadurch andererseits auch Kurzschlussströmungen. Als Bodenmaterial hat sich Sand am besten bewährt. Der Durchlässigkeitsbeiwert k_f soll zwischen 5×10^{-4} m/s (als äußerstem Minimum) und 10^{-3} m/s liegen. Wesentlich gröberes Material (Grobkies, Schotter) ist ungeeignet, weil damit eine gleichmäßige Durchströmung kaum zu erreichen ist und dadurch Kolmation oder hydraulischer Kurzschluss gefördert werden.

Der Einbau des Füllmaterials muss so erfolgen, dass keine Verfestigung eintritt. Die Filterschicht kann auch als Zweischichtfilter gestaltet sein, wobei die untere, grobkörnigere auch als Stützschicht wirkt.

Bei überlasteten Bodenfiltern kommt es zu einer völligen Verstopfung.

Füllhöhe. Der Bodenkörper sollte im Horizontalfilter ca. 0,6 m mächtig sein, im Vertikalfilter bis 1,5 m. Die O_2-Versorgung ist bei vertikalem Durchfluss wegen der damit verbundenen Dichteströmung und des dadurch besseren O_2-Eintrags wesentlich höher als bei horizontalem Durchfluss.

Vorbehandlung des Abwassers. Um Schlammablagerungen bzw. eine Verstopfung der Porenräume zu vermeiden, ist eine Vorklärung unerlässlich. Im Abwasser dürfen des Weiteren keine emulgierbaren Fette bzw. Faserstoffe enthalten sein, und es soll nicht schäumen. In der Regel wird dies durch Dreikammerabsetz- oder Ausfaulgruben, Emscherbecken oder im einfachsten Fall durch Absetzteiche erreicht. Eine Versickerung von nur mechanisch behandeltem Abwasser aus Pflanzenbecken in den Grundwasserleiter muss durch den Einbau von Dichtungsfolien verhindert werden. Durch Mischentwässerungen können bei Starkregen große Mengen an Tonmineralien in die Pflanzenbecken gelangen. In diesem Falle ist die mechanische Vorbehandlung des Regenwassers z. B. in einem Rückhalte- und Absetzteich erforderlich, der bei Trockenwetter als Grünes Becken betrieben wird.

Pflanzmaterial. Die in Pflanzenbeeten am häufigsten eingesetzte Art ist das Schilf (*Phrag-*

mites australis). Sie verfügt wegen des dichten hohen Wuchses (dadurch Beschattung) und der Bildung sehr dichter Rhizomgeflechte im Basis-Bereich über eine so große Konkurrenzkraft, dass sich daneben andere Arten nur schwer halten können. Auf Grund seiner großen Wurzeltiefe ist Schilf ohnehin zu bevorzugen. Anders ist die Situation in der zweiten und dritten Stufe hintereinander geschalteter Anlagen. Hier können u. a. auch Rohrkolben (*Typha latifolia*), Sumpfschwertlilie (*Iris pseudacorus*) vorherrschen. Nach längerer Betriebszeit setzt sich oftmals sogar hier das Schilf durch.

Bei Schilf genügt eine Pflanzdichte von 4 bis 6 Rhizomen pro m^2. Das Material wird bei einem Spezialbetrieb erworben und in das vorbereitete Sand- bzw. Kiesbeet eingepflanzt. Im Angebot sind auch Kokosmatten mit bereits integrierten Schilf-Wurzelstöcken. Für die volle Entwicklung des Pflanzenbestandes ist ein Zeitraum bis zu drei Jahren erforderlich. Obwohl die Wurzeln bzw. Rhizome für die hydraulische Durchlässigkeit des Beetes sehr wichtig sind, ist ein übermäßig starkes Wachstum ungünstig, wenn die Biomasse mehr als 30 % des Gesamt-Porenraumes in Anspruch nimmt. Die unterirdische Pflanzen-Trockenmasse sollte Werte von 3 bis 6 kg/m^2 erreichen.

Zu- und Ablauf, Betriebsweisen. Der Zulauf kann ober- oder unterirdisch erfolgen. Letzteres bietet Schutz vor Geruchsbelästigungen und ist frostsicher. Die Passage des Abwassers soll weitestgehend im Untergrund erfolgen. Ein vorwiegend oberflächlicher Durchfluss weist auf eine verminderte Durchlässigkeit infolge Kolmation oder auf eine Überlastung hin.

Pflanzenkläranlagen arbeiten entweder im Überstau bzw. mit intermittierendem Aufstau oder als reine Sickerbecken ohne einen überstehenden Wasserkörper. Durch einen Wechsel von Aufstau und vollständiger Absenkung wird die Erneuerung des O$_2$-Vorrates in den Porenräumen gewährleistet. Die schwallweise Beschickung erfolgt 3 bis 4 mal pro Tag. Der Ablauf erfolgt über ein Drainrohr und ist so zu gestalten, dass ein Einstau möglich ist.

Die diskontinuierliche Betriebsweise kann auch bei einer räumlichen Trennung von hintereinander geschalteten Becken genutzt werden. In diesem Fall werden anstelle von Zwischendämmen Aufschüttungen von durchlässigem Material eingebracht. Da das erste Becken am stärksten belastet ist, sollte die Körnung in der Abfolge Feinkies → Sand abgestuft werden. Ein wechselnder Wasserstand bzw. ein diskontinuierlicher intermittierender Betrieb ist für die N-Elimination günstig. Das für die anschließende Denitrifikation benötigte organische Material ist in der Regel im Überschuss vorhanden (Pflanzenreste). Das gleiche Ziel kann durch Hintereinanderschaltung eines Vertikal- und eines ständig hoch eingestauten und daher überwiegend anaeroben Horizontalfilters erreicht werden (GELLER et al. 1992). In ersterem erfolgt die Nitrifikation, in letzterem die Denitrifikation.

Bemessung. Pro Einwohner wird ein Flächenbedarf zwischen 5 und 10 m^2 veranschlagt. Bei einer BSB$_5$-Fracht von 60 g BSB$_5$/(EW·d) und einem Abwasseranfall von 150 l/EW·d entspricht dies einer Flächenbelastung von 6 bis 12 g BSB$_5$/(m^2·d). Die entsprechende hydraulische Belastung beträgt 15 bis 75 mm/d. Bei nur 15 mm/d könnte die Anlage im Hochsommer trockenfallen.

Die Bemessung ist für Vertikal- und Horizontalfilter unterschiedlich (Abb. 3.61):
- Vertikalfilter: 3–5 m^2/EW,
- Horizontalfilter: 10 m^2/EW.

Neben diesem geringeren Flächenbedarf haben Vertikalfilter noch folgende Vorteile gegenüber dem Horizontalfilter:
- geringeres Kolmationsrisiko,
- verminderte Gefahr des Auftretens von Kurzschlussströmungen,
- Frostsicherheit, Winterbetrieb möglich,
- durch intermittierende Betriebsweise ist eine gute und steuerbare Sauerstoffversorgung möglich, z. B. Stickstoffelimination,
- kürzere Einfahrzeit bei längerer Betriebszeit.

Für Horizontalfilter ist darüber hinaus ein höherer technischer Aufwand verbunden mit höheren Investitionskosten erforderlich.

Bei Trockenwetterabfluss und ohne Berücksichtigung der Verdunstung sollte die maximale Beschickung der Filter einen Wert von 100 mm/d nicht wesentlich überschreiten. Für eine so hohe hydraulische Belastung sind vor allem mehrstufige Anlagen geeignet.

Betrieb. Der Aufwand ist bei Pflanzenkläranlagen gering, denn der gesamte Reinigungsprozess verläuft im Wesentlichen selbsttätig. Ebenso wie bei unbelüfteten Abwasserteichen kann sich die Wartung auf die Kontrolle der Funktionsfähigkeit von Zu- und Ablaufbauwerken und die sachkundige Beseitigung von Mängeln beschränken. Weitergehende Hinweise finden sich im ATV-

Abb. 3.61 Vergleich einer horizontal (a) und einer vertikal durchflossenen Pflanzenkläranlage (b). Nach HEGEMANN (1997).

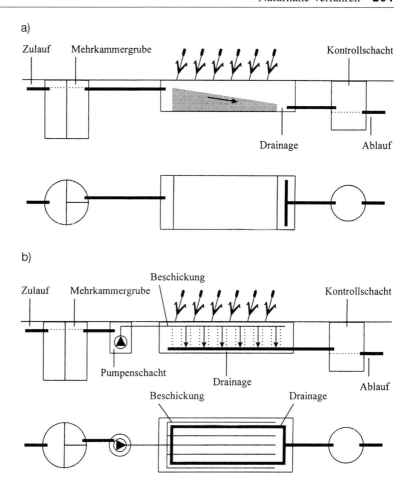

Handbuch 1997 sowie bei BAHLO, WACH 1993. Eine Mahd ist nur in etwa 5-jährigen Abständen angebracht (SIEGL 1997).

Bei richtiger Bemessung, fachgerechtem Bau und Betrieb erfüllen Pflanzenkläranlagen sicher die gesetzlichen Mindestanforderungen an die Ablaufwerte von kommunalen Kläranlagen ihrer Größenklasse.

Wirkungsgrad. Für Anlagen unter 1000 EW wird für den Ablauf ein BSB_5 von 40 mg/l und ein CSB von 150 mg/l gefordert. In der Regel wird ein Wirkungsgrad von 90% (als BSB_5-Elimination) überschritten, manche Anlagen erreichen mehr als 98% (Abb. 3.62). Die Auswertung der Daten (Summenhäufigkeitskurven) von 87 Anlagen durch SCHMAGER, HEINE (2000) ergab Medianwerte um ca. 40 mg/l für den CSB und von ca. 7 mg/l für den BSB_5. Die Ablaufkonzentrationen für Horizontalfilter lagen dabei deutlich höher als bei Vertikalfiltern. Die bessere Abbau- sowie Nitrifikations-/Denitrifikationsleistung kam vor allem beim Gehalt an NH_4-N im Ablauf zum Ausdruck: ca. 7 mg/l beim Vertikalfilter, jedoch ca. 27 mg/l beim Horizontalfilter. Letzteres entspricht einem biochemischen O_2-Bedarf von 93 mg/l. Demgegenüber fällt hier der BSB_5 der organischen Kohlenstoffverbindungen kaum noch ins Gewicht. Man sollte daher bei der konstruktiven Gestaltung vor allem auf die Nitrifikation Wert legen. Der Medianwert für den Nitratgehalt betrug beim Vertikalfilter ca. 20 mg/l, beim Horizontalfilter ca. 5 mg/l. Die resultierende Nitratbelastung der Gewässer erscheint im Vergleich zu der aus diffusen Quellen vernachlägbar. Für Anlagen mit einer Flächenbelastung von 4–14 g BSB_5/m^2 d war beim Ges.-P (ca. 1,4 mg/l) kein Unterschied zwischen Vertikal- und Horizontalfilter zu erkennen.

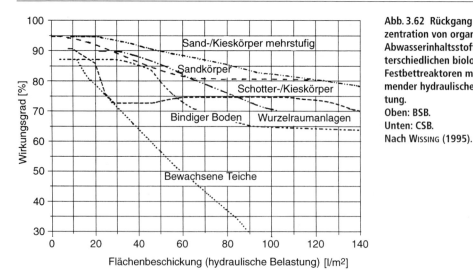

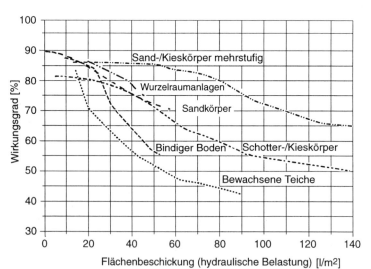

Abb. 3.62 Rückgang der Konzentration von organischen Abwasserinhaltsstoffen in unterschiedlichen biologischen Festbettreaktoren mit zunehmender hydraulischer Belastung.
Oben: BSB.
Unten: CSB.
Nach WISSING (1995).

Die Grenzwerte hygienisch relevanter Parameter werden normalerweise eingehalten, die beobachtete Verminderung der Fäkalkeime bis zu drei Größenordnungen ist deutlich besser als bei anderen biologischen Anlagen. Der im Winter zu verzeichnende Leistungsrückgang ist geringer als bei natürlich belüfteten Abwasserteichen und anderen Systemen mit sehr starkem Oberflächenkontakt. Beim mikrobiellen Abbau wird eine dem O_2-Verbrauch proportionale Wärmemenge produziert, die aus dem Füllkörper eines Pflanzenbeckens nicht so leicht verloren geht wie in einem Teich. Die Abbauprozesse kommen erst dann zum Erliegen, wenn der Filter durchfriert.

3.4.2.4 Anwendungsbereiche und Leistungsgrenzen

Pflanzenkläranlagen eignen sich sehr gut für die dezentrale Abwasserentsorgung, Sie haben sich in kleinen Siedlungen, für Hotels und Ferieneinrichtungen bewährt, die von bestehenden Zentralkläranlagen weit entfernt sind. Die meisten Anlagen in Deutschland haben eine Ausbaugröße von weniger als 50 EW (vgl. KUNST, VON FELDE, HANSEN 1997).

Für Anschlusswerte > 1000 EW stehen meistens die erforderlichen Flächen nicht zur Verfügung. So ausgedehnte Flächen, wie sie früher für ein verwandtes Verfahren, die Abwasserbodenbehandlung auf Rieselfeldern, eingesetzt wurden, werden heute am ehesten in sehr wasser- und vegetationsarmen Ländern genutzt. Aber dort ist man oftmals an einer Wiederverwendung des Wassers und nicht an starken Wasserverlusten durch Verdunstung und der damit verbundenen Aufsalzung interessiert.

Phosphorelimination. Beim Phosphat bewirkt in den ersten Betriebsjahren die Adsorption an den Oberflächen eisenhaltiger Kiese eine deutliche Elimination. Dieser Effekt entspricht aber dem allmählichen Auffüllen eines Speichers und ist daher nicht dauerhaft. Eine nennenswerte P-Entnahme ist nur durch Erneuerung des Filterbettes möglich. Das Abernten von Helophyten-Biomasse ist kein entscheidender Beitrag zur P-Elimination.

In Anbetracht der sehr geringen Frachten kann der P-Gehalt des Kläranlagenablaufs in den meisten Fällen, mit Ausnahme der Einleitung in oligo- und mesotrophe Seen sowie in kleine Bäche, toleriert werden. Sehr vorteilhaft ist in diesem Zusammenhang die sommerliche Abnahme der Wassermenge infolge der bei Helophyten starken Verdunstung. Die Evaporation (= Verdunstung + Transpiration der Pflanzen) ist wesentlich größer als die von offenen Wasserflächen. Dadurch ist oftmals im Sommer die Ablaufmenge nahe Null.

Stickstoffelimination. Obwohl die Nitrifikation/Denitrifikation in der warmen Jahreszeit zu einer N-Elimination von mehr als 50 % führen kann, wird die ganzjährige Leistung erhöhten Ansprüchen nicht gerecht. Im Winter ist der Wirkungsgrad sehr gering. Der Ammoniumgehalt bzw. die Bildung von fischtoxischem Ammoniak ist relevant, sofern eine Einleitung in kleine Bäche erfolgt. In der Regel sind die Frachten aber so klein, dass nennenswerte Schäden nicht zu erwarten sind. Ein hoher Nitratgehalt ist nur in unterbelasteten Anlagen zu erwarten und kann in Anbetracht der in der Regel viel höheren Belastung aus der Landwirtschaft vernachlässigt werden.

Endreinigung gewerblicher Abwässer. In Frage kommen vor allem Abwässer der Lebensmittelindustrie. Zumindestens in der warmen Jahreszeit wird bei richtiger Bemessung fast eine Vollreinigung bei BSB_5 und eine Teilreinigung in Bezug auf Stickstoffverbindungen erzielt.

Behandlung von Deponiesickerwasser. Es kann ein hoher Wirkungsgrad erreicht werden.

Schönung von Kläranlagenabläufen. Pflanzenbecken eignen sich als nachgeschaltete Stufe für Abwasserteiche, auch prinzipiell für die Feinreinigung der Abläufe von kleineren Kläranlagen (BÖNING, LOHSE, HARTMANN 2001).

Bereitstellung von Bewässerungswasser. In Gebieten mit Wasserbedarf für die Land- oder Teichwirtschaft können keine großen Verdunstungsverluste in Kauf genommen werden. Es kommen deshalb nur hochbelastete Anlagen in Frage.

3.4.2.5 Besondere Anwendungen

Becken mit Schwimmblattpflanzen, vor allem der Wasserhyazinthe (*Eichhornia*), haben sich in warmen Klimaten bewährt. Hier bieten die stark entwickelten Wurzeln eine sehr große Ansatzfläche für Bakterien.

Schwimmende Inseln aus Sumpfpflanzen. Sie bieten durch ihr stark entwickeltes Wurzelsystem Ansatzmöglichkeiten für Bakterien sowie für filtrierende ein- und mehrzellige Tiere. Sie eignen sich damit auch für die Verbesserung der Beschaffenheit von Standgewässern. Als Träger für die Kultur der Pflanzen und auch für die Exposition im Gewässer werden vorzugsweise Roste oder Netze aus Kunststoffen verwendet.

Hang-Verrieselung von vorgeklärtem Abwasser erfolgt über Gräser bzw. Riedgräser. Vorteilhaft ist dabei die relativ starke atmosphärische Belüftung, ein Nachteil der große Flächenbedarf infolge fehlender Tiefenwirkung. Für eine Anwendung kommen nur die Tropen und Subtropen in Frage.

Teich-Pflanzen-Kläranlagen („bewachsene Teiche") sind Pflanzenbecken, die mit einem Überstand von 0,1–0,4 m Wasser betrieben werden. In diesem Falle wird der Wurzelraum nicht durch-, sondern nur überströmt, also auch nicht als Reaktionsraum genutzt. Die Selbstreinigungsmechanismen sind weitgehend die gleichen wie in unbelüfteten Abwasserteichen, aber infolge der geringeren Turbulenz weniger wirksam. Derartige Becken eignen sich gut als letzte Stufe von Teichanlagen. In der Saison ist die Verdunstung durch die Pflanzen so stark, dass kein Abfluss erfolgt.

Natürliche Feuchtgebiete zur Abwasserreinigung. In manchen Ländern werden sie als Vorfluter für Abwässer bzw. Kläranlagenabläufe genutzt. Ein Beispiel sind Zypressensümpfe (Cypress wetlands) in den USA, deren Wasserkörper dem in unseren Erlenbrüchen ähnelt. Eine solche Nutzung führt zu einer selektiven Begünstigung einiger weniger Pflanzenarten, während empfindliche Arten verschwinden. Es können jedoch zusätzliche Brutstätten für krankheitsübertragende Stechmücken entstehen.

Schaffung neuer Feuchtbiotope. Pflanzenkläranlagen passen sich gut in das Landschaftsbild ein. Pflanzenbecken können neben der Endreinigung des Abwassers auch eine Funktion als Feuchtbiotop erfüllen. Größere Pflanzenbecken tragen in der Regel mehr zu einer Bereicherung der Fauna als der Flora bei. Sie besitzen einen Wert für die Erholung.

Dabei stehen die folgenden Varianten zur Auswahl:

- **Großflächige Röhrichte**
  Das Hauptproblem besteht beim Feuchtbiotop darin, einen Stationärzustand mit vielen Arten zu erhalten. Kurz nach der Bepflanzung wies die Anlage Weiperfelden einen Bestand von 96 Pflanzenarten auf (ONKEN 1991, zit. nach SIEGL 1997). Nach vier Jahren waren noch 60 Arten anzutreffen, nach 10 Jahren aber nur noch fünf, davon zwei ganz vereinzelt. Auch solche artenarmen Röhrichte besitzen aber eine erhebliche Bedeutung als Biotop für Amphibien, Reptilien, Insekten und schutzbedürftige Arten von Vögeln und Säugetieren. Die Geschwindigkeit einer Neubesiedlung durch Tiere ist allerdings nur dann groß, wenn Biotope, die eine „Beimpfung" ermöglichen, nicht allzu weit entfernt sind. In unmittelbarer Siedlungsnähe kann kaum mit röhrichtbewohnenden Vogel-Arten gerechnet werden.

- **Kleinflächige Hochstaudenfluren in mehrstufigen Anlagen**
  Im Gegensatz zum ersten Becken, das dem Schilf vorbehalten bleibt, halten sich in nachgeschalteten Stufen wegen des bereits verringerten Nährstoffangebotes auch andere dekorative Arten wie Gilbweiderich (*Lysimachia vulgaris*), Blutweiderich (*Lythrum salicaria*), verschiedene Weidenröschen (*Epilobium*) und Bittersüßer Nachtschatten (*Solanum dulcamara*).

- **Naturnahe Gestaltung von Kläranlagenabläufen**
  Hierfür wird ein offenes Gerinne mit Anpflanzung von Weiden und Erlen empfohlen. Bei starkem Gefälle zum Vorfluter kann der Sauerstoffeintrag durch Einbau von Sohlschwellen gefördert werden. Dies begünstigt die Ansiedlung von strömungsliebenden wirbellosen Tieren (Insektenlarven, Egel, Schnecken, Krebstiere), die auf Grund ihrer leicht erkennbaren Merkmale eine schnelle und zuverlässige Orientierung über die Ablaufqualität ermöglichen.

- **Anpflanzung von standortgerechten Gehölzen**
  Eine Verbesserung des Landschaftsbildes in Verbindung mit dem Bau von Kläranlagen kann durch Arten wie Holunder (*Sambucus nigra*), Schneeball (*Viburnum opulus*), Weiden (*Salix*) und Hasel (*Corylus avellana*) erreicht werden.

3.5 Anaerobe Abwasser- und Schlammbehandlung

Bei sehr konzentrierten Abwässern gelangt das Belebungsverfahren an seine technischen und wirtschaftlichen Grenzen, weil der O_2-Eintrag nicht mehr entsprechend dem Bedarf gesteigert werden kann. Dagegen verzichtet die anaerobe Verfahrensführung ganz auf den energieintensiven O_2-Eintrag. Statt dessen kann sogar Energie in Form von Methan wiedergewonnen werden. Wie Abb. 3.63 zeigt, entsteht dabei nur sehr wenig Überschussschlamm. Vielmehr können die organischen Substrate bis zu 80 % in energiereiches Methan umgesetzt werden.

Trotz der eindeutigen Vorteile im Hinblick auf Ressourcenverbrauch spielen in den Industrieländern die anaeroben Verfahren zumindest im kommunalen Bereich eine nur unbedeutende Rolle, wenn man von der Schlammfaulung und den Anaerob-Stufen bei der P- und N-Elimination absieht.

Kennzeichnend für **anaerobe** Bedingungen ist die Abwesenheit von molekularem und gebundenem Sauerstoff.

Anaerobe Prozesse spielen sich auf einem sehr niedrigen Redoxniveau ab, das durch die Bildung von H_2, CH_4, und H_2S bzw. HS^- gekennzeichnet ist.

Während Wasserstoff und Methan nur im Ergebnis von Fermentationsprozessen entstehen können, wird Sulfid vorwiegend durch mikrobielle SO_4^{2-}-Reduktion gebildet. Die Bakterien nutzen hierbei den chemisch gebundenen Sauerstoff (Sulfatatmung). Da der Abbau auf diesem Niveau aber nicht mehr geruchlos verläuft, vielmehr durch Auftreten von Schwefelwasserstoff und Fettsäuren gekennzeichnet ist, erfolgt eine Einordnung unter „Anaerob".

Bei der (anaeroben) **Fermentation** hingegen werden die hochmolekularen und oftmals nichtgelösten Ausgangssubstanzen mit Hilfe von wasseranlagernden (hydrolytischen) Enzymen in nie-

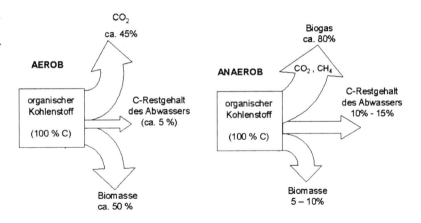

Abb. 3.63 Kohlenstoffbilanz bei der aeroben und anaeroben Abwasserbehandlung. Nach CHMIEL aus JANKE 2002.

dermolekulare, wasserlösliche Verbindungen gespalten. Mit Ausnahme der Methanbildung wird diese Fermentation auch als Gärung bezeichnet. Ein Abbau mit Bildung von CO_2 und H_2O ist nur so weit möglich, wie die Moleküle der Ausgangssubstanzen gebundenen Sauerstoff enthalten. Im Übrigen entstehen organische Endprodukte, die noch einen hohen Brennwert besitzen, wie z.B. das Methan. Es ist der wichtigste Bestandteil des „Biogases" (Methan und Kohlendioxid). Durch die Methan-Abgasung wird energiereiches organisches Material mikrobiell abgebaut und aus dem System entfernt. Darin besteht der eigentliche Reinigungseffekt (Ausfaulung). Anaerobe Prozesse führen aber auch zur **Emission geruchsbelästigender Substanzen**. Solche flüchtigen Fäulnisprodukte sind vor allem (GOSTELOW, PARSOUS, STUETZ 2001):

- Schwefelverbindungen (Schwefelwasserstoff, außerdem Alkylsulfide, z.B. $(CH_3)_2S$, Mercaptane, z.B. C_2H_5SH, Thioaromaten, z.B. C_6H_5SH),
- Stickstoffverbindungen (Ammoniak, außerdem Amine, z.B. Cadaverin $NH_2(CH_2)_5NH_2$, Pyridin, Indol, Skatol C_9H_8NH),
- niedermolekulare Fettsäuren (Essig-, Butter-, Valeriansäure),
- Aldehyde und Ketone, z.B. $HCHO$, C_3H_7CHO.

Der Gewinn an biochemisch nutzbarer Energie für die Mikroorganismen pro Masseeinheit abgebauter organischer Substanz ergibt sich aus der Differenz zwischen dem Energiegehalt der Ausgangs- und der Endprodukte. Er ist bei der Fermentation sehr viel geringer als bei aerobem oder anoxischem Abbau. Dies bedeutet aber auch, dass, bezogen auf den Substratumsatz, viel weniger Biomasse, d.h. Überschussschlamm, produziert wird als bei Verfügbarkeit von Sauerstoff (Abb. 3.63).

Manche Mikroorganismen verfügen sowohl über die Fähigkeit zur Energiegewinnung durch Atmung (mit Sauerstoff als O_2-Elektronenakzeptor) als auch durch Gärung. Man bezeichnet sie als fakultativ anaerob.

Eine kombinierte anaerobe Abwasser- und Schlammbehandlung gab es bereits im Altertum, z.B. in Mesopotamien (BÖHNKE, BISCHOFSBERGER, SEYFRIED, DAUBER 1993). In Europa wurde sie unter den Zwängen der zunehmenden Industrialisierung und Bevölkerungsdichte Ende des 19. Jahrhunderts eingeführt. Faulanlagen für Abwässer und Schlämme wurden nun in großer Zahl errichtet.

Die Anwendungsmöglichkeit anaerober Verfahren ist keinesfalls auf die Schlammbehandlung beschränkt. Die anaerobe Abwasserbehandlung geriet jedoch, solange man sie in offenen Becken und für nicht ganz kleine Anschlusswerte in der Nähe von Wohnsiedlungen praktizierte, wegen der Geruchsbelästigungen bald in Verruf. Vor allem für kleine Anschlusswerte werden aber noch heute weltweit verbreitet der abgedeckte und durchflossene Septic Tank bzw. die Dreikammerausfaulgrube eingesetzt.

Im großen Maßstab war man bestrebt, das Abwasser weder in der Kanalisation noch in den Absetzbecken anfaulen zu lassen. Dies führte zur Trennung von Absetz- und Faulraum und damit zur Entwicklung des Emscherbrunnens (Imhoff Tank) mit Gewinnung von energiereichem Faulgas. Allerdings weist der Emscherbrunnen oftmals Wintertemperaturen von 8–10 °C auf, Abbaugeschwindigkeit und Gasausbeute sind dann gering.

3.5.1 Organismen in Entwässerungssystemen

Auf der Erde gibt es kaum Gewässer, die nicht von Bakterien oder Pilzen besiedelt sind. Dies trifft erst recht auf das Abwasser zu, allerdings auf kommunales Abwasser mit seiner starken Beimpfung durch Darmbakterien in weit höherem Maße als auf Industrieabwasser, das zunächst sogar steril sein kann.

Wenn das Abwasser in das Kanalnetz gelangt, ist es in der Regel aerob. Auf dem Weg durch die Kanalisation finden jedoch schon sauerstoffverbrauchende Abbauvorgänge statt, so dass nach einer gewissen Fließzeit überwiegend anaerobe Prozesse im Kanalnetz ablaufen. Dabei bildet sich an den Wandungen der Kanalrohre ein Bakterienrasen aus. Dieser graubraune Wandbewuchs wird auch als Sielhaut bezeichnet. Unter Bedingungen, die für Bakterien ungünstig sind, herrschen darin unter Umständen Pilze vor.

Erhöhte Temperaturen und lange Fließzeiten begünstigen die Anfaulung des Abwassers. Dabei kann ein BSB_5-Rückgang von 5 bis 10 % erreicht werden, doch ist dies wegen der damit oft verbundenen H_2S-Entwicklung nicht erwünscht. Bereits im Zulauf von Kläranlagen beträgt die Gesamtzahl an Bakterien oftmals bis 10^{10} pro ml, die der tierischen Einzeller bis 300 pro ml (HÄNEL 1986).

Bereits bei niedrigem Sulfatgehalt (< 30 mg/l SO_4^{2-}) des Abwassers und Temperaturen $> 15\,°C$ erlangen im Sammelkanal die mikrobiellen Umsetzungen des Schwefels eine große Bedeutung. Die sulfatreduzierenden Bakterien, die nur bei O_2- und Nitratschwund, d.h. im bereits angefaulten Abwasser, gedeihen, nutzen den im Sulfat gebundenen Sauerstoff; dabei entsteht Schwefelwasserstoff (Abb. 3.64).

$$8\,[H] + SO_4^{2-} \rightarrow H_2S + 2\,H_2O + 2\,OH^- \quad (3.48)$$

Als Substrate dienen Produkte des anaeroben Abbaus, vor allem niedermolekulare Fettsäuren. Schwefelwasserstoff wird des Weiteren durch mikrobiellen Abbau von Eiweißkörpern bzw. den darin enthaltenen S-haltigen Aminosäuren (z.B. Cystin, Cystein) gebildet.

Der oberhalb des Wasserkörpers in Kontakt mit Luftsauerstoff tretende Schwefelwasserstoff wird von Bakterien an den Rohrwandungen zu Schwefel bzw. Schwefelsäure oxidiert:

$$H_2S + \tfrac{1}{2} O_2 \rightarrow H_2O + S^0 + 251\,kJ \quad (3.49)$$

$$S^0 + H_2O + \tfrac{3}{2} O_2 \rightarrow H_2SO_4 + 590\,kJ \quad (3.50)$$

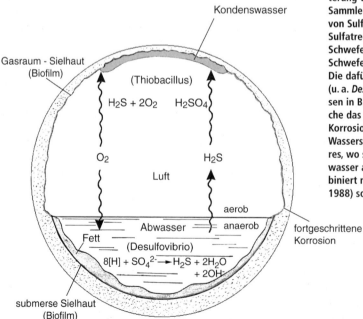

Abb. 3.64 Mikrobiell induzierte Verwitterung von Beton in einem Abwasser-Sammler. Ursachen sind: 1. die Bildung von Sulfid (und Polysulfiden) durch Sulfatreduktion und 2. die Bildung von Schwefelsäure (und elementarem Schwefel) durch mikrobielle Oxidation. Die dafür verantwortlichen Bakterien (u. a. *Desulfovibrio*, *Thiobacillus*) wachsen in Biofilmen in der Sielhaut, welche das gesamte Rohr auskleidet. Die Korrosion ist in der Zone wechselnden Wasserstands und im Scheitel des Rohres, wo sich säuregesättigtes Kondenswasser ansammelt, am stärksten. Kombiniert nach Mc KINNEY (aus UHLMANN 1988) sowie ATV-Merkblatt 168 (1998).

Die schwefeloxidierenden Bakterien nutzen die bei der Oxidation von Sulfid, Schwefelwasserstoff, elementarem Schwefel oder auch Thiosulfat freiwerdende Energie für die Synthese von Zellmasse. Grundlage dieser so genannten **Chemosynthese** ist ebenso wie bei der Photosynthese die Hydrierung von Kohlendioxid, nur dass die dafür erforderliche biochemische Energie aus der Oxidation von H_2S stammt.

Zu den schwefeloxidierenden Bakterien gehören so auffällige, als Kolonien schon mit bloßem Auge sichtbare Formen wie *Beggiatoa* und *Thiothrix*, die an den Wandungen von Bauwerken oder auch an der Sohle H_2S-belasteter Gewässer weiße Beläge bilden. Die Bildung von Schwefelsäure durch Vertreter der Gattung *Thiobacillus* führt zur Betonkorrosion (Abb. 3.64).

T. thiooxidans erträgt noch pH-Werte unter 1,0. Die H_2SO_4-Konzentration im Kondenswasser kann etwa 6 % und die Korrosionsgeschwindigkeit mehrere mm pro Jahr erreichen. Die Zerstörung der Betonoberfläche erleichtert das Eindringen von Sulfat und die Umwandlung von Calciumcarbonat in Calciumsulfat (Gips, $CaSO_4$), Ettringit und andere voluminöse Verbindungen. Bei höheren Temperaturen (durch Einleitung heißer Abwässer oder im tropischen Klima) beträgt daher die Lebensdauer von Betonrohren der Abwassernetze u. U. weniger als 10 Jahre. Solche Schäden können nur durch Verhinderung der Sulfatreduktion, d. h. durch Einblasen von Druckluft, Begasung mit technischem Sauerstoff oder durch Dosierung von Nitrat- oder Wasserstoffperoxid-Lösung vermieden werden. Besser ist die Verwendung von gegen SO_4^{2-} weitgehend beständigem Rohrmaterial.

3.5.2 Organismen in Anlagen zur Schlammfaulung

In der gewünschten geruchsarmen Form beruht die anaerobe Abwasser- und Schlammbehandlung im Wesentlichen auf der Bildung von Methan, das, im Gegensatz zu anderen Abbauprodukten, geruchlos ist.

Die methanbildenden Bakterien spielen sowohl in der Natur, z. B. in Seensedimenten oder Feuchtgebieten, als auch in technischen Anlagen eine sehr wichtige Rolle. Bis jetzt wurden 7 Gattungen und etwa 20 Arten beschrieben, die sich schon in ihrer Gestalt z. T. stark unterscheiden. Einige sind auch noch im niedrigen Temperaturbereich (um 4 °C) aktiv und daher verantwortlich dafür, dass auch in den Sedimenten von manchen tiefen Seen ganzjährig sowie im Winter unter der Eisdecke Methan gebildet wird. Hingegen liegt das Optimum der an hohe Temperaturen angepassten Arten im Bereich von 35 bis 40 °C. Deren Empfindlichkeit gegenüber Temperaturschwankungen von nur 1 K/d ist allerdings in der Regel erheblich. Bei den technisch genutzten so genannten thermophilen Arten liegt das Temperaturoptimum noch höher, nämlich bei 50–75 °C (BÖHNKE, BISCHOFSBERGER, SEYFRIED, DAUBER 1993). Im Bereich heißer Tiefseequellen leben Methanbildner, die sogar noch weitaus höhere Temperaturen vertragen.

Die Methanbildner gehören, ganz im Gegensatz zu den Fäkalkeimen und zur Mehrzahl der Mikroorganismen in Gewässern und Böden, nicht zu den „echten Bakterien" (Eubacteria), sondern zu einer stammesgeschichtlich viel älteren und den Eubacteria fernstehenden Gruppe, den Archaea oder Archaebacteria. Diese besitzen eine äußerliche Ähnlichkeit (Größe, Form) mit den eigentlichen Bakterien, es gibt dementsprechend Kurz- und Langstäbchen, Kugelformen (Kokken), Kugelpakete (Sarcinen) sowie Spirillen. Sie unterscheiden sich jedoch von den Eubacteria durch eine ganz andere Zellwandstruktur, besitzen auch besondere (Co)Enzyme. Alle Methanbildner sind empfindlich gegen Sauerstoff.

Die in der Natur und in den Anlagen zur Abwasser- und Schlammbehandlung maßgebenden Methanbildner kooperieren eng mit den Eubacteria. Letztere liefern zunächst wesentliche Endprodukte der ersten Abbaustufe, der sauren Phase. Fakultativ anaerobe Bakterien spalten dabei enzymatisch (hydrolytisch) Kohlenhydrate, aber auch Fette und Eiweißkörper. Ihre optimalen Bedingungen liegen im schwach sauren Bereich, in dem Methanbakterien nicht existieren können. Es entstehen kurzkettige Fettsäuren, Zucker und Aminosäuren.

Gärprodukte wie u. a. Propion-, Butter- und Milchsäure, auch Alkohole und Benzoesäure, werden durch streng anaerobe Azetatbildner, sog. **acetogene Bakterien**, weiter umgesetzt (Abb. 3.65). (Diese Bakterien haben nichts mit den aeroben Essigsäurebakterien gemeinsam, welche z. B. Wein bzw. Alkohol in Essigsäure umwandeln). Gebildet werden zwei Produkte, nämlich:
- Acetat und
- molekularer Wasserstoff.

Letzterer ist ein Schlüssel-Intermediärprodukt, dessen Partialdruck das Gleichgewicht zwischen

H_2-produzierenden und H_2-verbrauchenden Prozessen widerspiegelt (DOLFING 2001). Die Bildung von Acetat liefert mehr Energie als die vollständige Umwandlung der Ausgangsprodukte in H_2 und CO_2.

Es gibt auch Acetatbildner, die durch Reduktion von CO_2 mittels H_2 Essigsäure bilden, und auf diese Weise mit den Methanbildnern konkurrieren:

$$2\,CO_2 + 4\,H_2 \rightarrow CH_3COOH + 2\,H_2O + \text{Energie} \qquad (3.51)$$

Die acetogenen Bakterien sind im Vergleich zu anderen an den Abbauprozessen beteiligten Mikroorganismen relativ langsamwüchsig. Zu ihnen gehören u. a. verschiedene Arten von *Clostridium* (FRITSCHE 1998).

Im daran anschließenden Prozess (alkalische Phase) werden durch stark spezialisierte Arten, die Methanbakterien, die in den vorangehenden Stufen gebildeten Produkte weiter verarbeitet.

Acetogene und Wasserstoff verbrauchende bzw. Methan bildende Bakterien sind dann am wirksamsten, wenn sie in sehr enger räumlicher Nachbarschaft, als so genannte Konsortien, wachsen. Man bezeichnet diese Art des ernährungsmäßigen Zusammenwirkens als **Syntrophie**. Sie besteht hier vor allem zwischen Wasserstoff bildenden und Wasserstoff verbrauchenden Bakterien. Es ist sehr wichtig, Bedingungen einzuhalten, unter denen diese Kooperation reibungslos, d. h. ohne Anhäufung von Zwischen- bzw. Nebenprodukten, funktioniert und den Methanbildnern stets genug H_2, CO_2 und Acetat zur Verfügung steht. Auch bei manchen anderen anaeroben Prozessen funktionieren die sog. Konsortien von verschiedenartigen Bakterien teilweise nur dadurch, dass Spender- und Empfängerzellen für bestimmte Stoffe so dicht aneinander liegen, dass die Energieverluste gering bleiben.

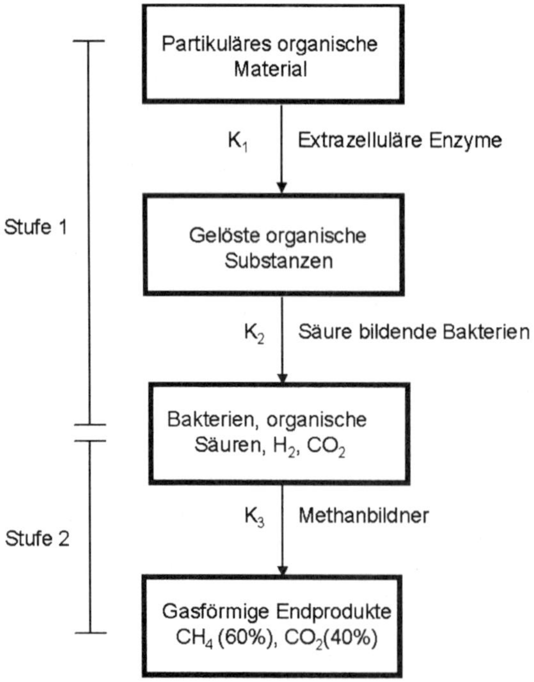

Prozesstechnisch, z. B. bei der Behandlung von Abwässern mit einem sehr hohen Anteil an leicht abbaubaren Kohlehydraten, ist es oft günstig, die schnellwüchsigen hydrolytischen Bakterien einerseits, die langsamwüchsigen Acetatbildner und die sehr langsamwüchsigen Methanbildner andererseits räumlich voneinander zu trennen. Erstere gedeihen nämlich in einem pH-Bereich bis 3,8 (MUDRACK, KUNST 2003). Hingegen bietet die Zweistufigkeit keine Vorteile bei Substraten, die von vornherein nur relativ langsam abgebaut werden (z. B. bei hohem Zellulosegehalt). Auch bei Abwässern mit hohem Gehalt an Fetten erfolgt die Säureproduktion nicht sehr schnell (MUDRACK, KUNST 2003).

Offenbar sind alle Methanbakterien in der Lage, Wasserstoff unter Verwendung des im CO_2 gebundenen Sauerstoffs zu oxidieren:

$$CO_2 + 4\,H_2 \rightarrow CH_4 + 2\,H_2O + \text{Energie} \qquad (3.52)$$

Als einzige Kohlenstoffquelle für die Zellsubstanzsynthese dient den Methanbakterien das CO_2. Hier wird organisches Material aus anorganischen Ausgangsstoffen gebildet, ohne dass, wie bei der Photosynthese, Lichtenergie genutzt wird.

Der Großteil des in Faulräumen und des in der Natur gebildeten Methans stammt jedoch aus der Reduktion von Essigsäure bzw. Acetat:

$$CH_3COOH \rightarrow CH_4 + CO_2 + \text{Energie} \qquad (3.53)$$

Abb. 3.65 Vereinfachte Darstellung der mikrobiellen Prozesse bei der Schlammfaulung.

Zu dieser Reaktion sind nur die Gattungen *Methanosarcina* und *Methanothrix* befähigt. Manche Methanbildner können auch weitere Substrate, z. B. Formiat ($HCOO^-$) oder das noch wesentlich energiereichere Methanol (CH_3OH), verarbeiten. Der Energiegewinn für die Organismen ist jedoch in allen Fällen bescheiden, wenn man ihn mit dem von aerob wachsenden Belebtschlamm-Bakterien vergleicht. Weitaus am attraktivsten ist molekularer Wasserstoff (der Energiegewinn ist viermal größer als bei der Reduktion von Acetat), aber H_2 steht in der Regel nicht reichlich genug zur Verfügung.

Durch die **Schlammfaulung**, d. h. die anaerobe Schlammstabilisierung, sollen die folgenden **Ziele** erreicht werden (BÖHNKE, BISCHOFSBERGER, SEYFRIED, DAUBER 1993):

- Weitgehende Verringerung der Geruchsbildung. Bei gut ausgefaultem Schlamm liegt der Gehalt an organischen Säuren unter 500 mg/l. Bis 100 mg/l ist der Schlamm noch geruchsfrei.
- Weitgehende Entfernung der fäulnisfähigen organischen Substanzen. Normalerweise werden rund 50 % der organischen Stoffe abgebaut. Dies entspricht einer Verringerung der Feststoffmenge um ca. 35 %.
- Verbesserung der Entwässerbarkeit.
- Verminderung der Parasiten und bakteriellen Krankheitserreger. Für eine ausreichende Hygienisierung ist allerdings der übliche mesophile Temperaturbereich von 30–37 °C noch zu niedrig.

Methan-Organismen sind maßgeblich am Abbau von Organochlorverbindungen beteiligt (FRITSCHE 1998), indem sie aus mehrfach chlorierten Fremdstoffen das Chlor abspalten (reduktive Dehalogenierung).

Andererseits sind nicht adaptierte Methanbildner oftmals empfindlich gegen Laststöße von toxischen Schwermetallen wie Zn, Cu, Pb (besonders bei gleichzeitig verringertem pH-Wert) oder gegen manche organischen Schadstoffe wie z. B. Chloroform (MUDRACK, KUNST 2003) sowie Desinfektionsmitteln, die in aeroben Anlagen noch nicht hemmend bzw. toxisch wirken.

Reaktoren zur anaeroben Schlammbehandlung. Man rechnet im Mittel mit einem Schlammanfall von 17 l/(E d). Bei der Schlammfaulung enthält die Trockenmasse des Rohmaterials (Primärschlamm sowie Biomasse aus aeroben Behandlungsstufen) 60–80 % organische Substanzen. Aus 1 kg davon können ca. 400–500 l Methan gewonnen werden. Das Faulgas enthält ca. $2/3$ Methan und ca. $1/3$ Kohlendioxid. Bei Vorherrschen von Kohlenhydraten ist der Methananteil geringer. Ein deutlicher zeitlicher Anstieg des CO_2-Gehaltes (bei gleichzeitig sinkendem pH-Wert und sinkender Gasmenge) ist ein Anzeichen dafür, dass sich der Prozessablauf verschlechtert.

Üblich sind für beheizte Faulräume Temperaturen von 30–35 °C, dem Vorzugsbereich der mesophilen Bakterien. Thermophile Methanbildner wachsen am besten im Bereich von 50–69 °C (BÖHNKE, BISCHOFSBERGER, SEYFRIED, DAUBER 1993). Bevorzugt wird in diesem Falle eine Prozesstemperatur von 55 °C. Dies entspricht einer erforderlichen Faulzeit von ca. 8 Tagen. Bei Temperaturen unter 28 °C hingegen beträgt diese mehr als 30 Tage (MUDRACK, KUNST 2003).

Der Faulprozess erfolgt ohne Rückführung von Biomasse in den Kreislauf bei theoretischen Verweilzeiten zwischen 15 und 100 Tagen. Dies ist möglich, weil der Trockenmassegehalt mit 40–60 g/l sehr hoch ist (HÄNEL 1986). Da in der ersten Stufe des Faulprozesses ein niedriger pH-Wert vorherrscht, andererseits jedoch eine sehr hohe Aktivität der methanbildenden Mikroorganismen auf den pH-Bereich 6,8–7,5 beschränkt ist, besteht bei einstufigem semikontinuierlichem Betrieb die Gefahr, dass gelegentlich das ganze System (durch Anhäufung von organischen Säuren infolge Blockierung ihrer Weiterverarbeitung zu Methan) in saure Gärung umschlägt. Dies erkennt man bereits daran, dass der pH-Wert wesentlich unter 7,0 absinkt. Da die Methanbildner noch langsamer wachsen als die acetogenen Bakterien, im Gegensatz zu den schnellwüchsigen hydrolytischen Säurebildnern, kommt dadurch der ganze Prozess infolge Selbstkonservierung zum Stillstand. Bezogen auf die Biomasse der Methanbildner handelt es sich dabei um eine Substrathemmung. Die toxische Wirkung beruht darauf, dass mit sinkendem pH-Wert der Anteil der undissoziierten Fettsäuren stark ansteigt. Auch die Bindung (= Inaktivierung) von toxischen Metallionen an Karbonat wird bei niedrigem pH-Wert aufgehoben. Die Hemmung der CH_4-Bildung verstärkt sich in Abhängigkeit von der H_2S-Konzentration entsprechend einer Sättigungskurve und bis nahe 100 % zu einer nahezu vollständigen Hemmung (KROISS 1986). Bei Abwässern mit einem hohen Sulfatgehalt (> 3000 mg/l) empfiehlt sich deshalb ein zweistufiger Betrieb. Der Schwefelwasserstoff kann dann durch Ausstrippen bereits in der ersten Stufe entfernt werden (MUDRACK, KUNST 2003).

Wenn umgekehrt der pH-Wert zu stark ansteigt, erhöht sich die NH_3-Toxizität. Dieser Einfluss gewinnt in Anbetracht der stets hohen NH_4^+-Konzentrationen im Faulwasser schon bei einem pH-Wert $> 7{,}5$ an Gewicht.

Das Risiko der sauren Gärung ist bei der Behandlung von kommunalen Klärschlämmen weitaus geringer als bei der von konzentrierten Industrieabwässern.

Der Faulbehälter wird durchmischt und beheizt. Die Raumbelastung beträgt in der Regel 2–4 kg oTS/m³ d, bei großen Anlagen kann sie noch etwas höher sein. Die erforderliche Faulzeit muss der niedrigen Wachstumsrate der Methanbildner Rechnung tragen, sie liegt daher meistens im Bereich von 12–20 Tagen, in kleinen Anlagen bei mindestens 15 Tagen. In der Einfahrphase muss, nach Einbringen von Impfschlamm, die Belastung schrittweise erhöht werden. Im günstigsten Fall ist der erwünschte Gleichgewichtszustand nach ca. 20 Tagen erreicht, im ungünstigsten nach ca. 6 Monaten. Die Konzentration an organischen Säuren (als Essigsäureäquivalente, EÄ) liegt dann in der Regel bei ca. 500 mg/l oder darunter, während sie in der Einfahrphase 1500 mg/l erreichen kann. Eine Blockierung der Methanbildung durch übermäßige Säure-Anreicherung (EÄ 1500 bis > 4000 mg/l) tritt am ehesten bei der anaeroben Behandlung kohlenhydratreicher Abwässer (z. B. Molkereien, Zuckerfabriken) auf. Nur wenige Arten von Methanbildnern vertragen pH-Werte $< 6{,}5$. Erforderlichenfalls muss durch die Zugabe von Kalk ($Ca(OH)_2$) die Säureneutralisierungskapazität erhöht werden. Bei einem EÄ > 4000 mg/l ist die Erhaltensneigung der übermäßigen Säureproduktion so groß, dass kaum noch Chancen für eine kurzfristige Sanierung bestehen. Solche Probleme treten bei Abwässern mit hohem Gehalt an Eiweißstoffen nicht auf. Hier wirkt die mikrobielle Freisetzung von Ammoniumionen aus den Aminosäuren stark puffernd.

Die Leistung der säurebildenden Bakterien ist viel weniger temperaturabhängig als die der Methanbildner. Um damit verbundene Risiken zu vermindern, bietet sich eine räumliche Separierung der Prozesse mit hintereinander geschalteten Reaktoren an. Im ersten (Aufenthaltszeit 1–2 Tage) herrscht die Bildung organischer Säuren vor, im zweiten (Aufenthaltszeit 15–20 Tage) die Methanproduktion. Dadurch kann auch eine Minderung des Wirkungsgrades infolge hydraulischen Kurzschlusses verhindert werden. Allerdings funktioniert die strikte Separierung der Prozesse bei kommunalen Schlämmen weniger gut als bei hochkonzentrierten Industrieabwässern (BÖHNKE, BISCHOFSBERGER, SEYFRIED, DAUBER 1993).

Unerwünscht ist auch ein starkes Wachstum der Sulfatreduzenten, da diese ebenfalls Wasserstoff und Acetat nutzen, somit Konkurrenten der Methanbildner sind. Außerdem bilden sie Schwefelwasserstoff, der von den Methanbildnern wegen seiner toxischen Wirkung nicht toleriert wird. Die Toxizität erhöht sich bei Abnahme von einer pH-Einheit um eine ganze Größenordnung. Beim pH-Wert 6,0 liegen 90 % des Gesamtsulfids als H_2S vor. Allerdings wird durch die Produktion von OH^--Ionen bei der mikrobiellen Sulfatreduktion das Absinken des pH-Wertes und damit die toxische Wirkung des Sulfids teilweise kompensiert.

Die Wahrscheinlichkeit einer Sulfidbildung steigt mit der Sulfatkonzentration im Wasser. Aus diesem Grund ist auch eine Verwendung von Metallsulfaten als Fällungsmittel ungünstig. Das Eisen selbst wirkt (durch Bildung von Eisensulfid) günstig, d. h. „entgiftend". Dies gilt auch für die Ausschaltung der Wirkung toxischer Metalle, für die u. U. sogar eine balancierte Sulfat-Zugabe erforderlich ist. Diese sollte allerdings nicht dazu führen, dass auch Spurenelemente ausgefällt werden, die für bestimmte Mikroorganismen in der Anlage lebenswichtig sind. Das gilt im Falle von Nickel, Kobalt, Molybdän, Wolfram für Methanbildner (MUDRACK, KUNST 2003). Ein geringer H_2S-Gehalt ist erforderlich, um den Schwefelbedarf der Methanbildner zu decken. Diese können, weil streng anaerob, das Sulfat nicht selbst reduzieren. Zusätzlicher Handlungsbedarf besteht andererseits dann, wenn im Faulgas Schwefelwasserstoff auftritt (KROISS 1986). Das Angebot an gelöstem Eisen sollte im Anaerob-Reaktor eine Konzentration von 1 mg/l nicht unterschreiten, manchmal ist der Bedarf sogar noch höher.

Im Gegensatz zu den Methanbildnern sind die für die Produktion organischer Säuren maßgebenden Bakterien nur wenig H_2S-empfindlich. Hier kann der bereits erwähnte zweistufige Betrieb (mit Methanbildung in der zweiten Stufe) vorteilhaft sein.

Die Prozessführung der Schlammfaulung (mit einem Feststoffgehalt von oftmals 10 % oder möglichst darüber), stellt hohe Anforderungen an die richtige, d. h. die Ansprüche ganz unterschiedlicher Mikroorganismen erfüllende Durchmischung bzw. Grenzflächenerneuerung. Die Durchmischung muss vollständig sein und mehrmals pro Tag erfolgen. Sie verhindert auch die Bildung einer Schwimmdecke. Molekularer Sauerstoff darf keinesfalls eingetragen werden, denn er wirkt auf Methanbildner toxisch, ein zu hoher Nitratgehalt – durch den Überschussschlamm einer Belebungsstufe – ebenfalls. Die hydraulische Aufenthaltszeit des Schlamms muss länger sein als die Generationszeit der langsamwüchsigsten unter den für den Prozess maßgebenden Bakterien. Die Beschickung des Reaktors soll mindestens fünfmal pro Tag erfolgen.

Durch den Faulprozess verringert sich die Viskosität. Der ausgefaulte Schlamm kann daher besser durch Pumpen gefördert werden als Rohschlamm. Vom anaerob stabilisierten (= ausgefaulten) Klärschlamm muss das Schlammwasser entfernt und aerob weiterbehandelt werden. Der Technische Abbaugrad (= die Abbaugrenze) ist in der Regel bei einem Gehalt an organischer Trockenmasse von 35 % erreicht. Man geht davon aus, dass dann etwa 90 % der durch anaeroben Abbau gewinnbaren Gasmenge freigesetzt sind (BÖHNKE, BISCHOFSBERGER, SEYFRIED, DAUBER 1993).

3.5.3 Anaerobe Abwasserbehandlung

Eine biologische Abwasserbehandlung in geschlossenen Reaktoren mit anaerobem Belebtschlamm oder anaerobem biologischem Rasen kommt in unserem Klimabereich vor allem für hochkonzentrierte Abwässer der Nahrungs- und Genussmittelindustrie in Frage.

Bei Abwässern der chemischen und pharmazeutischen Industrie besteht das Risiko einer Beeinträchtigung durch toxisch wirkende Substanzen. Selbst Phenol, also kein Fremdstoff, kann nur unter Umgehung der Versäuerungsstufe anaerob abgebaut werden (THIEL 1990).

In dieser Hinsicht ist das Leistungsvermögen aerober Behandlungsverfahren weitaus höher.

Prinzipielle Vorteile der anaeroben Verfahren im Vergleich zu Belebungsverfahren sind (BÖHNKE, BISCHOFSBERGER, SEYFRIED, DAUBER 1993, HÄNEL 1986):
- die geringe Produktion an Biomasse bzw. Überschussschlamm (weniger als 10 % des eliminierten CSB werden in Biomasse bzw. Überschussschlamm umgewandelt statt 30–60 % bei aeroben Verfahren),
- die günstigere Energiebilanz (Gewinnung von Biogas mit anschließender Wärme-Kraft-Kopplung anstelle des Verbrauchs von Elektroenergie für die Belüftung),
- der geringe Platzbedarf (große Höhe im Vergleich zur Grundfläche, ähnlich wie bei Reaktoren der Chemie-Industrie),
- Vermeidung einer Blähschlammbildung, die bei aerober Behandlung auftreten kann.

Diese Verfahren arbeiten entweder einstufig, d. h. Säurebildung und Methanproduktion sind trotz der ganz unterschiedlichen Umweltansprüche der maßgebenden Mikroorganismen nicht räumlich getrennt, oder mit zwei hintereinander geschalteten Reaktoren. Letzteres ist bei Abwässern, die hinsichtlich Menge, Konzentration oder Anteil toxischer Substanzen sehr stark schwanken, oftmals die Vorzugsvariante. Eine Rückführung von Biomasse in den Reaktor ist erforderlich. Durch die geringere Biomasseproduktion ist insgesamt der Bedarf an N und P beim anaeroben Abbau geringer als beim aeroben Abbau. Dadurch kann bei anaerober Vorbehandlung von Industrieabwässern auf eine andernfalls eventuell erforderliche N- oder P-Dosierung verzichtet werden. Da der Anteil der Zellsubstanzsynthese am Gesamtumsatz viel geringer ist als bei aeroben Verfahren, sind die entsprechenden Aufwendungen ebenfalls niedriger.

Der BSB_5 im Ablauf von Anaerobreaktoren ist in der Regel noch etwa so hoch wie bei kommunalem Abwasser, so dass eine aerobe Nachbehandlung unumgänglich wird. Dass der Rest-CSB generell noch hoch ist, kann so pauschal nicht gesagt werden. Bei der Licher Privatbrauerei ist z. B. der Rest-CSB im Mittel 27 mg/l. In vielen Fällen ist auch eine Abluftbehandlung erforderlich.

Für das **anaerobe Belebungsverfahren** wird in der Regel ein Rührkessel-Reaktor mit schonender Umwälzung eingesetzt (Abb. 3.66). Das Verfahren (auch als Kontaktschlamm-Verfahren bezeichnet) eignet sich besonders für Abwässer mit hohem Feststoffanteil, z. B. aus Massentierhaltungen. Da der geklärte Ablauf in der Regel noch einen Schwebstoffgehalt um etwa 500 mg/l aufweist und übelriechend ist, kommt das Verfahren nur als erste biologische Stufe in Frage.

Eine Durchmischung ist aus folgenden Gründen erforderlich:
- die Vergleichmäßigung des Reaktorinhaltes (auch im Sinne einer hydraulischen Pufferung und einer gleichmäßigen Heiztemperatur),
- eine ausreichende Grenzflächenerneuerung zur Verbesserung des Kontaktes zwischen Biomasse und Substrat,

- die Trennung der Faulgas-Blasen von den Schlammflocken und die Zerstörung von Schwimmschichten.

Die Durchmischung wird durch Rezirkulation mittels Pumpen, durch Rührwerke oder durch Einpressen von Faulgas oder von Wasserdampf (auch zur Heizung) bewirkt. In vielen Fällen ist auch eine intermittierende Durchmischung ausreichend bzw. sogar günstig. Auch aufsteigendes Schlammgas wirkt turbulenzfördernd.

Die organische Trockenmasse im Reaktor liegt im Bereich von etwa 5–20 g/l. Der Schlamm ist im günstigsten Falle gut absetzbar, so dass er in einem Nachklärbecken abgetrennt, eingedickt und zurückgeführt werden kann. Damit können die Schlammbelastung verringert und das Schlammalter erhöht werden (HÄNEL 1986). Oftmals erweist sich aber die Phasentrennung zwischen Schlamm und Wasser als relativ schwierig. Bei der Schlamm-Rückführung aus dem Nachklärbecken werden Mineralpartikel viel stärker erfasst als die meistens sehr leichten Schlammflocken. Die Rückführung von Biomasse mit Hilfe von Pumpen zerstört einen Teil der Schlammflocken. Ist die Flotation der Schlammflocken zu stark, kann zur Förderung des Wachstums von Bakterien-Aggregaten ein feinkörniges und ausreichend dichtes Trägermaterial eingesetzt werden. Voraussetzung dafür ist aber, dass die Mikroorganismen dieses Material auch annehmen. Damit lässt sich auch das Eindick- und Entwässerungsverhalten des Schlammes verbessern. Bei der Einarbeitung sind die geringen Wachstumsgeschwindigkeiten der Methanbakterien entscheidend, deshalb sind oftmals 2–3 Monate oder mehr erforderlich (HÄNEL 1986). Die Empfindlichkeit gegenüber toxischen Laststößen ist größer als beim aeroben Verfahren.

Da bei bestimmten Industrieabwässern die Gefahr des Nachgasens in Absetzbecken und damit des Auftreibens von Schlamm oftmals erheblich ist, müssen für die Phasentrennung in vielen Fällen andere Verfahren gewählt werden, z.B. nach Zwischenschaltung einer Vakuumentgasung eine nachfolgende Sedimentation im Lamellenabscheider, bzw. Filtration, Flotation (siehe BÖHNKE, BISCHOFSBERGER, SEYFRIED, DAUBER 1993). Die Temperatur muss mindestens 20 °C betragen, das Optimum liegt bei 30–36 °C. Hinsichtlich pH-Wert und Schwefelwasserstoff sind die Anforderungen die gleichen wie bei der Schlammfaulung. Das Verfahren hat sich bei der Reinigung konzentrierter Abwässer der Lebensmittelindustrie bewährt.

Anaerobe Rührkessel-Reaktoren werden häufig als vorgeschaltete Stufe zur Produktion von organischen Säuren genutzt. Da hier die Mikroorganismen größtenteils nicht in Flocken wachsen, sondern als Zellsuspension, ist eine Abtrennung durch Sedimentation kaum möglich. Dank der hohen Wachstumsraten der hier vorherrschenden Bakterien ist ein reiner Durchlaufbetrieb nach dem Prinzip der kontinuierlichen Fermentation realisierbar (MUDRACK, KUNST 2003).

Eine wirksame Abtrennung des Gases ist auch hier sehr wichtig. Dafür stehen verschiedene Verfahren, darunter eine zwischengeschaltete Vakuumentgasung, zur Diskussion. Die Einarbeitung solcher Anlagen nimmt wesentlich mehr Zeit in Anspruch als die von aeroben Reaktoren (MUDRACK, KUNST 2003).

In der industriellen Praxis existieren Anaerob-Reaktoren in einer außerordentlich großen Zahl

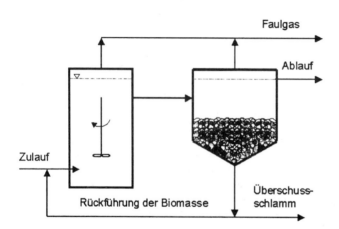

Abb. 3.66 Anaerobes Belebungsverfahren.

von konstruktiven Varianten. Im Folgenden werden die Wirkprinzipien von Anaerobfilter, Schlammbett-Reaktor und Fließbettreaktor beschrieben:

Anaerober **Festbettreaktor** (Anaerobfilter). Hier dient das Füllmaterial ebenso wie beim Tropfkörper als Träger für den Biofilm. Es ist unbeweglich und nimmt mehr als 50% des gesamten Volumens ein. Dadurch können die Mikroorganismen nicht ausgewaschen werden, bzw. ihre Verweilzeit ist stets ausreichend lang. Es ist daher keine Rückführung von Biomasse erforderlich. Die Anheftung an den Trägermaterialien beruht ebenso wie bei aeroben Biofilmen auf der Produktion von extrazellulären polymeren Substanzen, vorwiegend Kohlenhydraten. In Gebrauch sind ganz unterschiedliche Füllmaterialien (in erster Linie, u. a. wegen ihrer großen Oberfläche, Kunststoffelemente, aber auch Aktivkohle, Blähton, offenporiges Sinterglas und viele andere mineralische Komponenten). Da ein solcher Reaktor vollständig überstaut ist, kann er auch im aufsteigenden Verfahren betrieben werden.

Der Gehalt an organischer Trockenmasse beträgt maximal 20 g/l, ist daher geringer als im Schlammbett- und Fließbett-Reaktor. Als Filter zur Rückhaltung von Biomasse wirkt das Füllmaterial selbst, d. h. die Adhäsion von Partikeln an den Biofilmen. Die Gefahr einer Verstopfung ist trotz des geringen Anteils der Zellsubstanzsynthese am Gesamtumsatz und der ständigen Auflockerung durch Gasblasen nicht unerheblich.

Anaerobe Festbettreaktoren mit aufsteigender Strömung eignen sich besonders gut für die Behandlung von hochkonzentrierten aber feststoffarmen Industrieabwässern und verhalten sich gegenüber Belastungsschwankungen ziemlich stabil. Das gilt auch gegenüber Laststößen mit toxischen Substanzen, weil diese in der Regel bereits durch den Biofilm im Zulauf-Segment abgefangen werden können.

Bereits bei Zulauf-Konzentrationen > 8 g CSB/l hat sich die Verdünnung durch Rückführung des Reaktorablaufs bewährt. Bei sehr hoher Raumbelastung (> 12 kg CSB/(m³ d)) ist im Ablauf mit Feststoffkonzentrationen von > 500 mg/l zu rechnen.

Bei Verwendung von Modulpackungen mit großen Kanälen (vorgefertigte Kunststoffelemente) anstelle von geschüttetem Material ist auch ein Betrieb mit Abwärtsströmung, geringer Bildung von Totzonen und geringer Verstopfungsgefahr möglich (BÖHNKE, BISCHOFSBERGER, SEYFRIED, DAUBER 1993). Solche Reaktoren sind nicht so empfindlich gegen einen erhöhten Feststoffgehalt. Abwässer, aus denen Karbonat oder Magnesium-Ammonium-Phosphat (Struvit) ausfallen, können nicht im Festbettreaktor behandelt werden.

Bei erstmaliger Inbetriebnahme ist mit einer langen Einarbeitungsphase (3–9 Monate) zu rechnen. In Festbettreaktoren können auch stabile Organismengemeinschaften mit speziellen Leistungen aufrechterhalten werden, die zum Abbau von Fremdstoffen wie z. B. Chlorphenolen befähigt sind (siehe FRITSCHE 2002).

Schlammbett-Reaktor. Im Schlammbett-Reaktor (**u**pflow **a**naerobic **s**ludge **b**lanket reactor, Kurzform UASB-Reaktor) reichert sich die Biomasse im unteren Bereich als gut absetzbare Flocken (Pellets) an. Dort bildet sich ein Schlammbett. Unter diesen Bedingungen werden auch acetogene Bakterien sowie methanproduzierende Mikroorganismen (*Methanothrix, Methanosarcina*) begünstigt, die auch ohne Trägermaterial in Form von relativ dichten Körnern oder Pellets wachsen. Deren Bildung (infolge $CaCO_3$-Fällung beim CO_2-Verbrauch durch Methanbildner) setzt einen ausreichend hohen Ca^{2+}-Gehalt voraus. Dieser sollte aber andererseits, damit sich nicht Karbonat auch in den Rohrleitungen ablagert, nicht mehr als etwa 700 mg/l betragen. Die Absetzeigenschaften der Pellets sind wesentlich besser als die von flockigem Belebtschlamm.

Der Schlammbett-Reaktor kommt ohne Trägermaterial aus. Das Verfahren eignet sich weniger für hochkonzentrierte Abwässer (CSB > 10 g/l), weil der Auftrieb des Schlammes dabei zu groß wird. In diesem Fall ist eine Verdünnung mit dem Reaktorablauf vorzusehen. Eine zu hohe BSB-Belastung sowie Ammonium-N-Gehalte > 1000 mg/l hemmen die Pellet-Bildung (BÖHNKE, BISCHOFSBERGER, SEYFRIED, DAUBER 1993). Seine maximale Eliminationsleistung liegt bei ca. 15 kg CSB/(m³ d) (MUDRACK, KUNST 2003).

Eine Weiterentwicklung des UASB-Reaktors ist der EGSB-Reaktor (**e**xpanded **g**ranular **s**ludge **b**ed reactor) mit einem effizienteren Drei-Phasen-Abscheider. EGSB-Reaktoren arbeiten mit einer hohen Rezirkulationsrate (Rezirkulation innerhalb oder außerhalb des Reaktors), die zu einer höheren Aufstromgeschwindigkeit und zu einer höheren Schlammaktivität sowie zu einer partiellen Auswaschung der suspendierten Feststoffe führen. Damit sind Raumbelastungen um mehr als 30 kg CSB/(m³ d) möglich, AUSTERMANN-HAUN, pers. Mitteilung.

Fließbett-Reaktoren. Schwebebett- und Wirbelbett-Reaktoren arbeiten ebenfalls im Aufstrom, aber mit beweglichem Trägermaterial. Sie besitzen ein so genanntes Fließbett und sind in der Regel turmförmig gestaltet. Das inerte Trägermaterial für die Biofilme (Sand, Kunststoffkügelchen, Bims) ist feinkörnig und wird durch den Rezirkulations-Strom in der Schwebe gehalten. Es besitzt mit Werten von ca. 2000–5000 m^2/m^3 eine sehr große Oberfläche und nimmt 10–20% des Nassvolumens ein (BÖHNKE, BISCHOFSBERGER, SEYFRIED, DAUBER 1993).

Beim Schwebebett-Reaktor beträgt die Aufstiegsgeschwindigkeit v_A (bezogen auf den nur wassergefüllten Reaktor) 2–10 m/h, die Partikel schweben wirklich, d.h. verändern ihre Lage nur wenig.

Beim Wirbelbett-Reaktor (Fluidized-bed reactor) ist v_A viel größer (10–30 m/h). Daraus resultiert eine turbulente Durchmischung, die Partikel werden verwirbelt. Infolge der starken Scherkräfte kann sich auf den Trägermaterialien nur ein dünner Biofilm, nicht stärker als 1 mm, ausbilden.

Da das Trägermaterial eine große Dichte besitzt, sedimentiert es schnell. Dementsprechend ist der Querschnitt des Reaktors im Kopfteil oftmals trichterförmig erweitert und dient zur Phasentrennung bzw. als Absetzbecken. Alternativ kann ein Absetzbecken oder ein Gas-Flüssigkeits-Separator nachgeschaltet werden.

Der Gehalt an organischer Trockenmasse im Reaktor ist sehr hoch (30–50 g/l). Mit diesem Verfahren können daher auch wesentlich höhere Raumbelastungen (20 bis maximal 70 kg CSB/m^3 d) erreicht werden als mit den bisher genannten. Allerdings soll dabei der Zulauf-CSB einen Wert von 10 g/l nicht überschreiten. Wartungsaufwand, Betriebskosten und Störanfälligkeit sind größer als bei den anderen Anlagen.

Einzelheiten zur anaeroben Verfahrenstechnik sind bei AUSTERMANN-HAUN, SAAKE, SEYFRIED (1993) zusammengestellt.

3.5.4 Hygienisierung von Klärschlamm

In einer Zeit, in der durch Bodenerosion jährlich viele Millionen Tonnen Feinerde verloren gehen, sollte die Nutzung von stabilisiertem Klärschlamm als Bodenverbesserungsmittel eigentlich der bevorzugte Weg der Entsorgung sein.

Im Vergleich zu Stallmist-Dünger empfiehlt sich Klärschlamm u.a. durch seinen hohen Phosphor- und Magnesiumgehalt (MUDRACK, KUNST 2003). Als Dünger geeignet ist allerdings nur Klärschlamm, der die für Böden maßgebenden Richtwerte für toxische Schwermetalle und persistente organische Schadstoffe nicht überschreitet. Nach der biologischen Behandlung von Fäkalabwässern muss im Klärschlamm noch mit Fäkalindikatoren und Krankheitserregern aus den in Tab. 3.11 dargestellten Gruppen gerechnet werden.

In Deutschland werden an die Hygienisierung (Entseuchung) von Klärschlamm die folgenden Anforderungen gestellt (BÖHNKE, BISCHOFSBERGER, SEYFRIED, DAUBER 1993):

- Verminderung der Anzahl der Salmonellen um mindestens vier Zehnerpotenzen. In einem Gramm Schlamm dürfen direkt nach der Behandlung keine Salmonellen mehr nachweisbar sein.

Tab. 3.11 Fäkalbakterien und Krankheitserreger im Klärschlamm.

Organismengruppe	Wichtige Vertreter
Fäkal-Bakterien	Enterobakterien (*Escherichia coli*, *Salmonella*, *Enterobacter*), *Clostridium perfringens*, *Pseudomonas aeruginosa*; *Vibrio cholerae* (in warmen Ländern)
Eier oder Cysten von Parasiten	Einzeller: *Giardia*, *Cryptosporidium*, Fadenwürmer (Nematoden): Spulwurm (*Ascaris*), Hakenwurm (*Ancylostoma*)
	Bandwürmer (Cestoden): Rinder-, Schweine-, Fischbandwurm
	Saugwürmer (Trematoden) in warmen Ländern: *Schistosoma hämatobium*, *S. japonica* (Erreger der Bilharzia-Krankheit)
Viren	Enteroviren Adenoviren

- Ein Gramm Schlamm darf (direkt nach der Behandlung) nicht mehr als 1000 Zellen von Enterobakterien enthalten.
- Es dürfen keine ansteckungsfähigen Spulwurm-Eier mehr vorhanden sein.

Im Faulraum reichen die Aufenthaltszeiten und Temperaturen meistens nicht zur Abtötung von Wurmeiern aus. Ausgenommen sind solche Anlagen, die im thermophilen Bereich arbeiten. Die hier mögliche Hitzeeinwirkung ist die verbreitetste Methode zur Hygienisierung von Klärschlamm. Beträgt die Temperatur 50 °C, werden bei einer Reaktionszeit von einem Tag alle Krankheitserreger abgetötet. Um den gleichen Effekt binnen einer Stunde zu erreichen, ist eine Temperatur von 63 °C erforderlich. Eine Temperatur von 42 °C hingegen würde selbst nach einem Jahr Einwirkungsdauer nicht ausreichen, um alle vorhandenen Wurmeier abzutöten (nach FEACHEM aus BÖHNKE, BISCHOFSBERGER, SEYFRIED, DAUBER 1993).

Praktiziert werden bei der Hygienisierung von Klärschlamm die folgenden Methoden (MUDRACK, KUNST 2003):

- Vor-Pasteurisierung (d. h. dreimaliges Erhitzen auf Temperaturen $> 60\,°C$),
- Kompostierung in Mieten oder Reaktoren,
- Beimengung von Branntkalk (CaO) mit Nutzung der damit verbundenen Wärmeentwicklung,
- aerob-thermophile Schlammstabilisierung,
- künstliche Schlammtrocknung.

Der Einsatz von Klärschlamm als Dünger ist sinnvoll. Allerdings darf in Deutschland auch hygienisierter Klärschlamm nicht auf Anbauflächen für Obst und Gemüse sowie auf Dauergrünland gebracht werden. Ein Verbot gilt auch für Natur- und Wasserschutzgebiete.

Literaturverzeichnis

AIVASIDIS, A., WANDREY, C. (1984): Mikrobielle Abwasserreinigung. Die Umschau 1, 15–20.

ARVIN, E. (1985): Phosphatfällung durch biologische Phosphorentfernung. GWF Wasser und Abwasser 126, 250–256.

Arbeitsblatt ATV-A 201 (1989): Grundsätze für Bemessung, Bau und Betrieb von Abwasserteichen für kommunales Abwasser, 9 S.

Arbeitsblatt ATV-A 126 (1993): Grundsätze für die Abwasserbehandlung in Kläranlagen nach dem Belebungsverfahren mit gemeinsamer Schlammstabilisierung bei Anschlusswerten zwischen 500 und 5000 Einwohnerwerten, 11 S.

Arbeitsblatt ATV-A 262 (1998): Grundsätze für Bemessung, Bau und Betrieb von Pflanzenbeeten für kommunales Abwasser bei Ausbaugrößen bis 1000 Einwohnerwerte, 12 S.

Arbeitsblatt ATV-A 131 (2000): Bemessung von einstufigen Belebungsanlagen, 44 S.

ATV-Arbeitsbericht (2004): ATV-DVWK-Arbeitsgruppe IG-5.6 „Biofilmverfahren", Korrespondenz Abwasser, 51, 2, 195–198

ATV-Handbuch (1997): Biologische und weitergehende Abwasserreinigung. 4. Aufl., Ernst & Sohn, Berlin, 849 S.

AURAND, K., ALTHAUS, H. (1991): Die Trinkwasserverordnung. Einführung und Erläuterung für Wasserversorgungsunternehmen und Überwachungsbehörden. 3. Aufl., Erich Schmidt Verlag, Berlin, 710 S.

AUSTERMANN-HAUN, U., SAAKE, M., SEYFRIED, C.F. (1993): Verfahrenstechniken zur Behandlung von Abwässern. 336–466 In: Böhnke, Bischofsberger, Seyfried, Dauber (S. 218).

Autorenkollektiv (1984): Grundlagen der industriellen Wasserbehandlung. Verlag Moeller & Panick, Essen, 306 S.

BACK, E.E. (2000): Membranbelebungsverfahren. ATV-DVWK-Arbeitsbericht. KA Wasserwirtschaft, Abwasser, Abfall 47, 1547–1553.

Bäderhygienegesetz (1997): Bundesgesetz v. 6.5.1976 über die Hygiene in Bädern, Sauna-Anlagen, Warmluft- und Dampfbädern, Kleinbadekabinen und über die Wasserqualität von Badestellen (Bäderhygienegesetz – BHygG). BGBl. Nr. 254/1976, [Ö]BGBl. I Nr. 21/1997.

Bäderhygieneverordnung (1998): Verordnung der Bundesministerin für Arbeit, Gesundheit und Soziales über Hygiene in Bädern, Sauna-Anlagen, Warmluft- und Dampfbädern sowie Kleinbadeteichen und die an Badestellen zu stellenden Anforderungen (Bäderhygieneverordnung-BHygV). [Ö]BGBl. II Nr. 420/1998, 3147–3170.

Badewasserkommission (1997): Hygienische Überwachung öffentlicher und gewerblicher Bäder durch die Gesundheitsämter (Amtsarzt). Bundesgesbl. 40, 435–440

BAHLO, K., WACH, G. (1993): Naturnahe Abwasserreinigung; Planung und Bau von Pflanzenkläranlagen. Ökobuch Verlag, Staufen, 137 S.

BARNARD, J.L. (1974): Cut P and N without chemicals. Water and Wastes Engng. 11, 33–36

BAUMGARDT, W., KELLER, H., WRICKE, B., PAKLINA, D., HALIMONENKO, S. (2000): Aufbereitung eines reduzierten Grundwassers mit hohen Ammoniumgehalten. GWF Wasser und Abwasser 141, 375–380.

BEGER, H. (1966): Leitfaden der Trink- und Brauchwasserbiologie. 2. Aufl. Fischer Verlag, Stuttgart, 328 S.

BEIER, M., HIPPEN, A., SEYFRIED, C.F., ROSENWINKEL, K.H., JOHANNSON, P. (1998): Comparison of different biological treatment methods for nitrogen-rich waste waters. Europ. Water Management 2, 1, 61–66.

BENDINGER, B., MANZ, W. (2000): Nachweis methanotropher Bakterien in der Aufbereitung reduzierter Grundwässer mittels in-situ Hybridisierung. In: Kuhlmann, B., Preuß, G., Anwendung molekularbiologischer Verfahren in der Grund- und Trinkwasseranalytik. Veröff. Inst. Wasserforschung Dortmund 60, 74–86.

BENNDORF, J., PÜTZ, K. (1987): Control of eutrophication of lakes and reservoirs by means of pre-dams – 1. Mode of operation and calculation of the nutrient elimination capacity. Wat. Res. 21, 7, 829–838.

BENNDORF, J., GROSSE, N. (1999): Der Einfluss des Fischbestandes auf die Zooplanktonbesiedlung und die Wassergüte. Gewässerschutz-Wasser-Abwasser (Aachen) 172, 41, 1–15.

BENNDORF, J., KAMJUNKE, N. (1999): Anwenderrichtlinie Biomanipulation am Beispiel der Talsperre Bautzen. Sächsisches Landesamt für Umwelt und Geologie. Materialien zur Wasserwirtschaft, 1–19.

BENNDORF, J., CLASEN, J. (2001): Integrierte Wasserbewirtschaftung von Trinkwassertalsperren – Integration gewässerinterner Maßnahmen. Arbeitsgemeinschaft Trinkwassertalsperren Siegburg. ATT Schriftenreihe 3, 149–185.

BERNHARDT, H. (1965): Über die Entfernung von Oscillatoria rubescens aus einem Talsperrenwasser durch Flockung und Fällung. Arch. Hydrobiol. 61, 311–327.

BERNHARDT, H. (1996): Trinkwasseraufbereitung. Wahnbachtalsperrenverband Siegburg, 429 S.

BERNHARDT, H., HÖTTER, G. (1967): Möglichkeiten der Verhinderung anaerober Verhältnisse in einer Trinkwassertalsperre während der Sommerstagnation. Arch. Hydrobiol. 63, 404–428.

BERNHARDT, H., HOYER, O., SCHELL, H., LÜSSE, B. (1985): Reaction mechanisms involved in the influence of algogenic organic matter on flocculation. Z. Wasser-Abwasser-Forsch. 18, 18–30.

BERNHARDT, H., WILHELMS, A. (1978): Der Einfluss algenbürtiger organischer Verbindungen auf den Flockungsprozess bei der Trinkwasseraufbereitung. In: AURAND, K., Organische Verunreinigungen in der Umwelt. E. Schmidt Verlag, Berlin, 112–146.

BEVER, J., STEIN, A., TEICHMANN, H. (1993): Weitergehende Abwasserreinigung. 2. Aufl. Oldenbourg Verlag München Wien 1993, 429 S.

BINSWANGER, S., SIEGRIST, H., LAIS, P. (1997): Simultane Nitrifikation/Denitrifikation von stark ammoniumbelasteten Abwässern ohne organische Kohlenstoffquellen. Korrespondenz Abwasser 44, 1573–1581.

BITTON, G. (1994): Wastewater Microbiology. Wiley-Liss Inc. New York, 478 S.

BODE, H., MORGENSCHWEIS, G. (2001): Beitrag der Talsperren zum Flussgebietsmanagement im Einzugsgebiet der Ruhr. Arbeitsgemeinschaft Trinkwassertalsperren Siegburg, ATT Schriftenreihe 3, 69–94.

BÖHNKE, B., BISCHOFSBERGER, W., SEYFRIED, C.F., DAUBER, S. (1993): Anaerobtechnik. Handbuch der anaeroben Behandlung von Abwasser und Schlamm. Springer Verlag, Berlin, 837 S.

BÖNING, T., LOHSE, M., HARTMANN, B. (2001): Was leisten naturnahe Verfahren? WWT 51, 5, 18–22.

BOTOSANEANU, L. (1986): Stygofauna mundi. E.J.Brill, Leiden. 740 S.

BOTZENHART, K., PFEILSTICKER, K.K. (1999): Vergleiche europäischer Bestimmungen zur Schwimmbeckenwasserhygiene. Gesundheitswesen 61, 424–429.

BOTZENHART, K. (2000): Trinkwasser. In: WALTER, R. Umweltvirologie. Viren in Wasser und Boden. Springer Verlag, Wien, 57–84.

BRIX, H. (1994): Functions of macrophytes in constructed wetlands. Wat. Sci. Tech. 29, 4, 71–78.

BUCKSTEEG, K. (1987): Pflanzenkläranlagen. Bau und Betrieb von Anlagen zur Wasser- und Abwasserreinigung mit Hilfe von Wasserpflanzen. Berlin, Pfriemer Verlag, 148 S.

BUCKSTEEG, K., KRAFT, H., HAIDER, R., RAUSCH, F., JONG, J. DE, EBELING, W., GELLER, G., CHUDOBA, J., ČECH, J.S., FARKAČ, J., GRAU, P. (1985): Control of activated sludge filamentous bulking. Water Res. 19, 191–196.

CARACO, N.F., COLE, J.J., LIKENS, G.E. (1993): Sulfate control of phosphorus availability in lakes. Hydrobiologia 253, 275–280.

CARMICHAEL, W.W. (1992): Cyanobacteria secondary metabolites – the Cyanotoxins. J. Appl. Bacteriol. 72, 445–459.

ČECH, J., HARTMANN, P. (1993): Competition between polyphosphate and polysaccharide accumulating bacteria in enhanced biological phosphate removal systems. Wat. Res. 27, 1219–1225.

CHAPELLE, F.H. (1993) Ground-Water microbiology & geochemistry. John Wiley & Sons. Inc., New York, 424 S.

CHARACKLIS, W.G. (1990): Biofilm Processes. 195–231 in: Characklis, Marshall (1990): Biofilms.

CHARACKLIS, W.G., WILDERER, P.A. (1989): Structure and function of biofilms. John Wiley & Sons, Chichester, 387 S.

CHARACKLIS, W.G., MARSHALL, K.C. (1990): Biofilms. John Wiley & Sons, Inc, New York, 796 S.

CHIESA, S.C., IRVINE, R.L. (1985): Growth and control of filamentous microbes in activated sludge: an integrated hypothesis. Wat. Res. 19, 471–479.

CHORUS, I. (1999): Algenbürtige Schadstoffe – Auftreten, Wirkung und Bedeutung. In: GUDERIAN, R., GUNKEL, G.: Handbuch der Umweltveränderungen und Ökotoxikologie. 3B. Springer Verlag, Berlin, 48–71.

CHORUS, I. (1995): Cyanobakterientoxine: Kenntnisstand und Forschungsprogramme. Jahrestagung der Dt. Gesellsch. Limnologie, Berlin 1995, 269–280.

CHORUS, I., BARTRAM, J. (1999): Toxic cyanobacteria in water. A guide to their public health consequences, monitoring, and management. E. & F.N. Spon, 416 S.

CHUDOBA, J., ČZECH, J.S., FARKAČ, J., GRAU, P. (1985): Control of activated sludge filamentous bulking Water Res. 19, 191–196.

CHUDOBA, J., OTTOVA, V., MADERA, V. (1973): Control of Activated Sludge Filamentous Bulking I/II. Water Research 7, 1163–1182, 1389–1406.

CLASEN, J. (1993): Erfahrungen mit der Besiedlung von Hochbehältern im Verteilungsnetz. GWF Wasser und Abwasser 134, 191–192.

CLASEN, J. (1994): Die Bedeutung biologischer Untersuchungen für die Steuerung und Überwachung von Aufbereitungsanlagen an Trinkwassertalsperren. In: KETELAARS, H.A.M., NIENHÜSER, A.E., HOEHN, E. (Redaktion): Die Biologie der Trinkwasserversorgung aus Talsperren. ATT-Information, Arbeitskreis Biologie, Arbeitsgemeinschaft Trinkwassertalsperren e.V. Academic Book Centre, De Lier (NL), 1994. 85–98.

CLASEN, J. (1998): Die Wirkung von Vorbecken und Stausee der Wahnbachtalsperre auf die Eliminierung von Bakterien. GWF Special Talsperren 139, 123–129.

COSTERTON, J.W., CHENG, K.J., GEESEY, J.G., LADD, T.I., NICKEL, J.C., DASGUPTA, M., MARRIE, T.J. (1987): Bacterial biofilms in nature and diseases. Ann. Rev. Microbiol. 41, 435–461.

CZEKALLA, C., KOTULLA, H. (1990): Die Umstellung des Wasserwerkes Westerbeck der Stadtwerke Wolfsburg AG auf aerobe biologische Kontaktenteisenung. GWF Wasser und Abwasser 131, 126–132.

CZIHAK, G., LANGER, H., ZIEGLER, H. (1996): Biologie. Ein Lehrbuch. 6. Aufl. Springer Verlag, Berlin, 995 S.

DANIELOPOL, D.L. (1989): Groundwater fauna associated with riverine aquifers. J. North Amer. Bentholog. Soc. 8, 18–35.

DELLWEG, H. (Ed., 1992): Römpp Lexikon Biotechnologie. Stuttgart.

DIN 2000 (2000): Zentrale Trinkwasserversorgung – Leitsätze für Anforderungen an Trinkwasser, Planung, Bau, Betrieb und Instandhaltung der Wasserversorgungsanlagen. Beuth Verlag, Berlin. 10 S.

DIN 19643 (1997): Aufbereitung von Schwimm- und Badebeckenwasser, Teil 1. Beuth-Verlag, Berlin. 23 S.

DOEHMEN, K., DITSCHE, P., FRIEMEL, M., KIRCH, P., HLASTA, N., LOTZ, F. (2000): Erfahrungen und Empfehlungen zur Landwirtschaft in Einzugsgebieten von Trinkwassertalsperren Oldenbourg Verlag München. 104 S.

DOKULIL, M., HAMM, A., KOHL, J.G. (2001): Ökologie und Schutz von Seen. Facultas Verlag Wien, 499 S.

DOLFING, J. (2001): The microbial logic behind the prevalence of incomplete oxidation of organic compounds by acetogenic bacteria in methanogenic environments. Microb. Ecol. 41, 83–89.

DÖNGES, J. (1965): Schistosomatiden-Cercarien Süddeutschlands. Z. Tropenmed. Parasit. 16, 305–321.

DOTT, W. (2000): Wasser und Gesundheitsrisiken. Arbeitsmaterialien der DFG Senatskommission für Wasserforschung. „Perspektiven und Strategien der Wasserforschung" 61. Sitzung 30./31.03.2000 Deutsche Forschungsgemeinschaft Bonn (unveröffentlicht).

DUMKE, R. (1995): Vorläufige Ergebnisse zum Verhalten von Viren bei der Trinkwasseraufbereitung. DVGW Schriftenreihe Wasser 110, 245–258.

DÜRKOP, J. (2000): Fallbeispiele virologischer Untersuchungsprojekte. In: WALTER, R. (2000): Umweltvirologie. Viren in Wasser und Boden. Springer Verlag, Wien, 205–256

DVGW (1995): Richtlinien für Trinkwasserschutzgebiete. Teil 1: Schutzgebiete für Grundwasser. DVGW Regelwerk Arbeitsblatt W 101. Frankfurt/M., ZFGW Verlag.

DVGW (1997): Tierische Organismen in Wasserversorgungsanlagen. Technische Mitteilung Hinweis W 271. Bonn. 45 S.

DVGW (1997): Vorkommen und Verhalten von Mikroorganismen und Viren im Trinkwasser. BMBF Statusseminar, Projektträger Wassertechnologie und Schlammbehandlung DVGW, Bonn. 387 S.

EDGEHILL, R. U. (1996): Degradation of pentachlorophenol (PCP) by *Arthrobacter* strain ATCC 33790 in biofilm culture. Wat. Res. 30, 357–363.

EIKELBOOM, D. H. (1975): Filamentous organisms observed in activated sludge. Water. Res. 9, 365–388.

EIKELBOOM, D. H., VAN BUIJSEN, H. I. (1992): Handbuch für die mikroskopische Schlammuntersuchung. F. Hirthammer Verlag, München, 91 S.

EIKELBOOM, D. H., ANDREASEN, K. (1995). Survey of the filamentous population in nutrient removal plants in four European Countries. TNO-report TNO-MW-R 95/090, TNO Institute of Environmental Sciences, Delft.

EKAMA, G. A., WENTZEL, M. C., CASEY, T. G., MARAIS G. V. R. (1996): Filamentous organism bulking in nutrient removal activated sludge systems. Paper 6: Review, evaluation and consolidation of results. Water SA 22, 147–152.

EMDE, K. M. E., SMITH, D. W., FACEY, R. (1992): Initial investigation of microbially influenced corrosion (MIC) in a low temperature water distribution system. Wat. Res. 26, 169–175.

ENGELHARDT, W. (1996): Was lebt in Tümpel, Bach und Weiher? Franckh-Kosmos, Stuttgart, 258 S.

EVANS, R. F. (1991): Tod in Hamburg. Rowohlt Verlag, Hamburg. 258 S.

FALCONER, J. R. (1999): An overview of problems caused by toxic blue-green algae (Cyanobacteria) in drinking and recreational water. Environ. Toxicol. 14, 5–12.

FARRAH, S. R. (2000): Abwasser. In: WALTER, R. (2000): Umweltvirologie. Viren in Wasser und Boden. Springer Verlag, Wien, 119–146.

FASTNER, J. (1997): Microcystinvorkommen in 55 deutschen Gewässern. In: Toxische Cyanobakterien in deutschen Gewässern. Verbreitung, Kontrollfaktoren und ökologische Bedeutung (Statusseminar). Veröff. Inst. f. Wasser-, Boden- und Lufthygiene d. Bundesgesundheitsamtes 4/97. Berlin, 27–34.

FASTNER, J., NEUMANN, U., WIRSING, B., WECKESSER, J., WIEDNER, C., NIXDORF, B., CHORUS, I. (1999): Microcystins (hepatotoxic heptapeptides) in German fresh water bodies. Environ. Toxicol. 14, 13–22.

FENCHEL, T. (1987): Ecology of protozoa: the biology of free-living phagotrophic protists. Springer Verlag, Berlin, 197 S.

FIEBIGER, J. (1947): Tierische Parasiten. Urban & Schwarzenberg, Wien, 436 S.

FLEMMING, H. C. (1992): Unerwünschte Biofilme – Phänomene und Mechanismen. GWF Wasser und Abwasser 133, 119–130.

FLEMMING, H. C., SZEWZYK, U., GRIEBE, T. (2000): Biofilms. Investigative methods and applications. Technomic Publish. Co Lancaster, 247 S.

FLEMMING, H.-C., GEESEY, G. G. (1991): Biofouling and biocorrosion in industrial water systems. Springer, Berlin, 220 S.

FOISSNER, W., BERGER, H., BLATTERER, H., KOHMANN, F. (1991–1995): Taxonomische und ökologische Revision der Ciliaten des Saprobiensystems. Bd. 1–4. Bayerisches Landesamt für Wasserwirtschaft, München. Bd. 1: 478 S., Bd. 2: 502 S., Bd. 3: 548 S., Bd. 4: 539 S.

FRIMMEL, F. H. (1999): Wasser und Gewässer. Ein Handbuch. Spektrum Akademischer Verlag, Heidelberg, 534 S.

FRITSCHE, W. (1998): Umwelt-Mikrobiologie: Grundlagen und Anwendungen. 2. Aufl. G. Fischer Verlag, Jena, 252 S.

FRITSCHE, W. (2002): Mikrobiologie 3. Aufl. Spektrum Verlag, Heidelberg, 637 S.

GALAZI G. I. (1985): Lake Baikal and its protection. Verh. Internat. Verein. Limnol. 22, 1137–1141.

GAMMETER, S., BOSSHART, U. (2001): Invertebraten in Trinkwasserreservoiren. GWF Wasser und Abwasser 142, 34–40.

GANSLOSER, G., HAESSELBARTH, U., ROESKE, W. (1999): Aufbereitung von Schwimm- und Badebeckenwasser. Kommentar zu DIN 19643. Beuth Verlag, Berlin. 131 S.

GARDINER, C. H., FAYER, R., DUBEY, J. P. (1988): An Atlas of Protozoan Parasites in Animal Tissues. Agriculture Handbook No. 651, United States Department of Agriculture, Washington, 169 S.

GELLER, G., NETTER, R., KLEYN, K., LENZ, A. (1992): Bewachsene Bodenfilter zur Reinigung von Wässern – Ergebnisse und Empfehlungen aus einem 5-jährigen BMBF-Forschungsvorhaben. Korrespondenz Abwasser 39, 886–899.

GIMBEL, R. (1992): Die Zukunft der Wasseraufbereitungstechnologie. Ruhrwassergüte 1992, Ruhrverband Essen, 97–101.

GONSER, T. (2000): Das Grundwasser – ein obskurer Lebensraum. EAWAG News 49d, Zürich 6–8.

GÖRG, S., WILDERER, P. A. (1987): Hydraulische Bemessung von SBR-Anlagen. Abwassertechnik 38, 39–42.

GOSTELOW, P., PARSONS, S. A., STUETZ, R. M. (2001): Odour measurements for sewage treatment works. Water Res. 35, 579–597.

GRANZ, W., ZIEGLER, K. (1976): Tropenkrankheiten. J. A. Barth, Leipzig, 547 S.

GRASSMANN, P. (1970): Physikalische Grundlagen der Chemie-Ingenieurtechnik. Verlag Sauerländer, Aarau u. Frankfurt/M., 983 S.

GREINER, G. (1993): Grundlagen der industriellen Wasserbehandlung. Herausgeber: DREW Ameroid Deutschland GmbH, Ashland Chemical. Vulkan Verlag, Essen 3. überarb. Aufl. 1993, 306 S.

GROSPIETSCH, T. (1958): Wechseltierchen (Rhizopoden). Franckh-Kosmos, Stuttgart, 80 S.

GROSSE, N., HOEHN, E., HORN, W., KETELAARS, H. A. M., MÜLLER, U., SCHARF, W., WILLMITZER, H., BENNDORF, J.

(1998): Der Einfluss des Fischbestandes auf die Zooplanktonbesiedlung und die Wassergüte. GWF Special Talsperren 139, 30–35.

GRUNER, H. E. (1982): Wirbellose Tiere. 3. Teil. VEB Gustav Fischer Verlag, Jena, 608 S.

GSCHLÖSSL, T., GEBERT, W. (2002): Neue Erkenntnisse bei der biologischen Abwasserreinigung mit Tropfkörpern. KA-Wasserwirtschaft, Abwasser, Abfall 49, 1682–1688.

GÜDE, H. (1996): Wechselbeziehungen Bakterien-Protozoen. Ein Beitrag zur ökosystemaren Betrachtungsweise der biologischen Abwasserreinigung. S. 13–24 in: LEMMER, H., GRIEBE, T., FLEMMING, H.C., Ökologie der Abwasserorganismen. Springer Berlin.

GÜNDER, B. (1999): Das Membranbelebungsverfahren in der kommunalen Abwasserreinigung. Stuttgarter Berichte Siedlungswasserwirtsch. 153, Oldenbourg Verlag München. 217 S.

HÄGGBLOM, M. M. (1990): Mechanisms of bacterial degradation and transformation of chlorinated monoaromatic compounds. J. Basic Microbiol. 30, 115–141.

HÄFELE, K., BENZINGER, S., DAMANN, E., PRETZSCH, K. (1999): Gemeinsame Behandlung von Überschussschlamm aus der erhöhten biologischen Phosphorelimination und Eisenhydroxidschlamm. Korrespondenz Abwasser 46, 382–390.

HAHN, T., REGELMANN, R., LUMPP, M., TOUGIANIDOU, BOTZENHART, D.K. (1996): Mikrobiologische Charakterisierung des Uferfiltrationssystems „Böckinger Wiesen", Virologie. In: Deutsche Forschungsgemeinschaft: Schadstoffe im Grundwasser, Band 4, VCH Verlagsgesellschaft mbH., Weinheim, 382–390.

HÄNEL, K. (1986): Abwasserreinigung mit Belebtschlamm. VEB G. Fischer Verlag, Jena, 291 S.

HANERT, H.H. (1971): Beginn und Verlauf der Eisen(III)-hydroxid-Ablagerung an *Gallionella*-Bändern. Z. Allg. Mikrobiol. 11, 679–682.

HÄSSELBARTH, U. (1999): Hygieneanforderungen an künstliche Bio-Teiche zum Schwimmen und Baden. Arch. Badewesen 52, 509–510.

HEGEMANN, W. (1997): Abwasserentsorgung im dünn besiedelten Flächenland Brandenburg. Arch. für Naturschutz u. Landschaftsforschg. 35, 301–312.

HELD, H.D., SCHNELL, H.G. (2000): Kühlwasser. 5. Auflage. Vulkan Verlag, Essen, 653 S.

HELMER, C. (1994): Einfluss von Temperatur und Stoßbelastungen auf die Mikroflora der belebten Schlämme in Bio-P-Anlagen. Veröff. Inst. Siedlungswasserwirtsch. Abfalltechnik Univ. Hannover 89, 204 S.

HENNES, K.P. (1996): Viren in der Abwasserreinigung, 135–151. In LEMMER, H., GRIEBE, T., FLEMMING, H.C., Ökologie der Abwasserorganismen. Springer, Berlin.

HERBST, H., RISSE, H., BRANDS, E., SCHÜRMANN, B. (2001): Betriebsprobleme in kommunalen Kläranlagen durch Blähschlamm, Schwimmschlamm und Schaum. KA Wasserwirtschaft, Abwasser Abfall 2001, 48, 598–604.

HESSE, R., DOFLEIN, F. (1943): Tierbau und Tierleben in ihrem Zusammenhang betrachtet. Bd. 2, Gustav Fischer Verlag, Jena. 828 S.

HILLENBRAND, T., BÖHM, E., BARTL, J. (1999): Bewertung des erweiterten Phostrip-Verfahrens und Vergleich mit anderen Verfahren zur Phosphorelimination. GWF Wasser und Abwasser 140, 86–92.

HOFFMANN, U. (1958): Über einen von thermophilen Chlamydobakterien gebildeten Bewuchs im Kesselspeisewasser. Wasserwirtschafts-Wassertechnik 8, 167–169.

HOFMANN, R. (2000): Ökobäder – ein neuer Typ von Badegewässern. LUA-Mitteilungen 2000, 1, 29–43.

HOFMANN, R. (2001): Relationen zwischen bakteriologischen und limnologischen Qualitätsparametern bei den sächsischen Badegewässern. Jahrestagung der Dt. Gesellsch. Limnologie. Kiel 2001, 217–222.

HOHORST, W. (1983): Schnecken als Brutstätten parasitischer Würmer. Natur und Museum, 111, 60–69.

HORN, H., PAUL, L., HORN, W. (2001): Phytoplanktonzunahme trotz fallender P-Belastung – ein Widerspruch? Ursachen der unerwarteten Entwicklung in einer Trinkwassertalsperre. GWF. Wasser und Abwasser, 142, 4, 268–278.

HORTOBÁGY, T. (1973): The microflora in the settling and subsoil water enriching basins of the Budapest waterworks. Akademiai Kiado Budapest. 340 S.

HOYER, O. (1996): Anforderungen an UV-Anlagen zur Trinkwasserdesinfektion. bbr (Bohrtechnik, Brunnenbau, Rohrleitungsbau) 47, 12–19.

HOYER, O. (1998): Innovative Verfahren bei der Aufbereitung von Talsperrenwässern. bbr (Bohrtechnik, Brunnenbau, Rohrleitungsbau) 49, 18–31.

HUBER-PESTALOZZI, G. (1939, 1942): Das Phytoplankton des Süßwassers. Teil 1, Teil 2.2. Schweizerbart'sche Verlagsbuchhandlung Stuttgart, 549 S.

HUELSTEDE, E., SCHWEDTKE, P., CZINSKI, L. (1987) Pflanzenkläranlagen. Bau und Betrieb von Anlagen zur Wasser- und Abwasserreinigung mit Hilfe von Wasserpflanzen. Grundlagen, Verfahrensvarianten, praktische Erfahrungen. Verlag Udo Pfriemer, Berlin, 148 S.

HUMPAGE, A. (1999): Cyanobacterial toxins and cancer: assessing the risks. Water Quality News 9, 4–5.

HUSMANN, S. (1974): Die ökologische Bedeutung der Mehrzellerfauna bei der natürlichen und künstlichen Sandfiltration. Wiss. Berichte Untersuchung und Planung ESWE Stadtwerke Wiesbaden 2, 173–183.

HUSMANN, S. (1978): Die Bedeutung der Grundwasserfauna für biologische Reinigungsvorgänge im Interstitial von Lockergesteinen. GWF Wasser und Abwasser 119, 293–302.

HUSMANN, S. (1982): Aktivkohlefilter als künstliche Biotope stygophiler und stygobionter Grundwassertiere. Arch. Hydrobiol., 95 (1/4), 139–155.

HÜTTE, M. (2000): Ökologie und Wasserbau. Ökologische Grundlagen von Gewässerverbauung und Wasserkraftnutzung. Parey Verlag, Berlin, 280 S.

IMHOFF, K. und K. (1999): Taschenbuch der Stadtentwässerung. Oldenbourg Verlag, München, 472 S.

INFEKTIONSSCHUTZGESETZ (2000): In: Gesetz zur Neuordnung seuchenrechtlicher Vorschriften (Seuchenrechtsneuordnungsgesetz – SeuchenRNeuG) vom 20. Juli 2000. BGBl. I, 1045–1071.

JAAG, O. (1954): Die Verunreinigung der Oberflächengewässer und des Grundwassers. Mitt. Eidgenöss. Anst. f. Wasserversorgung, Abwasserreinigung und Gewässerschutz an der Eidgen. Techn. Hochsch. Zürich 82, 1–28.

JÄHNICHEN, S., PETZOLDT, T., BENNDORF, J. (2001): Evidence for control of microcystin dynamics in Bautzen Reservoir (Germany) by cyanobacterial population growth rates and dissolved inorganic carbon. Arch. Hydrobiol. 150, 177–196.

JANKE, D. (2002): Umweltbiotechnik. Grundlagen und Verfahren. Verlag Eugen Ulmer, Stuttgart, 357 S.

JARDIN, N., PÖPEL, H. I. (1995). Einfluss der Bio-P auf die Schlammbehandlung. Veröffentlichungen des Instituts für Siedlungswasserwirtschaft und Abfalltechnik der Universität Hannover, Band 92, 1–18.

JUANICO, M., DOR, I. (2000): Reservoirs for wastewater storage and reuse. Springer Verlag, Berlin, 394 S.

JÜTTNER, F. (1988): Biochemistry of biogenic off-flavour compounds in surface waters. Wat. Sci. Technol. 20, 107–116.

JÜTTNER, F. (1995): Physiology and Biochemistry of odorous compounds from freshwater Cyanobacteria and algae. Water. Sci. Technol. 31, 69–78.

KALMBACH, S., MANZ, W., WECKE, J., SZEWZYK, U. (1999): *Aquabacterium* gen. nov. with description of *Aquabacterium citratiphilum* sp. nov., *A. parvum* sp. nov. and *A. commune* sp. nov., three in situ dominant bacterial species from the Berlin drinking water system. Int. J. Syst. Bact. 49, 769–777.

KASTING, U. (2000): Hydraulisches Verhalten von Bodenfilteranlagen zur weitergehenden Misch- und Regenwasserbehandlung. KA-Wasserwirtschaft, Abwasser, Abfall 47, 1481–1490.

KETELAARS, H. A. M. (1994): Ursachen von Geruchs- und Geschmacksproblemen in der Trinkwasserversorgung und ihre Lösung. Eine Übersicht. In: Ketelaars, Nienhüser, Hoehn, Die Biologie der Trinkwasserversorgung aus Talsperren. Academic Book Centre De Lier, 133–153.

KETELAARS, H. A. M., EBBENG, H. H. (1994): Ursachen und Bekämpfung der Geruchs- und Geschmacksprobleme beim Speicherbeckenverband Brabantse Biesbosch. In: KETELAARS, H. A. M., NIENHÜSER, A. E., HOEHN, E. (1994): Die Biologie der Trinkwasserversorgung aus Talsperren. Academic Book Centre De Lier, 155–169.

KETELAARS, H. A. M., NIENHÜSER, A. E., HOEHN, E. (1994): Die Biologie der Trinkwasserversorgung aus Talsperren. Academic Book Centre De Lier, 174 S.

KILB, B., KÜHLMANN, B., ESCHWEILER, B., PREUSS, G., ZIEMANN, E., SCHÖTTLER, U. (1998): Darstellung der mikrobiellen Besiedlungsstruktur verschiedener Grundwasserhabitate durch Anwendung molekularbiologischer Methoden. Acta hydrochim. hydrobiol. 26, 349–354.

KIPFER, R. (2000). Zeitreisen des Grundwassers. EAWAG News 49d, Zürich, 12–14.

KITTNER, H., STARKE, W., WISSEL, D. (1988): Wasserversorgung. 6. Aufl., VEB Verlag für Bauwesen, Berlin, 660 S.

KLAPPER, H. (1966): Die Wasserassel (*Asellus aquaticus* Rakovitza) und Möglichkeiten zu ihrer Bekämpfung. Verh. Internat. Verein. Limnol. 16, 996–1002.

KLAPPER, H., SCHUSTER, W. (1972): Organismen in zentralen Wasserversorgungsnetzen und ihre Bedeutung für das Trinkwasser als Lebensmittel. Angew. Parasitol. 13, 83–90.

KLIMOWICZ, H. (1977): Znacenie Mikrofauny Przy Oczyszczaniu sciekow osadem czynnym. Wydawnictwo Katalogow i Cennikow Warszawa, 60 S.

KNAACK, J., RITSCHEL, H. (1975): Zur Eliminierung von exogenen Helminthenstadien aus dem kommunalen Abwasser durch verschiedene Abwasserreinigungsverfahren. Z. ges. Hygiene Grenzgebiete 21, 746–750.

KNÖPP, H. (1961): Der A-Z-Test, ein neues Verfahren zur toxikologischen Prüfung von Abwässern (Begründung und Beschreibung der Methode). Dtsch. Gewässerkundl. Mitt. 5 (1961): 66–73.

KOCH, G., SIEGRIST, H. (1998): Separate biologische Faulwasserbehandlung – Nitrifikation und Denitrifikation. Verbandsbericht Schweizer Abwasser- und Gewässerschutzfachleute 522, 33–48.

KOHL, J.G., NICKLISCH, A. (1988): Ökophysiologie der Algen. Akad. Verl. Berlin, 252 S.

KOLKWITZ, R., MARSSON, M. (1908): Ökologie der pflanzlichen Saprobien. Ber. Dtsch. Bot. Ges. 26a, 505–519.

KOLKWITZ, R., MARSSON, M. (1909): Ökologie der tierischen Saprobien. Int. Rev. ges. Hydrobiol. 2, 126–162.

KOMÁREK, J., AZEVEDO, S., DOMINGOS, P., KOMÁRKOVÁ, J., TICHÝ, M. (2001): Background of the Caruaru tragedy, a case taxonomic study of toxic cyanobacteria. Algological Studies 103, 9–23.

KOMMISSION DER EUROPÄISCHEN GEMEINSCHAFTEN (2000): Mitteilung der Kommission an das Europäische Parlament und den Rat – Eine neue Politik für die Badegewässer. Brüssel: KOM (2000), 860 (Dokumentnummer). 21 S.

KOOPS, H.-P., BÖTTCHER, B., DITTBERNER, P., RATH, G., STEHR, G., ZÖRNER, S. (1996): Die Bedeutung von Biofilmen und Flocken für die Nitrifikation in aquatischen Biotopen. 169–181. In: LEMMER, GRIEBE, FLEMMING: Ökologie der Abwasserorganismen. Springer, Berlin.

KOPPE, P., STOZEK, A. (1999): Kommunales Abwasser. Seine Inhaltsstoffe nach Herkunft, Zusammensetzung und Reaktionen im Reinigungsprozeß einschließlich Klärschlämme. 4. Aufl. Vulkan-Verlag Essen. 567 S.

KRAMPE, J. (2001): Das SBR-Membranbelebungsverfahren. Kommissionsverlag Oldenbourg Industrieverlag GmbH München, 189 S.

KREYSIG, D. (2001): Der Biofilm – Bildung, Eigenschaften und Wirkungen. Bioforum 5, 338–341.

KRIEGSMANN, J. (1994): Massenentwicklungen von Kieselalgen-ein Problem für die Trinkwasseraufbereitung: Ein Erfahrungsbericht am Beispiel des AVU-Wasserwerks Rohland an der Ennepetalsperre. In: KETELAARS, H. A. M., NIENHÜSER, A. E., HOEHN, E. (1994): Die Biologie der Trinkwasserversorgung aus Talsperren, Academic Book Centre De Lier, 121–131.

KROISS, H. (1986): Anaerobe Abwasserreinigung. Wiener Mitteilungen Wasser, Abwasser, Gewässer 62, 134 S.

KUHLMANN, B. (2000): Untersuchung der mikrobiellen Besiedlung in Grundwässern und im Verlauf der künstlichen Grundwasseranreicherung mittels PCR/DGGE. In: KUHLMANN, B., PREUSS, G.: Anwendung molekularbiologischer Verfahren in der Grund- und Trinkwasseranalytik. Veröff. Inst. Wasserforschung Dortmund 60, 21–30.

KUNST, S., HELMER, C., KNOOP, S. (2000): Betriebsprobleme auf Kläranlagen durch Blähschlamm, Schwimmschlamm, Schaum. Springer Verlag, Berlin Heidelberg New York, 175 S.

KUNST, S., VON FELDE, K., HANSEN, K. (1997): Bestandsaufnahme, Reinigungsleistung und Einsatzmöglichkeiten von Pflanzenanlagen in Niedersachsen. Kommunale Umweltaktion U.A.N.H. 30 (Pflanzenkläranlagen). Siehe auch Korrespondenz Abwasser 43 (1996), 1382–1390.

LAKATOS, G. (1990): Study on biofouling forming in industrial cooling water systems. In: HOWSAM, P. (D.), Microbiology in Civil Engineering. FEMS Symposium 59 , Spon, London, 80–94.

LAMBERT, T.W., HOLMES, C.F.B., HRUDLEY, S.E. (1996): Adsorption of Microcystin-LR by activated carbon and removal in full-scale water treatment. Wat. Res. 30, 1411–1422.

LAMPERT, W., SOMMER, U. (1999): Limnoökologie, 2. Aufl. Georg Thieme Verlag, Stuttgart. 489 S.

LAWA (1996): Die Hauptströme der Flussgebiete Deutschlands. Gewässergütebericht BRD 1996. Länderarbeitsgemeinschaft Wasser. 77 S.

LE CHEVALIER, M.W., ABBASZADEGAN, M., CAMPER, A.K., HURST, C.J., İZAGUIRRE, G., MARSHALL, M.M. (1999): Committee Report: Emerging pathogens. J. Amer. Water. Works Assoc. 91, 101–121.

LEMMER, H. (1992): Fadenförmige Mikroorganismen aus belebtem Schlamm. Vorkommen, Biologie, Bekämpfung. ATV Dokumentation und Schriftenreihe. Aus: Wissenschaft und Praxis. Abwassertechnische Vereinigung, Bonn, 86 S.

LEMMER, H., LIND, D. (2000): Blähschlamm, Schaum, Schwimmschlamm, Mikrobiologie und Gegenmaßnahmen. F. Hirthhammer Verlag, München, 176 S.

LEMMER, H., GRIEBE, T., FLEMMING, H.C. (Ed.) (1996): Ökologie der Abwasserorganismen. Springer Verlag, Berlin, 313 S.

LEMMER, H., LIND, G., SCHADE, M., ZIEGELMAYR, B. (1998). Biologische Charakterisierung von Schäumen in Belebungsanlagen. Teil II: Bedeutung nicht-fädiger Belebtschlammbakterien, gwf-Wasser/Abwasser 139, 80–84.

LEONHARD, D., UHLMANN, D. (1997): Abwasserteiche – nach wie vor eine Alternative für kleine Anschlussgrößen. Dresdner Berichte, Inst. f. Siedlungswasserwirtschaft der TU 11, 73–101.

LEVIN, G.V., SHAPIRO, J. (1965): Metabolic uptake of phosphorus by wastewater organisms. J WPCF 37, 800–821.

LEVIN, G.V., TOPOL, G.J., TARNAY, A.G., SAMWORTH, R.B. (1972): Pilot plant tests of a phosphate removal process. J. WPCF 44, 1940–1954.

LIEBMANN, H. (1960): Handbuch der Frischwasser- und Abwasserbiologie. Oldenbourg-Verlag, München, 1149 S.

LISLE, J.T., ROSE, J.B. (1995): Gene exchange in drinking water and biofilms by natural transformation. Water Science and Technology 31, 5–6, 411–446.

LÖFFLER, H., GELLER, G. (2000): Betrieb von Pflanzenkläranlagen (Teil II). WWT 50, 3, 19–21.

LOPEZ-PILA, J.M., SZEWZYK, R. (1998): Wege zu einer rationalen Ableitung von mikrobiologischen Grenzwerten in Badegewässern. Bundesgesbl. 41, 194–203.

LORCH, H.-J. (1996): Stoffumsetzungen und Bakterienpopulationen in belüfteten Abwasserteichanlagen. In: LEMMER, GRIEBE, FLEMMING, Ökologie der Abwasserorganismen. Springer, Berlin, 205–219.

LOTH, P. (1989): Die Massenentwicklung der Geißelalge *Uroglena americana* (Alk.) Lemm. in Trinkwassertalsperren Thüringens und ihre Bekämpfung. Acta hydrochim. hydrobiol. 17, 153–158.

LÜTZNER, K. (1998): Biologische Abwasserbehandlung. In: Abwassertechnische Vereinigung/Bauhaus-Universität Weimar, Weiterbildendes Studium Bauingenieurwesen, Wasser und Umwelt. Weimar, 1–152.

MADONI, P., DAVOLI, D., CAVAGNOLI, G., CUCCHI, A., PEDRONI, M., ROSSI, F. (2000): Microfauna and filamentous microflora in biological filters for tap water production. Wat. Res. 34, 3561–3572.

MALARD, F., HERVANT, F. (1999): Oxygen supply and the adaptations of animals in groundwater. Freshwater Biology 41, 1–30.

MANZ, W., WAGNER, M., AMANN, R., SCHLEIFER, K.H. (1994): In situ characterization of the microbial consortia active in two wastewater treatment plants. Wat. Res., 28, 1715–1723.

MARA, D. (1976): Sewage treatment in hot climates. Wiley Chichester, 168 S.

MATSCHÉ, N. (1993). Leistungsfähigkeit von Anlagen zur biologischen Phosphorelimination. Schriftenreihe WAR des Instituts für Wasserversorgung, Abwasserbeseitigung und Raumplanung der Technischen Hochschule Darmstadt, 71, 53–79.

MCMAHON, R.F., SHIPMAN, B.N., LONG, D.P. (1993): Laboratory efficacies of nonoxidizing Molluscicides on the Zebra Mussel (*Dreissena polymorpha*) and the Asian Clam (*Corbicula fluminea*). In Nalepa, Schloesser, 575–597.

Merkblatt ATV-M 168 (1998): Korrosion von Abwasseranlagen, 39 S.

MEZ, C. (1898): Mikroskopische Wasseranalyse. Springer Berlin.

MOORE, A., WARING, C.P. (2001): The effects of a synthetic pyrethroid pesticide on some aspects of reproduction in Atlantic Salmon (Salmo salar L.) Aquatic Toxicology 52, 1–12.

MUDRACK, K., KUNST, S. (2003): Biologie der Abwasserreinigung. 5. Aufl., Spektrum Akademischer Verlag Heidelberg, 205 S.

MÜLLER, H.E. (2001): Sind Badeteiche eine echte Alternative zu Freibädern? Archiv Badewes., 311–318.

MÜLLER, K. (1994): Optimierung der biologischen Nitratentfernung mit dem NEBIO-Reaktor-Verfahren im Wasserwerk Coswig, Diplomarbeit Inst. f. Siedlungs- u. Industriewasserwirtschaft TU Dresden, 169 S.

MÜNCH, C. (2003): Die Bedeutung der wurzelassoziierten Mikroorganismen für den Stickstoffabbau in Pflanzenkläranlagen. Diss. Math.-Naturw. Fak. TU Dresden 169 S.

NALEPA, T.F., SCHLOESSER, W. (Ed.), 1993): Zebra Mussels. Biology, Impacts, and Control. Lewis Publishers Boca Raton, 810 S.

NEHRKORN, A. (1988): Siedlungsdichte und Verteilung der Bakterien im Grundwasserbereich. Z. dtsch. Geol. Ges. 139, 309–319.

NIENHÜSER, A., BRACHES, P. (1998): Erfahrungen während und nach dem Wiedereinstau von Trinkwassertalsperren am Beispiel der Kerspetalsperre. GWF Special Wasser 139, 13–16.

NUSCH, E.A. (1992): Ökologische Aspekte zur wasserwirtschaftlichen Funktion von Schönungsteichen. In: Ruhrverband, Seminar über Schönungsteiche am 19. September 1992 beim Ruhrverband Essen, 43–45.

OBST, U., ALEXANDER, I., MEVIUS, W. (1990): Biotechnologie in der Wasseraufbereitung. Oldenbourg Verlag, München Wien, 179 S.

OHLE, W. (1954): Sulfat als „Katalysator" des limnischen Stoffkreislaufs. Vom Wasser 21, 13–32.

OSKAM, G. (1983): Curatative measures in water bodies – control of algal growth by physical and chemical methods. Water Supply 1, 217–228.

PALENIK, B. (1989): Biofilms: Properties and processes (Group report). In: CHARACKLIS, W.G. und WILDERER, P.A.: Structure and function of biofilms. John Wiley, New York, 351–366.

PALMER, C.M. (1962): Algae in Water Supplies. Publ. Health Service Publ. 657, Rob. A. Taft Sanitary Engng. Center, Cincinnati, Ohio, 1–88.

PELLEY, J. (2000): Deadly *E. coli* outbreak focuses Canadian privatization debate. Envi. Sci. & Technol. 34, 336A.

PERCIFAL, S.L., WALKER, J.T., HUNTER, P.R. (2000): Microbiological aspects of biofilms and drinking water. CRC Press Boca Raton, London, 229 S.

PETERSOHN, D., GROHMANN, A. (2001). Die Entwicklung einer sicheren Wasserversorgung in Berlin ohne Chlorung. GWF Wasser und Abwasser 142, 41–46.

PFLUGMACHER, S., AMÉ, V., WIEGAND, C., STEINBERG, C. (2001): Cyanobacterial toxins and endotoxins – their origin and their ecophysiological effects in aquatic organisms. Wasser & Boden 53, 15–20.

PREUSS, G., WILLME, U., ZULLEI-SEIBERT, N. (2001): Verhalten ausgewählter Arzneimittel bei der künstlichen Grundwasseranreicherung – Eliminierung und Effekte auf die mikrobielle Besiedlung. Acta hydrochim. hydrobiol. 29, 269–277.

PÜTZ, K. (2001): Integrierte Wasserbewirtschaftung von Trinkwassertalsperren-Integration von Wassermenge und Wassergüte. Arbeitsgemeinschaft Trinkwassertalsperren Siegburg. ATT Schriftenreihe 3, 123–147.

PÜTZ, K., BENNDORF, J., GLASEBACH, H., KUMMER, G. (1983): Die Massenentwicklung der Geißelage *Synura uvella* in den Trinkwassertalsperren Klingenberg und Lehnmühle – ihre Auswirkungen auf die Trinkwasserversorgung und ihre Bekämpfung. Wasserwirtsch.-technik 33, 135–138.

PÜTZ, K., SCHARF, W. (1998): Die Sicherstellung von Nutzungsinteressen und Gewässerschutz durch eine integrierte Wassermengen- und Gütebewirtschaftung von Talsperren. GWF Special Talsperren 139, 5–12.

RAO, A.V. (1983): Studies on stabilization ponds for domestic sewage in India. Int. Revue ges. Hydrobiol. 68, 411–434.

Rat der europäischen Gemeinschaften (1976): Richtlinie über die Qualität der Badegewässer (76/160/EWG). Amtsbl. d. Europ. Gemeinschaft. Nr. L 31 vom 5.2.1976, 1–7.

REISSIG, H., FISCHER, R., EICHHORN, D. (1983): Beitrag zur unterirdischen Enteisenung von Grundwässern. Wiss. Z. Techn. Univers. Dresden 32, 163–166.

REISSIG, H., GNAUCK, A., SCHWAN, M. (1985): Zur Bemessung unterirdischer Enteisenungsanlagen. Teil 2: Kinetik der initialen Sauerstoffzehrung im Bodenmaterial eines reduzierten Grundwasserleiters. Acta hydrochim. hydrobiol. 13, 461–468.

RHEINHEIMER, G., HEGEMANN, W., RAFF, J., SEKOULOV, I. (1988): Stickstoffkreislauf im Wasser Oldenbourg Verlag, München, 394 S.

RINCKE, G. (1964): Über Theorie und Praxis des Tropfkörperverfahrens. Veröff. Haus der Technik Essen, Vulkan Verlag Essen, 28, 66–85.

RITTMANN, B.E., MC CARTY, P.L. (2001): Environmental Biotechnology. Mc Graw Hill. 754 S.

ROSENBERGER, S., WITZIG, R., MANZ, W., SWEWZYK, U., KRAUME, M. (2000): Operation of different membrane bioreactors: experimental results and physiological state of the microorganisms. Wat. Sci. Technol. 41, 269–277.

RÖSKE, I. (1973): Der Gashaushalt einer Oxidationsteichanlage. Fortschr. Wasserchemie Grenzgeb. 15, 179–202.

RÖSKE, I. (1978): Reaktionskinetische Untersuchungen zur Reinigung kommunaler Abwässer nach dem Belebtschlammverfahren. Diss. Fak. Bau-, Wasser-, Forstwesen TU Dresden. 178 S.

RÖSKE, I. (1987): Die vermehrte biologische Phosphatelimination bei Anwendung des Belebtschlammverfahrens. Habilitationsschrift (Dr.sc.nat.) Fak. Bau-, Wasser- und Forstwesen Techn. Univ. Dresden, 205 S.

RÖSKE, I., UHLMANN, D. (2000): Die Nährstoffelimination bei der Behandlung häuslicher Abwässer aus der Sicht der Wasserbeschaffenheit. In: WAGNER, R., Wasserkalender 2000, E. Schmidt Verlag, Berlin, 72–100.

RÖSSNER, U., GUDERITZ, I. (1993): Biogeochemische Untersuchungen zur Uferfiltration der oberen Elbe. Geowissenschaften 11(3): 79–85.

ROTT, U., FRIEDLE, M. (2000): 25 Jahre unterirdische Wasseraufbereitung in Deutschland – Rückblick und Perspektiven. GWF Wasser und Abwasser 141, 99–107.

RUMM, P. (1999): Untersuchungen zum Abbau partikulärer organischer Substanzen in einem Langsamfilter durch Metazoen am Beispiel von *Niphargus fontanus* Bate, 1859 (Amphipoda, Crustacea) Diss. Fachbereich Biologie, Geo- u. Umweltwissenschaften Univ. Oldenburg, 156 S.

RUMM, P., SCHMIDT, H., SCHMINKE, H.K. (1997): Organismenaustrag aus Langsamfiltern. GWF Wasser und Abwasser 138, 355–362.

RUMM, P., SCHMINKE, K. (2000): Bestimmungswerk für die deutsche Grundwasserfauna. KA Wasserwirtschaft, Abwasser, Abfall 47, 1658–1664.

SAALBREITER, R. (1964): Untersuchungen über die Algenflora der Kühlwasserkreisläufe eines Braunkohlenkombinats und ein Vorschlag zu deren Bekämpfung. Sci. Papers Inst. Chem. Technol. Prague, Technol. of Water 8, 417–429.

SARFERT, F., BOLL, R., KAYSER, R., PETER, A. (1989): Biologische Phosphorentfernung in den Klärwerken Berlin-Ruhleben und Berlin-Marienfelde. GWF Wasser und Abwasser 130, 121–130.

SCHÄFER, M. (1997): Kompakte Aufstauanlagen bis 5000 Einwohnerwerte. Korrespondenz Abwasser 44, 2202–2204.

SCHILLING, S., GRÖMPING, M., KOLLBACH, J.S. (1998): Perspektiven und Grenzen der Membranbiologie für die kommunale und industrielle Abwasserbehandlung. WLB Wasser, Luft und Boden 7-8, 34–37.

SCHLEGEL, H.G. (1992): Allgemeine Mikrobiologie. 7. Aufl. G. Thieme Verlag Stuttgart, 634 S.

SCHLEGEL, S. (2002): Untersuchungen zur Behandlung kommunalen Abwassers in einer Anlage mit getauchten Festbetten. KA-Wasserwirtschaft, Abwasser, Abfall 49, 1674–1681.

SCHLEYPEN, P. (1985): Erfahrungen beim Bau und Betrieb von Teichanlagen in Bayern. Berichte aus Wassergütewirtschaft und Gesundheitsingenieurwesen TU München 59, 132–163.

SCHLEYPEN, P. (1992): Schönungsteiche in Bayern. In: Ruhrverband, Seminar über Schönungsteiche am 19. September 1992 beim Ruhrverband Essen, 7–12.

SCHLÖMANN, M. (1992): Enzyme und Gene des Abbaus mono- und dichlorsubstituierter Brenzkatechine. Woher kommt ein neuer Abbauweg? In: WEIGERT, B. (Hrsg): Biologischer Abbau von Chlorkohlenwasserstoffen. Schriftenreihe Biologiche Abwasserreinigung TU Berlin, 1, 87–109.

SCHLÖMANN, M. (1994): Evolution of chlorocatechol catabolic pathways. Conclusions to be drawn from comparisons of lactone hydrolases. Biodegradation 5, 301–321.

SCHMAGER, C., HEINE, A. (2000): Leistungsfähigkeit von Pflanzenkläranlagen – eine statistische Analyse. GWF Wasser und Abwasser 141, 315–326.

SCHMIDT, I., GRIES, T., WILLUWEIT, T. (1999): Nitrifikation-Grundlagen des Stoffwechsels und Probleme bei der Nutzung von Ammoniakoxidanten. Acta hydrochim. hydrobiol. 27, 121–135.

SCHMIDT, K.H. (1985): Künstliche Grundwasseranreicherung als biologischer Verfahrensschritt bei der Wassergewinnung. DVGW Schriftenreihe Wasser 45, 95–104.

SCHMIDT, W. (2001): Neue Erkenntnisse zum Vorkommen und Verhalten von Algenmetaboliten (Geschmacks- und Geruchsstoffe, Toxine) bei der Trinkwasseraufbereitung aus Talsperrenwasser. Arbeitsgemeinschaft Trinkwassertalsperren Siegburg, ATT Schriftenreihe 3, 317–342.

SCHMINKE, K., GLATZEL, T. (1988): Besonderheiten und ökologische Rolle der Grundwassertiere. Z. dtsch. Geol. Gesellsch. 139, 383–392.

SCHOENEN, D. (1990): Influence of materials on the microbiological colonization of drinking water. Howsam, P., FEMS Symp. 59, Microbiology in Civil Engineering. Spon, London, 121–145.

SCHÖN, G., GEYWITZ-HETZ, S., VALTA, A. (1993): Weitergehende biologische Phosphorentfernung und organische Reservestoffe im belebten Schlamm. Schriftenr. Sonderforsch. bereich 193 der DFG an der TU Berlin „Biologische Behandlung industrieller und gewerblicher Abwässer 93, 181–194.

SCHÖNBERGER, R. (1990). Optimierung der biologischen Phosphorelimination bei der kommunalen Abwasserreinigung. Berichte aus Wassergütewirtschaft und Gesundheitsingenieurwesen. TU München, Nr. 93.

SCHÖNBORN, C. (1998): Einfluss von Metallionen auf die Wechselwirkungen zwischen biologischen und chemischen Prozessen bei der Phosphatelimination aus kommunalem Abwasser. Diss. Fak. Forst-, Geo- und Hydrowissenschaften TU Dresden, 217 S.

SCHREIBER, H., SCHOENEN, D. (1994): Chemical, bacteriological and biological examination and evaluation of sediments from drinking water reservoirs – results from the first sampling phase. Zbl. Hyg. 196, 153–169.

SCHREIBER, H., SCHOENEN, D. (1998): Tierische Organismen in Wasserversorgungsanlagen. Zusammenfassende Darstellung eines DVGW-Forschungsvorhabens. GWF Wasser und Abwasser 139, 32–38.

SCHREIBER, H., SCHOENEN, D., TRAUNSPURGER, W. (1997): Invertebrate colonization of granular activated carbon filters. Wat. Res. 31, 743–748.

SCHUBERT, J. (2000): Entfernung von Schwebstoffen und Mikroorganismen sowie Verminderung der Mutagenität bei der Uferfiltration GWF Wasser und Abwasser 141, 4, 218–225.

SCHULZ, U. (1997): Die Nahrung der Bodensee-Forellen Salmo trutta f. lacustris. Oesterr. Fisch. 50, 14–19.

SCHWOERBEL, J. (1999): Einführung in die Limnologie. 8. Aufl. Spektrum Akad. Verl. Heidelberg, 465 S.

SEIDEL, K. (1965): Neue Wege einer Grundwasseranreicherung in Krefeld. II. Hydrobotanische Reinigungsmethode. GWF Wasser und Abwasser 30, 831–833.

SEYFRIED, C.F. (1991): Anaerobe Verfahren zur Abwasserreinigung. In: Wasserkalender. Jahrbuch für das gesamte Wasserfach. Erich Schmidt Verlag Berlin, 97–134.

SEYFRIED, C.F., HARTWIG, P. (1991). Großtechnische Betriebserfahrungen mit der biologischen Phosphorelimination in den Klärwerken Hildesheim und Husum. Korrespondenz Abwasser, 38, 185–191.

SHUVAL, H., FATTAL, B. (1999): Health and treatment requirements for wastewater irrigation. In: JUANICO, M., DOR, I., Reservoirs for wastewater storage and reuse. Springer Verlag, Berlin, 23–46.

SIEGL, A. (1997): Gestaltung von Abwasserbehandlungsanlagen im ländlichen Raum. Abschlußbericht Projekt A 5.29 Länderarbeitsgemeinschaft Wasser (LAWA). Ministerium f. Umwelt, Energie und Verkehr, Saarbrücken.

SIVONEN, K., JONES, G. (1999): Cyanobacterial toxins. In: CHORUS, I., BARTRAM, J.: Toxic cyanobacteria in water. A guide to their public health consequences, monitoring and management. E. & F.N. Spon, London, 41–411.

SKET, B. (1999): High biodiversity in hypogean waters and its endangerment – the situation in Slovenia, the Dinaric Karst and Europe. Crustaceana 72, 767–779.

SLÁDEČEK, V. (1956): Hydrobiologie I. Vodny Organizmy. Statni nakladstvi techniky literatury Praha, 244 S.

STABEL, H.H. (2001): Bedeutung der Trinkwasserversorgung aus Oberflächenwasservorkommen in der Bundesrepublik Deutschland, Arbeitsgemeinschaft Trinkwassertalsperren Siegburg, ATT Schriftenreihe 3, 57–66.

STARMACH, K., WROBEL, S., PASTERNAK, K. (1976): Hydrobiologia/Limnologia. Pánstw. Wydawn. Nauk Warszawa, 620 S.

STEEL, A., DUNCAN (1999): Modelling the ecological aspects of bankside reservoirs and implications for management. Hydrobiologia 395/396, 133–147.

STEFFENSEN, D., BURCH, M., NICHOLSON, B., DRIKAS, M., BAKER, P. (1999): Management of toxic blue-green algae (Cyanobacteria) in Australia. Environ. Toxicol. 14, 183–195.

STEINBERG, C. (2000): Biogeochemische Regulation in limnischen Ökosystemen: Zur ökologischen Bedeutung von Huminstoffen Lief. 11 u. 12. In: STEINBERG, C., BERNHARDT, H., KLAPPER, H. (Ed.): Handbuch angewandte Limnologie. Grundlagen. ecomed Verlag. Landsberg/Lech, 7–198.

STEINBERG, C., HAITZER, M., HÖSS, S., PFLUGMACHER, S., WELKER, M. (2001): Regulatory Impact of humic substances in Freshwaters. Verh. Internat. Verein. Limnol. 27, 2488–2491.

ŠTĚPÁNEK, M., BIŇOVEC, J., CHALUPA, J., JIŘIK, V., SCHMIDT, P., ZELINKA, M. (1963): Water blooms in the ČSSR. Sci. Papers Inst. Chem. Technol. Prague, Fac. Technol. of Fuel and Water 7, 175–263.

STORCH, V., WELSCH, U. (1999): Kükenthals Leitfaden für das Zoologische Praktikum. 23. Aufl., Spektrum Verlag Heidelberg, 482 S.

STRAŠKRABA, M., TUNDISI, J. G., DUNCAN, A. (1993): State-of-the art of reservoir limnology and water quality management. In: STRAŠKRABA, M., TUNDISI, J. G., DUNCAN, A.: Comparative Reservoir Limnology and Water Quality Management. Kluwer Publ., Amsterdam, 213–288.

STRAŠKRABOVA, V. (1991): 32. Annual Report Hydrobiol. Inst. Czechoslovak. Acad. Sci. Česke Budejovice 31–38.

STREBLE, H., KRAUTER, D. (1988): Das Leben im Wassertropfen. Franckh-Kosmos Stuttgart, 8. Aufl., 490 S.

STUYFZAND, P. J. (1998): Fate of pollutants during artificial recharge and bank filtration in the Netherlands. In: PETERS, H., ACKER, K. van den, BOUWER, H., CARRERA, J., DILLON, P., JENSEN, K. H., SCHÖTTLER, U., STUYFZAND, P., JONGE, H. de, ROOSMA, E., OLSTHOORN, T., JOHNSON, I. (Hrsg.): Artificial Recharge of Groundwater. Balkema, Rotterdam, 119–125.

SUCH, W. (1998): Die Entwicklung der Trinkwasserversorgung aus Talsperren in Deutschland. GWF Special Talsperren 139, 65–72.

TEICHGRÄBER, B. (1998): Belebungsanlagen mit Aufstaubetrieb. Bemessung und Anwendung. Korrespondenz Abwasser 45, 886.

TERNES, T. (2001): Vorkommen von Pharmaka in Gewässern. Wasser und Boden 53, 9–14.

THIEL, H.-J. (1990): Phenol in seiner Wirkung auf das anaerobe Belebungsverfahren. Karlsruher Berichte Ingenieurbiologie 25, 1–119.

THOMAS, E. A. (1955): Phosphatgehalt der Gewässer und Gewässerschutz. Monatsbulletin Schweiz. Verein Gas- und Wasserfachmänner 35, 271–287.

TILLER, A. K. (1980): Biocorrosion in Civil Engineering. In: FEMS Symposium No. 59. Microbiology in Civil Engineering. E. & F. N. Spon, London, 24–34.

TRULEAR, M. G., CHARACKLIS W. G. (1982): Dynamics of biofilm processes. J. Wat. Pollut. Contr. Fed. 54, 1288–1301.

TWVO (1990, 1993): Trinkwasserverordnung. siehe Aurand, Althaus (1991).

UHLMANN, D. (1983): Ökologische Probleme der Trinkwasserversorgung aus Talsperren. Abh. Sächs. Akad. Wissensch. Math.-naturw. R. 55, 4, 21 S.

UHLMANN, D. (1988): Hydrobiologie. Ein Grundriss für Ingenieure und Naturwissenschaftler. 3. Aufl. VEB G. Fischer Verlag Jena, 298 S.

UHLMANN, D., HORN, W. (2001): Hydrobiologie der Binnengewässer. Eine Einführung für Ingenieure und Naturwissenschaftler. Verlag Eugen Ulmer Stuttgart, 528 S.

UHLMANN, D., RECKNAGEL, F., SANDRING, G., SCHWARZ, S., ECKELMANN, G. (1983): A new design procedure for waste stabilization ponds. J. Wat. Pollut. Contr. Fed. 55, 1252–1255.

UHLMANN, D., SCHWARZ, S. (1985): Erfahrungen mit der Berechnung des Wirkungsgrades von Abwasserteichen. Wasserwirtschaft-Wassertechnik 35, 5, 104–105.

VAN DER MEER (J. R.) (2000): Schadstoffe im Grundwasser – Grenzen des biologischen Abbaus. EAWAG News (Zürich) 49d, 15–17.

VIDELA, H. A. (1996): Manual of Biocorrosion. Lewis Publishers Boca Raton. 272 S.

VON GUNTEN, U. (2000): Vom Trinkwasser-Reservoir zum Gewässer. Das Grundwasser – ein obskurer Lebensraum. EAWAG News 49d, 3–5.

WAGNER, F. (1982): Ursachen, Verhinderung und Bekämpfung der Blähschlammbildung in Belebungsanlagen. Stuttgarter Ber. z. Siedlungswasserwirtsch. 76, 114 S.

WAGNER, M. (1995): Die Anwendung in-situ Hybridisierungssonden zur Aufklärung mikrobieller Populationsstrukturen in der Abwasserreinigung. Diss. Fak. Chemie, Biologie, Geowissenschaften der TU München.

WAGNER, M., ERHART, R., MANZ, M., AMANN, R., LEMMER, H., WEDI, D., SCHLEIFER, K. H. (1994): Development of an rRNA-targeted oligonucleotide probe specific for the genus Acinetobacter and its application for in-situ monitoring in activated sludge. Appl. Envi. Microbiol. 60, 792–800.

WALTER, R. (2000): Umweltvirologie. Viren in Wasser und Boden. Springer Verlag, Wien, 266 S.

WANNER, J. (1997): Microbial population dynamics in biological wastewater treatment plants. In: CLOETE, T. E., MUYIMA, N. Y. O.: Microbial community analysis. A key to the design of biological wastewater treatment systems. IAWQ London, 35–59.

Water Treatment Handbook (1991): Degremont France Water and the Environment, Sixth Edition. 592 S.

WATSON, S. B., SATCHWILL, T., DIXONS, S. E., MCCAULEY, E. (2001): Under-ice blooms and source-water odour in a nutrient-poor reservoir: biological, ecological and applied perspectives. Freshwater Biology 46, 1553–1567.

Wasserrahmenrichtlinie, s. WRRL.

WEBER, A., KLOSE, W., GAUDIG, L. (1999): Saalewasser zu Trinkwasser – eine Herausforderung? In: Handbuch Wasserversorgung und Abwassertechnik. 6. Ausgabe. Bd. II Wassergewinnungs- und Wasseraufbereitungstechnik. Erich Schmidt Verlag, Berlin, 227–267

WEGELIN, R. (1966): Beitrag zur Kenntnis der Grundwasserfauna des Saale-Elbe-Einzugsgebietes. Zool. Jb. Syst. 93, 1–117.

WETZEL, A. (1969) Technische Hydrobiologie. Trink-, Brauch- und Abwasser. Akademische Verlagsgesellschaft Geest & Portig, Leipzig, 407 S.

WILD, D. (1997): Nährstoffflüsse in Kläranlagen mit biologischer Phosphorelimination. Diss. ETH Zürich Nr. 12197, 187 S.

WILDERER, P., IRVINE, R. L., GORONSZY, M. C. (2001): Sequencing batch reactor technology. IWA Publishing, London, 76 S.

WILDERER, P. A., KABALLO, H.-P. (1996): Influence of non-steady-state process conditions on Biofilm Dynamics. In: LOOSDRECHT, M., HEJINEN, S. (Hrsg.): Tagungsunterlagen zur International IAWQ Conference Workshop: Biofilm structure, growth and dynamics – Need for new concepts, 92–101.

WILLMITZER, H., WERNER, M.-G., SCHARF, W. (2000): Fischerei und fischereiliches Management an Trinkwassertalsperren. Arbeitsgemeinschaft Trinkwassertalsperren, e.V. Oldenbourg Verlag München 109 S.

WISSING, F. (1995): Wasserreinigung mit Pflanzen. Verlag Eugen Ulmer, Stuttgart, 273 S.

WOBUS, A., RÖSKE, I. (1994): Biologische Festbettreaktoren zur weitergehenden Abwasserreinigung – Vergleich zwischen kontinuierlichem und Sequencing-Batch-Betrieb. Gewässerschutz, Wasser, Abwasser 143, 317–330.

WOBUS, A., RÖSKE, I. (2000): Reactors with membrane-grown biofilms: Their capacity to cope with fluctuating inflow conditions and with shock loads of xenobiotics. Wat. Res. 34, 279–287.

WOBUS, A., RÖSKE, K., RÖSKE, I. (2000): Investigation of spatial and temporal gradients in fixed-bed biofilm reactors for wastewater treatment. 165–194 in: Flemming, H.-C., Szewzyk, U., Griebe, T., Biofilms. Investigative methods & applications. Technomic Publish. Co. Lancaster.

WRRL (2000): Europäische Wasserrahmenrichtlinie. Richtlinie 2000/60/EG des europäischen Parlaments und des Rates vom 23. Oktober 2000 zur Schaffung eines Ordnungsrahmens für Maßnahmen der Gemeinschaft im Bereich der Wasserpolitik. Amtsblatt der Europäischen Gemeinschaft, Reihe L, Nr. 327 v. 22.12.2000.

WUHRMANN, K. (1957): Die dritte Reinigungsstufe: Wege und bisherige Erfolge in der Eliminierung eutrophierender Stoffe. Schweiz. Z. Hydrologie 19, 409–427.

WUHRMANN, K. (1964): Grundlagen für die Dimensionierung der Belüftung bei Belebtschlammanlagen. Schweiz. Z. Hydrol. 26, 310–337.

YU, S.Z. (1994): Toxic Cyanobacteria, Current Status of Research and Management. Australian Centre for Water Quality Research, Adelaide. Zitiert in STEFFENSEN, D., BURCH, M., NICHOLSON, B., DRIKAS, M., BAKER, P. (1999): Management of toxic blue-green algae (Cyanobacteria) in Australia. Environ. Toxicol. 14, 183–195.

ZEISEL, M., WEBER, N., VON WIECKL, J., PLEYER, H., MÜLLER, E. (2001): Unterstützung der biologischen P-Elimination mittels Trockendosierung eines Kalkmischproduktes am Beispiel der Abwasserreinigungsanlage Steeden. KA-Wasserwirtschft, Abwasser, Abfall 48, 672–677.

ZIEGLER, H.E., BRESSLAU, E. (1927): Zoologisches Wörterbuch. G. Fischer Verlag Jena, 786 S.

ZOBELL, C.E. (1943): The effect of surfaces upon bacterial activity. J. Bacteriol. 46, 39–56.

ZOBRIST, J. (2000): Die Qualität von Grundwasser – Resultat biogeochemischer Prozesse. EAWAG News (Zürich) 49d, 15–17.

Glossar

Acetogene Bakterien: Bakterien, die unter anaeroben Bedingungen Essigsäure bilden.

Acidophil: Säureliebend.

Adenosin: Aus Adenin, einer mit Harnsäure verwandten, aus einer aromatischen Stickstoffbase und einem Fünffachzucker (D-Ribose oder Desoxyribose) bestehende Verbindung, die nach Veresterung mit Phosphorsäure einen wesentlichen Bestandteil der Erbanlagen (Nucleinsäuren) sowie des ATP bildet.

ADP siehe ATP.

Aerob: Unter Zutritt von Luftsauerstoff.

Aminosäuren: Organische Säuren, deren Molekül eine oder zwei Aminogruppen (-NH$_2$) enthält, wichtigste Bausteine der Eiweißkörper.

Ammonifikation: Mikrobielle Freisetzung von Ammonium aus organischen Molekülen (bei kommunalem Abwasser vor allem aus Harnstoff).

Anabolismus: Synthesestoffwechsel, Summe der Stoffwechselwege, die in der Zelle von Bakterien und in anderen Zellen an der Synthese von Zellmaterial bzw. Biomasse beteiligt sind.

Anaerob: Ohne Verfügbarkeit von molekularem oder chemisch gebundenem Sauerstoff.

ANAMMOX: Anoxische Ammoniumoxidation, Umsetzung mit Hilfe von Nitrit zu elementarem Stickstoff.

Anoxisch: Ohne Zutritt von molekularem, aber von chemisch gebundenem Sauerstoff (z.B. von Nitrat).

AOC: Assimilierbarer organischer Kohlenstoff.

Assimilation: Eingliederung von aufgenommenen Nahrungsstoffen in den Bestand der Zelle/des Körpers.

ATP: Adenosintriphosphat, Phosphorsäureester des Adenosins. Das ATP besitzt in der Zelle große Bedeutung als Überträger und Speicher (bio)chemischer Energie sowie als Baustein der Nucleinsäuren. Biologisch wichtig sind auch Adenosin-mono- und -diphosphat (mit einer bzw. zwei Phosphatgruppen).

Atmungskette: Eine Abfolge von Enzymreaktionen, welche die Träger der Zellatmung sind. Dabei wird der aus den Substraten abgespaltene Wasserstoff schrittweise unter Bildung von ATP (also mit entsprechend hohem Gewinn an Energie) zu Wasser oxidiert.

Autotroph: Zur Bildung von organischen Stoffen aus CO_2, H_2O und NH_4^+ befähigt (Ggs.: heterotroph).

Baustoffwechsel siehe Anabolismus.

Benthos: Die am Gewässergrund lebenden Pflanzen und Tiere (Phytobenthos, Zoobenthos).

Biofilm: Bakterienfilm. Von Bakterien, Pilzen und bei Lichtzutritt auch anderen Mikroorganismen gebildeter schleimiger Überzug auf festen Unterlagen in Gewässern und Anlagen.

Biofilter: Filter, dessen Wirkung auf der Aktivität von Biofilmen oder tierischen Organismen beruht.

Biofiltration: Entfernung von organischen Schwebstoffen durch Fresstätigkeit tierischer Organismen, oftmals in einer Kombination mit einer Festlegung an Biofilmen.

Biodeterioration: Verursachung von Materialschäden (z.B. Korrosion) durch Biofilme und ihre Stoffwechselprodukte.

Biofouling: Erhöhung des Reibungswiderstandes an überströmten Flächen durch Biofilme bzw. die von ihnen erzeugten Ablagerungen.

Biologischer Rasen: Synonym für Biofilm.

Blähschlamm: Belebtschlamm, der auf Grund einer fädigen Struktur einen zu hohen Wassergehalt und damit schlechte Absetzeigenschaften besitzt.

BSB$_5$: Fünftägiger biochemischer Sauerstoffverbrauch einer bei 20 °C angesetzten (Ab)wasserprobe.

Carbonsäuren: Organische Säuren. Die von den Paraffinkohlenwasserstoffen abgeleiteten Carbonsäuren heißen auch Fettsäuren.

CB: Cyanobakterien („Blaualgen").

Chemosynthese: Chemolithotroph, chemoautotroph. Bildung von zelleigenem organischem Material aus CO_2 und H_2O unter Nutzung der Oxidationsenergie anorganischer Verbindungen (z.B. Fe^{2+}, Sulfid).

Citratcyclus siehe Tricarbonsäurecyclus.

CoA: Coenzym A, aktiviert Acetat und andere kurzkettige Carbonsäurereste.

Coenzym: Niedermolekulare Wirkgruppe eines Enzyms, die für den Transport von Wasserstoff, Elektronen und Molekülgruppen verantwortlich ist.

Coliforme: Mit dem Darmbakterium *Escherichia coli* verwandte Bakterien, die sich als Anzeiger einer Fäkalverschmutzung eignen.
Cometabolismus: Mitverarbeitung (Mineralisierung) eines schwer abbaubaren Substrates, wenn gleichzeitig ein leicht abbaubares angeboten wird.
Cytoplasma: Aus Proteinen bestehende Hüllschicht, die an der Zellmembran anliegt.
Dehalogenierung: Abspaltung von Chlor aus organischen Verbindungen.
Dehydrogenasen siehe $NADP^+$, NADPH.
Denitrifikation, DENI: Abgasung von molekularem Stickstoff durch mikrobielle Freisetzung aus Nitrat (auch Nitrit).
Desulfurikation: Mikrobielle Sulfatreduktion bis zum Sulfid.
Dissimilation siehe Katabolismus.
DNA: Desoxyribonukleinsäure. Ein Biopolymer, das Hauptbestandteil der Gene und damit Träger der genetischen Information ist.
DNB: Desinfektionsnebenprodukte.
DOC: Gelöster organischer Kohlenstoff.
DON: Gelöster organischer Stickstoff.
DRP: Dissolved reactive phosphate, gelöstes reaktives Phosphat.
Einzeller: Einzellige Mikroorganismen, die sich dank ihrer Kleinheit durch eine hohe Vermehrungsrate und Stoffwechselaktivität auszeichnen. Sie üben einen großen Einfluss auf die Wasserbeschaffenheit aus. Zu den E. gehören Bakterien, manche Algen und Pilze sowie tierische Mikroorganismen (Protozoen).
Elektronendonator: Wasserstoffdonor, (biochemisches) Reduktionsmittel.
Elektronenakzeptor: Wasserstoffakzeptor. Substanz, die in einem biochemischen Prozess reduziert wird.
Endogene Atmung: Sauerstoffverbrauch beim Abbau von Zellmasse bzw. Belebtschlamm (Ggs.: Substratatmung), maßgebend u. a. bei der aeroben Schlammstabilisierung.
Enterobakterien: Bakterien, die im Darm leben (manche auch als Erreger bzw. Überträger von Krankheiten).
Epilimnion: Oberes, sommerwarmes Stockwerk eines thermisch geschichteten Standgewässers.
Enzyme: Fermente. Hochmolekulare Eiweißkörper, die als Biokatalysatoren wirken.
EPS: Extrazelluläre polymere Substanzen (vor allem bei Biofilmen).
Eucarya: Organismen, die im Ggs. zu den Bakterien einen Zellkern besitzen.

Eutrophie: Hohes Niveau der auf Photosynthese beruhenden Biomasseproduktion in einem Gewässer-Ökosystem.
Eutrophierung: Qualitätsminderung eines Gewässers infolge von Phytoplankton-Massenentwicklungen.
FAD: Flavin-adenin-dinucleotid, eine Wirkgruppe in vielen Enzymen.
Ferment siehe Enzyme.
Fermentation: Spaltung von hochmolekularen und oftmals ungelösten organischen Stoffen mit Hilfe von wasseranlagernden (hydrolytischen) Enzymen.
Fermenter: Bioreaktor zur Gewinnung von Zellmasse oder bestimmten Produkten.
Fettsäuren siehe Carbonsäuren.
Fremdstoffe: Industriell erzeugte organische Substanzen, die in der Natur nicht vorkommen und teilweise auch mikrobiell schwer abbaubar sind, s. a. Xenobiotika.
Fresskette siehe Nahrungskette.
Gärung: Leben bzw. Stoffwechsel ohne Sauerstoff.
Glykolyse: Erster Schritt des anaeroben Abbaus von Kohlenhydraten, Spaltung in Moleküle mit nur drei C-Atomen, Endprodukte u. a. Milchsäure oder Ethanol.
GWA: Künstliche Grundwasseranreicherung.
Helophyten: Sumpfpflanzen, Überwasserpflanzen.
Heterotroph: Nur durch Aufnahme von organischen Stoffen lebensfähig (Ggs.: autotroph).
HPV: Humanphatogene Viren.
Hydrolyse: Spaltung einer organischen Verbindung durch enzymatische Anlagerung von Wassermolekülen.
Hypolimnion: Unteres (kälteres) Stockwerk eines thermisch geschichteten Wasserkörpers (See, Talsperre).
hyporheisches Interstitial: Aufenthaltsraum von Organismen in den Lückenräumen unter einem Bach/Flussbett.
Induktion: Ingangsetzung der Synthese eines Enzyms.
Inert: Nicht reaktionsfähig.
Infiltrat: Das bei der Versickerung von Oberflächenwasser vor allem durch (bio)chemische Prozesse in seiner Beschaffenheit veränderte Wasser.
In-situ: Direkt, an Ort und Stelle.
Intermediärprodukt: Zwischenprodukt.
Intermediärstoffwechsel: Umsetzung von Zwischenprodukten.

Katabolismus: Abbau.
Kolmationsschicht: Schicht verringerter Wasserdurchlässigkeit in Filtern und Grundwasserleitern.
lithotroph siehe Chemosynthese.
LSF: Langsamsandfilter.
Membranreaktoren: Festbettreaktoren, in denen Bakterienfilme auf gasdurchlässigen und deshalb für die O_2-Versorgung geeigneten Kunststoffmembranen wachsen.
Mesotrophie: Noch relativ niedriges Niveau der Phytoplanktonproduktion in einem Standgewässer, das anspruchsvolle Nutzungen (Trinkwasser oder Baden) gestattet.
Metaboliten: Stoffwechselprodukte.
Metalimnion: Mittleres, durch einen (oftmals starken) Temperaturabfall gekennzeichnetes Stockwerk eines thermisch geschichteten Standgewässers.
Mineralisierung: Mineralisation. 1. Abbau von organischem Material zu CO_2, H_2O, NH_4^+, 2. Ein-, Ablagerung von mineralischen Umsetzungsprodukten, vor allem $CaCO_3$, $CaSO_4$.
Minimumfaktor: Der das Organismenwachstum jeweils am stärksten begrenzende chemische oder physikalische Umweltfaktor.
Nahrungskette: Fresskette, Nahrungsnetz. Ernährungsbedingte Abfolge von Organismen zunehmender Größe.
NADP$^+$: Nicotinamid-adenin-dinucleotid. Enzymsystem, das für die biochemische Reduktion (Hydrierung) bzw. Oxidation (Dehydrierung) zahlreicher Substrate maßgebend ist. Die entscheidende Funktion ist die Anlagerung bzw. Abspaltung von Wasserstoff.
NADPH: Reduktionsäquivalent, enzymgebundener Wasserstoff. Wichtigste Quelle von NADPH ist in der Natur die Photosynthese.
Nitrifikation, NI: Mikrobielle Oxidation von Ammonium zu Nitrit und von Nitrit zu Nitrat.
Nitratatmung: Nutzung von chemisch gebundenem Sauerstoff (NO_3^-) anstelle von molekularem Sauerstoff bei der Denitrifikation.
Nitratammonifikation: Mikrobielle Reduktion von NO_3^- zu NH_4^+.
Nucleinsäuren: Biopolymere, die eine überragende Bedeutung bei der Übertragung der Erbanlagen besitzen und damit zu den wichtigsten Bestandteilen der Zellen aller Organismen gehören. Die N. bestehen aus kettenförmig miteinander verknüpften Nucleotiden.
Nucleosid: Verbindung aus einer organischen Stickstoffbase (Purinbasen Adenin und Guanin, Pyrimidinbasen Cytosin, Thymin, Uracil) und einer Pentose.
Nucleotide: Über Esterbindungen von Pentosen (Ribose oder Desoxyribose) verbundene Nucleoside.
Oligotrophie: Niedriges Niveau der photosynthetischen Stoffproduktion.
Oral: Aufnahme durch den Mund (Krankheitserreger).
Pentose: Zucker, in dessen Molekül nur 5 C-Atome vorhanden sind.
PHB: Polymerisierte Fettsäuren, wichtige Speicherstoffe der Poly-P-Bakterien.
Photosynthese, phototroph: Umwandlung von Lichtenergie in photosynthetisch verwertbare Energie (ATP) und Reduktionskraft (NADPH), dabei Freisetzung von O_2.
photosynthetische Belüftung: O_2-Versorgung auf der Grundlage der Photosynthese.
Phytoplankton: Mikroskopisch kleine Algen, die im Wasser suspendiert und zu keiner schnellen Eigenbewegung befähigt sind.
Picoplankton: Sehr kleine Phytoplankter, die bei der Aufbereitung oftmals nur schwer aus dem Rohwasser entfernt werden können.
Plankton: In der Freiwasserregion von Standgewässern und in großen Flüssen lebende Kleinorganismen.
POC: Partikelgebundener organischer Kohlenstoff
Poly-P-Bakterien: Mikroorganismen, die in der Lage sind, dem Abwasser gelöstes Phosphat zu entziehen und in ihren Zellen in Form von Polyphosphatgranula einzulagern, Grundlage der biologischen P-Elimination.
prosthetische Gruppe: Dauerhafter niedermolekularer Bestandteil eines Enzymproteins, der ein Substratbruchstück auf ein anderes Protein oder eine andere Verbindung überträgt.
Protozoen: Tierische Einzeller.
Pyruvat: Abkömmling der Brenztraubensäure, der eine wichtige Verzweigungsstelle zwischen aerobem und anaerobem Stoffwechsel bildet.
Reduktionskraft: Der in der Zelle jeweils verfügbare Vorrat an Enzymen, welche eine Aufnahme von Elektronen bzw. eine Reaktion mit Wasserstoff (Hydrierung) bewirken können. Wichtigstes Reduktionsmittel in der Zelle ist das NADP$^+$ bzw. NADPH.
Repression: Unterdrückung der weiteren (durch ein Enzym bewirkten) Synthese eines Produktes.
Ribosomen: Zellorganellen (15–30 nm) mit Multienzymcharakter, die verantwortlich für

die Biosynthese von Eiweißkörpern und das damit verbundene Zellwachstum sind.

Rhizosphäre: Der besonders dicht von Bakterien besiedelte Wurzelbereich (insbesondere von Sumpfpflanzen in Pflanzenbecken).

RNA: Ribonukleinsäure. Einer der Hauptbestandteile von Genen, siehe auch DNA.

Salmonellen: Bakterien aus der Verwandtschaft der Gattung *Salmonella*, Erreger von Durchfallerkrankungen, vor allem Typhus, Paratyphus.

Schwefelbakterien: Mikroorganismen, die in der Lage sind, molekularen Schwefel zu speichern und durch Oxidation von Schwefel oder Sulfid Energie zu gewinnen.

Schwimmschlamm: Belebtschlamm mit einem hohen Anteil an Mikroorganismen geringer Dichte, deren Zelloberfläche wasserabstoßende Eigenschaften besitzt.

Selbstreinigung, biologische: Fähigkeit eines Gewässers, Laststoffe (insbesondere organische, sauerstoffzehrende) zu eliminieren.

Sequencing Batch, SBR: Semikontinuierlich bzw. alternierend betriebener Reaktor mit einem Wechsel von Füll- und Reaktionsphase.

Simultanfällung: Bindung von Phosphat durch Zugabe eines Fällmittels (z. B. Fe^{2+}-Salzen) in das Belebungsbecken.

Substrat: 1. ein organischer Nährstoff oder eine Nährstofflösung, 2. mechanische Unterlage, auf der sich Wasserorganismen ansiedeln.

Substratatmung: Sauerstoffverbrauch bei der Umsetzung eines Substrates zu zelleigenem Material.

Sukzession: Zeitliche Abfolge in der Artenzusammensetzung von Organismen-Gemeinschaften.

Tricarbonsäurezyklus: Die wichtigste zyklische Reaktionsfolge für den oxidativen Abbau von Kohlenhydraten, Eiweißkörpern und Fetten bis zu CO_2 und H_2O.

TS: Trockenmasse.

Tubularreaktor: Längsdurchströmter Reaktor, in dem keine Rückvermischung stattfindet (Verdrängungsströmung).

TW: Trinkwasser.

UF: Uferfiltrat, Uferfiltration.

ungesättigte Bodenzone: Oberste, nicht wassergesättigte Bodenschicht.

Wasserblüte: Massenentwicklung von Phytoplanktern, die das Wasser verfärben oder an der Oberfläche aufrahmen.

Wasserstoffakzeptor: Elektronenakzeptor, biochemisches Oxidationsmittel

Wasserstoffbrücken: Bindungen zwischen Peptiden oder zwischen Stickstoffbasen der DNA.

Wasserstoffdonator: Wasserstoffdonor, Elektronendonor, biochemisches Reduktionsmittel.

Weitergehende Abwasserbehandlung: Über die Entfernung der absetzbaren und der fäulnisfähigen organischen Stoffe hinausgehend.

WRRL: Europäische Wasserrahmenrichtlinie.

Xenobiotika: Fremdstoffe, nicht natürliche Stoffe.

Zooplankton: Die in der Freiwasserregion von Standgewässern und großen Flüssen lebenden tierischen Kleinorganismen.

Stichwortverzeichnis

A

abiotische Umweltfaktoren 21, 23
Abraumhalden 38
Absetzverhalten 139
Absinken s. Sedimentation
Abwasser – Fischteiche 194
Abwasserinhaltsstoffe 120
Abwasserteiche 184ff.
Acari (Wassermilben) 36
acetogene Bakterien 207
Achromobacter 156
acidophil (säureliebend) 38
Acilius 189
Acinetobacter 97, 167
Acrolein 93
Actinomyceten (Strahlen„pilze") 43, 72, 73, 83
Adenin 14, 20
Adenosintriphosphat 9, 14
Adenoviren 99, 214
Adhäsion 80, 81
aerobe Schlammstabilisierung 133
Aeromonas 95, 97
Agrostis stolonifera (Weißes Straußgras) 60
aktive Schicht 172f.
Aktivkohle 41, 42, 49, 62, 63, 71, 72, 74, 76, 77, 103, 105
Alcaligenes 41, 156
Aldehyde 73, 74
Algen 16, 21, 23, 26, 59, 61, 70, 72, 78, 90f., 107
Algenrasen 24, 27, 61
Algenwatten 109
Alginate 82
Aliphatische Kohlenwasserstoffe 117ff.
Alkohole 73
Alkylamine 93
Alnus glutinosa (Schwarzerle) 25
Aluminium 53, 68f., 77
Aminogruppen 83
Aminosäuren 17, 20, 76, 115f.
Ammoniak 24, 191
Ammonifikation 151
Ammonium 15, 22, 25, 28, 29, 31, 40, 42, 46f., 50, 51, 54, 56, 57, 61, 78
Ammoniumoxidation (s. a. Nitrifikation) 48, 81
Amöben 83, 101
Amoeba 136, 177
Amphipoda (Flohkrebse) 35, 36, 61
Anabaena 51, 75, 76
anaerob 83, 204ff.
Anaerobe Atmung 16

anaerobe Schlammstabilisierung 209ff.
anaerober Festbettreaktor 213
anaerobes Belebungsverfahren 211
Anamox-Prozess 161
Anatoxin 77, 108
Ancylostoma duodenale 102
anoxisch 83
Anstrichmaterialien 83
AOX siehe Chlorverbindungen (organische)
Aphanizomenon 51, 77
Apotheken„geschmack" 105
Arcella 177
Archaebacteria 207
Aromatische Kohlenwasserstoffe 118ff.
Arthrobacter 97, 156
Ascaris lunbricoides, Spulwurm 102, 103, 214
Aspergillus 43, 176
Aspidisca 83, 177
Asselkrebse s. Isopoda
Asterionella formosa 23, 51, 65, 67, 71, 73
Asthma 108
Atmung 13, 15, 16, 28, 33, 45
Atmung, endogene 131
ATP 9, 15, 20
Aufenthaltszeit s. Verweilzeit
Ausfaulung 205
Auslese 17
Außenhautdichtung, bituminöse 93
Austrocknung 82
Auswaschungsrate 13
autotroph 15
autotrophe Denitrifikation 41

B

Bachflohkrebs s. *Gammarus* 37
Bacillus 43, 156
Bacteriophagen 96
Bade-Dermatitis 109
Badegewässer, Badewasser 28, 107f.
Bakterien 16, 31, 34, 35, 39, 55, 56, 57, 63, 79, 81, 83, 92
Bakterienfilm (s. a. Biofilm) 33, 54
Bakterienfresser 37
Bakterienrasen (s. a. Biofilm) 27
Bakterienzotten 84
Bandwürmer 102, 103
Barsch 67
Bärtierchen 3, 62, 90
Bathynella 34, 36
Beckenbäder 107

Beggiatoa 207
Belastungsänderungen 146
Belastungsstöße 54
Belebungsanlagen, -verfahren 11,13, 97, 129ff.
Belüftung, atmosphärische 29, 68
Beton-Korrosion 47
Bilharzia-Krankheit 186, 191, 214
Binse s. *Scirpus*
Bioaktivität 19
Biodeterioration (Verursachung von Materialschäden in Rohrleitungen) 80
Biofilme 16, 31, 32, 33, 35, 41, 45, 57, 60, 61, 63, 78f., 83, 90, 92, 105, 107, 170ff.
Biofilmreaktor 183
Biofilter 41, 60, 183
Biofiltration 26, 67, 185, 196
Biofouling 44, 80
Biogas 205
Bioindikatoren 22, 35, 36
biologische Selbstreinigung 26
biologischer Rasen (s.a. Biofilm) 31
Biomasse 9, 10, 11, 13, 16, 19, 22, 28, 40, 129ff.
Biomasseproduktion 9, 91, 90, 109
biotische Umweltfaktoren 23
Bioturbation 33
Biozide 92
Bittersüßer Nachtschatten 204
Blähschlamm 135, 140ff.
Blaualgen s. Cyanobakterien
Blei 29
Blutweiderich 204
Bodo 136, 177
Borstenwürmer siehe Ringelwürmer
Braunfäule (Holz) 91
Braunstein 38, 64
Braunwasserseen 50
Brenzkatechin 119
Brenztraubensäure 112
Brom (organische Verbindungen) 56, 93
Bromid, Bromat 107
Brunnen 35, 37f., 42, 55, 59

C

Cadaverin 205
Calcium 82
Calciumcarbonat (s.a. Seekreide) 58
Calciumsulfat (Gips) 47
Campylobacter 95f.
Cephalodella 180
Ceratium (Panzergeißalge) 67
Ceratophyllum s. Hornblatt

Cercarien (Gabelschwanzlarven) 102, 108, 109
Cestoden 214
chemoautotroph (= chemolithotroph) 15, 37, 38, 42
Chemostat 12
Chemosynthese 47, 207
chemotroph 15
Chironomiden (Zuckmücken) 37, 54, 58, 61, 62, 83, 90, 186, 179
Chironomus thummi 177
Chlamydomonas 185
Chlor 42, 43, 64, 72f., 78, 82, 83, 92, 101, 104, 105, 107
Chloramin 40, 78, 105
Chloranilin 17
Chloranisole 74
Chloraromaten 17, 56, 93
Chlordibrommethan 105
Chlordioxid 41, 71, 74, 77, 92, 105, 107
Chlorella 185
Chlorid 47
Chlorit 105
Chlorkalk 105
Chloroform 105
Chlorophyceen s. Grünalgen
Chlorophyll 26, 50, 69
Chlorphenole 93, 119, 120
chlorresistente Organismen 83, 90, 101
Chlorverbindungen (organische) 54, 105
Chlorzehrung 40
Cholera 95, 96
Chrysophyceen s. Goldalgen
Ciliaten (Wimpertierchen) 33, 34, 37, 83, 137, 145, 177
Citratcyclus s. Zitronensäure-Zyklus
Cladocera (Blattfußkrebse, Wasserflöhe) 36, 61, 70
Cladophora 58, 91
Cloëon 189
Clostridium 43, 97, 98, 207, 214
Coenzyme 14, 16, 17
coliforme Keime (Coliforme) 55, 56, 94, 98, 99, 190
Coliphagen 100
Colpidium 177
Copepoda (Ruderfußkrebse) 34, 36, 37, 61, 65, 70, 71, 90
Coregonus s. Maräne
Corylus avellana 204
Crenothrix 34, 37, 43
Cryptomonas 51, 70
Cryptosporidium 95, 96, 102f., 214
Cyanobakterien („Blaualgen") 28, 51, 58, 61, 62, 64, 65, 67, 70, 73, 74, 76, 77, 91, 93, 108
Cyanophagen 75
Cyclops 102
Cyclotella meneghiniana 23

Cylindrospermopsis 76
Cystein 206
Cysten (Dauerstadien von parasitischen Einzellern) 103, 107
Cystin 206
Cytosin 20

D

Daphnia (Wasserfloh) 65, 67, 68, 70, 185, 186
Dauerstadien 22
Dehydrogenasen 16, 20
Denitrifikation (= Nitratreduktion) 31, 33, 38, 41, 42, 63, 156ff.
Depolarisierung 93
Desinfektion 64, 65, 69, 74, 75, 83, 94, 96, 100, 103, 105, 107, 109
Desinfektionsnebenprodukte 72, 74, 105, 107
Desoxyribonukleinsäure (DNA) 20
Desulfomaculatum 46
Desulfovibrio 43, 45, 46, 206
Desulfurikanten 45, 92
Dialyse-Patienten 76
Diatomeen (Kieselalgen) 23, 51, 54, 58, 60, 61, 69f., 91, 93
Dichtungsmaterialien 94
diffuse (nicht-punktförmige) Belastungen 56
Dimethyldisulfid 73
Dimethylpolysulfide 73
Dinobryon 73
Diplogaster 177
DNA 20, 106
DOC (gelöster org. Kohlenstoff) s. Kohlenstoff
Dreikammerausfaulgrube 205
Dreikantmuschel (*Dreissena*) 49, 62
Dreissena s. Dreikantmuschel
Druckstöße 94
Druckverluste 55, 70, 78, 83, 92
Durchlässigkeit, hydraulische 55
Durchmischungstiefe 25, 68

E

Echoviren 99
Eichhornia (Wasserhyazinthe) 94, 203
Einarbeitung 57
Einlaufbauwerke 90
Eintagsfliegen (Ephemeroptera) 27, 189
Einzeller (freilebende oder parasitische Protozoen) 36, 83, 95f., 136
Einzugsgebiet 27
Eisdecke 53
Eisen 25, 28, 29, 31, 33, 37f., 43, 45f., 50f., 54, 56f., 59, 61, 63, 64, 68f., 72, 78, 79, 82, 83, 92, 94
Eisenbakterien 34, 37

Eisenocker 48
Eiweiß s. Protein
Elimination (von organischem Material) 133
Emscherbrunnen 205
Energie, biochemische 14
Energiegewinnung 15
Energiestoffwechsel 9
Entamoeba histolytica, Ruhramöbe 101, 103
Enteisenung 63
enterale Viren, Enteroviren 99, 104
Enterobacter 214
Enterokokken 97, 98, 190
Enteroviren 99, 104, 214
Entkeimung 103
Entkrautung 59
Entmanganung 48, 63
Entsäuerung 71
Enzyme 16, 17, 19, 20, 105, 106
Enzym-Substrat-Komplex 18
Ephydatia 109
Epilimnion 25, 28, 51, 71
Epilobium 204
Epistylis 177
Epoxide 107
EPS extrazelluläre polymere Substanzen 80f., 92, 93
Escherichia coli 11, 16, 55, 96, 98, 100, 104f., 154
Essigsäure 45, 105
Ethanol 42, 43, 83
eucaval 36
Eudiaptomus 65
Eudorina 11, 71
Euglena 185
euryök 22
eurytherm 22
eutroph 27, 28, 52, 53, 64, 67, 106
Eutrophierung, eutrophiert 25, 28, 108
Evaporation 203
Exfiltration 31
extrazelluläre polymere Substanzen 45

F

Fadenalgen 59, 91, 93, 108
fadenförmige Bakterien 141
Fadenpilze 63, 91
Fadenwürmer s. Nematoden
Fäkalbakterien, -keime 29, 30, 32, 37, 43, 49, 53, 95f., 100, 103, 104, 105, 106, 190ff.
Fäkalindikatoren 98
Fäkalstreptokokken s. Enterokokken
fakultativ anaerob 205
Fällmittel 167
Fermentation 204
Festbettreaktor 183
Fette 113ff.

Fettsäuren 73
Feuchtbiotope, -gebiete 203, 204
Fick'sches Gesetz 144
Filterbelastung 70
Filterdurchbrüche 100
Filtergeschwindigkeit 70
Filter-Laufzeit 71
Filter-Regenerierung 33, 56, 61f., 71, 198
Filtersystem 33, 57, 67
Filtration 48, 49, 54, 57, 66, 68, 69, 71, 96
Filtrierer 27, 65
Fische, Fischsterben 67, 108
Flagellaten (Geißeltierchen) 83, 101, 136, 177
Flavobacterium 97, 156
Flechtbinse 196
Flechtbinse s. *Scirpus*
Fließbettreaktor 42, 214
Fließgeschwindigkeit 81
Fließgewässer 23, 49, 54, 56
Fließgleichgewicht 13
Flocken 130
Flockenbildung 135
Flockung, Flockungsfiltration 49, 63, 65, 68, 69f., 77, 96, 100, 103, 104
Flockungsfilter 183
Flockungshemmer 70
Flohkrebse s. Amphipoda
Forellen 24
Fragilaria crotonensis 51, 71
Fraßdruck 67
Fremdstoffe 17, 127
Fresskette 24, 65
Frösche 90
Fructose 18
Fulvosäuren 63, 75
Fusarium 176

G

Gallionella 34, 37, 38, 39, 42, 45, 46, 48
Gammarus (Bachflohkrebs) 37
Gärung 15, 16, 205
Gastroenteritis 75, 76, 99
Gastrotricha 34
Gefressenwerden (durch Zooplankton) 50
Geißelalgen 70
Geißeltierchen s. Flagellaten
Gelbstoffe s. Huminstoffe, Fulvosäuren
Gen 21, 82
Generationszeit 9, 17
Gensonden 84
Geosmin 58
Geruchsstoffe 42, 51, 53, 54, 57, 58, 62, 64, 70, 72, 73
Gesamtkeimzahl 98
Gewässerbäder 107

Giardia intestinalis 101, 103, 104, 214
Gilbweiderich 204
Gliederwürmer s. Ringelwürmer
Glockentierchen 49, 137, 183
Glucose 11, 14, 16, 18, 111
Glycolyse 112
Glycoproteine 81
Goldalgen (Chrysomonadinen) 51, 53, 69, 73, 74
Grenzflächenerneuerung 83
Grottenolm 35
Grünalgen (Chlorophyceen) 58, 60, 65, 69, 70, 73, 91, 93
Grundwasser 31ff., 54, 80, 103, 104
Grundwasseranreicherung, künstliche s. Infiltration
Grundwassertiere 36, 37
Guanin 20

H

Hahnenfuß (*Ranunculus*) 57, 58, 94
Halbsättigungskonstante 12, 23
Harn 108
Harnstoff 40, 63, 116
Harpacticoida 33
Hasel 204
Hauptstromverfahren 165
Hecht 67
Hefen 35, 63
Helophyten 196
Hemmstoffe 82, 121ff.
Hepatitis 95, 99
Hepatotoxine 76
Hepta-dienal 73
Heptapeptide 76
heterotroph 15
heterotrophe Nitrifikation 153
Heufieber 108
Hexanal 73
Hexosen 111
Hochbehälter 71
Holunder 204
Hornblatt, Hornkraut (*Ceratophyllum*) 94
humanpathogene Viren (HPV) 99, 100
Huminstoffe 33, 38, 39, 63, 64, 74, 80, 82, 105, 106
hydraulische Belastbarkeit 70
Hydrogencarbonat 26, 42
hydrophob 125
hygienisch relevante Bakterien 80
hyper-eutroph 50, 67, 75
hypertroph s. hyper-eutroph
Hyphomicrobium 82, 83, 156
Hypochlorit 92, 105
Hypochlorsäure 105
Hypolimnion 25, 28, 40, 50, 52, 64, 68, 78
Hypophtalmichthys molitrix 195
hyporheisch 36

I

Inaktivierung 93, 104f.
Indol 205
Infiltrat 56
Infiltration (künstliche Versickerung) 31, 33, 37, 39, 49, 54, 59, 60, 62, 63, 72, 77
Iris pseudacorus 200
Isopoda (Asselkrebse) 35, 36, 61, 81, 83

K

Kaliumpermanganat 57, 60, 61, 64, 71, 105
Kalk, Kalkhydrat 69, 70, 71, 74
Kalk-Kohlensäure-Gleichgewicht 64, 69
Kanäle 93
Karbonat 26
Karpfenfische 67
Keimzahl 83
Kies 31, 37
Kieselalgen s. Diatomeen
Kiesfilter 63
Klarwasserstadium 189
Kleinbadeteiche 109
Köcherfliegen (Trichoptera) 37
Kohlendioxid 26, 37f., 45, 50f., 58, 69, 71, 78
Kohlenhydrate 14, 15, 81, 82, 111ff.
Kohlensäure 26
Kohlenstoff, organischer 32, 35, 61, 63, 74, 79, 80, 82, 84, 105, 106
Kohlenstoffquelle 14, 15, 37, 38, 48
Kohlenwasserstoffe 73, 117f.
Kolmation 32, 39, 55, 197
Kolmationsschicht 56, 58, 62
Kompakter Belebtschlamm 135, 140
Kompetitive Hemmung 123
Konzentrationsgradienten 83
Konzentrationszellen 45
Korngröße 70
Korrosion (mikrobiell induzierte) 44, 45, 78, 80, 83, 91, 92
Krankheitserreger (s.a. Fäkalbakterien) 53, 61, 103, 107, 108, 109, 191
krebserregende (cancerogene) Wirkungen 106
Kröten 90
„Krötenhäute" 108
Kühlkreislauf 79, 90f.
Kühltürme 90f.
Kupfer 80
Kupfersulfat 74, 76, 78
Kurzschluss, hydraulischer 99, 100

L

Lactat 83
Lactose 17, 112, 134

Laichkraut s. *Potamogeton*
Langsamsandfilter 36, 57, 60f., 72, 77, 80, 100, 104
Laufzeit (Filter) 54, 57, 61, 64, 71
Leberentzündung 75
Leberkrebs 76
Legionella 83, 91, 97, 101
Leistungsstoffwechsel 9
Leptospira 96
Leptothrix 34, 37, 43
Lichtintensität 25, 28f., 35, 50, 53, 62, 68, 74, 90
Lignin 91, 92
Ligninsulfonsäuren 74
Limnothrix (Oscillatoria) redekei 51
Limonit 38
Lipide 82
Lipopolysaccharide 77, 83
Lipoxygenaseprodukte 73
Lochfraß 46, 47, 92
Lyngbya 91
Lysimachia vulgaris 204
Lythrum salicaria 204

M

Maas 74
Madenwurm 102, 103
Malaria tropica 187
Mangan 25, 28, 31, 33, 35, 37f., 43, 44, 47, 48, 50f., 54, 57f., 61, 63, 64, 70, 72, 78, 82, 83, 94
Maräne (*Coregonus*) 67
Marmorfilter 71
Matrix 81
Mäuse 90
Medinawurm (*Dracunculus medinensis*) 102, 103
Mehrschichtfilter 54, 77
Membranbelebungsverfahren 149f.
Membranfiltration (z. Wasseraufbereitung) 106
Meningitis 99
Mercaptan 205
Mesocyclops 195
mesotroph 27, 50, 52, 53, 65, 67, 68
Messenger-RNA 21
Metalimnion 25, 28, 64
Metall-Auflösung 47
Methämoglobinaemie 41
Methan 15, 25, 33, 35, 47, 48, 54, 83, 118, 204ff.
Methanbakterien 35, 207
Methanosarcina 209, 213
Methanothrix 209, 213
Methanoxidierer 48
Methylisoborneol 73
Michaelis-Menten-Gleichung 19
Microcystin 75f., 108
Microcystis 23, 51, 67, 75
mikroaerob 48
Mikroalgen, benthische 58

Mikroorganismen 35
Mikrosiebfilter 67, 71
Mindestabfluss 25, 26, 54
Minimumfaktor 13
Mischkultur 131
Mischreaktor 147f.
Monas 136, 177
Monod-Kinetik 12
Moose (Wassermoose) 91
Moostierchen 24, 49, 62, 96
Moraxella 156
Multibarrieren-Prinzip 104
Muschelkrebse s. Ostracoda
Muscheln 24, 26, 36, 96
Mycobacterium 95, 97
Myriophyllum s. Tausendblatt

N

NAD 17
NADPH 9
Nährstoffe 50, 51, 60, 62, 64, 65, 92, 109
Nahrungskette 24, 67
Nahrungsnetz 24
Nais elinguis 177
Natriumhypochlorit s. Hypochlorit
Natriumsulfit 93
Natronlauge 71
Naturstoffe 17
Nauplien (Larven der Copepoden) 70, 71
Nebenstromverfahren 165
Nematoden (Fadenwürmer) 33, 36, 60, 61, 62, 83, 90, 102, 174, 179
Neurotoxine 76
Nichtkompetitive Hemmung 123
Nicotin(säure)amid 14
Nicotinamid-adenin-dinucleotidphosphat 14, 16
Niphargus (Brunnenkrebs) 34f.
Nitrat 16, 29, 31, 38, 40f., 53, 54, 57, 61, 78, 151ff.
Nitratatmung 153
Nitratammonifikation 156
Nitratreduktase 156
Nitratreduktion (= Denitrifikation) 41
Nitrifikanten 46, 48, 56, 152
Nitrifikation 22, 31, 40, 41, 83, 133, 151ff.
Nitrit 24, 25, 40, 41, 42, 51, 52, 78, 151ff.
Nitrobacter 153
Nitrobenzol 56
Nitrococcus 153
Nitrophenol 17
Nitrosococcus 153
Nitrosolobus 153
Nitrosomonas 153
Nitrosospira 153
Nitrosoverbindungen 41

Nitrosovibrio 153
Nitrospina 153
Nitrotoluol 56
Nitzschia 77
Nona-dienal 73
Nor-Carotinoide 73
Norwalk-Viren 99, 104
Nucleosid 20
Nucleotid 21
Nukleinsäuren 20, 21, 81, 82, 105

O

Oberflächenfäule 91
Oberflächengewässer 48f., 103
Ocker (Eisenoxidhydrat) 37
Octadien 73
Octanol 73
Octatrien 73
Ökosystem 23
Öle 29, 72, 73
Oligochaeta (Wenigborstenwürmer) s. Ringelwürmer
oligotroph 25, 28, 50, 68, 84, 103, 106
Optimumkurve 22, 41
organische Belastung 38
Organochlorverbindungen 105
Orthophosphat 163
Ortstein 38
Oscillatoria 74, 91
Ostracoda (Muschelkrebse) 36, 60, 90
Oxidantien, Oxidationsmittel 105, 106
Ozon 41, 49, 61, 63, 71, 74, 77, 92, 93, 105, 107

P

Paracoccus denitrificans 153
Paramecium (Pantoffeltierchen) 137
Parasiten 103
Pärchenegel (*Schistosoma*) 102, 103, 104
pathogene Keime 83, 95
Penicillium 43, 48, 176
Pentanol 73
Permanganat s. Kaliumpermanganat
persistent 125
Pflanzenbecken 58f.
Pflanzenbehandlungsmittel 127
Pflanzenkläranlagen 196ff.
Pflanzennährstoffe 23, 53, 157
pH-Wert 37, 38, 41, 44, 58, 63, 64, 69, 70, 82, 104, 105, 107, 108
Phagen s. Coliphagen
Phalaris arundinacea (Rohrglanzgras) 60
Phormidium 91
Phosphat 16, 20, 23, 25f., 41, 43, 51, 53, 67, 80, 84, 108

Stichwortverzeichnis

Phosphorelimination 29, 98, 161ff., 203
Phosphorsäure 14, 42
Photosynthese 15, 16, 21, 26, 28, 51, 58, 62, 69, 78, 90, 93, 109
photosynthetische Belüftung 29
phototroph 14, 15
Phragmites 196, 199
Phthalate 105
Physa 177
Phytoplankton 23ff., 49f., 52, 54, 64, 65, 67f., 70f., 105, 108, 184, 186
Picoplankton 65, 70
Pilze 48, 49, 74, 79, 82, 91, 176
Plankton 16
Planktothrix (*Oscillatoria*) insbes. *P.rubescens* 51, 64, 70, 75, 108
Plötze 67
Plumatella (Moostierchen) 62
Poliomyelitis 99
Poliovirus 104
Polychaeten (Vielborstenwürmer) 36
polychlorierte Biphenyle 56
Polyethylen 81
Poly-hydroxy-buttersäure 19
Polyphosphate 13, 162ff.
Polysaccharide 45, 70, 80, 81
Polysulfide 52
polyzyklische Aromaten 56
Porenräume 61, 69
Potamogeton (Laichkraut) 94
Precursoren 105
Primärsubstrat 120
Produkthemmung 122
Propionsäure 45
Proteine 16,19, 80f., 114ff.
Proteinphosphatasen 76
Protozoen (tierische Einzeller) 36, 63, 81, 101, 103, 104
Pseudomonas 41, 43, 97, 107, 145, 156, 214
PSM s. Pflanzenbehandlungs- und Schädlingsbekämpfungsmittel
Psychoda 177
Pufferungsvermögen 146
PVC 81
Pyridin 205

Q

quarternäre Ammoniumverbindungen 93
Quecke (*Elytrigia repens*) 60
Quecksilber 93
Quellen 37
Quelltöpfe 37

R

Rädertierchen 23, 24, 33, 36, 61, 62, 65, 70, 71, 90, 177
Ranunculus s. Hahnenfuß

Raseneisenerz 38
Raubfische 67
Raumbelastung 131f.
Reaktionsbecken 30
Reaktionsgeschwindigkeit 19
Reaktionsspezifität 18
Rechen 79, 93, 94
Redoxpotenzial 28, 33, 37, 39, 48, 56, 57, 61
Reduktionskraft 9
Referenzzustand 24
Regenerierung 108
Reibungswiderstand 80, 81, 92
Repression 20
Resistenz 17, 93
Restchlorgehalt 104
Restseen (Bergbau) 38
Resuspension 53
Retention (Rückhaltung) 54
Rhizom 197
Rhizopoden (Wechseltierchen) 101, 136, 177
Rhizopus 43
Rhizosphäre 60
Rhodomonas 51, 67, 70, 72
Ribonukleinsäure (RNA) 21
Ribose 14, 21
Ribosomen 21
Ringelwürmer 34, 36, 58, 61, 62, 83, 90, 174, 179
Rohrglanzgras s. Phalaris
Rohrkolben 196
Rostknollen 46
Rotationstauchkörper 182
Rotatorien s. Rädertierchen
Rotavirus 95
Rücklaufschlamm 130
Ruderfußkrebse s. Copepoda
Ruhr-Erreger 96, 103

S

Saccharide 111ff.
Saccharose 18, 112
Salix 204
Salmonella, Salmonellosen 95, 96, 105, 214
Salpetersäure 46
Sambucus nigra 204
Sand, Sandbecken 31, 33, 37, 42, 54, 57, 58f.
Sanierungsziele 24
Sättigungskurve 23
Sauerstoff 35, 40, 57, 63, 68, 83, 107
Sauerstoffaufnahme 16, 28, 57, 68, 78, 82
Sauerstoffdefizit 16, 21, 22, 24
Sauerstoffeintrag 143, 186
Sauerstoffgehalt 144ff.
Sauerstoffmangel 38, 47, 56, 92, 94
Sauerstoffproduktion 21, 28, 91, 187

Sauerstoffschichtung 25
Sauerstoffschwund 33, 44, 49, 53, 78
Sauerstoff-Übersättigung 21, 26, 51, 58, 61, 69, 108
Sauerstoffverbrauch 45, 52
Sauerstoffzehrung 25, 31, 40, 50, 51
Saugwürmer s. Trematoden
saure Gewässer 38
Säuren 53
Saxotoxin 76
Scenedesmus 23, 185
Schädlingsbekämpfungsmittel 127
Schaumbildung 143
Scheibentauchkörper 182
Schilf 196
Schimmelpilze 43
Schistosoma s. Pärchenegel
Schistosomiasis 102, 103, 109, 186
Schlammalter 131
Schlammbelastung 131f.
Schlammbett-Reaktor 213
Schlammfaulung 209ff.
Schlammstabilisierung (aerobe) 149
Schnecken 27, 36, 83
Schneeball (*Viburnum*) 204
Schnellsandfilter 63, 67, 69f.
Schönungsteich 189, 195ff.
Schotter 31
Schutzanstriche 91
Schwämme (Süßwasserschwämme) 24, 49, 96, 109
Schwarzerle 25
„schwarzes Wasser" 83
Schwebstoffe 16, 26, 29, 42, 50, 53, 55, 56, 69
Schwefel 31, 45, 47, 48, 78
Schwefelsäure 46, 47, 93
Schwefelverbindungen, organische 73, 93
Schwefelwasserstoff 15, 25, 28, 40, 46, 49, 51, 52, 54, 71, 78, 116, 192, 204
Schweinebandwurm (*Taenia solium*) 102, 103
Schwellenwert (Geruch) 72, 73
Schwermetalle 126
Schwimmbäder 63
Schwimmschlamm 142
Scirpus lacustris (*Schoenoplectus lacustris*, Binse, Seesimse) 60, 196
Sediment 53
Sedimentation 50, 109
See-Erz 40
Seeforelle (*Salmo trutta lacustris*) 67
Seekreide 26
Seen 50
Sekundärfilter 31, 54
Selbstreinigung 32, 33, 95, 96, 100, 109, 184
Selektion 93
Septic Tank (Faulraum) 205

Sequencing Batch 148
Shigella dysenteriae 96
Sichttiefe 26, 28, 108
Sickerquellen 37
Siderocapsa 37, 43
Siderococcus 37
Siebe 91, 93, 94
Siebtrommeln 72
Sielhaut 206
Silberkarpfen 195
Silikat 23
Skatol 205
Solanum dulcamara 204
Sorption 82
Speicherbecken s. Stauseen
Speicherseen 194
Speicherstoffe 13, 14, 19
spezifische Abbauleistung 132
Sphaerotilus 43, 79, 178
Spirillum 145
Spirulina 195
Spongilla (Süßwasserschwamm, auch flächig wachsend) 62, 109
Sporozoen (Sporentierchen) 101f.
Spulwurm 102, 103
Stahl 81
Standgewässer 23
Starkregen 69
Stauseen 29, 50, 72, 74
Steinfliegen (Plecoptera) 37
stenök 22
Stickstoff 33, 40ff., 78, 80, 83, 149f.
Stickstoffbasen 20
Stoffwechsel 9, 35
Stoßbelastungen (= Belastungsstöße) 54
Stoßchlorung 92
Straußgras s. *Agrostis*
Strudelwürmer s. Turbellaria
Strukturgüte 25
Sturzquellen 37
stygobiont 36
stygophil 36
stygoxen 36
Substratatmung 153
Substrat, Substratkonzentration 11, 12, 14, 19, 79, 81, 130, 142
Substratspezifität 18
Substratüberschusshemmung 121
Sukzessionen 83
Sulfat 16, 26, 28, 31, 33, 35, 38, 43, 46, 57, 78, 93
Sulfatatmung 204
Sulfatreduktion 49, 52, 92
Sulfid 15, 28, 33, 38, 43, 46f., 53, 54, 56, 78, 83, 92, 93
Sulfit 43
Sumpfschwertlilie 200
Suspensionsfresser 96
Syntheseprozesse 14
Synthrophie 208
Synura uvella 51, 71, 73, 74

T

Tabellaria fenestrata 71
Taenia solium s. Schweinebandwurm
Talsperren (s. a. Trinkwassertalsperren) 25, 26, 50, 76
Tardigraden s. Bärtierchen
Tausendblatt (*Myriophyllum*) 94, 109
Teilungsrate 9, 10
Temperatur 35, 50, 57, 64, 68, 92, 94, 107
Temperaturabhängigkeit 147, 155
Temperaturschichtung 25, 48, 68
Temperaturschwankungen 48
Terpenoide 73
Textilveredlung 119
Thioaromaten 205
Thiobacillus 38, 43, 46, 47, 156, 206, 207
Thiobacillus denitrificans 156
Thiobacillus thiooxidans 207
Thiothrix 47, 207
Thymin 20, 21
Tiefenwasser 50, 64, 78
Toxine 64, 65, 74f., 108
Toxische Wirkungen 106, 120
Toxizität 80, 93
Trematoden (Saugwürmer) 102, 108
Trepomonas 177
Trichobilharzia 108
Trihalomethane 74, 105
Trinkwasser 94, 103
Trinkwasseraufbereitung 107
Trinkwasserepidemien 95, 102
Trinkwassertalsperren 23, 26, 27, 30, 68, 76, 98
Trinkwasserverordnung 41, 97, 98
Trockenfilter 54
Trockenlegung 59, 60
Troglochaetus 36
Tropfkörper 170ff.
Trophie 28
Trophiestufen 22
tropische Talsperren 52
Trübstoffe 53, 54, 70, 71, 95, 104, 107, 108
Tubificiden 186
Tubularreaktor 147f.
Tümpelquellen 37
Turbellaria (Strudelwürmer) 34, 36, 62
Turbulenz 144
Typha latifolia 196
Typhus 83, 95

U

Überleben (von Krankheitserregern) 105
Überschussschlamm 11, 12, 131
Überstau 59
Uferfiltrat 39, 54, 56, 57, 94
Uferfiltration 49, 54, 59, 100, 107
Ultraschall 71
Umweltfaktoren 21, 22, 23, 24
Unterwasserpflanzen 57, 93, 108, 109
Uracil 21, 106
Uroglena, Uroglenopsis 51, 73, 74
Uronsäuren 82
UV-Strahlung 94, 96, 106, 107, 109

V

Verdopplungsrate 10
Verdünnungsrate 12, 13, 130
Verkeimung 48
Verkrautung 93
Verluste 81
Verockerung 35, 39, 42f., 79
Versickerung 39, 54, 59
Verteilerroste 90
Verweilzeit 13, 23, 28f., 50, 51, 54, 56f., 64
Vibrio cholerae 95, 96, 214
Viburnum opulus 204
Vielborstenwürmer 36
Viren (fäkalen Ursprungs) 29, 37, 41, 55, 95, 99, 104, 106, 107, 190ff.
Vollzirkulation 28
Vorsperren 30, 98
Vorticella 145, 177

W

Wachstum 9, 10, 81, 92, 130
Wachstumsfaktoren 13, 22, 50, 68
Wachstumsrate 10,11, 12, 13, 23, 30, 79, 129f., 142, 153
Wahnbachtalsperre 98
Walzentauchkörper 182
Wärmeaustauscher 80, 91
Wasserassel s. Isopoda
Wasserbedarf 48
Wasserblüte 23, 76, 108
Wasserflöhe (s. a. Daphnia, Zooplankton) 26
Wasserhyazinthe s. *Eichhornia*
Wasserhygiene 94f., 104
Wassermilben 62, 90
Wasserpflanzen 16
Wasserrahmenrichtlinie (WRRL) 24, 26
Wasserstoff 17, 45, 46
Wasserstoffoxidation 14
Wasserstoffperoxid 74, 92, 105
Wasserstoffübertragung 16, 19
Wasserverteilungssysteme 89, 104
Weichmacher 83, 105
Weidegänger 61, 83
Weiden 204
Weidenröschen 204
Weißfäule (Holz) 91

Wenigborstenwürmer s. Ringelwürmer
Wiederverkeimung 41, 51, 70, 83, 103f.
Wimpertierchen s. Ciliaten
Wind 28, 49
wirbellose Tiere 61, 63
Wurmeier 102, 190ff.
Würmer s. Ringelwürmer, Nematoden, Trematoden
Wurmerkrankungen 102

X

Xenobiotica 124

Z

Zander 67
Zellabbau 132
Zellertrag 11
Zellteilung 9, 10
Zellulose 91
Zellwachstum 10
Zinn 93, 128
Zitronensäure-Zyklus 112f.
Zoogloea 56, 79, 174, 176, 178
Zooplankton 23, 24, 50, 62, 65, 67, 70, 96, 99
Zucker 20, 111ff., 121
Zuckmücken s. Chironomiden
Zwangszirkulation 30, 67, 68
Zweischichtfilter 70

Hydrobiologische Grundlagen.

Dietrich Uhlmann
Wolfgang Horn

Hydrobiologie der Binnengewässer

Wichtige Themen in diesem Buch sind die Struktur, Besiedlung und Funktionsweise von Gewässer-Ökosystemen und die Unterschiede zwischen Standgewässern, Fließgewässern, Grundwasser und „gebauten" Gewässern. Es werden Kausalzusammenhänge und Wechselwirkungen erklärt, die bei Gewässernutzungen, Sanierungsmaßnahmen, bei Eingriffen in den Stoffhaushalt und bei der Bewertung von Gewässern sowie bei Baumaßnahmen berücksichtigt. **Zahlreiche Abbildungen und Tabellen sowie 11 Tafeln** mit wichtigen Süßwasserorganismen **erleichtern das Verständnis.**

Hydrobiologie der Binnengewässer.
Ein Grundriss für Ingenieure und Naturwissenschaftler.
D. Uhlmann, W. Horn. 2001. 528 S., 136 Zeichn., 34 Tab., 11 Tafeln, kart. ISBN 3-8252-2206-3.

Änderungen und Irrtümer vorbehalten.

 UTB. Lehrbücher mit Kompetenz aus dem Verlag Eugen Ulmer.

Der Weg eines Wassertropfens.

Sie verfolgen in diesem Buch den Weg der Wassertropfen von den Wolken auf die Erde und wieder zurück.
Im Mittelpunkt stehen dabei die einzelnen Prozessabläufe. Das Ergebnis ist ein Netz von Ursachen und Wirkungen, das sich schnell ausdehnt und auch vor den engen Grenzen einer Fachdisziplin nicht Halt macht.
Das Buch ist **didaktisch sehr gut aufbereitet**. Viele **informative Kästen** vermitteln **Detailwissen**. **Zahlreiche Zeichnungen** und **Fotos** veranschaulichen den Text und machen ihn **leicht verständlich**.

Was passiert, wenn der Regen fällt?
Einführung in die Hydrologie. W. Symader. 2004. 256 S., 34 sw-Fotos, 74 Zeichn., 1 Tab., kart. ISBN 3-8252-2496-1.

UTB. Lehrbücher mit Kompetenz aus dem Verlag Eugen Ulmer.